Giuseppe Motta

Die Postulate des empirischen Denkens überhaupt

Kantstudien

Ergänzungshefte

im Auftrage der Kant-Gesellschaft
herausgegeben von
Manfred Baum, Bernd Dörflinger
und Heiner F. Klemme

170

De Gruyter

Giuseppe Motta

Die Postulate des empirischen Denkens überhaupt

KrV A 218–235 / B 265–287
Ein kritischer Kommentar

De Gruyter

Gedruckt mit Unterstützung des Förderungs- und Beihilfefonds
Wissenschaft der VG Wort.

ISBN 978-3-11-028771-4
e-ISBN 978-3-11-028774-5
ISSN 0340-6059

Library of Congress Cataloging-in-Publication Data

A CIP catalog record for this book has been applied for at the Library of Congress.

Bibliografische Information der Deutschen Nationalbibliothek

Die Deutsche Nationalbibliothek verzeichnet diese Publikation in der Deutschen Nationalbibliografie; detaillierte bibliografische Daten sind im Internet über http://dnb.dnb.de abrufbar.

Druck: Hubert & Co. GmbH & Co. KG, Göttingen
∞ Gedruckt auf säurefreiem Papier

Printed in Germany

www.degruyter.com

Vorwort

Das vorliegende Buch ist die leicht erweiterte Fassung meiner Dissertation, die im Sommersemester 2011 vom Fachbereich Philosophie an der Universität Trier angenommen wurde. Ich möchte an dieser Stelle Bernd Dörflinger meinen herzlichsten Dank aussprechen für die exzellente Betreuung und die freundschaftliche Zusammenarbeit. Ohne ihn wäre dieser Kommentar in dieser Form nie erschienen. Mein tiefster Dank geht auch an Dieter Hüning für die Unterstützung und Ermutigung während der letzten fünf Jahre. Manfred Baum danke ich sehr für die interessanten Gespräche über das Thema und für die Aufnahme – zusammen mit Bernd Dörflinger und Heiner F. Klemme – in die Reihe der „Kant-Studien". Für die sprachliche und stilistische Unterstützung bin ich Nikolai Becker, Henrike Schulte to Bühne und Friederike Wonschik sehr dankbar. Die Beratung von Stefano Bacin, Henny Blomme, Piero Giordanetti, Dietmar Heidemann, Thomas Höwing, Fabio Longo, Andreas Meyer, Christoph G. W. Schäfer, Burkhard Tuschling und Falk Wunderlich war mir in den Jahren der Verfassung der Arbeit auch sehr wichtig, so wie die nahe und liebe Unterstützung von Iris Steidle.

Marburg, Mai 2012 Giuseppe Motta

Inhalt

Zweiter Teil. Text und Textkommentar der „Postulate des empirischen Denkens überhaupt“

Einleitung

De modalibus non gustabit asinus

Die vorliegende Arbeit enthält eine Einführung in die Lektüre sowie einen Textkommentar zu den „Postulaten des empirischen Denkens überhaupt“, d. h. – in Bezug auf den gesamten Inhalt der *Kritik der reinen Vernunft* – zur vierten Sektion des dritten Abschnitts des „Systems aller Grundsätze des reinen Verstandes“: A 218–235/B 265–287[1]. Das „System aller Grundsätze des reinen Verstandes“ gilt seinerseits als zweiter und wichtigster Teil der „Analytik der Grundsätze“, welche zusammen mit der vorhergehenden „Analytik der Begriffe“ und mit der folgenden „Transzendentalen Dialektik“ die Struktur der „Transzendentalen Logik“ (zweiter Teil der „Elementarlehre“ nach der „Transzendentalen Ästhetik“) gemäß der klassischen, aristotelischen Grundeinteilung der Logik – in 1. Theorie der Begriffe, 2. Theorie der Urteile und 3. Theorie der Schlüsse – bildet.

Der Textkommentar beschränkt sich auf die Fassung der „Postulate“ in der ersten Ausgabe der *Kritik der reinen Vernunft* (A: Riga, Hartknoch, 1781). Das hat seinen Grund ausschließlich darin, dass die 1787 unter dem Titel „Widerlegung des Idealismus“ eingefügte Lehre keine Ergänzung der „Postulate“, sondern eine kleine, selbständige Schrift darstellt. Sie wurde zwar folgerichtig nach der Betrachtung der Wirklichkeit im zweiten Postulat eingefügt, behandelt jedoch spezifische Fragen und Probleme, welche nur indirekt mit der Darstellung der Kategorien der Modalität in den „Postulaten“ in Zusammenhang stehen (vgl. dazu den ganzen Abs. 6.3). Die Beschränkung des Kommentars auf die (sonst fast identische) Fassung von 1781 soll in keiner Weise als eine kompromisslose aufgefasst werden. Sie soll vor allem nicht die Möglichkeit ausschließen, dass die „Postulate“ auch auf die spätere Entwicklung der *Kritik* (z. B. auf die zweite „Deduktion der Kategorien“ und auf die „Widerlegung des Idealismus“ selbst) oder auf andere Werke der 80er (oder sogar der 90er) Jahre bezogen werden. Ohne die Unterschiede des Kontexts zu unterschätzen und – wo nötig – hervorzuheben, bezieht sich diese Arbeit auf beide Ausgaben (A und B) der *Kritik der reinen Vernunft*; die 1787 hinzu-

1 Die Zitierweise der Texte Kants wird am Anfang der Bibliographie (auf S. 308) erklärt.

gefügte Widerlegung des Idealismus wird jedoch nicht analytisch kommentiert, sondern nur im ersten Teil (Abs. 6.3) mit Hinweis auf weitere, ausführlichere Untersuchungen behandelt[2].

Formal besteht der Kommentar aus einer Reihe von 135 Fußnoten zu dem vor dem Textkommentar wiedergegebenen Text der „Postulate" (im zweiten Teil). Allgemeines Ziel dieser Bemerkungen ist es, Schwierigkeiten und Missverständnisse zu beseitigen, die der Leser bei der Lektüre dieser ohne Zweifel sehr dichten und zum Teil sehr komplexen Passagen haben kann. Kants Argumente sollen – genauso wie einige besondere Begriffe und Ausdrücke – im Kontext der *Kritik der reinen Vernunft*, der Kantischen Philosophie und ihrer Auseinandersetzung mit den Philosophien des 18. Jahrhunderts erläutert werden.

Um den Überblick über die Grundstruktur des Kapitels zu erleichtern, werden die 14 Absätze des Kapitels mit römischen Ziffern nummeriert (von I bis XIV) und in fünf Sektionen geteilt: Anfang (S. 204), Erstes Postulat (S. 205–208), Zweites Postulat (S. 208–209), Drittes Postulat (S. 209–211), Schluss (S. 211–214). Zudem wird die möglichst präzise philologische Wiedergabe des Textes angestrebt (siehe dazu das Vorwort zum Text auf S. 203).

Allgemeine Themen und Aspekte wie z. B. die Bedeutung des Wortes „Postulat", die Entwicklung der Kantischen Auffassung der Modalbegriffe oder die Darstellung der Argumentationsstruktur des Textes würden sich jedoch nur mit großen Schwierigkeiten innerhalb der Fußnoten des Kommentars behandeln lassen. Sie werden daher ausführlich im Rahmen der zehn Kapitel des ersten Teils („Kants System der Modalbegriffe") erörtert.

In Kapitel 1 wird die erste und wichtigste Behauptung Kants über die Postulate diskutiert: Die Grundsätze der Modalität sind keine objektiv-synthetischen, sondern subjektive Prinzipien.

Kapitel 2 ist in vier Teile aufgeteilt. Die ersten drei (2.1, 2.2, 2.3) stellen die Postulate aus einer respektive logischen, psychologischen und ontologischen Perspektive dar: – In Abs. 2.1 soll die logische Ableitung der drei Momente der Modalität aus der Tafel der Urteile und ihre syllogystische Struktur diskutiert werden. – Die Bedeutung der subjektiven Auffassung der Grundsätze der Modalität wird in Abs. 2.2 durch die Betrachtung der symmetrischen Verhältnisse zwischen den drei Postulaten und den drei Erkenntnisvermögen Verstand, Urteilskraft und Vernunft dargestellt. – In 2.3 werden Möglichkeit, Wirklichkeit und Notwendigkeit als die drei Momente

2 Man beachte in dieser Hinsicht vor allem: Dietmar Heidemann, *Kant und das Problem des metaphysischen Idealismus*, Berlin, 1998.

der Definition des Objekts betrachtet. Der vierte Teil (Abs. 2.4) ist der Untersuchung der negativen Begriffe der „Unmöglichkeit", des „Nichtseins" und schließlich (in einer systematischen Analyse) der „Zufälligkeit" gewidmet.

Zwei weitere Kapitel setzen sich mit dem Titel der Sektion auseinander: „Die Postulate" (Kapitel 3), „des empirischen Denkens überhaupt" (Kapitel 4). Die Postulate enthalten eine Theorie der Erfahrung, deren grundsätzliche Inhalte sowohl hier (vor allem in Bezug auf Form und Materie der Erfahrung) als auch an weiteren Stellen (siehe die Hinweise in Kapitel 4 und das Sachregister) dargestellt werden.

Der Einordnung und Zusammenfassung der Absätze, die die drei Postulate der Möglichkeit, Wirklichkeit und Notwendigkeit behandeln, sind die Kapitel 5, 6 und 7 gewidmet. Diese drei zentralen Kapitel des Kommentars enthalten sowohl eine kurze Zusammenfassung der drei Postulate wie auch – in jeweils drei weiteren Abschnitten – die Behandlung einiger wichtiger Aspekte derselben.

Kapitel 8 handelt von der Vorgeschichte der Modalitätslehre (in der antiken, mittelalterlichen und modernen Philosophie) und von ihren Hauptquellen. Kapitel 9 rekonstruiert die Entwicklung der Kantischen Philosophie der Modalität in der vorkritischen Zeit. Kapitel 10 betrachtet schließlich das systematische Verhältnis der *Postulate* zu den anderen Teilen der *Kritik der reinen Vernunft.*

Die Texte der Sekundärliteratur, die das Problem der Modalität bei Kant behandeln, werden nicht – wie manchmal üblich – am Anfang, sondern am Ende des Buches dargestellt, als Abschluss der kontinuierlichen Auseinandersetzung mit den zum Teil beachtenswerten Arbeiten anderer Forscher (vgl. die „Notizen zu Rezeption und Forschung" auf S. 287–307). Die Besprechung der Texte hat hier die Form von kurzen Resümees, in denen ich die Thesen der unterschiedlichen Autoren diskutiere.

0.1. Synthetische Urteile a priori

Die Grundfrage der *Kritik der reinen Vernunft* lautet nach der präzisen Formulierung einer erst in den *Prolegomena* von 1783 erschienenen Frage: „Wie sind synthetische Sätze a priori möglich?"[3]. Auf S. 19 der B-Einleitung der *Kritik der reinen Vernunft* von 1787 liest man diesbezüglich: „Man gewinnt dadurch schon sehr viel, wenn man eine Menge von Untersuchungen unter die

3 4:276.

Formel einer einzigen Aufgabe bringen kann"[4]. Von dieser etwas technisch – wenn nicht sogar kryptisch – formulierten Aufgabe („synthetisch" ist ein Urteil, wenn das Prädikat in ihm nicht Teil des Subjekts ist; „a priori" heißt ursprünglich, notwendig und allgemeingültig) hängt nach Kant nichts weniger als „das Stehen und Fallen der Metaphysik"[5] ab. Die alte Metaphysik sei tot. Das wiederholt Kant in den Texten und Fragmenten der 60er Jahre, in denen er auf verschiedene Arten diesen Untergang zu beschreiben versucht[6]. Es geht nun in der *Kritik der reinen Vernunft* von 1781 um Sinn und Bedeutung einer neuen, synthetischen (d.h. nicht bloß analytischen) Form von Notwendigkeit und – auf dieser Basis – um die Möglichkeit einer neuen Metaphysik. Diese zwei Ebenen des Diskurses – die Definition einer synthetischen, nicht bloß analytischen Notwendigkeit und die Möglichkeit einer neuen Metaphysik – sind eng miteinander verknüpft[7].

---

4 Vgl. diesbezüglich *KrV*, A 9 f. Die Frage nach der Möglichkeit von synthetischen Urteilen a priori erscheint schon in manchen Reflexionen der frühen 70er Jahren (in R. 4633 und R. 4634 z.B.). In einer Vorlesung über Logik aus dem Jahr 1792 erklärt Kant in einer autobiographischen Reflexion „wie viel Mühe es ihm gemacht, da er mit dem Gedanken, die Kritik der reinen Vernunft zu schreiben, umging, zu wissen, was er eigentlich wolle. Zuletzt habe er gefunden, alles ließe sich in die Frage fassen: Sind synthetische Sätze a priori möglich?" (24:783–784).

5 *KrV*, B 19.

6 Man beachte dazu vor allem die „Antikabbala" in den *Träumen eines Geistersehers* (1766), wo die alte Metaphysik unter der zum Teil schroffen Kritik der Autorfigur eines materialistischen Skeptikers begraben wird (2:342 ff., vgl. dazu Johnson, *Träume eines Geistersehers*, S. 99 ff.). In einem Brief an Lambert vom 31. Dezember 1765 schreibt Kant: „Ehe wahre Weltweisheit aufleben soll, ist es nöthig, daß die alte sich selbst zerstöhre, und, wie die Fäulnis die vollkommenste Auflösung ist, die iederzeit vorausgeht, wenn eine neue Erzeugung anfangen soll, so macht mir die *Crisis* der Gelehrsamkeit zu einer solchen Zeit, da es an guten Köpfen gleichwohl nicht fehlt, die beste Hofnung, daß die so längst gewünschte große *revolution* der Wissenschaften nicht mehr weit entfernet sey" (10:57). In einem Brief an Mendelssohn vom 8. April 1766 über seine *Träume eines Geistersehers* erklärt sich Kant mit den folgenden Worten: „...ich [sehe] die aufgeblasene Anmaßung ganzer Bände voll Einsichten dieser Art so wie sie jetziger Zeit gangbar sind mit Wiederwillen ja mit einigem Hasse [an] indem ich mich vollkommen überzeuge daß der Weg den man gewählt hat ganz verkehrt sey daß die im Schwang gehende Methoden den Wahn und die Irrthümer ins unendliche vermehren müssen und daß selbst die gänzliche Vertilgung aller dieser eingebildeten Einsichten nicht so schädlich seyn könne als die erträumte Wissenschaft mit ihrer so verwünschten Fruchtbarkeit" (10:70).

7 Das erläutert Konrad Cramer mit den folgenden Worten: „Kants entscheidender Einwand gegen den wissenschaftlichen Anspruch der Metaphysik, die ihm freilich stets nur in der Gestalt der Schulphilosophie des 18. Jahrhunderts deutlich vor Augen stand, lautet: Metaphysik missversteht Urteile a priori, die nicht aus rein

Im zweiten Hauptstück der „Analytik der Grundsätze", im sogenannten „System aller Grundsätze des reinen Verstandes", liefert Kant einen entscheidenden Beitrag zur Beantwortung der Frage, wie synthetische Sätze a priori möglich sind? Hier werden die synthetischen Urteile a priori dargelegt und entsprechend der Formen der Kategorien (Quantität, Qualität, Relation, Modalität) eingeordnet. Solche Grundsätze betreffen nicht die reine Form der Sinnlichkeit – was der Fall aller (nach Kant „reinen") synthetischen Urteile a priori der Mathematik ist, wie z. B. 7+5=12 –, sondern die Materie der Erfahrung. Sie sind die allgemeinen Sätze, welche auch die Naturwissenschaft (*physica*) als Grundprinzipien in sich enthält. Die Prinzipien der Quantität (— „alle Anschauungen sind extensive Größen")[8] und der Qualität (— „in allen Erscheinungen hat das Reale, was ein Gegenstand der Empfindung ist, intensive Größe, d. i. einen Grad")[9] heißen jedoch auch „mathematisch", da sie die Anwendung der Mathematik an der Erfahrung ermöglichen. Die synthetischen, dynamischen Sätze der Relation sind: – „Bei allem Wechsel der Erscheinungen beharrt die Substanz, und das Quantum derselben wird in der Natur weder vermehrt noch vermindert"[10] – „Alle Veränderungen geschehen nach dem Gesetze der Verknüpfung der Ursache und Wirkung"[11] – „Alle Substanzen, sofern die im Raume als zugleich wahrgenommen werden können, sind in durchgängiger Wechselwirkung"[12].

Die Bestimmung und Einordnung dieser Grundsätze ist nach Kant die wichtigste Aufgabe – wenn nicht sogar „das einzige Geschäft"[13] – der

---

logischen Gründen wahr sind, als solche, die aus rein logischen Gründen wahr sind. Sie missversteht synthetische Urteile a priori als analytische Urteile. Eben deshalb muß Kant „gleich anfangs von dem Unterschiede dieser zwiefachen Erkenntnisart handeln" (*KrV*, A 6/B 10)" (Cramer, *Die Einleitung*, S. 62).

Die Entwicklung des Verhältnisses zwischen der neuen Theorie der Erkenntnis (d. h. der Frage nach dem Synthetischen a priori) und dem Zustand der Metaphysik in den 70er Jahren wird von Robert Theis in einem Aufsatz von 1982 erörtert: „C'est à partir de là [gemeint ist die *Dissertatio* von 1770] que se dégage la nécessité d'une redétermination de la notion de connaissance et d'une reformulation du statut de la metaphysique. C'est donc parce que le sens de l'objet a changé quc change le sense de ce qu'on entend par 'connaissance' et de ce qu'on appelle 'metaphysique'" (*Le silence de Kant*, S. 221).

8 *KrV*, B 202. Die Grundsätze werden hier in der präziseren Form der zweiten Ausgabe der *Kritik* aufgelistet. Über die Entwicklung solcher Sätze in den 70er Jahren vgl. hier , Abs. 9.6.

9 *KrV*, B 207.

10 *KrV*, B 224.

11 *KrV*, B 232.

12 *KrV*, B 256.

13 *KrV*, A 154/B 193.

„Transzendentalen Analytik". Die Frage, die wir uns hier stellen sollten, ist daher eine ganz allgemeine: Woher kommt die Notwendigkeit dieser Prinzipien? Können Notwendigkeit und objektive Gültigkeit solcher Prinzipien überhaupt begriffen und dargestellt werden? Durch die Analyse der „Postulate", d. h. eines ganz speziellen Teils der *Kritik der reinen Vernunft*, werden hier solche grundlegenden Fragen der Philosophie Kants beantwortet. Die Notwendigkeit gilt zum ersten Mal bei Kant (statt Möglichkeit oder Wirklichkeit) als leitender Begriff einer Theorie der Objektivität, in der das Objektive nicht mehr mit dem Substantialen (Möglichen) oder mit der empirischen, sinnlichen Wirklichkeit einer Gegebenheit zusammenfällt, sondern vielmehr mit der Gesetzlichkeit des Mannigfaltigen identifiziert wird. Thematisiert wird in diesem Kommentar unter anderem die Abhängigkeit der kritischen Erfahrungstheorie von einer bestimmten Konzeption der Objektivität, welche von Kant – wie von den meisten seiner Vorgänger – auf der Ebene der Modalität dargelegt wird.

Der Anspruch gewisser Begriffe und Urteile auf einen a priori (d. h. notwendigen und allgemeingültigen) Gebrauch soll innerhalb der *Kritik der reinen Vernunft* zunächst durch die Deduktion derselben gerechtfertigt werden[14]. In der „Deduktion der reinen Verstandesbegriffe" (sowohl in A wie auch in B) thematisiert Kant die synthetische Einheit der Apperzeption als oberste Voraussetzung aller kategorialen Verknüpfungen. Kant versteht unter dem von Leibniz entlehnten Ausdruck „Apperzeption" das Vermögen, Wahrnehmungen (*perceptiones*) unter die Einheit des denkenden Subjekts zu bringen[15]. Ausgehend von der Einheit des denkenden Subjekts liefert Kant eine neue Definition des Objekts als das, in dessen Begriff das Mannigfaltige einer ge-

14 Im § 31 der *Kritik der Urteilskraft* schreibt Kant, dass „die Obliegenheit einer Deduktion, d. i. der Gewährleistung der Rechtmäßigkeit einer Art Urteile nur eintritt, wenn das Urteil Anspruch auf Notwendigkeit macht" (5:280). Das ist sicherlich der Fall bei allen synthetischen Sätzen a priori in der *Kritik der reinen Vernunft.*

15 „Die systematische Grundlegung des transzendentalen Idealismus in der ursprünglich-synthetischen Einheit der Apperzeption ist [...] eine kritische Rekonstruktion der Leibnizschen Monadologie", so Burkhard Tuschling auf S. 259 seines Artikels *Widersprüche im transzendentalen Idealismus.* Doch, so fügt Tuschling hinzu, „...der scholastische Charakter von Kants Theorie des Selbstbewusstseins, die minutiöse Unterscheidung verschiedener „Vermögen", die betonte Darstellung ihrer Aktivitäten als synthetische Handlungen, schließlich die eigentümliche Mischung von rationalen und empirischen Momenten machen es höchst wahrscheinlich, daß Kant diese systematische Grundkonzeption von Leibniz in ihrer Wolffschen Fassung für die Ausarbeitung seiner transzendentalen Analytik benutzt hat" (ebd. S. 259–260).

gebenen Anschauung vereinigt ist, und behauptet, dass die Urteile, welche die Form dieser Vereinigung ausdrücken, notwendig und allgemeingültig sind. Die einzelnen synthetischen Urteile a priori werden aber in der „Deduktion" nicht behandelt[16], sondern erst in den verschiedenen Beweisen des „Systems aller Grundsätze". Hier wird zunächst der einzelne synthetische Satz präsentiert (z. B. „Alle Veränderungen geschehen nach dem Gesetze der Verknüpfung der Ursache und Wirkung"[17]); dieser wird dann – nachträglich – mit Hilfe der neuen schon bekannten Definition des Objektes und der damit verbundenen Funktion der transzendentalen Apperzeption in seiner Notwendigkeit bewiesen. Abstrahiert man von der Theorie der Objektivität, die Kant in der Deduktion liefert, dann sind – wie Henry E. Allison in einem Kapitel von *Kant's Transcendental Idealism* über die zweite Analogie der Erfahrung zeigt[18] – auch die Argumente des Grundsatzes nicht mehr zu verstehen. Diese zwei Teile oder Argumentationswege der „Transzendentalen Analytik" („Deduktion" und „Grundsätze") sind voneinander nicht trennbar.

Zur Beantwortung der obigen Frage über die Notwendigkeit der synthetischen Sätze a priori ist nun Folgendes festzuhalten: Die Notwendigkeit, welche die Definition des A priori liefert[19] und die neue Metaphysik über-

16 In der transzendentalen Deduktion der Kategorien wird nämlich nur der allgemeine Anspruch gewisser Urteile auf eine objektive Gültigkeit untersucht. Eine transzendentale Deduktion soll die Notwendigkeit und die Allgemeingültigkeit der Anwendung von Begriffen a priori auf die Gegenstände der Erfahrung überhaupt darstellen und damit den notwendigen Gebrauch aller reinen Begriffe des Verstandes rechtfertigen. Erst in der „Analytik der Grundsätze" werden die spezifischen Urteile separat und inhaltlich dargestellt. David Hume ist laut Kant der erste Philosoph, der dieses Problem überhaupt in Ansätzen erfasst habe. Er sei in diesem Sinne der erste und einzige Philosoph, welchem die Möglichkeit bzw. Unmöglichkeit einer Deduktion überhaupt durch den Kopf gegangen ist. „Diese Deduktion, die meinem scharfsinnigen Vorgänger unmöglich schien, die niemand außer ihm sich auch nur hatte einfallen lassen […], diese, sage ich, war das Schwerste, das jemals zum Behuf der Metaphysik unternommen werden konnte", so Kant in den *Prolegomena* (4:260).

17 *KrV*, B 231.

18 Vgl. S. 222 ff. Man beachte aber vor allem Folgendes: Notwendigkeit und Gesetzlichkeit werden in der zweiten Analogie ständig verbunden (vgl. z. B. in der zweiten Ausgabe der *Kritik* B 238, B 241, B 243–2444, B 246) bzw. als Synonyme betrachtet (*KrV*, B 239, B 242–3, B 244, B 246–7, B 247). Die neue Bestimmung der Objektivität auf Grund der notwendigen Verbindung eines Gesetzes ist zugleich das Thema der Deduktion der Kategorien.

19 Notwendig und A priori werden oft als gleichbedeutend gebraucht: „Findet sich also erstlich ein Satz, der zugleich mit seiner Nothwendigkeit gedacht wird, so ist er ein Urtheil *a priori*; ist er überdem auch von keinem abgeleitet, als der selbst wiederum als ein nothwendiger Satz gültig ist, so ist er schlechterdings *a priori*"

haupt erst ermöglicht, wird weder in der „Deduktion" noch in den *Beweisen* der synthetischen Sätze a priori behandelt. Zentrale Begriffe wie „transzendentale Affinität" in der A-Deduktion, die „objektive Einheit der Apperzeption" in der B-Deduktion, die „Regelmäßigkeit" und die „Gesetzlichkeit" in der zweiten Analogie der Erfahrung hängen direkt von einer Theorie der Notwendigkeit ab, die Kant nur innerhalb der Modalität entwickelt. „Möglichkeit", „Wirklichkeit" und „Notwendigkeit" benötigen ihrerseits keine Deduktion. In ihrer Betrachtung befinden sich ganz im Gegenteil die entscheidenden Argumente, die für die Deduktion der reinen Begriffe des Verstandes am wichtigsten sind.

In diesem Kommentar soll diejenige Sektion der *Kritik der reinen Vernunft* eingeleitet und erläutert werden, in der Kant das Problem der Notwendigkeit und der Modalität der Urteile behandelt. Die Überzeugung, die die Analyse leitet, ist die hier bloß erwähnte, später aber gründlicher diskutierte These: Man kann die Argumente der „Deduktion" und der „Analytik der Grundsätze" nicht vollständig nachvollziehen, wenn nicht zugleich die Theorie der Objektivität betrachtet wird, die Kant in der Analyse der Modalbegriffe entwickelt[20].

Die „Postulate" stellen in dieser Hinsicht eine Revolution in der Ontologie dar, welche die Philosophie Kants schon ab Mitte der 50er Jahre prägt. Ziel dieser Arbeit ist es, diese Revolution ins Zentrum der Lektüre der Grundthemen der transzendentalen Philosophie zu setzen[21]. Es ist nämlich unmöglich, Kants Theorie der Objektivität zu begreifen, ohne die Entwicklung

---

(*KrV*, B 3, vgl. auch B 4). In *KrV*, A 633/B 661 schreibt Kant: „Diesemnach ist der theoretische Gebrauch der Vernunft derjenige, durch den ich *a priori* (als nothwendig) erkenne, daß etwas sei". Vgl. dazu aber schon R. 4634 aus den Jahren 1772–1776.

20 Das Verhältnis zwischen Deduktion und Postulaten wird hier vor allem in Abs. 10.3 und in Anm. 89 über die „Einheit des Verstandes" untersucht. Das Verhältnis zwischen zweiter Analogie der Erfahrung und Postulaten wird in Abs. 7.1 und in Abs. 10.5 behandelt.

21 Gar nicht haltbar ist m. E. die von manchen Interpreten vertretene These, Kant sei der erste Philosoph, welcher die Modalbegriffe von allen ontologischen Implikationen befreit habe (vgl. z. B. Pape, *Tradition und Transformation*, S. 234, Hoffmann, *Die absolute Form*, S. 220 ff., Poser, *Mögliche Erkenntnis*, S. 133, 140). Kants Lehre der Modalität enthält ganz im Gegenteil eine neue Theorie der Objektivität, die nichts anderes ist als eine radikale Reform der Grundthemen der alten Ontologie. Wie unangemessen aber die zahlreichen Versuche sind, Kants *Postulate* in Form einer eher späteren (Hegelianischen, Husserlianischen, Heideggerianischen, ...) Theorie des Seins (d. h. ontologisch) zu lesen, das wird unter anderem in den „Notizen zu Rezeption und Forschung" am Ende dieser Arbeit ermittelt.

seiner Philosophie in der vorkritischen Phase und die Auseinandersetzung mit anderen Philosophen und Wissenschaftlern des 18. Jahrhunderts zu berücksichtigen.

Kants Neudefinition der Objektivität folgt aus der Reflexion über die Cartesianische und Leibnizianische Philosophie und zeigt sich am besten in der Kritik, die Kant gegen Wolff und Baumgarten und deren Definition der Möglichkeit, der Wirklichkeit und der Notwendigkeit äußert. Das Mögliche wird (schon ab 1770) als das, was mit den formalen Bedingungen der Erfahrung zusammenstimmt, definiert. Die rationalistische Unterordnung der Wirklichkeit unter die Möglichkeit (das Reale als *complementum possibilitatis*) wird abgelehnt. Zur Notwendigkeit äußert er sich noch klarer: „Wolff und andere haben den Begriff der absoluten Nothwendigkeit nicht recht eingesehen, und glaubten, absolut nothwendig wäre interne nothwendig; allein dieses ist es nicht. Was interne nothwendig ist, ist deßwegen nicht absolut nothwendig“, so Kant zu seinen Studenten der Albertina in einer Metaphysik-Vorlesung der 70er Jahre[22]. Die Wolffianer, so sagt er hier noch, „hielten die logische Nothwendigkeit der Verhältnisse der Prädicate für reale Nothwendigkeit“. Die kantische Notwendigkeit hat aber viel weniger mit dem Bereich der formalen Logik, als mit dem der Sinnlichkeit (Mathematik, Physik) und der Moral zu tun. Während der Wolffianismus im Allgemeinen keine Philosophie der Notwendigkeit, sondern eine Philosophie der Möglichkeit und ihrer Verwirklichung ist (eine Philosophie des Wesens des Möglichen), ist das kritische System eine Philosophie des Nötigen und der Notwendigkeit der Gesetze der Natur und der Moral.

0.2. Zwei Schwierigkeiten

Will man auf einen Blick den spezifischen Inhalt der „Postulate“ begreifen, dann ist man von Anfang an mit zwei Schwierigkeiten – man könnte sagen: mit zwei konstitutiven Paradoxien – dieses Kapitels konfrontiert.

——— Urteile der Modalität sind nach Kant nicht objektiv-, sondern subjektiv-synthetisch[23]. Der Gegenstand der Erfahrung, welcher zunächst anhand der objektiv-synthetischen Funktionen der Quantität, Qualität und Relation bestimmt wird, lässt sich nun aus dem besonderen, zugleich aber konstitutiven Blickpunkt der Modalität in seinem Verhältnis zum setzenden Subjekt betrachten. Es geht hier im Grunde um die Beziehung Subjekt-Ob-

22 28:315.
23 Siehe Kapitel 1 und Abs. 2.2.

jekt. Die „Postulate" sind daher innerhalb der Logik ein reflexiver – und deswegen „transzendentaler" – Diskurs des Denkens über das Denken selbst in Bezug auf die Gegenstände der Erfahrung. Die Bewegung der Modalität ist mit anderen Worten nachträglich: Sie kehrt vom Objekt zum Subjekt zurück. Die Urteile der Modalität thematisieren jedoch nicht – hier liegt die erste grundlegende Schwierigkeit bzw. das erste Paradox – das Subjekt selbst, sondern das Objekt als solches und die Objektivität überhaupt. Die Objektivität – nicht die Subjektivität – ist das Thema der „Postulate". Es sieht so aus, als richte Kant hier seine Aufmerksamkeit auf das Subjekt und auf die Relation Subjekt-Objekt. Behandelt wird aber das Grundproblem der Objektivität der Gegenstände der Erfahrung. Kant antwortet auf die Frage „Was ist ein Objekt?" und nimmt damit eine kritische Position gegen alle anderen philosophischen Theorien der Objektivität: Rationalismus, Empirismus, Idealismus (in der zweiten Auflage der *Kritik*), Fatalismus usw., ein.

Der Grund für diese inhaltliche Komplexität der „Postulate" liegt in der Natur der *Kritik der reinen Vernunft*, die laut Kant eine neue metaphysische Theorie in Form des Lockschen *Essay Concerning Human Understanding* (1690) entwickelt. Die *Kritik* ist eine Untersuchung der Möglichkeit bzw. der Unmöglichkeit der Metaphysik vermittels einer Analyse der Quellen, des Umfangs und der Grenzen des Vernunftvermögens[24]. Es kann in dieser Hinsicht nicht überraschen, dass sich hier die Theorie der Objektivität, die Logik der Urteile und die Diskussion über die ursprüngliche Akte des Subjekts in einem einzigen Diskurs verbinden – was übrigens auch die ganze Transzendentale Analytik charakterisiert.

——— Das Wort „Postulat" bezeichnet im Allgemeinen das praktische Theorem, welches das konstruktive Verfahren zur Bestimmung einer mathematischen Definition beschreibt[25]. „Postulat" weist somit auf die mathematische Methode und auf die Idee eines Konstruktivismus auch im Feld der Ontologie hin. Die drei Postulate beschreiben jedoch – und hier zeigt sich das zweite der oben erwähnten Paradoxien – drei Aktionen des Subjekts, die in keiner Weise der gewöhnlichen konstruktivistischen Bedeutung des Begriffs „Postulat" entsprechen. Kant argumentiert in den Postulaten wider jede Form des Konstruktivismus. Das erste Postulat zerstört sowohl die Definition der Möglichkeit als reines Tun, wie sie vor allem Johann Heinrich Lambert versteht, als auch als intellektuelle Betrachtung einer nicht-kontradiktorischen Essenz, wie bei Christian Wolff[26]. Das dritte Postulat beschreibt die Aktion

---

24 Man beachte über Locke *KrV*, A IX, und A XII.

25 Vgl. hier Abs. 3.3.

26 Vgl. hier Kapitel 5.

eines Schließens, welches – dank der hier enthaltenen Idee einer Subsumption des besonderen Falls unter eine allgemeine Regel – nicht an die Mathematik, sondern an die Methoden der Physik und der Naturwissenschaften erinnert. Das Wort „Postulat“ stammt gleichwohl aus der Mathematik. Die Postulate beschreiben aber Handlungen, welche sich von allen Setzungen, Konstruktionen oder Verknüpfungen der Mathematiker deutlich abheben.

Hält man von Anfang an fest, dass die „Postulate“ eine gänzlich neue, d. h. nicht empiristische, nicht konstruktivistische und nicht rationalistische Theorie der Objektivität enthalten, welche die lückenhaften Argumente der „Deduktion“ und der „Grundsätze“ entscheidend ergänzt, dann kann man mit Zuversicht die Lektüre des Kapitels beginnen und die unterschiedlichen Aspekte desselben mit größtem Interesse untersuchen.

Erster Teil.
Kants System der Modalbegriffe

1. Die Grundsätze der Modalität sind subjektiv-synthetische Prinzipien

Zu Beginn des ersten Absatzes der „Postulate" schreibt Kant: „Die Kategorien der Modalität haben das Besondere an sich: daß sie den Begriff, dem sie als Prädicate beigefügt werden, als Bestimmung des Objects nicht im mindesten vermehren, sondern nur das Verhältniß zum Erkenntnißvermögen ausdrücken"[27]. Im letzten Absatz der „Postulate" wiederholt Kant denselben Gedanken: „Die Grundsätze der Modalität sind [...] nicht objectiv-synthetisch, weil die Prädicate der Möglichkeit, Wirklichkeit und Nothwendigkeit den Begriff, von dem sie gesagt werden, nicht im mindesten vermehren, dadurch daß sie der Vorstellung des Gegenstandes noch etwas hinzusetzen"[28]. Man muss diese Besonderheit erkennen, die das ganze System der transzendentalen Logik prägt: Es gibt synthetische Urteile a priori, die durch das Prädikat das Satzsubjekt keineswegs neu bestimmen. Während die Grundsätze der Quantität, Qualität, Relation die notwendigen (mathematischen und dynamischen) Eigenschaften eines (jeden) gegebenen Gegenstandes X beschreiben, sagen die Prinzipien der Modalität nichts über das Objekt der Erfahrung als solches aus.

Noch deutlicher als in den „Postulaten" äußert sich Kant darüber in der Analyse „Von der logischen Funktion des Verstandes in Urteilen" innerhalb der „Analytik der Begriffe": „Die Modalität der Urteile ist eine ganz besondere Funktion derselben, die das Unterscheidende an sich hat, daß sie nichts zum Inhalte des Urteils beiträgt, (denn außer Größe, Qualität und Verhältnis ist nichts mehr, was den Inhalt eines Urteils ausmachte,) sondern nur den Wert der Copula in Beziehung auf das Denken überhaupt angeht"[29]. Modalurteile sind synthetische Urteile[30], die durch das Prädikat nicht das Subjekt, sondern die Kopula selbst bestimmen, und zwar nicht durch ein Adverb, sondern in ihrer verbindenden Funktion überhaupt[31].

27 *KrV*, A 219/B 266.

28 *KrV*, A 233/B 286.

29 *KrV*, A 74/B 99–100.

30 Über den „synthetischen" Charakter dieser Urteile siehe hier S. 17 f. und Anm. 134.

31 Siehe dazu den Sinn des Wortes „Syn-categorema" in Kapitel 8, S. 141 f.

Wenn der Verstand einen Gegenstand durch die Kategorien der Quantität, Qualität und Relation schon bestimmt hat, so lässt sich weiterhin fragen, ob der bestimmte Gegenstand bloß möglich, wirklich oder notwendig ist. Hierdurch wird aber nichts Neues über den Gegenstand selbst (d. h. über seine Eigenschaften) gesagt. Urteilen wir, dass etwas *ist* bzw. *existiert*, dann sagen wir nichts darüber, was (inhaltlich) vorgestellt wird. Vielmehr sagen wir, dass es etwas unserem Begriff Entsprechendes gibt.

Kants Bestimmung der Modalität als das, was nicht direkt das Subjekt, sondern die Kopula des Urteils betrifft, bleibt mit der Tradition der Aristotelischen Logik vollkommen konform[32]. Die positive Leistung der Urteile der Modalität bestehe aber nach Kant auch darin, dass diese Urteile das Verhältnis des Objekts zum Subjekt, d. h. zum Erkenntnisvermögen, ausdrücken und hier ist eine auffallend wichtige Neuheit im Vergleich zu der früheren Tradition der Logik zu bemerken: „So kann man diese drei Funktionen der Modalität auch so viele Momente des Denkens überhaupt nennen“[33]. Modalurteile sind subjektiv-synthetisch. Das spiegelt sich in der Struktur der drei Postulate: „Gleich, als wenn das Denken im ersten Fall [der problematischen Urteile] eine Funktion des Verstandes, im zweiten [der assertorischen] der Urteilskraft, im dritten [der apodiktischen] der Vernunft wäre“[34].

Die Grundsätze der Modalität drücken in Unterschied zu allen anderen Grundsätzen das Verhältnis der Sachen zum Vermögen des Gemüts aus. Man sollte diesbezüglich die sehr leicht erkennbare Funktion des Ordnungsprinzips 1, 2, 3 / 4 in der „transzendentalen Analytik“ festhalten: Die Kategorien der Quantität, Qualität und Relation und die ihnen entsprechenden synthetischen Sätzen a priori stellen den Begriff eines Gegenstandes durch die Bereicherung seines Inhaltes vor. Doch die Frage, ob der Begriff möglich, wirklich oder notwendig ist, ist keine Frage, die den Inhalt des Gegenstandes angeht[35]. Solche Grundsätze unterscheiden sich

32 Vgl. dazu hier S. 22 f. und in Kapitel 8, S. 137 ff.

33 *KrV*, A 76/B 101.

34 *KrV*, A 76/B 100; vgl. Abs. 2.1.

35 Peter Krausser definiert Kants Modalurteile als „metatheoretische Sätze“ (*Kants Theorie der Erfahrung*, S. 130, 137; vgl. dazu S. 296) und findet darin ein Argument „für die Streichung der ‚Kategorien‘ der Modalität aus der Liste der Kategorien“ (ebd. S. 144). Ein Gegenbeispiel findet man in der Interpretation von Bernward Grünewald (*Modalität und empirisches Denken*; vgl. dazu S. 298 f.). Diese besteht vor allem darin, dass man innerhalb der Modalität drei wie die übrigen Kategorien gegenstandsbestimmende, d. h. gar nicht reflexive oder sub-

deswegen von allen anderen, weil sie gar nichts über die Gegenstände als solche sagen, sondern nur die Art der „Setzung" des Objekts mit allen seinen Prädikaten ausdrücken: „Durch die Wirklichkeit eines Dinges, setze ich freilich mehr, als die Möglichkeit..."[36]. Der Gegenstand der Erfahrung, welcher zunächst durch die objektiv-synthetischen Funktionen der Quantität, Qualität und Relation bestimmt wird, lässt sich nun aus dem besonderen und konstitutiven Blickpunkt der Modalität in seinem Verhältnis zum setzenden Subjekt betrachten.

So heißt es bei Kant wiederholt: „Die Modalitäten der determinationen sind nicht selbst determinationen"[37]. Oder auch: „Nicht zu dem Begriffe des Dinges, sondern zum Denken überhaupt wird etwas hinzugethan"[38]. Modalurteile heißen schließlich nur deswegen „modal", weil sie die Weise (den *modus*) bezeichnen, *wie* das Ding (mit allen seinen Prädikaten) gesetzt wird: „Die Modalität ist ganz was Besonders; ich sehe da bloß auf die Art, wie ich etwas setze..."[39]. „Den Modalitäten des Setzen und Aufhebens [können wir] keine objektive Bedeutung geben [...] weil sie blos das Subjektive des Denkens nämlich der copula des Prädikats in Beziehung auf das Subject nämlich das Vorstellungsvermögen überhaupt enthalten", so Kant in den losen Blättern zu den *Fortschritten der Metaphysik*[40].

Für sich genommen sehen die drei Postulate wie Definitionen aus: „Was ... ist, ist möglich", „was ... ist, ist wirklich" usw. Diese „Definitionen" haben dennoch einen synthetischen Charakter, indem sie das Objekt, das durch die früheren 9 (3x3) Sätze a priori definiert wurde, in seinem (weiteren und sozusagen externen) Verhältnis zum Subjekt bestimmen. Mit den ersten drei Titeln der Quantität, Qualität und Relation sei die Vollständigkeit der Kategorientafel – zumindest was die Bestimmung des Gegenstandes der Erfahrung betrifft – erfüllt. Wenn der Begriff eines Dinges schon vollständig ist, dann können wir ihn auch modal in seinem Verhältnis zum setzenden Subjekt bestimmen. Modalsätze sind daher synthetisch, jedoch nicht „objektiv" synthetisch. Sie enthalten vor allem keine realen Prädikate der Dinge: „Da sie aber gleichwohl doch immer synthetisch sind, so sind sie es nur subjektiv, d. i. sie fügen zu dem

---

jektive Begriffe auffindet. Das kann aber offensichtlich nur gegen eine ziemlich lange Reihe von expliziten Aussagen Kants dargelegt werden.

36 *KrV*, A 234/B 287.

37 R. 5525 aus den Jahren 1776–1779.

38 R. 5558, um 1780; vgl. auch 5557.

39 *Metaphysik L2* (1790–91?), 28:547, vgl. auch 28:554 und *Metaphysik Volckmann* (1784–85), 28:412.

40 20:349.

Begriffe eines Dinges, (Realen,) von dem sie sonst nichts sagen, die Erkentnißkraft hinzu, worin er entspringt und seinen Sitz hat…"[41]. Das Hinzufügen der Erkenntniskraft zu dem Begriff eines Gegenstandes ist hiermit das eigentlich „Synthetische" des Modalurteils.

Diese grundlegende Eigenschaft der Urteile / Kategorien / Grundsätze (man könnte hinzufügen: Schemata) der Modalität wird von vielen Interpreten der *Kritik* auf sehr eigenartige, manchmal geradezu extravagante Weise erläutert. Norman Kemp Smith sieht in den Postulaten den expliziten Hinweis auf die Psychologie des Individuums[42]. Martin Heidegger findet hier einen Hinweis auf die „ontologische Differenz" zwischen Dingbestimmung (nach der Quantität, Qualität und Relation) und absoluter Position des Dinges (nach der Modalität)[43]. Salvatore Veca entfaltet seine Analyse der „Postulate" auf Grund der Überzeugung, man könne das Kantische Subjekt phänomenologisch im Sinne der „noetischen Konstitution des Objekts" interpretieren[44]. Walter Schindler betont die reflexive, systematische Bedeutung der Postulate, als hätten wir es hier mit den drei Grundprinzipien der Einheit des Denkens zu tun[45]. Er beruft sich auf

41 *KrV*, A 233/B 286. Und noch: „Die Grundsätze der Modalität also sagen von einem Begriffe nichts anders, als die Handlung des Erkentnißvermögens, dadurch er erzeugt wird", so Kant im letzten Absatz der „Postulate" (*KrV*, A 234/B 287).

42 „The advance from consciousness of the problematic, through determination of it as actual to its explanation as necessary, represents only a psychological order in the mind of the individual" (*A Commentary*, S. 194).

43 So Heidegger in *Kants These über das Sein:* „Das Sein als Position wird erörtert, d. h. untergebracht in das Gefüge der menschlichen Subjektivität als den Ort seiner Wesensherkunft" (S. 302). Und noch kurz darauf: „…das Denken gibt als einfaches Setzen den Horizont vor, darin dergleichen wie Gesetztheit, Gegenständigkeit erblickt werden kann. Denken fungiert als Horizontvorgabe für die Erläuterung des Seins und seiner Modalitäten als Position" (S. 305). Vgl. dazu hier S. 292 f.

44 Die Analyse Vecas bleibt jedoch sehr nahe an den Texten Kants und kann in der Auslegung der Kantischen Modalphilosophie sehr hilfreich sein (vgl. hier S. 294 f.). So Veca über das obige Thema: „La copula assume […] due significati che la modalità mette chiaramente in luce. Uno è quello oggettivo-connettivo tra i termini del giudizio […], l'altro è quello della relazione-al-pensiero in generale, cioè al soggetto che si specifica nelle varie modalità" (*Fondazione e modalità*, S. 211). Noch präziser ist Veca an anderen Stellen seines Buches: „La modalità, in forza della sua funzione soggettivamente sintetica, regredisce dalla oggettività alla soggettività e determina la costituzione dell'oggetto secondo il *modus cognoscendi*" (ebd. S. 297). Man beachte auch S. 19 f., 192 f., 216 ff.

45 Schindler fasst seine Position folgendermaßen zusammen: „Diese Bestimmungen besagen: 1. die Modalfunktionen erklären die Formen der Einheit in Urteilen als logische Funktionen der Einheit des Denkens überhaupt […], 2. diese Bestim-

Klaus Reich, der die Modalkategorien als die Begriffe interpretiert, durch die die synthetische Einheit der Apperzeption die ganze Tafel der Urteile konstituiert[46].

In einem Punkt scheinen alle diese (unterschiedlich eigentümlichen) Interpretationen übereinzustimmen. Hans Graubner drückt dies folgendermaßen aus: „Diese verschiedenen Arten sind Modi der *Setzung* von „etwas“ durch ein „ich“ “[47]. Die Modalitätslehre Kants gehöre somit zur Kantischen Behandlung und Thematisierung des Problems der Subjektivität. Man kann – und soll – diesbezüglich das oben in Abs. 0.2 erwähnte Paradox der Postulate[48], wenn nicht schon erklären (denn das wird erst durch die Analyse der spezifischen Bedeutungen der Begriffe der Modalität in den nächsten Kapiteln möglich), dann wenigstens wiederholen: Thema der Kantischen Theorie der Modalität ist nicht das Subjekt oder eine subjektive Setzung, sondern die Objektivität, d. h. das mögliche, wirkliche und notwendige Objekt als solches. Kant beantwortet hier direkt die Frage: Was heißt Objekt? Wie schon früher in den Ontologien der Schulmetaphysik gilt die Modalitätstheorie auch in der kritischen Philosophie als

---

mung bedeutet eine vollständige Auszeichnung der Einheit des Prinzips im Sinne einer systematischen Gliederung seiner Momente“ (*Die reflexive Struktur*, S. 32). Vgl. dazu hier S. 295 f.

46 Reichs Position bezüglich der Funktion der Modalurteile wird von Reinhard Brandt zusammengefasst: „Unter dem Stichwort „Die Form des Urteils und die Relation überhaupt“ (*Die Vollständigkeit*, S. 61–63) versucht Reich zu zeigen, daß Kant Relation und Modalität als den eigentlichen Ursprung des Urteils betrachtet. Aber das vorgeführte Material liefert für diese Auffassung keine überzeugende Grundlage“ (*Die Urteilstafel*, S. 27). In Kants Satz aus dem § 19 der B-Ausgabe „Das Urteil ist nichts anderes als die Art, gegebene Erkenntnisse zur objektiven Einheit der Apperzeption zu bringen“ interpretiert Reich die „Art“ als *modus* und daher als einen direkten Hinweis auf die Funktion der Modalität in Bezug auf die Einheit der Apperzeption. Der Modus selbst sei die Form des Urteils, während „die ‚gegebenen Erkenntnisse‘ [...] die Materie“ bilden (*Die Vollständigkeit*, S. 70). Aber, kontert Brandt, die Gleichsetzung von Art, Modus und Modalität sei nur vom Beweisziel der Argumentation Reichs diktiert (ebd.). Mit der Modalität der Urteile müsse nach Reich die ganze, logische Reflexion über das Urteil überhaupt anfangen. Reichs Projekt, die Urteilstafel auf den Kopf zu stellen, um damit das ganze System der Urteile aus der Modalität abzuleiten, lässt sich aber auf Grund der Lektüre sowohl der *Kritik* als auch der Fragmente und Nachschriften der 70er Jahren nicht nachvollziehen.

47 *Form und Wesen*, S. 75. Man beachte auch die Erklärungen von Moreno Stampa über den subjektiven Charakter der Modalbegriffe (*Modalità e teoria dell'oggetto*, S. 134 ff., 142), Ralf Wingendorf (*Kritische Modalphilosophie*, S. 126 ff., 236, 290), Hardy Neumann (*Die neue Seinsbestimmung*, S. 316 ff., 343 ff.).

48 Vgl. S. 10 f.

wichtigstes Feld der Definition des Objektes in seinen ersten, allgemeinen Determinationen. Die Kategorien der Modalität sind nicht strukturell abhängig von der synthetischen Einheit der Apperzeption bzw. vom Ich denke, wie Reich und Schindler zu beweisen versuchen. Ganz im Gegenteil: Innerhalb der Modalität entwickelt Kant eine selbständige Theorie der Objektivität, welche allein die Schwierigkeiten der Deduktion bei der Definition des Objekts Rechnung tragen kann.

2. Die Begriffe der Modalität

Die Begriffe der Modalität können unter Bezugnahme auf ihre 1. logische, 2. subjektive/psychologische und 3. ontologische Bedeutung beschrieben werden. Diese drei Stufen der Kantischen Untersuchung sind eng miteinander verbunden. Um der Komplexität Rechnung zu tragen ist es jedoch sinnvoll, diese unterschiedlichen Bedeutungsebenen rekonstruktiv zu trennen. Die Grundthese, die hinter der hier vorgeschlagenen Trennung bzw. Einordnung steht, ist die Folgende: Die logische und die psychologische Einteilung der Modalität können nur dann verstanden werden, wenn man Kants neue, auf der Ebene der Modalität entwickelte Theorie der Objektivität (d. h. das klassische Problem der Ontologie) betrachtet. Dieses Kapitel 2 gliedert sich dementsprechend zunächst in drei Abschnitte:

- 2.1 beschäftigt sich mit der Ableitung der Modalkategorien von den logischen Urteilen am Ende des zweiten Abschnitts „Des Leitfadens der Entdeckung aller reinen Verstandesbegriffe"[49]. Die Funktionen der Modalität sollen hier aus der logischen Perspektive der Urteilstafel heraus, gemäß der strukturierenden Form des hypothetischen und des kategorischen Syllogismus präsentiert werden.
- In 2.2 sollen die Beobachtungen des obigen Kapitels 1 (über den subjektiven Charakter der Grundsätze der Modalität) fortgesetzt werden. Dargestellt wird hier die systematische Verbindung zwischen den Formen der Modalität und des Erkenntnisvermögens (Verstand, Sinnlichkeit/Urteilskraft, Vernunft).
- In 2.3 werden schließlich die drei Begriffe der Modalität im Kontext der Auseinandersetzung mit den Grundfragen der Ontologie behandelt. Es geht hier um die Definition des Objektes selbst, welche nicht nur die vorkritische Konfrontation mit der Philosophie von Wolff, Crusius, Baumgarten usw.[50], sondern auch die neue, kritische Theorie der Modalität prägt.

49 A 74–76/B 99–101.

50 Vgl. hier Kapitel 9.

In einem vierten Abschnitt (2.4) werden schließlich die drei negativen Korrelate der Begriffe der Modalität – Unmöglichkeit, Nichtsein, Zufälligkeit – dargestellt. Es handelt sich, auch in diesem Fall, um Begriffe, die in der *Kritik der reinen Vernunft* sehr unterschiedliche Bedeutungen bekommen. Kant rekurriert innerhalb der *Kritik* zu verschieden Zwecken auf mindestens fünf verschiedene Formen der „Zufälligkeit". Diese Bedeutungen sollen auf den letzten Seiten des Abschnitts 2.4 (und des ganzen Kapitels 2) aufgelistet und separat dargestellt werden.

2.1. Die Ableitung aus der Logik

Kants Bestimmung der problematischen, assertorischen und apodiktischen Urteile am Ende des zweiten Abschnitts des ersten Hauptstücks der „Analytik der Begriffe" – in Sektion 4 „Von der logischen Funktion des Verstandes in Urteilen" (§ 9 in B): A 74 ff./B 99 ff. – ist weder linear strukturiert noch einfach zu verstehen. Daher muss der Kommentar dem konzentrierten Material des Textes Rechnung tragend dicht am Text bleiben.

Ich werde auf den folgenden Seiten eine Lektüre in sieben Punkten (von **a.** bis **g.**) dieser Sektion der *Kritik* vorschlagen. – Die Anfangssätze über die Funktion der Urteile der Modalität im Allgemeinen sollen zunächst in **a.** kurz kommentiert werden. – In **b.** werden die sich anschließenden Definitionen und die zwei begleitenden Beispiele des problematischen Urteils wiedergegeben. – In **c.** soll die syllogistische Systematik rekonstruiert werden, in der Kant die Form des problematischen und vor allem des assertorischen Urteils lokalisiert. – In **d.** wird schließlich das apodiktische Urteil thematisiert. – Der Prozess der stufenartigen Einverleibung der Erkenntnis in den Verstand, den Kant am Ende der Sektion 4. entfaltet, wird in **e.** dargestellt. – Diesem bekannten Muster, welches sich auf die konstitutive Unterscheidung zwischen „Meinen", „Glauben" und „Wissen" stützt, wird von Kant die parallele und fast konkurrierende Einstufung der drei Momente der Modalität nach dem Muster: Form, Materie, Form/Materie entgegengesetzt. Dieses zweite Modell soll hier in **f.** durch die Darstellung des kategorischen Syllogismus dargelegt werden. – Kants Bestimmung der Modalurteile gründet sich auf eine Doppelstrategie. Diese besteht auf der einen Seite in der Lokalisierung solcher Urteile in einem Syllogismus (in einer logischen Inferenz), auf der anderen Seite in der eher psychologischen Definition ihres Verhältnisses zum Verstand. In **g.** sollen die Gründe und die zum Teil versteckten Zwecke dieser Strategie erörtert werden. Erst hier können die sehr undurchsichtigen und komplizierten Sätze der Entdeckung der Modalkategorien ausreichend erklärt werden.

a. Mit Hilfe der formalen (nicht transzendentalen) Logik kann man nach Kant die Funktion der Modalurteile bestimmen. So heißt es am Anfang der Sektion 4 in A 74/B 99–100:

> Die Modalität der Urtheile ist eine ganz besondere Function derselben, die das Unterscheidende an sich hat, daß sie nichts zum Inhalte des Urtheils beiträgt (denn außer Größe, Qualität und Verhältniß ist nichts mehr, was den Inhalt eines Urtheils ausmachte), sondern nur den Werth der Copula in Beziehung auf das Denken überhaupt angeht.

Die Kopula verbindet in einem Urteil das Subjekt mit dem Prädikat. Sie ist das Verhältniswort, durch welches im kategorischen Urteil das Prädikat vom Subjekt bejahend oder verneinend ausgesagt wird[51]. Durch die *Modalität* des Urteils wird kein neues Prädikat mit dem Subjekt verbunden, sondern der spezifische Wert der Kopula festgestellt[52]. Auskunft über die Form eines modalen Urteils erlangt man, indem die Art des Bejahens oder Verneinens unterschiedlich bestimmt wird:

> Problematische Urtheile sind solche, wo man das Bejahen oder Verneinen als bloß möglich (beliebig) annimmt; assertorische, da es als wirklich (wahr) betrachtet wird; apodiktische, in denen man es als nothwendig ansieht.

So Kant in A 74–75/B 100[53]. Betrachtet man die für die Tradition der Modallogik essentielle Unterscheidung zwischen Modalaussagen *de dicto*, welche einen Satz bestimmen, und Modalaussagen *de re*, welche Satzteile wie Subjekt, Prädikat (durch Adjektive) oder Kopula (durch ein Adverb)

---

51 Die Bedeutung und die Funktion der Kopula wird von Kant am Anfang der Schrift über *Die falsche Spitzfindigkeit der vier syllogistischen Figuren* von 1762 folgendermaßen dargelegt: „Etwas als ein Merkmal mit einem Dinge vergleichen heißt urtheilen. Das Ding selber ist das Subject, das Merkmal das Prädicat. Die Vergleichung wird durch das Verbindungszeichen ist oder sind ausgedrückt, welches, wenn es schlechthin gebraucht wird, das Prädicat als ein Merkmal des Subjects bezeichnet, ist es aber mit dem Zeichen der Verneinung behaftet, das Prädicat als ein dem Subject entgegen gesetztes Merkmal zu erkennen giebt. In dem erstern Fall ist das Urtheil bejahend, im andern verneinend" (2:47). Innerhalb der „Transzendentalen Logik" bezeichnet die Kopula die Beziehung der Vorstellungen auf die ursprüngliche Apperzeption und damit die notwendige, objektive Identität derselben (vgl. *KrV*, A 598 f./B 626 f., B 140 f., 9:104 f., 28:1027).

52 Vgl. dazu 20:349; siehe aber vor allem hier das ganze Kapitel 1 und S. 190 f.

53 Vgl. dazu auch *Logik*, § 30.

bestimmen[54], dann kann man leicht feststellen, dass Modalurteile für Kant den ganzen Satz betreffen und daher – mit den Worten der Modallogik des Mittelalters und der Neuzeit – als *de dicto* bezeichnet werden können. Solche modalen Bestimmungen sind – nach Michael Wolff – „unterschiedliche Arten, die Qualität eines propositionalen Inhalts zu bewerten"[55]. Aus einer eher transzendentalphilosophischen Perspektive heißt dies, dass Modalsätze nicht allein die Gegenstände der Erfahrung als solche, sondern das Verhältnis des Objekts im Ganzen zum Subjekt bestimmen: „Die Sätze der modalitaet [...] sind synthetische Sätze. aber nicht zu dem Begriffe des Dinges, sondern zum Denken überhaupt wird etwas hinzugethan"[56].

b. Problematische Urteile können laut Kant in den zwei separaten Sätzen eines hypothetischen („wenn A, dann B") oder eines disjunktiven Urteils („entweder A oder B") angesehen werden. Sie sind Urteile, die eine bloß logische Möglichkeit (keine Wirklichkeit) ausdrücken. So Kant in A 75/B 100:

> So sind die beiden Urtheile, deren Verhältniß das hypothetische Urtheil ausmacht (*antecedens* und *consequens*), imgleichen in deren Wechselwirkung das disjunctive besteht (Glieder der Eintheilung), insgesammt nur problematisch.

Im hypothetischen Satz „wenn eine vollkommene Gerechtigkeit da ist, so wird der beharrlich Böse bestraft"[57], ist der Teilsatz „es ist eine vollkommene Gerechtigkeit da" nicht assertorisch, sondern problematisch[58]. Durch

---

54 Vgl. dazu hier S. 140 ff.

55 *Die Vollständigkeit*, S. 148. Michael Wolff analysiert die Bedeutung der Kopula in Bezug auf die Funktionen der Modalität auf S. 125–128 des erwähnten Buches. Am Ende der Analyse schreibt er: „Wenn nun [...] die Qualität ein Begriffsverhältnis ist und wenn die Modalität im relativen Wert besteht, den die Qualität eines propositionalen Inhalts hat, so ist offenbar auch die Modalität selbst etwas, das das Verhältnis der Begriffe im Urteil bestimmt. Freilich kommt der Modalität im Vergleich zur Qualität ein besonderer Status zu: Wenn die qualitativen Formen des Urteils spezielle Begriffsverhältnisse sind, und wenn die modalen Formen diese Verhältnisse bestimmen, indem sie deren „Wert" in Beziehung auf andere Verhältnisse ausdrücken, so sind die modalen Formen logische Formen (d. h. Begriffsverhältnisse) zweiter Stufe" (S. 128).

56 R. 5888 aus den Jahren um 1780.

57 *KrV*, A 73/B 98.

58 *KrV*, A 75/B 100. So Kant in einer Vorlesung aus den 70er Jahren: „Wenn ein Urtheil mit einem andern im Verhältniß der Verknüpfung steht, so daß wenn ich das eine sezze auch das andre gesezt werden muß; so ist das ein hypothetisch

ihn treffen wir weder eine positive (bejahende) noch eine negative (verneinende) Entscheidung über den ausgedrückten Sachverhalt, sondern lediglich über die bloße Nicht-Widersprüchlichkeit des Urteils. Dasselbe gilt auch für den Satz „die Welt ist durch blinden Zufall da“[59], welcher als erster Teil einer Antinomie („die Existenz der Welt ist entweder zufällig oder notwendig“) eine bloß problematische, vom Wahrheitswert desselben vollkommen unabhängige Bedeutung bewahrt.

Durch die Beschreibung des problematischen Satzes liefert Kant keinesfalls eine neue (transzendentale), sondern die bekannte scholastische Definition der Möglichkeit als *id quod nullam contradictionem involvit*[60]. Hierbei handelt es sich um die bloße, logische Möglichkeit der internen Definition und der analytischen Kohärenz von zusammengesetzten Begriffen oder Urteilen. So Kant in A 75/B 101:

> Der problematische Satz ist also derjenige, der nur logische Möglichkeit (die nicht objectiv ist) ausdrückt, d. i. eine freie Wahl einen solchen Satz gelten zu lassen, eine bloß willkürliche Aufnehmung desselben in den Verstand.

Als Prinzip der Aufhebung bzw. der Selbstaufhebung des sich widersprechenden Begriffs behält diese Möglichkeit einen rein negativen Charakter[61]. Hingegen wird die transzendentale Definition der Möglichkeit als Darlegung der formalen Bedingungen der Gegenstände der Erfahrung überhaupt[62] an dieser Stelle weder dargestellt (was in einer rein formalen Betrachtung ganz normal ist) noch indirekt angedeutet.

c. Über den Unterschied zwischen problematischen und assertorischen Urteilen äußert sich Kant in A 75–76/B 101:

> Der assertorische sagt von logischer Wirklichkeit oder Wahrheit, wie etwa in einem hypothetischen Vernunftschluß das Antecedens im Obersatze problematisch, im Untersatze assertorisch vorkommt, und zeigt an, daß der Satz mit dem Verstande nach dessen Gesetzen schon verbunden sei.

Urtheil“ (24:464). Man beachte die vielen Definitionen des „hypothetischen Urteils“, die Kant in den Vorlesungen über Logik gibt: 24:276, 24:579, 24:666, 24:763–766, 24:285, 24:934. Diese Definitionen sind meistens von der Definition des disjunktiven Urteils, also als dasjenige, was „im Verhältniß des Widerstreits mit dem andern steht“ (24:464), begleitet.

59 Ebd.

60 Vgl. hier S. 47 f., 146.

61 „...ein Erkenntniß, welches sich widerspricht, ist zwar falsch, wenn es sich aber nicht widerspricht, nicht allemal wahr“ (*Logik*, „Einleitung“, VII, 9:51). Vgl. R. 4570, R. 5138, R. 5565, R. 6317.

62 Vgl. dazu S. 43 f., 48 f., 88.

Der Wahrheitswert der zwei ersten Urteile der Modalität wird hier mittels der Lokalisierung derselben in einem hypothetischen Syllogismus bestimmt. Wir sollten uns diesbezüglich zunächst Folgendes fragen: Wie sieht ein hypothetischer Schluss aus? Oder besser: Was versteht Kant unter einem hypothetischen Schluss? In der Regel erläutert Kant den hypothetischer Syllogismus als einen Syllogismus mit lediglich zwei Sätzen (Obersatz, Untersatz):

1)	„Wenn A, dann B"	*bzw.*	„Wenn A, dann B"
2)	„A, dann B".		„nicht-B, dann nicht-A".
	(*modus ponendo ponens*)		(*modus tollendo tollens*)

In § 75 der *Logik* liest man die folgende Definition: „Ein hypothetischer Schluß ist ein solcher, der zum *Major* einen hypothetischen Satz hat. Er besteht also aus zwei Sätzen, 1) einem Vordersatze (*antecedens*) und 2) einem Nachsatze (*consequens*), und es wird hier entweder nach dem *modo ponente* oder dem *modo tollente* gefolgert"[63]. Kant präzisiert diese Definition in zwei Anmerkungen: „1. Die hypothetischen Vernunftschlüsse haben also keinen *medium terminum*, sondern es wird bei denselben die Consequenz eines Satzes aus dem andern nur angezeigt. [...] 2. Daraus daß der hypothetische Schluß nur aus zwei Sätzen besteht, ohne einen Mittelbegriff zu haben, ist zu ersehen: daß er eigentlich kein Vernunftschluß sei, sondern vielmehr nur ein unmittelbarer, aus einem Vordersatze und Nachsatze, der Materie oder der Form nach, zu erweisender Schluß"[64].

---

63 9:129.

64 Ebd. In § 76 der *Logik* stellt Kant das Prinzip der hypothetischen Schlüsse vor: „Das Princip der hypothetischen Schlüsse ist der Satz des Grundes: *A ratione ad rationatum; a negatione rationati ad negationem rationis valet consequentia*" (ebd.; vgl. R. 3218; siehe dazu auch Meier, *Vernunftlehre*, § 364). In einer anonymen Vorlesungsnachschrift aus den Jahren um 1780 liest man diesbezüglich: „Ein hypothetischer Schluß ist ein solcher, deßen major ein hypothetischer Saz ist, der 2 Glieder hat ein antecedens welches der Grund und ein consequens welches die Folge ist und hier schliest man a positione antecedentis ad positionem consequentis, welches modus ponens ist, und a remotione consequentis ad remotionem antecedentis welches modus tollens ist" (24:593). Man beachte dazu auch: 24:285, 24:476, 24:580, 24:587–589, 24:593 f., 24:677, 24:776 24:939 f., die Reflexionen 3263, 3265 aus den 60er Jahren, R. 3197 und R. 3199 aus den späten 70er oder 80er Jahren). In einer Reflexion aus den 90er Jahren definiert Kant dagegen den hypothetischen Syllogismus als ein Argument in drei Sätzen: „Im hypothetischen Vernunftschluß ist der Obersatz die allgemeine Regel, der Untersatz [da] enthält den besonderen Fall unter jener Regel, der Schlussatz die [Folge der] Anwendung des Allgemeinen Satzes auf den unter ihm stehenden Fall" (R. 3266).

Derselbe Satz darf nun als problematisch oder assertorisch betrachtet werden, wenn er respektive erstens als Antecedens des Obersatzes in einem hypothetischen Schluss (wenn A, dann B) oder zweitens als (bejahendes bzw. verneinendes) Antecedens des Untersatzes in einem hypothetischen Schluss (A, dann B bzw. nicht-B, dann nicht-A) auftritt.

Wenn A, dann B.	/	A, dann B.
↓		↓
problematisches,		assertorisches Urteil.

Als Antecedens im Untersatz eines hypothetischen Schlusses sagt der assertorische Satz eine logische Wahrheit bzw. eine Wirklichkeit aus, welche in einer positiven (bejahenden) oder negativen (verneinenden) Entscheidung über den Inhalt des Satzes selbst besteht. Bloß problematisch ist z. B. der Antecedens des Obersatzes „*Wenn das Wasser Null Grad erreicht*" („...dann friert es"); assertorisch ist dagegen die bejahende Feststellung des Antecedens im Untersatz „*Das Wasser hat Null Grad erreicht*" („...dann friert es").

d. Ebenso wie das assertorische Urteil wird auch das apodiktische Urteil in seinem Verhältnis zu der vorhergehenden Form des Modalurteils (die des assertorischen in diesem Fall) erläutert; nur erfolgt dies in weniger deutlicher Weise als zuvor. Worin liegt der Unterschied zwischen assertorischem und apodiktischem Urteil? Der assertorische Satz zeigt an, dass das ausgesprochene Urteil in Verbindung mit dem Verstande „nach dessen Gesetzen" steht. Über die dritte und letzte Form der Modalurteile schreibt Kant in A 76/B 101:

> Der apodiktische Satz denkt sich den assertorischen durch diese Gesetze des Verstandes selbst bestimmt und daher *a priori* behauptend und drückt auf solche Weise logische Nothwendigkeit aus.

Zwei Nebenfragen werden meines Erachtens diesbezüglich aufgeworfen und bedürfen besonderer Aufmerksamkeit. Die erste Frage (1) betrifft die schwer definierbare Bedeutung des hier gebrauchten Wortes „Gesetz" bzw. „Gesetz des Verstandes": Was heißt überhaupt „Gesetz"? Eine zweite Frage (2) betrifft die, mit den Worten Reinhard Brandts, „offenbar genau kalkulierte unterschiedliche Bestimmung" durch die zwei Präpositionen „nach" (im obigen Satz) und „durch"[65]. Worin liegt der Unterschied

65 Brandt, *Die Urteilstafel*, S. 80.

zwischen den zwei Ausdrücken „nach den Gesetzen des Verstandes“ und „durch die Gesetze des Verstandes“? In den nächsten Absätzen versuche ich, diese zwei Fragen (in umgekehrter Reihenfolge) zu beantworten.

(2) In B 41, in der „Transzendentalen Erörterung des Begriffs vom Raume“, erklärt Kant, dass Sätze als „apodiktisch“ bezeichnet werden können, wenn sie „mit dem Bewußtsein ihrer Notwendigkeit verbunden“ sind[66]. Das bloß assertorische, nicht apodiktische Fürwahrhalten wird dagegen zumeist als ein nicht vom Bewusstsein der Notwendigkeit begleitetes Erkennen bezeichnet: „Die rationale Gewißheit unterscheidet sich von der empirischen durch das Bewußtsein der Nothwendigkeit, das mit ihr verbunden ist, sie ist also eine apodiktische, die empirische dagegen nur eine assertorische Gewissheit“[67]. Dies entspricht der klassischen Einteilung der drei Formen des Bewusstseins, welche die drei Formen der Modalurteile charakterisiert: „Die problematischen sind mit dem Bewußtsein der bloßen Möglichkeit, die assertorischen mit dem Bewußtsein der Wirklichkeit, die apodiktischen endlich mit dem Bewußtsein der Nothwendigkeit des Urtheilens begleitet“[68]. Assertorische Sätze, erklärt Kant, sind nicht vom Bewusstsein ihrer Notwendigkeit begleitet. Als empirische Behauptungen verweisen sie nur indirekt auf Gesetze a priori, die sie nicht explizit benennen, mit denen sie jedoch konform bleiben[69]. Apodiktische Sätze entstehen dagegen unmittelbar aus der Bestimmung durch ein Gesetz. Sie drücken eine Gesetzlichkeit aus und können daher als a priori im Sinne von notwendig und allgemeingültig bezeichnet werden.

Die assertorischen Sätze können hiermit von Kant als mit dem Verstande „nach“ dessen Gesetzen verbundene Urteile, die apodiktischen jedoch als unmittelbar „durch“ diese Gesetze ausgedrückte Prinzipien bezeichnet werden. Assertorische Sätze sind alle (konkrete) Urteile a posteriori, die man auf Grund von allgemeinen Gesetzen überhaupt aus-

66 Man findet ähnliche Behauptungen auch in der *Logik* (9:66, 9:71), in den *Logik-Vorlesungen* (24:630, 24:724, 24:748, 24:857), in den *Metaphysischen Anfangsgründen der Naturwissenschaft* (4:468), in den kleinen Schriften (vgl. 8:437–438) und im *Opus postumum* (22:622).

67 9:71, vgl. 24:732.

68 9:108.

69 Assertorische Sätze drücken eher eine Zufälligkeit als eine Notwendigkeit aus (vgl. 24:530).

drückt. Apodiktisch heißen dagegen alle Sätze a priori, welche diese Gesetze unmittelbar und bewusst darstellen[70].

(1) Was meint Kant, wenn er in A 76/B 101 schreibt: „der apodiktische Satz denkt sich den assertorischen durch [die] Gesetze des Verstandes selbst bestimmt"? Was heißt hier „Gesetz"? Diese Frage wäre als solche gar nicht schwer zu beantworten: Ein Gesetz des Verstandes ist für Kant „die Vorstellung einer allgemeinen Bedingung, nach welcher ein gewisses Mannigfaltige gesetzt werden muss"[71]. Das Problem besteht aber darin, dass Kant das Wort „Gesetz" in einer rein formalen (nicht transzendentalen) Betrachtung der logischen Urteile gebraucht, in der er bloß logische Funktionen der Urteile beschreibt. Ist die obige Definition von A 113 korrekt, dann befinden wir uns vor einer überraschenden Wende der ganzen Untersuchung: Das apodiktische Urteil würde in diesem Fall nicht mehr aus Argumenten der bloß formalen, sondern aus Argumenten der transzendentalen Logik hergeleitet. Aus diesem Grund lehnt Bernward Grünewald diese erste mögliche Interpretation der Bedeutung des Wortes „Gesetz" dezidiert ab[72]. Beschränkt man dagegen die Bedeutung des „Gesetzes des Verstandes" auf Prinzipien und Grundregeln der analytischen Urteile wie „$a = a$" oder „$(a + b) > a$", dann kann man wenigstens die Kohärenz des formalen Diskurses retten. Man stelle aber fest, dass der Gebrauch des Ausdrucks „Gesetz des Verstandes" für solche logischen Prinzipien ein ganz merkwürdiger, bei Kant wohl undenkbarer ist. In diesem Sinne gilt es auch zu bedenken, dass Kant hier die Möglichkeit von apodiktischen, synthetischen Sätzen begründen will. Diese zweite Lösung, welche vor allem von Hans Poser unterstützt wird, wird daher von Grünewald abgelehnt[73].

70 Vgl. R. 1614. Man kann m. E. diese Differenz mit Hilfe der Unterscheidung der „Einleitung" zur *Kritik der Urteilskraft* zwischen bloß „gesetzlich erzeugten Begriffen" und „gesetzgebenden Begriffen" zum Teil erklären (vgl. *KU*, 5:174).

71 *KrV*, A 113.

72 „Denn die formal-logische Definition der Urteilsformen, um die es in unserem Text geht, kann nicht Gesetze *voraussetzen*, die erst in der *transzendentalen* Logik begründet werden und deren Anwendungsbereich auf das Feld der Erfahrungsgegenstände beschränkt ist" (*Modalität und empirisches Denken*, S. 39).

73 Die Gesetze des Verstanden seien in der Tat nach der Interpretation, die Hans Poser in *Die Stufen der Modalität*, S. 198 ff. entwickelt, bloß formallogische Prinzipien wie der Satz vom Widerspruch. Diese Interpretation muss nach Grünewald deswegen entschlossen abgelehnt werden, „weil sie die Charakterisierung vor allem der synthetischen Urteile a priori als apodiktischer Urteile nicht erklären würde, was

Grünewald macht sich infolge dieser doppelten Ablehnung und veranlasst durch die Diskussion anderer, ähnlicher Interpretationen auf die Suche nach der richtigen Bedeutung des Wortes „Gesetz"[74]. Seine Recherche erscheint allerdings zwecklos, denn Kant lässt hier von Anfang an ganz explizit und meines Erachtens bewusst das Wort „Gesetz" ungeklärt und unbestimmt. Er will dieses Wort offensichtlich nicht weiter charakterisieren (und tut es auch nicht), da jede weitere Bestimmung des Wortes seine Argumentation gefährden könnte[75]. Das Wort „Gesetz" bleibt in

---

doch die Kantische Systematik zwingend fordert" (*Modalität und empirisches Denken*, S. 58 f.).

74 Er diskutiert in diesem Sinne zunächst zwei weitere mögliche Bedeutungen des Wortes: – Die Gesetze des Verstandes seien materielle Prinzipien, welche die Urteile überhaupt möglich machten. Dazu gehören der Satz vom Widerspruch in einem positiven Gebrauch und alle materiellen Prinzipien, welche den Satz vom zureichenden Grunde in verschiedenen Arten spezifizieren. Jedoch kontert Grünewald, „...an der betreffenden Stelle des Leitfadenkapitels bewegt sich Kant ja noch ganz im Rahmen der formalen Logik, kann also noch keineswegs eine ausgeführte Systematik von Prinzipien für die Möglichkeit verschiedener Arten von Urteilen voraussetzen" (*Modalität und empirisches Denken*, S. 50). – Eine weitere, letzte Interpretation gelte als die umfassendste. Sie beinhaltet nämlich alle Übrigen, schon besprochenen (ebd. S. 50). Jedes Urteil a priori könne nach dieser Interpretation als „Gesetz des Verstandes" angenommen werden (ebd. S. 57). Der Terminus „Gesetz" entspricht nach einer engeren Variante dieser These sowohl der transzendentalen Grundsätze als auch der formallogischen Grundsätze des Verstandes.

Grünewalds eigene Interpretation des Ausdrucks „Gesetz" ist sehr originell. Sie stützt sich auf die Lektüre der *Metaphysischen Anfangsgründe der Naturwissenschaft* von 1786 und auf drei dort wiedergefundene Bedeutungen der Regel als „Alternationsregel" nach dem Grundsatz der *Phoronomie*, als „Disjunktionsregel" nach dem zweiten Gesetz der Mechanik und als „Distributionsregel" nach dem dritten Gesetz der Mechanik (ebd. S. 67). Die unterschiedlichen Funktionen der „Gesetze des Verstandes" könnten hiermit durch die unterschiedlichen Modi der Alternativen, Disjunktiven und Distributiven Regeln charakterisiert werden. Grünewald schließt hiermit von Anfang an die einfache transzendentale Bedeutung des Wortes „Gesetz" aus; er findet aber interessanterweise eine Erklärung desselben Wortes in dem von der *Kritik* ganz entfernten und sogar viel konkreteren Bereich der physikalischen Gesetze der Phoronomie und der Mechanik.

75 Mit dieser Interpretation, die Kants Gesetzesbegriff unbestimmt (d. h. weder analytisch noch synthetisch definiert) lässt, scheint Robert Hanna einverstanden zu sein. Auf S. 258 seines Buches *Kant and the Foundations of Analytic Philosophy* (vgl. dazu hier S. 302 f.) präzisiert er den oben in Kants Zitat am Anfang von **d.** dargestellten Begriff der „logischen Notwendigkeit": „This notion of logical necessity must not be too hastily identified with analytic necessity [...] This is because the classification of judgements in pure general logic [...] is logically prior to the analytic/synthetic distinction, which has primarily to do with the content of

diesem Kontext zunächst eher unbestimmt. Dies bedeutet jedoch nicht, dass wir auf ein besseres Verständnis des Textes und selbst des hier enthaltenen Ausdrucks „Gesetz des Verstandes“ gänzlich verzichten müssten.

Eine interessante, jedoch meines Erachtens nur mit Einschränkungen nachvollziehbare Interpretation des Textes wurde von Jessica Leech vorgeschlagen. Die „Gesetze des Verstandes“ bezeichnen nach Leech nichts Anderes als die ganz allgemeinen logischen Regeln, welche als Grundlage jedes Syllogismus gelten. Man könne in diesem Sinne die Struktur des hypothetischen Syllogismus auch für die Interpretation der apodiktischen Urteile erweitern. Nach dem folgenden Muster:

problematisches Urteil = Wenn p, dann q

Bestimmung durch die Gesetze des Verstandes

assertorisches Urteil = p, dann q = *apodiktisches Urteil*

Jessica Leech schreibt diesbezüglich: „Kants explicates the modes of judgment in terms of the location of a judgment in a syllogism. [...] Certainly nothing is thought regarding the truth or falsity of the antecedent of a conditional, even if the conditional itself is asserted. So judging that p is problematic. In the second premise, the modality of p is assertoric; here we suppose that p is true. In the conclusion, q is therefore taken to be necessary, insofar as it is determined by the premise via the laws of thought; it follows logically. Given the premises and certain rules of inference (the laws of thought), the conclusion *must be true*“[76]. Aus dieser (an sich eleganten) Interpretation entstehen aber zwei gravierende Probleme. 1. Verzichtet man auf die transzendentale Bedeutung des Ausdrucks „Gesetz des Verstandes“, so wird die Formulierung „daher a priori behauptend“ jeglicher Bedeutung enthoben. Die Apriorität gewisser apodiktischer Sätze hängt offensichtlich von den Gesetzen des Verstandes im klassischen (d. h. transzendentalen, nicht bloß logischen) Sinne des Wortes ab[77]. 2. Eine solche konstitutive Funktion der logischen Gesetze der Syllogistik ist weder in der „Entdeckung“ noch in der *Kritik der reinen Vernunft* im Allgemeinen

judgements and not with their form. So the concept of logical necessity at A 76/B 101 must [...] range over all necessary proposition whatsoever“.

76 Leech, *Kant's Modalities of Judgment*, S. 13.

77 Leechs Erklärung ist in diesem Sinne keinerlei überzeugend: „If we take a judgment to be logical consequence of some premises, then we are inclined to say we come to know the conclusion a priori (albeit probably weakly a priori, following a priori from non-a priori premises)“ (*Kant's Modalities of Judgment*, S. 18).

zu finden. Jessica Leech schreibt von einem „most general kind of logic“[78]. Diese allgemeine Logik ist allerdings in keiner Weise Teil der Kantischen Argumentation.

Die übereilte Erklärung der drei Modalurteile auf Grund der Struktur des hypothetischen Syllogismus bietet in diesem Sinne keine befriedigende Lösung. Man kann jedoch mit Jessica Leech ganz im Allgemeinen behaupten, dass nicht nur problematische und assertorische, sondern auch apodiktische Urteile in einem Syllogismus zu lokalisieren sind. Dafür ist allerdings eine Verschiebung der Analyse auf die Ebene des Kategorischen Syllogismus (in drei Sätzen) zu empfehlen. Denn diese Form des Schlusses eignet sich besser dazu, die Entwicklung des Arguments auf einem zugleich rein logischen und transzendentalen Niveau zu garantieren.

Man kann diesbezüglich Folgendes behaupten: Kant lädt uns ein, die Kategorien der Modalität auf Grund der in seiner Argumentation ganz zentralen Gliederung und Einstufung der drei unterschiedlichen Urteile der Modalität zu entdecken. Es gilt, mindestens zwei unterschiedliche, nicht konkurrierende, sondern miteinander vereinbarte Formen der Einordnung der drei Formen der Modalität zu betrachten. Eine erste, ganz explizite, ist die der progressiven Einverleibung einer Wahrheit in den Verstand. Sie wird hier in **e.** behandelt. Eine zweite, ebenso wichtige, ist die der Einteilung der Modalität in 1. Form (Möglichkeit), 2. Materie (Wirklichkeit), 3. Form und Materie (Notwendigkeit). Will man die Kantische Darstellung der Modalurteile in ihrer Komplexität begreifen, dann muss man meines Erachtens auch dieses zweite Muster, welches in Form eines kategorischen Syllogismus beschrieben werden kann, in Betracht ziehen. Diesem Thema widmet sich Sektion **f.**

e. Am Ende der Sektion 4., nach der Darstellung der problematischen, assertorischen und apodiktischen Urteile, überträgt Kant seine Analyse auf die Ebene der empirischen Psychologie. Die drei Urteilsformen werden nun (wir sind noch in A 76/B 101) als die drei Stufen der Aufnahme in den Verstand gekennzeichnet:

> Weil nun hier alles sich gradweise dem Verstande einverleibt, so daß man zuvor etwas problematisch urtheilt, darauf auch wohl es assertorisch als wahr annimmt, endlich als unzertrennlich mit dem Verstande verbunden, d. i. als nothwendig und apodiktisch, behauptet, so kann man diese drei Functionen der Modalität auch so viel Momente des Denkens überhaupt nennen.

78 Vgl. Leech, ebd.

Es geht hier um die Beschreibung der drei Niveaus der Einverleibung einer Erkenntnis in den Verstand. Für die Mehrheit der Interpreten gilt diese Reduktion der Logik auf die Psychologie als die beste Erläuterung der Funktion der drei unterschiedlichen Formen des Modalurteils.

Norman Kemp Smith schreibt in diesem Sinne: „Kant speaks of the problematic, the assertoric, and the apodictic forms of judgment as representing the stages through which knowledge passes in the process of its development"[79]. Reinhard Brandt lokalisiert die drei Momente des Erkenntnisprozesses im Bereich der Methode: „Die drei Momente der Modalität werden vorgeführt als drei Stufen in einem Erkenntnisprozeß; der Weg führt über eine willkürliche (nicht motivlose) Annahme hin zur Erkenntnis der Notwendigkeit. Bei dieser Heuristik („...dient..., den wahren zu finden", A 75) werden die vorhergehenden Titel der Urteilstafel benutzt, jedoch nicht inhaltlich erweitert"[80]. Michael Wolff versucht in *Die Vollständigkeit der kantischen Urteilstafel* die Metapher der Einverleibung dadurch zu erklären, dass er die formale Logik und die empirische Psychologie in einem einzigen Diskurs über die drei Stufen der Modalität zusammenschmelzt: „Das problematische Urteil, nämlich ein Urteil der Form ‚es ist möglich, daß p', bringt zum Ausdruck, daß wir uns des Urteils darüber, ob p der Fall ist, nicht völlig enthalten wollen, sondern vielmehr bereit sind, in Erwägung zu ziehen, daß p. [...] Das assertorische Urteil ‚p' bringt zum Ausdruck, daß wir bereit sind, die Behauptung, daß p, für wahr zu halten. [...] Das apodiktische Urteil schließlich (‚es ist notwendig, das p') bringt zum Ausdruck, daß wir ‚p' für wahr halten, allerdings nur aufgrund davon, daß ‚p' aus anderen, von uns bereits als wahr angenommenen, uns schon zueigen gemachten Urteilen folgt"[81].

Die drei Grade der „Einverleibung" im Denken können meines Erachtens mit Hilfe der drei Arten oder Modi des Fürwahrhaltens – „Meinen", „Glauben", „Wissen" – erläutert werden. Diese drei Momente des 1. weder subjektiven noch objektiven, 2. subjektiven, jedoch nicht objektiven, 3. sowohl subjektiven als auch objektiven Fürwahrhaltens werden von Kant zum Beispiel im dritten Abschnitt „Des Kanons der reinen Vernunft"[82] oder – viel ausführlicher – in den *Logik-Vorlesungen* als Kommentar des

79 *A Commentary*, S. 194.

80 *Die Urteilstafel*, S. 83; vgl. auch S. 103. Beachtliche Ähnlichkeiten sieht Brandt zwischen Kants Worten und einigen Sätzen von Feders *Logik und Metaphysik*, deren 5. Auflage von 1778 Kant besaß (dazu ebd. S. 83 Anm.).

81 Wolff, *Die Vollständigkeit*, S. 125; vgl. auch S. 173.

82 *KrV*, A 820 ff./B 848 ff.

vierten Abschnitts („Von der Wahrheit der gelehrten Erkenntnis") der *Vernunftlehre* Meiers dargestellt[83]. In der *Logik* von 1800 heißt es diesbezüglich: „Das Meinen ist ein problematisches, das Glauben ein assertorisches und das Wissen ein apodiktisches Urtheilen. Denn was ich bloß meine, das halte ich im Urtheilen mit Bewußtsein nur für problematisch; was ich glaube, für assertorisch, aber nicht als objectiv, sondern nur als subjectiv nothwendig (nur für mich geltend); was ich endlich weiß, für apodiktisch gewiß, d. i. für allgemein und objectiv nothwendig (für Alle geltend)..."[84]. Man kann auf Grund dieses Zitates einsehen, dass für Kant Meinen, Glauben und Wissen respektive aus problematischen, assertorischen und apodiktischen Urteilen bestehen. Kann man nun dieses Verhältnis auch umgekehrt, d. h. als reziprok annehmen und somit behaupten, dass jedes problematische Urteil ein Meinungsurteil, jedes assertorische ein Glaubensurteil und jedes apodiktische ein Wissensurteil ist?

Man kann leicht problematische Urteile als Meinungsurteile und apodiktische Urteile als Wissensurteile verstehen; viel schwieriger ist aber das Verhältnis zwischen „assertorischen Urteilen" und „Glaubensurteilen" zu begreifen. Diese Korrelation kann m. E. nur dann bestehen, wenn man den „Glauben" als spezifische Form des Wissens auffasst. Es geht hier mit anderen Worten viel weniger um den Glauben als rationale, praktische Gewissheit des Vernunftglaubens (*fides*), die Kant vor allem in den Postulaten der praktischen Vernunft behandelt, als um den Glauben als theoretisches, bloß subjektives und empirisches Fürwahrhalten.

In der *Logik*, wenige Sätze nach dem hier oben zitierten Satz, wird in dieser Hinsicht das Wissen (d. h. die dritte und letzte Stufe des Fürwahrhaltens) in 1. rationales Wissen aus Vernunftgründen, welches immer apodiktisch ist, und 2. empirisches Wissen aus Erfahrungsgründen, welches durch assertorische Urteile ausgedrückt wird, unterteilt: „Die rationale Gewißheit unterscheidet sich von der empirischen durch das Bewußtsein der Nothwendigkeit, das mit ihr verbunden ist, sie ist also eine apodiktische, die empirische dagegen nur eine assertorische Gewissheit"[85]. Apodiktische und assertorische Urteile betreffen hiermit nicht „Wissen" und „Glauben", sondern zwei unterschiedliche Formen des Wissens. Die Gewissheit der apodiktischen (notwendigen) Urteile kann ihrerseits entweder 1.1 eine philosophische oder 1.2 eine mathematische sein. Die

83 Vgl. 24:147 ff., 24:419 ff., 24:440, 24:541 ff., 24:637 ff., 24:731 ff. und *Logik-Vorlesung: unveröffentlichte Nachschriften,* S. 124 ff., S. 351 ff., S. 569 ff.

84 9:66.

85 9:71. Vgl. *Logik-Vorlesung: unveröffentlichte Nachschriften*, S. 574.

empirische Gewissheit des assertorischen Urteils zerfällt dagegen in 2.1 eine ursprüngliche und 2.2 eine abgeleitete Feststellung der Wirklichkeit[86].

Nun kann man die Korrelation zwischen den drei Modalurteilen und den drei Stufen des Führwahrhaltens definieren:

– Problematische Urteile sind alle Meinungsurteile, im Sinne von Urteilen, welche keinen Wahrheitswert in sich haben. Sie enthalten hiermit nur „ein dunkles Vorgefühl von der Wahrheit“[87].
– Assertorische Urteile sind Urteile, welche eine bloß subjektive und zufällige (d. h. empirische) Gewissheit enthalten, aus synthetischen Sätzen a posteriori bestehen und daher auch als Glaubensurteile bezeichnet werden können.
– Apodiktische Urteile drücken ein objektives (nicht bloß subjektives) Wissen aus, welches aus rationalen Gründen a priori stammt: „Wißen heißt etwas mit gewisheit urtheilen“[88] bzw. „die Wahrheit zureichend erkennen“[89]. Alles Wissen besteht in der Erkenntnis einer Notwendigkeit.

In den oben zusammengefassten Analysen von Kemp Smith, Brandt und Wolff werden die drei Grade des Führwahrhaltens nicht in Betracht gezogen, obwohl Kant hier offenbar das Problem der Einverleibung der Wahrheit in den Verstand thematisiert. Diese drei Stufen müssen notwendigerweise auf der Ebene der Modalität thematisiert werden. Die Modalität lässt sich ihrerseits auch mit Hilfe der drei Formen des Fürwahrhaltens in ihrer stufenartigen Artikulation konkret auffassen.

f. Jedoch stellt dies – wie schon oben erwähnt wurde –, weder das einzige noch das beste Muster für die Erklärung der Funktion und der Bedeutung der drei unterschiedlichen Urteile der Modalität dar. In Abschnitt VII der Einleitung der *Logik* ordnet Kant die problematischen, assertorischen und apodiktischen Urteile nach den drei Sätzen des Widerspruchs, des Grundes und des ausgeschlossenen Dritten. Folgendes lässt sich nun leicht erkennen: 1. Problematische Sätze können im Verstande nur dann eingenommen werden, wenn sie keinen Widerspruch enthalten; 2. Assertorische

86 „Die empirische Gewißheit ist eine ursprüngliche (*originarie empirica*), sofern ich von etwas aus eigener Erfahrung, und eine abgeleitete (*derivative empirica*), sofern ich durch fremde Erfahrung wovon gewiß werde. Diese letztere pflegt auch die historische Gewißheit genannt zu werden“ (9:71)

87 9:67.

88 24:148.

89 24:440. Vgl. 24:228.

Sätze fußen auf einem Grund (eine sinnliche Erfahrung zum Beispiel), der die Bestimmung der Wahrheit/Falschheit des Urteils überhaupt ermöglicht; und 3. Apodiktische Sätze müssen mit der Behauptung der notwendigen Falschheit ihres Gegenteils begleitet werden[90]. Dieser Parallelismus zwischen Modalsätzen und Prinzipien der Logik bleibt jedoch für Kant auf der metaphorischen (nicht konstitutiven) Ebene einer Analogie.

Man beachte nun vor allem, was Kant zur Darstellung der apodiktischen Urteile in A 76/B 101 schreibt:

> Der apodiktische Satz denkt sich den assertorischen durch diese Gesetze des Verstandes selbst bestimmt und daher *a priori* behauptend und drückt auf solche Weise logische Nothwendigkeit aus.

---

90 „Wir werden also hier drei Grundsätze, als allgemeine, bloß formale oder logische Kriterien der Wahrheit aufstellen können; diese sind 1) der Satz des Widerspruchs und der Identität (*principium contradictionis* und *identitatis*), durch welchen die innere Möglichkeit eines Erkenntnisses für problematische Urtheile bestimmt ist; 2) der Satz des zureichenden Grundes (*principium rationis sufficientis*), auf welchem die (logische) Wirklichkeit einer Erkenntniß beruht, daß sie gegründet sei, als Stoff zu assertorischen Urtheilen; 3) der Satz des ausschließenden Dritten (*principium exclusi medii inter duo contradictoria*), worauf sich die (logische) Nothwendigkeit eines Erkenntnisses gründet – daß nothwendig so und nicht anders geurtheilt werden müsse, d. i. daß das Gegentheil falsch sei – für apodiktische Urtheile" (9:52 f.). In einem Brief an Reinhold vom 19. Mai 1789 schreibt Kant diesbezüglich: „Der Satz des zureichenden Grundes, so weit ihn Hr. Eberh. bewiesen hat, ist also immer nur ein logischer Grundsatz und analytisch. Aus diesem Gesichtspunct betrachtet wird es nicht zwey, sondern drey logische Principien der Erkentnis geben: 1) den Satz des Wiederspruchs, von categorischen 2) den Satz des (logischen) Grundes von hypothetischen 3) den Satz der Eintheilung (der Ausschließung des Mittleren zwischen zwey einander contradictorisch entgegengesetzten) als den Grundsatz disjunctiver Urtheile. Nach dem ersten Grundsatze müssen alle Urtheile erstlich, als problematisch (als bloße Urtheile) ihrer Möglichkeit nach, mit dem Satze des Widerspruchs, zweytens, als assertorisch (als Sätze), ihrer logischen Wirklichkeit d. i. Wahrheit nach, mit dem Satze des z. Grundes, drittens, als apodictische (als gewisse Erkentnis) mit dem *princ: exclusi medii inter duo contrad.* in Übereinstimmung stehen; weil das apodictische Fürwahrhalten nur durch die Verneinung des Gegentheils, also durch die Eintheilung der Vorstellung eines Prädicats, in zwey contradictorisch entgegengesetzte und Ausschließung des einen derselben gedacht wird" (11:45; vgl. auch 20:278). Man beachte dazu Reich, *Die Vollständigkeit*, S. 89, Wilson, *Kant's Modal Functions*, S. 264 und S. 269, Poser, *Die Stufen der Modalität*, S. 198, Grünewald, *Modalität und empirisches Denken*, S. 43 und S. 68 ff., Schindler, *Die reflexive Struktur*, S. 27 ff., Brandt, *Die Urteilstafel*, S. 81, Stampa, *Modalità e teoria dell'oggetto*, S. 104, Wingendorf, *Kritische Modalphilosophie*, S. 213 ff.

Kant verwendet hier nicht (bzw. nicht nur) das Muster einer progressiven Einverleibung oder das Muster der unterschiedlichen Grundprinzipien der Logik, sondern dasjenige der Einteilung der Modalität nach 1. Form, 2. Materie und 3. Verbindung von Form und Materie. Dieses Muster – das ich an verschiedenen Stellen erläutere[91] – prägt nicht nur die Darlegung der drei Grundsätze der Modalität in den „Postulaten des empirischen Denkens überhaupt"; es charakterisiert im Allgemeinen die rekurrierende Teilung und Einstufung der Modalbegriffe bei Kant. „Moglichkeit: die Uebereinstimmung (*non repugnantia*) mit einer Regel, Wirklichkeit: die position schlechthin, Nothwendigkeit: die position nach einer Regel. Das erste wird gedacht, ohne gegeben zu seyn. Das zweyte Gegeben, ohne daß es gedacht wird. Das dritte dadurch gegeben, daß es gedacht wird"[92]. Der apodiktische Satz denkt den materiellen Gehalt eines Urteils durch die Gesetze des Verstandes bestimmt.

Um ein gründliches Verständnis der Modalurteile zu erlangen, ist die Miteinbeziehung des Musters (Form+Materie = Form/Materie) geboten. Werden die drei Urteile der Modalität auf Grund dieser neuen Einordnung bestimmt, dann muss mit einer Verschiebung der Bedeutungen der Begriffe der Möglichkeit, Wirklichkeit und Notwendigkeit gerechnet werden. Durch die Möglichkeit des problematischen Urteils wird nun keine Widerspruchsfreiheit mehr ausgedrückt, sondern eine allgemeine Regel bzw. die Form der Erfahrung selbst ausgedrückt. Das entspricht der Kantischen Definition des Möglichen als das, was mit den formalen Bedingungen der Erfahrung übereinstimmt. Durch die Wirklichkeit des assertorischen Urteils wird der materielle Gehalt einer Behauptung ausgedrückt. Die im apodiktischen Urteil erörterte Notwendigkeit ist schließlich eine zugleich formale und materielle. Sie drückt eine Gesetzmäßigkeit aus, die von der gegebenen Materie des Wirklichen in keiner Weise abstrahiert. Die Notwendigkeit besteht hiermit in der Positionierung des Realen gemäß einer Regel, oder besser: in dem Verhältnis eines Gegenstandes zum Denken, insofern dieses das Dasein des Gegenstandes selbst bestimmt[93].

Man beachte nun Folgendes: Auf einer rein logischen (nicht zugleich transzendentalen) Ebene lässt sich diese Notwendigkeit des Urteils nur durch die Funktion der *conclusio* in einem Syllogismus darstellen. In *Kants Konzeption der Modalbegriffe* (1952) beschränkt Schneeberger daher seine Analyse der logischen Notwendigkeit zu Recht auf die Betrachtung eines

91 Vgl. z. B. Abs. 2.1, 2.3, 4.2 und Anm. 50, 69 des Textkommentars.
92 R. 4298 aus den Jahren 1770–1771.
93 Vgl. dazu S. 45 f., 55 ff. und Abs. 7.1.

kategorischen Vernunftschlusses. Nur die Allgemeingültigkeit der *conclusio* im kategorischen Schluss könne die Notwendigkeit logisch definieren[94]. Während das problematische und das assertorische Urteil durch ihre Lokalisierung im hypothetischen Schluss erläutert werden, wird nun das apodiktische durch die Gleichsetzung desselben mit dem Schlusssatz in einem kategorischen Urteil in drei Sätzen[95] erklärt. Die formalen Bedingungen der *maior* (Möglichkeit) und des materiellen Gehaltes der *minor* (Dasein) werden nun in der *conclusio* verbunden, welche immer vom Bewusstsein der Notwendigkeit begleitet ist[96]. Nach dem folgenden

---

94 Schneeberger (*Kants Konzeption*, S. 83 ff.) zitiert in dieser Hinsicht die §§ 56, 57, 60 der *Logik* (9:120–122) und das Kantische Beispiel des Syllogismus vom sterbenden Caius in *KrV*, A 321–322/B 378–379: „Den Satz: Cajus ist sterblich, könnte ich auch bloß durch den Verstand aus der Erfahrung schöpfen. Allein ich suche einen Begriff, der die Bedingung enthält, unter welcher das Prädicat (Assertion überhaupt) dieses Urtheils gegeben wird (d. i. hier den Begriff des Menschen), und nachdem ich unter diese Bedingung, in ihrem ganzen Umfange genommen, (alle Menschen sind sterblich) subsumirt habe: so bestimme ich darnach die Erkenntniß meines Gegenstandes (Cajus ist sterblich). Demnach restringiren wir in der Conclusion eines Vernunftschlusses ein Prädicat auf einen gewissen Gegenstand, nachdem wir es vorher in dem Obersatz in seinem ganzen Umfange unter einer gewissen Bedingung gedacht haben".

95 Ein wesentlicher Unterschied trennt die Form des hypothetischen und des disjunktiven Schlusses vom klassischen, kategorischen Schluss. Dieser enthält nämlich drei, nicht nur zwei Begriffe (z. B. „Menschen", „sterblich", „Caius"; vgl. *KrV*, A 321–322/B 378–379) und besteht dementsprechend aus drei konstitutiven Urteilen (*maior*, *minor*, *conclusio*), welche diese drei Termini unterschiedlich kombinieren. In § 62 der *Logik* wird der kategorische Syllogismus folgendermaßen in seiner begrifflichen Struktur definiert: „In einem jeden kategorischen Vernunftschlusse befinden sich drei Hauptbegriffe (*termini*), nämlich: 1) das Prädicat in der Conclusion, welcher Begriff der Oberbegriff (*terminus major*) heißt, weil er eine größere Sphäre hat als das Subject, 2) das Subject (in der Conclusion), dessen Begriff der Unterbegriff (*terminus minor*) heißt, und 3) ein vermittelndes Merkmal (*nota intermedia*), welches der Mittelbegriff (*terminus medius*) heißt, weil durch denselben eine Erkenntniß unter die Bedingung der Regel subsumirt wird" (9:122–123). „Was dem Merkmale einer Sache zukommt, das kommt auch der Sache selbst zu; und was dem Merkmale einer Sache widerspricht, das widerspricht auch der Sache selbst (*nota notae est nota rei ipsius; repugnans notae, repugnat rei ipsi*)" (9:123). Das Prinzip aller kategorischen Vernunftschlüsse ist dieses: „Was dem Merkmale einer Sache zukommt, das kommt auch der Sache selbst zu; und was dem Merkmale einer Sache widerspricht, das widerspricht auch der Sache selbst (*nota notae est nota rei ipsius; repugnans notae, repugnat rei ipsi*)" (9:123).

96 Siehe 9:122; vgl. auch *KrV*, A 321 ff./B 377 ff., R. 3196 (aus der zweiten Hälfte der 70er Jahre), R. 3201 (aus den 90er Jahren) und *Logik Dohna-Wundlacken*, 24:771. Dazu Schneeberger, *Kants Konzeption*, S. 83 ff., Veca, *Fondazione e mo-*

Muster:

Alle A sind B”	X is A	X is B
(maior)	(minor)	(conclusio)
„alle Ereignisse haben eine Ursache“	„X ist ein Ereignis“	„X hat eine Ursache“
	↓	↓
	assertorischer Satz	apodiktischer Satz

Apodiktisch sei daher ein Urteil, welches wie der Schlusssatz eines Syllogismus nicht zufällig sein kann, sondern in sich eine Notwendigkeit enthält: „Conclusion ist immer mit dem Bewußtsein der Nothwendigkeit begleitet und hat folglich die Dignität eines apodiktischen Satzes“[97]

Die Kraft der gesamten *Kritik der reinen Vernunft* liegt vor allem darin, dass das Urteil in seiner konstitutiven Zentralität innerhalb der Logik bestätigt wird[98]. Die Urteile stehen im Zentrum der neuen, transzenden-

---

dalità, S. 224, Stuhlmann-Laeisz, *Kants Logik*, S. 67, Grünewald, *Modalität und empirisches Denken*, S. 45 und Wingendorf, *Kritische Modalphilosophie*, S. 140 ff.

97 9:122. Nach Bernward Grünewald kann die Form des Vernunftschlusses die synthetischen Urteile der *conclusio* jedoch nicht als apodiktische Urteile charakterisieren. In Bezug auf den klassischen Syllogismus vom sterbenden Caius in *KrV*, A 321–322/B 378–379 schreibt er in diesem Sinne: „Warum sollte der Satz von der Sterblichkeit des Caius einen ›stärkeren‹ Modalitätsgrad besitzen als der Satz vom Mensch-Sein des Caius?“ (*Modalität und empirisches Denken*, S. 53). Auf diese Weise würde sich „jede beliebige empirische Feststellung […] in ein apodiktisches Urteil verwandeln [lassen]“ (ebd. S. 54). Grünewald schreibt außerdem, „…es erscheint absurd, anzunehmen, die conclusio, die doch von der Wahrheit des Untersatzes und der Verlässlichkeit der zugrundeliegenden Beobachtung abhängt, sei dennoch ein apodiktisches Urteil“ (ebd.). Stuhlmann-Laeisz hatte wenige Jahre vor Grünewald dieselbe Kritik an Kant geäußert: „Ein Syllogismus schließt nicht, wie Kant meint, auf die Notwendigkeit des Schlusssatzes, sondern er drückt die Notwendigkeit eines Bedingungsverhältnisses aus, dass nämlich dieser Satz wahr ist, wenn die Prämissen wahr sind“ (*Kants Logik*, S. 69). Ziemlich korrekt ist jedoch meines Erachtens die Antwort Brandts an Grünewald (und hiermit an Stuhlmann-Laeisz) in diesem Punkt: „Kant scheint nur eine Idee vermitteln zu wollen, wie man sich die logische Möglichkeit, Wirklichkeit und Notwendigkeit denken kann, eben dem dient die Lokalisierung in den rein logischen Positionen der Syllogismen“ (*Die Urteilstafel*, S. 119). In der Tat geht es an dieser Stelle um eine bloße (aber doch sehr wichtige) Lokalisierung und daher nicht um die (formallogisch unmögliche) Begründung der Formen der Transzendentalphilosophie.

98 „Wir können aber alle Handlungen des Verstandes auf Urtheile zurückführen, so daß der Verstand überhaupt als ein Vermögen zu urtheilen vorgestellt werden kann“ so Kant in *KrV*, A 69/B 94. Schon in *Die falsche Spitzfindigkeit der vier syllogistischen Figuren erwiesen* von 1762 hatte Kant die zentrale Funktion des Urteils gegen alle Lobreden der Wichtigkeit des Syllogismus betont: „…die obere Erkenntnißkraft schlechterdings [beruht] nur auf dem Vermögen zu urtheilen.

talen Logik. Sie entsprechen einerseits den verschiedenen Formen der reinen Begriffe (man beachte diesbezüglich das enge Verhältnis zwischen Kategorien und synthetischen Sätzen a priori); ihnen kann aber zugleich dieselbe Notwendigkeit und apodiktische Gewissheit des Schlusses (*conclusio*) in einem Syllogismus zugesprochen werden. Die *Kritik* kann hiermit als eine neue Logik – ein „*Novum Organon*" – konzipiert werden. Sie enthält eine Theorie der Urteile als synthetische Sätze, denen – im Unterschied zu dem empiristischen „*Neuen Organon*" von Francis Bacon – dieselbe Notwendigkeit des Schlusses in einem Syllogismus zugesprochen wird[99]. Man kann in diesem Sinne von synthetischen (d. h. von nicht analytischen) Urteilen a priori sprechen, welche notwendig und allgemeingültig sind. Hauptfunktion der Vernunft als Vermögen des Schließens ist es, diese Notwendigkeit des Urteils zu erkennen und auszudrücken.

g. Es ist nun evident, dass die meisten Schwierigkeiten dieser Analyse sich nicht bloß aus der Komplexität der Sätze ergeben, sondern ebenfalls 1) aus dem allgemeinen Sinn einer „Entdeckung" aller Kategorien durch die Tafel der Urteile überhaupt sowie 2) von der sehr speziellen (in diesem Kommentar immer wieder thematisierten) Funktion der Kategorien der Modalität für die Bestimmung der Synthesis a priori herrühren. Darüber sei vor allem Folgendes festgehalten:

1) Eine logische „Entdeckung" der Kategorien hat wahrscheinlich nie stattgefunden. Wir finden die ersten Beschreibungen einer solchen Ableitung der Kategorien in den Vorlesungen über Enzyklopädie und Metaphysik, die Kant zwischen 1778 und 1780 an der Albertina hielt. In der Evolution der Kantischen Auffassung der reinen Begriffe des Verstandes geht die transzendentallogische (eher ontologische) Auffassung ihrer

---

Demnach wenn ein Wesen urtheilen kann, so hat es die obere Erkenntnißfähigkeit. Findet man Ursache, ihm diese letztere abzusprechen, so vermag es auch nicht zu urtheilen" (2:59). Vgl. Stampa, *Modalità e teoria dell'oggetto*, S. 20.

99 Siehe dazu das Verhältnis zwischen Notwendigkeit und Vernunft auf S. 45 f. Kant folgt in der Tat der Grundidee Bacons, das alte *Organon* zur Fixierung der Grundlagen und der Methode der Wissenschaften und der Metaphysik neu zu schreiben. Während aber Bacon das *Novum Organum* auf einer strikt empiristischen Basis entwickelte, versucht Kant die Notwendigkeit der alten Logik durch eine andere, spezifische Form von Notwendigkeit zu ersetzen. Die Frage nach der Bedeutung dieser neuen Form von Notwendigkeit ist eine schwierige, zugleich aber eine sehr wichtige, um Sinn, Aufgabe und Ansprüche des kritischen Projekts insgesamt zu begreifen.

Funktion der rein logischen Ableitung aus dem System der Urteile offensichtlich voran[100]. Das heißt nicht, dass Kants Versuch, die Kategorien von der Urteilstafel abzuleiten, zu vernachlässigen sei. Vielmehr lässt sich die Behauptung aufstellen, dass die sogenannte „metaphysische Deduktion" der Kategorien weniger eine „Entdeckung" ist als eine Systematisierung und Strukturierung der reinen Begriffe des Verstandes.

2) Diese Neudefinierung und Neustrukturierung der reinen Begriffe enthält jedoch in Bezug auf die Kategorien der Modalität eine evidente Gefahr. Diese Gefahr besteht in der falschen und unreflektierten Annahme, man könne die kritische Notwendigkeit, welche das Synthetische a priori selbst definiert, aus dem apodiktischen Charakter eines bloß analytischen Urteils deduzieren. Rein logische und analytische (d. h. innerlich von Definitionen abhängige) Urteile sind wohl apodiktisch wahr bzw. falsch; die synthetische Notwendigkeit (der Urteile a priori) darf jedoch nicht aus dem apodiktischen Charakter dieser Form von Urteilen abgeleitet werden.

Wenn wir die meines Erachtens evidente Tatsache annehmen, dass Kant sich in der Verfassung der „Entdeckung" mit der Gefahr einer (unmöglichen) Ableitung des synthetisch Notwendigen vom analytisch Notwendigen konfrontiert sah, so lässt sich die Strategie seiner Antwort erst deutlich begreifen.

Es handelt sich, wie oben dargelegt, um eine doppelte Strategie: – Durch die Lokalisierung der Modalsätze in einem Syllogismus rettet Kant den synthetischen Charakter der Modalbegriffe im Allgemeinen und der Notwendigkeit im Besonderen. Innerhalb einer Inferenz können nämlich auch synthetische Sätze (unabhängig von ihrem Inhalt) apodiktisch wahr sein. – Die eher psychologische Beschreibung der unterschiedlichen Zugehörigkeit der Modalsätze im Verstande macht eine zugleich psychologische und logische Definition möglich (man bedenke, dass in der Tradition der Thomasianischen Schule Logik und Psychologie eng verbunden waren)[101], welche den Übergang zu einer eher transzendentalen Bestimmung derselben Sätzen (durch die Einführung der „Gesetze des Verstandes") suggeriert.

Die Lokalisierung in einem Syllogismus zusammen mit der massiven Psychologisierung und sogar Transzendentalisierung der Logik ermöglicht Kant eine (an sich sonst scheinbar unmögliche und fast paradoxale) Ab-

100 Man beachte dazu hier die letzten Seiten von Abs. 9.6.

101 „Der grund der vernunftlehre ist die natur der menschlichen vernunft", so zum Beispiel Müller in der *Einleitung*, I. 78.

leitung der Kategorie der Notwendigkeit aus der Logik, welche in keiner Weise auf die Apodiktizität von analytischen Sätzen rekurriert. Durch diese schwierige Ausschließung des Analytischen vom philosophischen Diskurs entwickelt Kant eines der zugleich dunkelsten und m. E. interessantesten Argumente innerhalb der *Kritik der reinen Vernunft.*

2.2. Die psychologische Einteilung

In § 76 der *Kritik der Urteilskraft*, d. h. in einem von den Fragen der „Transzendentalen Analytik" ziemlich entfernten Zusammenhang, schreibt Kant Folgendes: „Es ist dem menschlichen Verstande unumgänglich nothwendig, Möglichkeit und Wirklichkeit der Dinge zu unterscheiden. Der Grund davon liegt im Subjecte und der Natur seiner Erkenntnißvermögen"[102]. Hiermit will er vor allem betonen, dass der Verstand keine anschauende Natur hat. Etwas denken heißt, sich etwas als bloß möglich vorzustellen; ein wirklicher Gegenstand kann dagegen nur in der Anschauung gegeben werden. Genauso wie die Sinnlichkeit nicht denkt, so kann der Verstand nichts anschauen: „Nun beruht [...] alle unsere Unterscheidung des bloß Möglichen vom Wirklichen darauf, daß das erstere nur die Position der Vorstellung eines Dinges respectiv auf unsern Begriff und überhaupt das Vermögen zu denken, das letztere aber die Setzung des Dinges an sich selbst (außer diesem Begriffe) bedeutet"[103]. Form (Möglichkeit) und Materie (Wirklichkeit) sind nach Kant in den Sachen selbst nicht zu trennen[104]. Sie entsprechen aber zwei getrennten Vermögen der menschlichen Seele.

Die Kompetenzen der Menschenvermögen in Bezug auf die unterschiedlichen modalen Auffassungen des Objektes werden in den „Postulaten" viel detaillierter und ausführlicher als in der *Kritik der Urteilskraft* dargestellt. Man lese diesbezüglich den ersten und den letzten Absatz der Postulate: Absatz I, A 219/B 266[105] und Absatz XIV, A 234/B 286–287[106]. Für den Verstand sind die Dinge nur möglich. Durch die bestimmende Urteilskraft (welche die Sinnlichkeit mit dem Verstand verbindet) können sie als wirklich angenommen werden. Durch die Vernunft können sie als

102 5:401.
103 5:402.
104 Vgl. dazu Abs. 4.2.
105 Dazu hier S. 204.
106 Vgl. hier S. 214.

notwendig erkannt werden. Schon im „Leitfaden der Entdeckung aller reinen Verstandesbegriffe“ betont Kant in einer Fußnote zur Darstellung der problematischen, assertorischen und apodiktischen Urteile diese mögliche Angepasstheit der Modalität (die er hier aber noch nicht erklären kann...) zu den drei Vermögen des Menschen: „Gleich als wenn das Denken im ersten Fall eine Function des Verstandes, im zweiten der Urtheilskraft, im dritten der Vernunft wäre. Eine Bemerkung, die erst in der Folge [d. h. in den “Postulaten„, G. M.] ihre Aufklärung erwartet“[107]. In der „transzendentalen Dialektik“ wiederum wird diese Gliederung der Modalformen im engen Verhältnis mit der Struktur des Syllogismus[108] dargelegt: „In jedem Vernunftschlusse denke ich zuerst eine Regel (*major*) durch den Verstand. Zweitens subsumire ich ein Erkenntniß unter die Bedingung der Regel (*minor*) vermittelst der Urtheilskraft. Endlich bestimme ich mein Erkenntniß durch das Prädicat der Regel (*conclusio*), mithin *a priori* durch die Vernunft“[109].

Auch eine Reihe von Reflexionen[110] und Textstellen aus anderen Schriften Kants[111] bestätigen diese systematische Gliederung[112], die nun aus der näheren Perspektive der drei separaten Fälle der Möglichkeit, Wirklichkeit und Notwendigkeit beschrieben werden soll.

Möglichkeit – Verstand. Dass die Möglichkeit ausgerechnet mit dem Vermögen des „Verstandes“ verbunden wird, lässt sich in erster Linie dadurch erklären, dass hier bloß die *Form* der Erkenntnis zum Ausdruck kommt. Der Verstand kann a priori nichts anderes leisten, als die *Form* einer möglichen Erfahrung zu antizipieren. Seine Grundsätze können daher als die allgemeinen, formalen Prinzipien der *Möglichkeit* der Erfahrung bezeichnet werden. „Der reine Verstand ist [...] in den Kategorien das Gesetz der synthetischen Einheit aller Erscheinungen, und macht dadurch Erfahrung ihrer Form nach allererst und ursprünglich möglich“,

107 *KrV*, A 75/B 100. Vgl. schon R. 429 (um 1780).

108 Vgl. S. 39.

109 *KrV*, A 304/B 360–361.

110 Vgl. vor allem R. 429, R. 1745 R. 4802 und R. 5743 – alle von unsicherer Datierung, wahrscheinlich aus den Jahren um 1780.

111 Siehe z. B. in den *Prolegomena* 4:307–308, in der *Anthropologie* 7:199 und in *Metaphysik K2*, eine Vorlesung aus den Jahren 1790/91, 28:724.

112 Man beachte die Zusammenfassungen dieser Systematik in drei klassischen Werken der Kant-Literatur: Paton, *Kant's Metaphysic*, II, S. 337 f., Vleeschauwer, *La Déduction transcendentale*, II, S. 65 f., Veca, *Fondazione e modalità*, S. 241 ff.

so Kant in der ersten Fassung der „Deduktion“[113]. „Möglich“ kann mit anderen Worten nur das sein, was von den Gesetzen des Verstandes bestimmt wird. Vollständiger ausgedrückt: Möglich ist alles, was zugleich mit den reinen Formen des Verstandes (den Kategorien) und mit den reinen Formen der Sinnlichkeit (Raum und Zeit), d. h. „mit den formalen Bedingungen der Erfahrung“ insgesamt (Form der Sinnlichkeit, Form des Verstandes) übereinkommt.

Form und Materie sollen in der transzendentalen Untersuchung separat bleiben[114]. Logisch betrachtet ist der Verstand das „Vermögen der Begriffe“[115], welches, obwohl es die Urteilskraft und deren Apprehension/Reproduktion der Materie notwendigerweise einschließen sollte, jedoch auch – durch eine Abstraktion – als unabhängig von der Handlung der Urteilskraft betrachtet werden kann[116].

Wirklichkeit – Sinn / Urteilskraft. „Möglich“ ist also für Kant ein Objekt, welches bloß im Verstand durch die formalen Gesetze desselben gedacht wird. „Wirklich“ ist dagegen das Objekt, dessen Gegebenheit in der Wahrnehmung, auf Grund der Gesetze des Verstandes, durch das Vermögen der empirischen Urteilskraft erkannt wird. Es gilt im Allgemeinen das Schema der R. 4803 aus den Jahren 1775/1776:

„Verstand,	Anschauung,	Vernunft
Gedacht,	gegeben,	dadurch gegeben daß es gedacht wird“.

Wirklichkeit ist die Gegebenheit eines empirischen *datum* a posteriori, d. h. die Materie der Sinnlichkeit, welche zugleich nach den Gesetzen des Verstandes erfasst wird. So Paton: „The reference to understanding shows that for Kant existence is not to be found by sense apart from thought“[117]. Die Form des Verstandes ist unersetzbar. Nur bei der Gegebenheit eines materiellen, sinnlichen Inhalts kann aber die Funktion des Urteilens er-

113 *KrV*, A 128.

114 Vgl. dazu Abs. 4.2.

115 *KrV*, A 126; unzählige Stellen bestätigen diese Definition.

116 Dieser Punkt wird besonders gut von Michael Wolff in einer präzisen Erklärung des Verhältnisses der problematischen Urteile (der Möglichkeit) zum Vermögen des Verstandes erläutert: „Ganz allgemein gesprochen, lassen problematische Urteile den Grad der Bejahung und Verneinung in Beziehung auf den hinsichtlich seiner Wahrheit oder Falschheit bestimmbaren Inhalt ‚daß p‘ bzw. ‚daß nicht p‘ gegen den Grenzwert Null gehen und suspendieren ebendamit die Urteilskraft. Insofern lassen sich diese Urteile als Handlungen des Verstandes i. e.S. auffassen“ (*Die Vollständigkeit*, S. 149).

117 Paton, *Kant's Metaphysic*, II, 337 Anm.

folgen. Urteilskraft ist das Vermögen, das Besondere als unter dem Allgemeinen enthalten zu denken. „Wenn der Verstand überhaupt als das Vermögen der Regeln erklärt wird, so ist Urtheilskraft das Vermögen unter Regeln zu subsumiren, d. i. zu unterscheiden, ob etwas unter einer gegebenen Regel (*casus datae legis*) stehe, oder nicht“[118]. Das Besondere einer Erfahrung (der materielle Gehalt) wird nun – rein logisch betrachtet – in einem assertorischen („Ja“ oder „Nein“ behauptenden) Urteil unter dem Allgemeinen Satz der Möglichkeit subsumiert und als wirklich bzw. nicht wirklich erklärt[119].

Notwendigkeit – Vernunft. Die Vernunft ist im Allgemeinen das Vermögen des Schließens. Sie ist das Vermögen, Notwendigkeit bzw. Notwendigkeiten zu erkennen, denn Schlüsse drücken immer eine Notwendigkeit aus. Daher muss die Vernunft auch in der Lage sein, apodiktische Sätze (welche Notwendigkeit enthalten) von den bloß assertorischen zu trennen. Schon im Jahre 1769 schreibt Kant diesbezüglich: „Der Begrif vom nothwendigen ist gleichwohl erstlich ein durch die Vernunft gegebener Begrif, weil durch ihn allein etwas determiniert wird“[120]. In der *Metaphysik Volckmann* (aus den Jahren 1784/85) liest man über das Verhältnis Vernunft-Notwendigkeit: „Die Vernunft giebt nothwendige Regeln und nothwendige Gesetze; denn alles was durch die Vernunft erkant wird, ist immer nothwendig; hingegen was durch die Erfahrung gelehrt wird, ist nicht immer nothwendig“[121]. Und in der *Logik Bauch* aus dem Jahr 1789: „Die Erfahrung lehrt, was die Dinge sind, die Vernunft aber, (die Gewißheit a priori) lehrt, was sie seyn müssen“[122]. Dass etwas notwendig ist (oder ob etwas notwendig geschieht), das kann in der Tat nur die Vernunft – als Vermögen der Erkenntnis a priori – bestimmen. Notwendigkeit und Vernunft sind in diesem Sinne verbunden. Man könnte hinzufügen: Verstand und Vernunft sind aufs engste verbunden, da die Notwendigkeit, als 12. Kategorie des Verstandes, von der Vernunft als Vermögen, die Notwendigkeit der Gesetze überhaupt zu erkennen, abhängt.

Eine absolute, nicht relative Notwendigkeit lässt sich aber weder anschauen noch begreifen. Nichts ist nach Kant für uns an sich notwendig: „Die unbedingte Nothwendigkeit der Urtheile aber ist nicht eine absolute

118 *KrV*, A 132/B 171.
119 Siehe dazu S. 25 f.
120 R. 4033.
121 28:364.
122 *Logik-Vorlesung: unveröffentlichte Nachschriften*, S. 128.

Nothwendigkeit der Sachen. Denn die absolute Nothwendigkeit des Urtheils ist nur eine bedingte Nothwendigkeit der Sache, oder des Prädicats im Urtheile“[123]. Das erklärt er in der *Metaphysik Volckmann* folgendermaßen: „Ein absolut nothwendiges Daseyn, das gänzlich a priori soll erkant werden, kan [...] kein Mensch einsehen, sondern alle unsere Erkentniß der Notwendigkeit ist nur immer Erkenntniß der hypothetischen Nothwendigkeit“[124]. Die einzige Notwendigkeit, die man durch die Vernunft erkennt, ist die hypothetische Notwendigkeit einer Relation: „Die Vernunft knüpft immer eine Existenz an die andere und kan nichts für sich selbst setzen; sie ist also nur das Vermögen der Verknüpfungen a priori, nicht absolute Nothwendigkeit im Daseyn zu erkennen“[125]. Die *Kategorien* sind in dieser Hinsicht die fundamentalen Formen der Synthese von unterschiedlichen Daten. Sie sind vor allem keine intellektuellen Anschauungen, sondern Funktionen des Denkens, d. h. Handlungen, welche verschiedene Vorstellungen unter eine gemeinschaftliche ordnen.

Die Vernunft in ihrer Anwendung auf Erfahrung soll von der Vernunft im *transzendentalen* Gebrauch getrennt werden. Das erweist sich als die entscheidende Aufgabe der „Postulate des empirischen Denkens überhaupt“: Die „Analytik“ soll hier in ihren Inhalten und in ihren Aufgaben von der „Dialektik“ auf Grund der deutlichen Unterscheidung zwischen zwei Formen der Notwendigkeit, der relativen und der absoluten, möglichst deutlich getrennt werden[126].

Interessant ist schließlich die architektonische Koinzidenz des hier in 2.2 beschriebenen Musters Verstand / Urteilskraft / Vernunft mit dem in Kapitel XI der ersten Vorrede zur *Kritik der Urteilskraft* dargestellten Schema: „Erkenntnißvermögen – Verstand – Gesetzmäßigkeit / Gefühl der Lust und Unlust – Urtheilskraft – Zweckmäßigkeit / Begehrungsvermögen – Vernunft – Zweckmäßigkeit, die zugleich Gesetz ist (Verbindlichkeit)“[127].

123 *KrV*, A 593–594/B 621–622.

124 28:417; vgl. auch z. B. 20:273.

125 R. 6299, etwa 1785–88.

126 Mit den Worten Salvatore Vecas: „Una necessità che non sia connessa alla condizione della presenza e cioè non si fondi su un Dasein [...] cade nell'illusione dialettica della ragione, nella pretesa assunzione dell'incondizionato. [...] La tematica modale si apre così alle prospettive e agli esiti della Dialettica“ (*Fondazione e modalità*, S. 286). Vgl. dazu vor allem Abs. 10.6.

127 20:245.

2.3. Die Auseinandersetzung mit der Ontologie

Die Kantische Modallehre enthält eine Reihe von Neuerungen, die dazu führen, dass das alte System der Ontologie und der Metaphysik vollkommen abgeschafft wird. Diese Neuheiten werden ausführlich in den folgenden Kapiteln (vor allem in Kapitel 5, 6, 7, 8, 9) dargestellt. Es muss jedoch von Anfang an gezeigt werden, wie sich die logische und die psychologische Betrachtung der Modalität auf eine neue, ontologische Definition des Objekts stützen. Die Modalität hat nämlich bei Kant zunächst und vor allem eine „ontologische" Bedeutung.

Möglichkeit

Die Schulphilosophen stellten die Analyse der Möglichkeit an den Anfang der „Ontologie" (d. h. an den Anfang des Anfangs des Systems). Die Möglichkeit war für sie schlichtweg nicht weiter begründbar. Sie war ein erster, ursprünglicher Begriff, abhängig nur (wenn überhaupt) von den Nebenbegriffen der Unmöglichkeit und des Widerspruchs. „Möglich sein" galt unter anderem bei Wolff als die Definition des Seins und des Seienden selbst: „Ens *dicitur, quod existere potest, consequenter cui existentia non repugnat*"[128]. Ein Wesen ist deswegen möglich (und deswegen ein Wesen), weil alle wesentlichen Bestimmungen in ihm (die *essentialia*) nicht in gegenseitigem Widerspruch stehen: „Possibile *est, quod nullam contradictionem involvit*"[129]. Das „Quadrat" ist zum Beispiel für die Philosophen der Schule Wolffs deswegen ein Wesen, weil vier gleiche Winkel und vier gleiche Seiten nicht widersprüchlich sind. Ein zweifüßiges, rationales, sterbliches Wesen ist – genau so wie ein mögliches Quadrat – möglich und kann deswegen „Mensch" genannt werden. Die Möglichkeit gilt bei den Schulphilosophen als erstes Merkmal der Essenz eines jeden Dinges. Leibniz hatte diese Identität in klaren Worten dargestellt: „Ainsi de toutes les choses qui sont actuellement, la possibilité même ou impossibilité d'estre est la premiere. Or cette possibilité et cette necessité forme ou compose ce qu'on appelle les essences ou natures et les veritez qu'on a coustume de nommer eternelles"[130]. Zudem: „J'appelle possible tout ce qui

128 Wolff, *Ontologia*, § 134.

129 Wolff, *Ontologia*, § 85; vgl. dazu §§ 143, 153, 168.

130 Leibniz, Brief an Foucher (wahrsch. aus dem Jahr 1767), in *Philosophischen Schriften*, 1, S. 370.

est parfaitement concevable, et qui a par conséquent une essence, une idée“[131]. Dieselbe Identität wird ausführlich von Georg Friedrich Meier erläutert: „Allein wir verstehen durch *das Wesen* einer möglichen Sache, den Inbegriff ihrer wesentlichen Stücke, oder welches einerley ist, die innerliche Möglichkeit derselben. Denn eine Sache hat eine innerliche Möglichkeit, in so ferne das Mannigfaltige in derselben vor sich betrachtet, das ist, innerliche Bestimmungen derselben einander nicht widersprechen. Nun sind die wesentlichen Stücke innerliche Bestimmungen, die bey einander möglich sind. Es ist demnach eine Sache innerlich möglich, wenn ihre wesentlichen Stücke beysammen sind. Folglich besteht die innerliche Möglichkeit in dem Inbegriffe der wesentlichen Stücke. Und also ist es einerley, ob ich sage: das Wesen sey der Inbegrif der wesentlichen Stücke, oder es sey die innerliche Möglichkeit der Sache“[132].

Kurz zusammengefasst: Das Mögliche ist dasjenige, was keinen Widerspruch enthält und dadurch ein *aliquid* bezeichnet; das Unmögliche enthält dagegen einen Widerspruch und bezeichnet deswegen ein *nihil*. Für die Schulphilosophen findet hierin die Metaphysik ihren Anfang. Kant trennt dagegen dezidiert zwischen logischer und realer Möglichkeit[133]. Dies

131 Leibniz, Brief an Bourguet (Dezember 1714), ebd., 3, S. 573–574.

132 Meier, *Metaphysik*, § 51.

133 Sehr deutlich äußert er sich über diese Trennung z. B. in *KrV*, A 596/B 624, in einer Fußnote der „Transzendentalen Dialektik“: „Der Begriff ist allemal möglich, wenn er sich nicht widerspricht. Das ist das logische Merkmal der Möglichkeit, und dadurch wird sein Gegenstand vom *nihil negativum* unterschieden. Allein er kann nichts destoweniger ein leerer Begriff sein, wenn die objective Realität der Synthesis, dadurch der Begriff erzeugt wird, nicht besonders dargethan wird; welches aber jederzeit, wie oben gezeigt worden, auf Principien möglicher Erfahrung und nicht auf dem Grundsatze der Analysis (dem Satze des Widerspruchs) beruht. Das ist eine Warnung, von der Möglichkeit der Begriffe (logische) nicht sofort auf die Möglichkeit der Dinge (reale) zu schließen“. In der *Kritik der reinen Vernunft* sind auch die folgenden Stellen zu beachten: B XXVI f., B 75, B 102, B 148, A 220/B 267–268, A 244/B 302–303, B 308, A291/B 348, A 302/B 358–359, A 610/B 638, B 624. Man lese auch *Prolegomena*, § 52, 4:341, und *Fortschritte*, 20:325 f.

Über die vielen Reflexionen, die diesen Unterschied und den Unterschied zwischen logischer und realer Modalität im Allgemeinen behandeln, schreibt Veca: „La relazione tra modalità trascendentale, in particolare per la possibilità, e modalità logica o formale viene sviluppata da Kant in un gruppo di Reflexionen che vanno dalla 5155 alla 5556 e che si situano intorno al '78“ (*Fondazione e modalità*, S. 191). Man beachte vor allem R. 5155, 5166, 5177, 5184, 5552, 5556, aber auch vor dieser Zeit R. 4170, 4391, 4394, 4801 und danach R. 5724.

Besonders sorgfältig analysieren Schneeberger und Grünewald die fundamentale Differenz zwischen logischer und realer Möglichkeit (vgl. respektive *Kants Konzeption*, S. 14 f., und *Modalität und empirisches Denken*, S. 10 ff.). Hardy Neu-

erlaubt ihm eine Definition des Möglichen, die sich nicht in der Widerspruchsfreiheit erschöpft. Seine Definition des Möglichen klingt (und ist) radikal neu: „Was mit den formalen Bedingungen der Erfahrung (der Anschauung und den Begriffen nach) übereinkommt, ist möglich“[134]. Was „möglich“ ist, das lässt sich nicht mehr in einer selbstständigen Lehre der Dinge an sich begreifen, sondern nur noch durch die Untersuchung des Übereinkommens der sinnlichen und logischen Bedingungen der Erfahrung. Die Definitionen drücken als solche keine reale Möglichkeit, auch nicht der Essenzen, aus. Begriffe sind allein die Elemente der logischen Urteile. Ohne Anschauung sind sie leer; sie haben keinen Gegenstand und können kein Ding weder als notwendig oder real noch als bloß möglich (im Sinne von real möglich) bezeichnen. Die Möglichkeit selbst steht – systematisch betrachtet – nicht mehr am Anfang der Metaphysik. Sie ist konstitutiv abhängig von Bedingungen, welche die sinnliche und logische Form des Gegenstandes ausmachen. Treffend formuliert von Hermann Cohen: „Anschauung und Begriff sind die beiden formalen Bedingungen, also hängt von ihnen alle synthetische Möglichkeit ab“[135]. Und von Heiner Klemme: „Sind die Kategorien als die Formen des Verstandesgebrauchs zugleich die Formen der Gegenstände der Erfahrung, dann kann ich von

---

mann erinnert an das enge Verhältnis des Denkens mit der bloß logischen Möglichkeit einerseits und des Erkennens mit der realen Möglichkeit andererseits (*Die neue Seinsbestimmung*, S. 329 f.). Man beachte dazu auch Stampa, *Modalità e teoria dell'oggetto*, S. 148 f., S. 152 und Krausser, *Kants Theorie der Erfahrung*, S. 131.

Höchst verwirrend sind dagegen m. E. die vielen Interpretationen, welche die verschiedenen Formen der Möglichkeit (und der Modalität im Allgemeinen) in einer (mehr oder weniger komplexen) Mengenlehre beschreiben. Hans Pichler ordnet in diesem Sinne die reale Möglichkeit zwischen der Obermenge der logischen Möglichkeit und der Untermenge der Wirklichkeit a posteriori ein (vgl. hier S. 287 f. und im Allgemeinen S. 269 ff.). Hiermit geht aber die für Kant radikal wichtige Differenz zwischen den zwei unterschiedlichen Formen des Logischen und des Realen verloren. Eine ähnliche Einstufung findet man in der Analyse von Ingetrud Pape (dazu *Tradition und Transformation*, S. 219 ff.).

134 *KrV*, A 218/B 265. Neumann erinnert zu Recht daran, dass „...einer der bedeutungsvollen Beiträge des Kritizismus [darin besteht], einen bis Kant noch nicht geahnten, ursprünglichen Möglichkeitsbegriff ans Licht zu bringen und auszuarbeiten“ (*Die neue Seinsbestimmung*, S. 58).

135 Cohen, *Kants Theorie der Erfahrung*, S. 608. Man beachte über den Begriff von „Bedingung“ Raggios Aufsatz für die Kant-Studien des Jahres 1969: *Was heißt „Bedingungen der Möglichkeit“?*.

möglichen Erfahrungsobjekten nur sprechen, wenn ich sie kategorial denke"[136].

Die Frage nach der Möglichkeit eines Dinges kann bei Kant keine selbstständige (im Sinne von losgelöste) Untersuchung eröffnen. Sie ist nämlich konstitutiv abhängig von einer Reflexion über das Erkenntnisvermögen und über die formalen Bedingungen der Erfahrung. Raum und Zeit beziehen sich auf alle Gegenstände der Sinnlichkeit. Als formale Bedingungen der Anschauung sind sie zugleich die Bedingungen der Möglichkeit aller Gegenstände, die gegeben sind. Sie werden bekanntlich in der „Transzendentalen Ästhetik" untersucht. Die reinen Begriffe des Verstandes sind ihrerseits die Bedingungen a priori der Möglichkeit, d. h. der Denkbarkeit der Gegenstände der Erfahrung. Sie werden von Kant innerhalb der „Transzendentalen Analytik" untersucht. Die Betrachtung der Möglichkeit wird damit der Lehre von Raum und Zeit sowie der Lehre von den Kategorien des Verstandes nachgeordnet. Die Möglichkeit selbst gehört nicht mehr zu einer Ontologie, sondern zu der Kritik der Sinnlichkeit und des Verstandes.

Dass der Möglichkeit immer „formale Bedingungen" zugrunde liegen (und dementsprechend „unmöglich" dasjenige ist, was diesen formalen Bedingungen widerspricht), behauptet Kant ab den frühen 70er Jahren immer wieder. In einer interessanten Reflexion von 1776/1778 schreibt er zum Beispiel: „Was mit den Bedingungen eines Begrifs überhaupt zusammenkommt, ist Möglich. [...] Bloße Möglichkeit: was mit den Bedingungen eines Begriffs *a priori* stimmt"[137]. Diese Worte stehen in krassem Widerspruch zum Satz aus der *Metaphysica* Baumgartens, neben dem sie verfasst wurden: „*Quod spectatur, sed non in nexu cum iis, quae extra illud ponuntur,* SPECTATUR IN SE [...] *Quod in se spectatum est possibile, est* POSSIBILE IN SE *(intrinsecus, absolute, per se, simpliciter)*"[138]. Baumgarten schreibt hier von einem Möglichen „an und für sich", d. h. von einem „innerlichen, unbedingten Möglichen", das man als solches erkennen kann. Von besonderer Wichtigkeit ist für Kant dagegen, die Bedeutung der „absoluten" und der „inneren Möglichkeit" nicht zu verwechseln. Ein anonymer Student der Metaphysik-Vorlesungen um 1790 notiert dazu: „Hier [vgl. Baumgarten, *Metaphysica*, § 15] kommt die Möglichkeit zunächst an die Reihe, wobei KANT die Ansicht des Autors, dass an sich, absolut und innerlich möglich dasselbe sei, als falsch zurückweist. Absolut

136 Klemme, *Kants Philosophie des Subjekts*, S. 273.
137 R. 5163; vgl. z. B. R. 4801, R. 5721.
138 Baumgarten, *Metaphysica*, § 15.

sei etwas möglich, wenn es ohne Bedingung in aller Absicht möglich sei. Die Möglichkeit eines Dinges an sich sei die kleinste, aber die absolute Möglichkeit sei die grösste. Das Wenigste, was man von einem Dinge sagen könne, sei, dass es sich nicht widerspreche, d. h. an sich möglich sei"[139].

„Absolut möglich" heißt für Kant nicht (wie es zu dieser Zeit üblich war) „innerlich möglich", sondern „möglich in aller Absicht": „Was unter keiner *conditione restrictiva* unmoglich ist, ist absolut möglich, d. i. unter aller Hypothesi möglich"[140]. Die absolute Möglichkeit, die unter allen Bedingungen möglich ist, können wir aber weder einsehen, noch denken[141]. Sie ist – so Kant in A 232/B 285 – kein bloßer Verstandesbegriff; sie gehört eher der Vernunft, die über allen empirischen Verstandesgebrauch hinausgeht. Mit den Worten Patons: „If we ask whether the possibility of things extends beyond experience, we are asking a question about absolute possibility, which we have no possible means of answering"[142].

In Hinblick auf das Verhältnis der drei Hauptbegriffe der Modalität kann Folgendes konstatiert werden: Während die Schulphilosophen die Notwendigkeit innerhalb der Definition der Möglichkeit einbegriffen hatten – was möglich ist, das kann nicht zugleich unmöglich sein und ist deswegen notwendig: „*Essentiae rerum sunt necessariae*"[143]–, ordnet Kant dagegen die Möglichkeit unter die Notwendigkeit (der synthetischen Sätze a priori) an[144]. Während die Schulphilosophen die Wirklichkeit selbst in

139 28:722; vgl. dazu: 28:407, 28:488, 28:627.

140 R. 5698; vgl. dazu R. 3770, R. 4398, R. 5693, R. 5694, R. 6376, 28:488, 28:508, 28:627, 28:633). Und noch, in der *KrV*: „ich kann auf keine Weise schließen, daß, weil etwas an sich selbst [d. h. innerlich] möglich ist, es darum auch in aller Beziehung, mithin absolut möglich sei" (A 325/B 381). Und mit den Worten der *Logik-Vorlesungen*: „Absolut möglich ist das, was in aller Absicht möglich ist; hypothetisch möglich, wenn etwas unter gewissen Bedingungen möglich ist (*sub conditione restrictiva*)" (28:550; vgl. auch 28:426, 28:448, 28:627, 28:518).

141 Vgl. R. 4005, R. 4390, R. 6270, 20:329.

142 *Kant's Methapysics*, II, S. 368. „È la possibilità assoluta" – erklärt Stampa – „la quale eccede i limiti posti dall'esperienza possibile e, quindi, i confini di un uso oggettivamente valido delle categorie" (*Modalità e teoria dell'oggetto*, S. 153).

143 Wolff, *Ontologia*, § 299.

144 In der Sektion V der „Einleitung" zur *Kritik der Urteilskraft* schreibt Kant in dieser Hinsicht: „Wir finden nämlich in den Gründen der Möglichkeit einer Erfahrung zuerst freilich etwas Nothwendiges, nämlich die allgemeinen Gesetze, ohne welche Natur überhaupt (als Gegenstand der Sinne) nicht gedacht werden kann; und diese beruhen auf den Kategorien, angewandt auf die formalen Bedingungen aller uns möglichen Anschauung, sofern sie gleichfalls *a priori* gegeben ist" (*KU*, 5:182–183)

der Definition der Möglichkeit miteinbegriffen hatten[145], ordnet Kant vielmehr die Wirklichkeit nicht der Möglichkeit, sondern der Notwendigkeit unter.

Kant lehnt somit entschlossen den rationalistischen und metaphysischen Gebrauch des Begriffs des Möglichen ab. Gleichzeitig widersetzt er sich deutlich der Lambertschen Theorie der Möglichkeit als praktisches Tun, d. h. der damalig offensichtlich besten Alternative zur Wolffschen Scholastik der Möglichkeit[146]. Die Möglichkeit drückt für ihn nicht eine reine Setzung im Sinne Lamberts, sondern bloß die Tatsache aus, dass etwas, um überhaupt zu sein, den Bedingungen a priori der Erfahrung entsprechen muss. Alle mathematischen (geometrischen und arithmetischen) Wahrheiten finden in der Möglichkeit zugleich ihre Wirklichkeit, nicht aber weil sie reine Setzungen eines konstruierenden Verstandes sind, sondern weil sie zugleich der Form der Anschauung entsprechen und keine Bestätigung durch die Materie der Sinnlichkeit brauchen. Nur in diesem Sinne können sie „konstruiert" werden: *„Mathesis itaque pura, omnis nostrae sensitivae cognitionis formam exponens, est cuiuslibet intuitivae et distinctae cognitionis organon*"[147]. Für alle anderen (eher physikalischen) Erkenntnisse ist die Möglichkeit bloß die Form einer gegebenen Materie. Man muss daher von Anfang an festhalten, dass die Position Kants mit derjenigen der Konstruktivisten wenig gemeinsam hat[148].

Wirklichkeit

Dass die Existenz bzw. die Wirklichkeit eines Dinges nicht auf der Ebene der allgemeinen Logik verstanden werden kann, das wiederholt Kant von den 50er Jahren an bis in die 90er Jahre hinein. Dass etwas wirklich ist, kann nicht begrifflich, sondern nur auf Grund einer sinnlichen Erfahrung festgestellt werden: Ich sage, dass etwas existiert, nur weil ich es gesehen habe, oder – so Kant in *Der einzig mögliche Beweisgrund* von 1763 – „von denen vernommen, die es gesehen haben"[149].

145 Schon Avicenna, Duns Scotus und Suarez hatten behauptet, dass die *existentia* eine Art Akzidenz der *essentia* ist, und Wolff folgt dieser Tradition, wenn er die *existentia* als *complementum possibilitatis* definiert (vgl. dazu S. 110).

146 Siehe dazu Kapitel 5 und die Auseinandersetzung mit dem Wort „Postulat" in Kapitel 3.

147 2:397–398.

148 Vgl. vor allem Abs. 5.3, 7.3.

149 2:73; vgl. dazu Abs. 2.1 (e).

Die Behauptung der Unabhängigkeit der Wirklichkeit von der bloßen Möglichkeit (und hiermit von der Logik) ist innerhalb der Geschichte der Philosophie im Allgemeinen und des Empirismus im Besonderen gar nichts Neues. So zum Beispiel Crusius im § 57 des *Entwurfs*: „Denn wenn nichts Wirkliches wäre: So wäre auch nichts mögliches, weil alle Möglichkeit eines noch nicht existierenden Dinges eine Causal-Verknüpfung zwischen einem existierenden und zwischen einem noch nicht existierenden Ding ist. Ferner ist auch *unserer Erkenntniß nach* der Begriff des wirklichen eher, als der Begriff des möglichen. Denn unsere ersten Begriffe sind existierende Dinge, nehmlich Empfindungen, wodurch wir erst hernach zu dem Begriffe des möglichen gelangen müssen". Durch den wiederholten Bezug auf die *Gegebenheit* stellt auch Kant im zweiten „Postulat des empirischen Denkens" die nicht-begriffliche Natur der Wirklichkeit deutlich fest. Was mit Wahrnehmung zusammenhängt, das hat Wirklichkeit. Wahrnehmung ist der erste, unvermeidliche Grund zur Feststellung der Existenz bzw. der Wirklichkeit eines Gegenstandes. Die Wirklichkeit sei vor allem keine inhaltliche Bestimmung oder Vervollständigung eines möglichen Begriffes: „In dem bloßen Begriffe eines Dinges kann gar kein Charakter seines Daseins angetroffen werden. Denn ob derselbe gleich noch so vollständig sei, daß nicht das mindeste ermangele, um ein Ding mit allen seinen innern Bestimmungen zu denken, so hat das Dasein mit allem diesen doch gar nichts zu thun, sondern nur mit der Frage: ob ein solches Ding uns gegeben sei, so daß die Wahrnehmung desselben vor dem Begriffe allenfalls vorhergehen könne"[150].

Im vierten Paralogismus (der Idealität) in A wird dieselbe These deutlich erläutert: „Ich habe in Absicht auf die Wirklichkeit äußerer Gegenstände eben so wenig nöthig zu schließen, als in Ansehung der Wirklichkeit des Gegenstandes meines innern Sinnes (meiner Gedanken); denn sie sind beiderseitig nichts als Vorstellungen, deren unmittelbare Wahrnehmung (Bewußtsein) zugleich ein genügsamer Beweis ihrer Wirklichkeit ist"[151]. Der „transzendentale Idealist" ist hiermit zugleich ein „empirischer Realist", welcher „der Materie als Erscheinung eine Wirklichkeit [zugesteht], die nicht geschlossen werden darf, sondern unmittelbar wahrgenommen wird"[152]. Das Materielle im Raum lässt sich durch keine begriffliche Einbildung hervorbringen. Es setzt notwendigerweise eine Wahrnehmung voraus, welche allein die Wirklichkeit desselben anzeigen

150 *KrV*, A 225/B 272–273; vgl. dazu Kapitel 6.
151 *KrV*, A 371.
152 Ebd. Siehe dazu S. 120.

kann: „Alle äußere Wahrnehmung [...] beweiset unmittelbar etwas Wirkliches im Raume, oder ist vielmehr das Wirkliche selbst, und in so fern ist also der empirische Realismus außer Zweifel, d. i. es correspondirt unseren äußeren Anschauungen etwas Wirkliches im Raume“[153].

Die Wirklichkeit hängt von der Wahrnehmung ab. Nur dadurch kann eine Existenz festgestellt werden. Im „Ideal der reinen Vernunft“ heißt es: „Unser Bewusstsein aller Existenz [...] gehört ganz und gar zur Einheit der Erfahrung, und eine Existenz außer diesem Felde [...] ist eine Voraussetzung, die wir durch nichts rechtfertigen können“[154]. Die sinnliche Wahrnehmung ist aber keine vollständige Definition der Wirklichkeit selbst. Von Anfang an (d. h. schon in der *Nova Dilucidatio* von 1755) ist Kant zutiefst davon überzeugt, dass ein konsequenter Empirismus zu nichts führe[155]. Nur unter der Voraussetzung der Gesetzlichkeit der Erscheinungen ist eine objektive Erkenntnis der Gegenstände der Erfahrung überhaupt möglich. Das einzige Beispiel, das Kant im zweiten Postulat zur Erklärung der Wirklichkeit von etwas gibt, ist deshalb interessanterweise die „magnetische Materie“, die wir als solche nicht wahrnehmen (da unsere Sinne zu grob sind), deren Dasein aber aus anderen Wahrnehmungen und aus den Gesetzen des empirischen Zusammenhanges der Erscheinungen abgeleitet wird[156]. Dieser Aspekt wird von Paton besonders gut hervorgehoben: „Kant's central contention is that unless we have a starting point in sense-perception, we can say nothing about the existence of things“[157]. Und weiter: „Kant is not asserting that existence belongs only to the matter in complete separation from the form of experience. [...] When Kant says that sense-perception is the only mark of actuality, we have no right to separate this statement from its context, and to suppose that for Kant sense-perception by itself, apart from thought, can give us knowledge of existence“[158].

Eine kurze und komplette Definition des Wirklichen, welche die zwei obigen Aspekte desselben beinhaltet, wird von Kant noch einmal im vierten Paralogismus gegeben. Sie ist meines Erachtens seine beste Definition der

153 *KrV*, A 375.
154 *KrV*, A 601.
155 Vgl. dazu mein *Ratio fiendi. La redéfinition kantienne des principes fondamentaux de l'ontologie dans la* Nova Dilucidatio (2011).
156 Vgl. Abs. 6.2.
157 Paton, *Kant's Metaphysic of Experience* II, S. 358.
158 Ebd. S. 359.

Wirklichkeit überhaupt: „Was mit einer Wahrnehmung nach empirischen Gesetzen zusammenhängt, ist wirklich“[159].

Notwendigkeit

Das Freisein von Gesetzen lässt sich nach Kant nicht denken. Schlechterdings zufällig wäre etwas, das unter allen Bedingungen zufällig bleibt. Einen solchen Gegenstand (oder Fall) könnten wir freilich nicht begreifen. Was in der Erfahrung gegeben ist, soll immer unter Gesetzen gedacht werden, mithin als notwendig: „Alles, was geschieht, ist hypothetisch notwendig“[160]. Alles ist notwendig, denn alles in der Welt geschieht nach Regeln. Das betont Kant ungewöhnlich empathisch zum Beispiel am Anfang seiner *Logik-Vorlesungen:*

> Alles in der Natur, sowohl in der leblosen als auch in der belebten Welt, geschieht *nach Regeln*, ob wir gleich diese Regeln nicht immer kennen. — Das Wasser fällt nach Gesetzen der Schwere, und bei den Thieren geschieht die Bewegung des Gehens auch nach Regeln. Der Fisch im Wasser, der Vogel in der Luft bewegt sich nach Regeln. Die ganze Natur überhaupt ist eigentlich nichts anders als ein Zusammenhang von Erscheinungen nach Regeln; und es giebt überall *keine Regellosigkeit.* Wenn wir eine solche zu finden meinen, so können wir in diesem Falle nur sagen: daß uns die Regeln unbekannt sind[161].

Die Vernunft allein ermöglicht die Bestimmung eines Urteils als notwendig. Sie erbringt die Notwendigkeit im Urteilen und spielt hiermit eine entscheidende Rolle in der Kantischen neuen Bestimmung der Objektivität auf Grund der Gesetzlichkeit. Die Allgemeingültigkeit der Gesetze ermöglicht Kant die entscheidende Ersetzung der „Möglichkeit“ – d. i. der Grundkategorie der klassischen, scholastischen Definition des Transzendentalen – durch die „Notwendigkeit“, welche nun als Definition selbst des A priori und als Kardinalbegriff der ganzen Philosophie aufgenommen wird[162]. „Objektiv“ und „notwendig“ sind bei Kant Synonyme.

Die Empiristen definierten einerseits das Objekt als das Reale außer uns, und demzufolge als letzten Grund aller subjektiven Erfahrungen.

---

159 *KrV*, A 376.

160 *KrV*, A 228/B 280.

161 9:11. Etwas Zufälliges lässt sich gar nicht denken: „Wir können uns kein zufalliges Wesen denken, was nicht bedingter Weise nothwendig sey“ (R. 4156). Man beachte dazu auch R. 4036, R. 4037 und R. 5216, R. 5914, R. 5918.

162 Vgl. hier die Fußnote 19 auf S. 7.

Diese Definition führe aber nach Kant zwangsläufig zum Skeptizismus[163]. Der Rationalismus bezeichnete andererseits das Objekt als das, was möglich ist, und damit als Gegenstand einer intellektuellen Anschauung[164]. Kant formuliert eine neue Definition des Objekts, welche keine unmittelbare Beziehung zur Anschauung ausdrückt (sei es die intellektuelle der Rationalisten oder die sinnliche der Empiristen). „Gegenstände an sich" sind uns unbekannt[165]. Die Objektivität hängt dagegen ausschließlich von der notwendigen Verbindung des Mannigfaltigen durch die diskursiven Urteile des Verstandes ab. Das Gegebene der Sinnlichkeit, d. h. der Inhalt einer empirischen Anschauung, lässt sich, wenn es im Denken nach gewissen Prinzipien aufgenommen und verbunden wird, in einem Erfahrungsurteil erfassen und damit als Gegenstand einer objektiven Erkenntnis bestimmen.

Die beste Definition des Objekts der *Kritik der reinen Vernunft* wird im § 17 der B-Deduktion gegeben: „Objekt […] ist das, in dessen Begriff das

163 Vgl. *KrV*, A 378.

164 Siehe S. 47 ff.

165 Das schreibt Kant zum Beispiel in der „Transzendentalen Ästhetik": „Was wir äußere Gegenstände nennen, [sind] nichts anders als bloße Vorstellungen unserer Sinnlichkeit, deren Form der Raum ist, deren wahres Correlatum aber, d. i. das Ding an sich selbst, dadurch gar nicht erkannt wird noch erkannt werden kann" (*KrV*, A 30/B 45). Wie Dinge an sich, abgesondert von der „Rezeptivität unserer Sinnlichkeit" sein mögen, das wissen wir nicht und können es auch nicht wissen: „Wenn wir diese unsre Anschauung auch zum höchsten Grade der Deutlichkeit bringen könnten, so würden wir dadurch der Beschaffenheit der Gegenstände an sich selbst nicht näher kommen. Denn wir würden auf allen Fall doch nur unsre Art der Anschauung, d. i. unsere Sinnlichkeit, vollständig erkennen und diese immer nur unter den dem Subject ursprünglich anhängenden Bedingungen von Raum und Zeit; was die Gegenstände an sich selbst sein mögen, würde uns durch die aufgeklärteste Erkenntniß der Erscheinung derselben, die uns allein gegeben ist, doch niemals bekannt werden" (*KrV*, A 43/B 60). Das „transzendentale Objekt" ist uns ganz unbekannt (*KrV*, A 46/B 63). Das wird von Kant nicht nur in der „Ästhetik", sondern zum Beispiel auch in „Von dem Grunde der Unterscheidung aller Gegenstände überhaupt in Phaenomena und Noumena" (*KrV*, A 235 ff./B 294 ff.), in den vier Kritiken der „Paralogismen der transzendentalen Psychologie" (*KrV*, A 357 ff., A 366, A 369 ff.), im sechsten Abschnitt der „Antinomie der reinen Vernunft" (*KrV*, A 490 ff./B 518 ff.) und in vielen anderen Abschnitten der *KrV* behauptet. In Anm. II zum § 13 der *Prolegomena* liest man diesbezüglich: „Es sind uns Dinge als außer uns befindliche Gegenstände unserer Sinne gegeben, allein von dem, was sie an sich selbst sein mögen, wissen wir nichts, sondern kennen nur ihre Erscheinungen, d. i. die Vorstellungen, die sie in uns wirken, indem sie unsere Sinne afficiren" (4:289; vgl. dazu die §§ 32, 57).

Mannigfaltige einer gegebenen Anschauung vereinigt ist“[166]. In mehreren Reflexionen, die sich meistens auf die transzendentale Analytik der *Kritik der reinen Vernunft* beziehen, wiederholt Kant, dass das „Objekt“ nur das ist, was nach „notwendigen Gesetzen“ (bzw. durch die notwendige Einheit der Kategorien) in einer Anschauung vereint wird[167]. Das Denken selbst sei die Handlung, eine gegebene Anschauung auf ein Objekt zu beziehen.

2.4. Die drei Nebenbegriffe „Unmöglichkeit“, „Nichtsein“, „Zufälligkeit“

Dem „problematischen“ – „assertorischen“ – „apodiktischen“ Urteil entsprechen innerhalb der Tafel der Kategorien (in A 80/B 106) die sechs Modalbegriffe der

„Möglichkeit“ / „Unmöglichkeit“
„Dasein“ / „Nichtsein“
„Notwendigkeit“ / „Zufälligkeit“.

Die drei positiven Begriffe – Möglichkeit, Dasein, Notwendigkeit – wurden oben in ihrer psychologischen, logischen und metaphysischen Bedeutung erläutert[168]. Die drei negativen Begriffe – Unmöglichkeit, Nichtsein, Zufälligkeit – werden von Kant als solche weder innerhalb der Ableitung der Kategorientafel von der Urteilstafel noch in den „Postulaten“ behandelt. Kant folgt in seiner Systematisierung der Tradition der klassischen Modallogik (sowohl in der standardisierten Darstellung des Quadrats der Modalität, als auch in anderen, komplizierteren Auflistungen), wo die positiven und die negativen Begriffe der Modalität immer assoziiert und nebeneinander betrachtet wurden[169]. Die Begriffe der „Unmöglichkeit“, des „Nichtseins“ und der „Zufälligkeit“ werden jedoch von ihm nicht erläutert. Der Grund dieser auffälligen Vernachlässigung kann nur durch die nähere Betrachtung der drei voneinander separaten, jedoch ähnlichen Fälle begriffen werden.

I. Das Unmögliche bezeichnet – man muss die Definition im ersten Postulat aufmerksam betrachten – das, „was mit den formalen Bedin-

166 *KrV*, B 137; vgl. A 106.
167 Vgl. R. 4675 (Duisburg 8., 1773–1775) und R. 5643, R. 5915, R. 5923, R. 5927, R. 5931, R. 5933 (alle aus den 80er Jahren).
168 Siehe Abs. 2.1, 2.2, 2.3.
169 Vgl. dazu Kapitel 8.

gungen der Erfahrung (der Anschauung und den Begriffen nach) *nicht* übereinkommt“[170]. Dieser Begriff kann offensichtlich nicht der Funktion einer „normalen“ Kategorie im transzendentalen Sinne des Wortes – d. h. als Bedingung a priori der Möglichkeit der Erfahrung – entsprechen. Eine selbstständige, obwohl negative Definition des Wesen des Objekts – wie zum Beispiel bei Wolff, der die logische Unmöglichkeit des Widerspruchs mit dem ontologischen Begriff des „Nichts“ als Gegenteil des Möglichen gleichsetzt[171]– liefert die Kantische Unmöglichkeit auch nicht. Das Unmögliche gilt in der Tafel der Kategorien als bloßes Korrelat des Möglichen in dessen neuer transzendentalen Bedeutung. Möglich heißt das, was Form hat; unmöglich ist dementsprechend das, was keine Form hat. Da alles, was wir als wirklich auffassen, bzw. alles, was wir erfahren, eine Form hat, kann das Unmögliche gar nichts bezeichnen[172].

II. „Nichtsein“ ist die Verneinung bzw. die Aufhebung desjenigen, was als existent aufgefasst wird. Das „Dasein“, so Kant, kann nur in einer Wahrnehmung auf Grund einer sinnlichen Anschauung festgestellt werden. Das Nichtsein von etwas kann dagegen nicht, als solches, Gegenstand einer Erfahrung sein, das heißt, überhaupt wahrgenommen werden. Das Nichtsein ist in diesem Sinne nur das, „was mit den materialen Bedingungen der Erfahrung (der Empfindung) *nicht* zusammenhängt“[173]. Es ist die bloße Form ohne Materie und daher – wie schon das Unmögliche, aber in einem ganz anderen Sinne – gar nichts[174].

---

170 *KrV*, A 218/B 265 (Hvh. v. G. M.).

171 Vgl. S. 47 f.

172 Das Unmögliche kann in diesem Sinne mit dem Nichts, wie Kant es im 4. (und radikalsten) Moment der Tafel des Nichts beschreibt, gleichgesetzt werden, d. h. mit dem Nichts als „leerer Gegenstand ohne Begriff, *nihil negativum*“: „Der Gegenstand eines Begriffs, der sich selbst widerspricht, ist Nichts, weil der Begriff nichts ist, das Unmögliche, wie etwa die gradlinige Figur von zwei Seiten“ (*KrV*, A 291/B 348).

173 *KrV*, A 218/B 266.

174 Mit dem Nichtsein korrespondiert dieses Mal die dritte Definition des Nichts in Kants Tafel, d. h. „leere Anschauung ohne Gegenstand, *ens imaginarium*“: „Die bloße Form der Anschauung ohne Substanz ist an sich kein Gegenstand, sondern die bloß formale Bedingung desselben (als Erscheinung), wie der reine Raum und die reine Zeit, die zwar Etwas sind als Formen anzuschauen, aber selbst keine Gegenstände sind, die angeschauet werden (*ens imaginarium*)“ (*KrV*, A 291/B 347).

III. Weniger selbstverständlich, aber auch viel interessanter, ist die parallele Gleichsetzung der „Zufälligkeit" mit dem „Nichts". Zufälligkeit ist das negative Korrelat der Notwendigkeit. Wie die Notwendigkeit die Verbindung von Form (Möglichkeit) und Materie (Wirklichkeit) ausdrückt[175], so drückt die Zufälligkeit das Fehlen dieser Verbindung aus. Eine selbstständige Betrachtung der „Zufälligkeit" als Kategorie würde daher – genauso wie eine selbstständige Betrachtung der „Unmöglichkeit" und des „Nichtseins" – keinen Sinn ergeben. Im dritten Postulat erklärt Kant, dass alles, was wir erfahren, nach der zweiten Analogie der Erfahrung relativ notwendig ist[176]. Implizit wird hiermit behauptet, dass nichts, was wir erfahren oder erfahren können, zufällig sein kann.

Nichts ist zufällig. Die Kantische Ausschließung des Zufälligen ist jedoch in keiner Weise selbstverständlich. Man kann doch nach Kant von zufälligen bzw. zufällig existierenden Dingen oder Begebenheiten sprechen. Das hängt nur vom Sinne des Wortes „zufällig" ab. Zwei Fragen sollen diesbezüglich beantwortet werden: Was heißt überhaupt nach Kant „zufällig"? Was heißt es im spezifischen Sinne der dritten, der „Notwendigkeit" entgegengesetzten Kategorie der Modalität? Mindestens fünf an der Zahl sind m. E. die Bedeutungen des Begriffs der „Zufälligkeit", die Kant innerhalb der *Kritik der reinen Vernunft* und überhaupt liefert (siehe unten: **i**, **ii**, **iii**, **iv**, **v**), wobei nur eine dieser Bedeutungen (die Nummer **iii.**) der Zufälligkeit als Korrelat der „Notwendigkeit" innerhalb der Tafel der Kategorien entspricht.

Die Wahrheiten der formalen Logik, genauso wie die der Mathematik, können offensichtlich nicht, nach Kant, zufällig sein. Sie sind entweder notwendig wahr (A=A, 5+7=12) oder notwendig falsch ($A = \neg A$, 5+7=10)[177]. Die Gegenstände der Erfahrung, die in der transzendentalen Logik thematisiert werden, können dagegen sehr wohl als „zufällig" bezeichnet werden. Was heißt aber hier „zufällig"? Wiederholt schreibt Kant, dass alles, was wir erfahren, zufällig ist. In der „Allgemeinen Anmerkung zum System der Grundsätze" (B 290) unterscheidet er in diesem Sinne zwei Bedeutungen der Zufälligkeit, die allen sinnlichen Erfahrungen positiv zugeschrieben werden können (nach der „Modalität", so Kant, und nach der „Relation"):

175 Vgl. S. 37, 55 ff.
176 Vgl. Abs. 7.1.
177 Logik und Mathematik bleiben natürlich, trotz dieser Gleichsetzung, bei Kant immer deutlich getrennt. Man beachte dazu den Abs. 5.3

i. Zufällig ist zunächst „alles, dessen Nichtsein sich denken läßt“[178]. Diese („modale“) Definition entspricht der klassischen, logischen Definition des Zufälligen als das, dessen kontradiktorisches Gegenteil möglich ist (*id quod aliter esse potest*). Kant nennt sie in der „Anmerkung zur Thesis der 4. Antinomie“ die „intelligible Zufälligkeit“ oder Zufälligkeit „im reinen Sinne der Kategorie“[179]. Vor allem Wolff definierte das Zufällige (*contingens*) als das, „*cuius oppositum nullam contradictionem involvit*“[180] und Baumgarten in ähnlicher Weise als das, „*cuius oppositum absolute possibile*“ ist[181]. Kant kennt diese Definition[182]. Jedes existierende Ding muss für ihn zunächst als zufällig in intelligiblem Sinne des Wortes begriffen werden. Diese Behauptung bekommt eine wichtige ontologische Signifikanz: Nichts ist an sich absolut notwendig, denn die Nicht-Existenz eines existierenden Dinges kann, als solche, keinen Widerspruch enthalten. „Alles, was geschieht, ist zufällig an sich selbst“[183]. Das heißt für Kant: Nichts kann von der menschlichen Vernunft als nicht-zufällig im Sinne von „an sich absolut notwendig“ begriffen werden[184].

---

178 *KrV*, B 290.

179 *KrV*, A 458/B 486.

180 Wolff, *Ontologia*, § 294.

181 Baumgarten, *Metaphysica*, § 104. Im Rückgriff auf Leibniz' Theorie der möglichen Welten kann man dementsprechend das Zufällige als das begreifen, was in dieser Welt und nicht in allen möglichen Welten existiert.

182 Mit den Worten von vier unterschiedlichen Reflexionen aus den 60er, kurz vor den 70er, aus den 80er und aus den 90er Jahren respektive: Zufällig ist das, „dessen Nichtseyn moglich ist“ (R. 3838), „…dessen Gegentheil an seiner Stelle möglich ist“ (R. 4041), „…dessen Gegentheil an seiner statt moglich ist“ (R. 5803) und „…dessen Nichtseyn an sich selbst moglich ist“ (R. 6408).

183 R. 4032 von 1769. „Alles Daseyn in der Zeit ist zufallig. Denn es ist ein immerwährendes Verschwinden und Anheben; und daraus, daß ein Ding existirt, folgt nicht, daß es existiren wird“ (R. 4190, Ende 1769/1770). Vgl. auch R. 5797 und 5798 aus den 80er Jahren.

184 Man lese dazu hier Abs. 9.4 (Notwendigkeit. 1. „*Nichts ist an sich selbst notwendig*“) auf S. 166. Was heißt nach Kant „absolut notwendig“? An sich lässt sich kein absolut notwendiges Wesen begreifen: „*Necessarium ens est, cuius nonexistentia est impossibilis. Absolute tale non involvit contradictionem, sed transscendit conceptum humanum*“ (R. 5761, vgl. auch R. 5783, R. 5784, R. 6269, aus den 80er Jahren). Man kann aber doch den Begriff einer absoluten Notwendigkeit wenigstens denken: „Solche Begriffe kan man zwar denken, aber nicht bestimmen und ausführen“ (R. 4491 aus den frühen 70ern). „Die absolute nothwendigkeit können wir zwar gedenken, so daß wir solche verstehen; aber einsehen, *a priori* gedenken ist nicht so leicht“ (R. 5253 von 1776/1778). Die absolute Notwendigkeit wird von Kant meistens als ein „Grenzbegriff“ (*conceptus terminator*) beschrieben: „Der Begrif eines *absolute necessarii* ist ein *conceptus terminator* (weil wir alles zufallige

ii. Zufällig ist aber auch „etwas, das nur als Folge von einem anderen existieren kann“[185]. Nach der *Dissertatio* von 1770 heißt „zufällig“ das Wesen, das als Folge eines (dort einzigen und intelligiblen) Grundes betrachtet werden kann[186]. „Alles *causatum* ist zufallig“, so Kant in R. 4713 von 1773/75. In R. 4675 (Duisburg 8.) aus denselben Jahren liest man Folgendes: „Alles Geschehen ist zufallig, daher dessen Ursprung nothwendig sein muß“[187]. In der Welt ist deswegen alles zufällig, weil alles, ohne Ausnahme, eine Ursache hat. Die Zufälligkeit der Veränderungen bezeichnet hiermit nach Kant „die Abhängigkeit derselben von empirisch bestimmenden Ursachen“[188]. Keine Begebenheit kann mit anderen Worten von selbst geschehen: Alles wird immer von etwas Anderem bestimmt und ist daher zufällig.

Wiederholt kritisiert Kant den Versuch, die intelligible Zufälligkeit (**i.**) aus (**ii.**) abzuleiten: „Die Veränderung beweiset *nur* die empirische Zufälligkeit, d.i. daß der neue Zustand für sich selbst, ohne eine Ursache, die zur vorigen Zeit gehört, gar nicht hätte stattfinden können zu Folge dem Gesetze der Causalität“[189]. Die Veränderung beweist nicht die Zufälligkeit

---

durch einen Grund als nothwendig ansehen müssen und endlich die Bedingung wegfallen muß); und da die Bedingung der Verstandlichkeit wegfällt, so ist er nach den Gesetzen der Vernunft nicht einzusehen“ (R. 4039). Das ist eine Bemerkung von 1769/1770 zu den §§ 111–113 der *Metaphysica.* „Der *terminus* der Reihe“ – erklärt Kant in derselben Reflexion – „ist das erste Glied derselben, der *conceptus terminator* aber der Begrif, wodurch ein erstes der Reihe möglich ist“. Man beachte dazu vor allem: R. 4033, R. 4253 (beide um 1770), R. 4580 (über die Notwendigkeit als *hypothesis originaria*) und R. 4660 (beide aus dem Jahr 1772), R. 5262 (um 1776–1778), 6278 (aus den 80er Jahren).

185 *KrV,* B 290.

186 In dieser akademischen Arbeit behauptet Kant ganz explizit, dass die Welt, ihrem Wesen nach, aus lauter Zufälligen Wesen besteht: „*Totum itaque substantiarum est totum contingentium, et* mundus, per suam essentiam, meris constat contingentibus“ (§ 19, 2:408). Das heißt, mit den Worten von Robert Theis, dass die Welt aus solchen Substanzen besteht, „...die ihrem *Dasein* nach in einem Subordinationsverhältnis zu einer *Ursache* stehen“ (*Gott,* S. 235). Theis des weiteren über diese Stelle der *Dissertatio:* „Die Behauptung der Zufälligkeit müsste zunächst zu der Behauptung der notwendigkeit eines Grundes, diese dann zur Behauptung eines notwendigen Grundes führen. Von hier aus ließe sich dann zeigen, daß ein notwendiger Grund (bzw. eine notwendige Substanz) nur als Ursache im Verhältnis zum Zufälligen selbst stehen kann, und dementsprechend nur ein *ens extramundanum* sein kann, weil der Begriff einer notwendigen *causa intramundana* widersprüchlich wäre“ (*Gott,* S. 236).

187 Vgl. auch R. 5773 und R. 6214 aus den 80er Jahren.

188 *KrV,* A 458/B 486.

189 *KrV,* A 460/B 488, Hvh. v. G. M.

des Zustandes des Dinges als solches (**i.**), denn die Möglichkeit des Gegenteils, so Kant in B 290, „[ist] hier nur logisch, nicht realiter dem anderen entgegengesetzt“[190]. Wäre ein solcher Übergang doch möglich, dann wären – so argumentiert Konrad Cramer in einem Aufsatz von 1981 – auch die Argumente Kants in der vierten Antinomie nicht mehr haltbar: „Ließe sich nämlich der Übergang von dem, was Kant die empirische Zufälligkeit nennt, zu dem, was Kant die intelligible Zufälligkeit oder die Zufälligkeit nach Begriffen des reinen Verstandes nennt, rechtfertigen, ergäbe sich eine theoretische Situation, in der der von Kant gezogene Schluß auf den antinomischen Charakter der Vernunft in Ansehung des Begriffs des Weltganzen nicht mehr zwingend wäre und sogar als irrig zurückgewiesen werden müßte“[191]. Die Thesis der vierten Antinomie („Zu der Welt gehört etwas, das, entweder als ihr Teil, oder ihre Ursache, ein schlechtin *notwendiges* [A: *notwendig*] Wesen ist“[192]) kann in der Tat von Kant nur deswegen als widerrechtlich erklärt werden, weil der Übergang von 1) dem empirischen Begriff des Zufälligen als das, was eine Ursache hat, zu 2) dem intelligiblen Begriff des Zufälligen als das, was auch anders sein könnte, und darüber hinaus zu 3) dem Begriff des Ganzen aller intelligiblen Zufälligkeiten, dessen Ursache – so argumentiert Kant in der Antinomie – an sich nicht wieder ein intelligibles Zufälliges sein darf und daher etwas absolut Notwendiges sein muss, gar nicht gerechtfertigt ist. Man darf nach Kant von der empirischen zu der intelligiblen Zufälligkeit überhaupt nicht übergehen[193]. Hier ist der illegitime Absprung (μετάβασις εἰς ἄλλο γένος)

---

190 Das wird von Kant folgendermaßen in einer Fußnote zum Text erklärt: „Allein selbst der Wechsel des Seins und Nichtseins eines gegebenen Zustandes eines Dinges, darin alle Veränderung besteht, beweiset gar nicht die Zufälligkeit dieses Zustandes gleichsam aus der Wirklichkeit seines Gegentheils, z. B. die Ruhe eines Körpers, welche auf die Bewegung folgt, noch nicht die Zufälligkeit der Bewegung desselben daraus, weil die erstere das Gegentheil der letzteren ist. Denn dieses Gegentheil ist hier nur logisch, nicht realiter dem anderen entgegengesetzt. Man müßte beweisen, daß anstatt der Bewegung im vorhergehenden Zeitpunkte es möglich gewesen, daß der Körper damals geruht hätte, um die Zufälligkeit seiner Bewegung zu beweisen, nicht daß er hernach ruhe; denn da können beide Gegentheile gar wohl mit einander bestehen“ (*KrV*, B 291).

191 Cramer, *Kontingenz in Kants „Kritik der reinen Vernunft“*, S. 143–144. Es handelt sich um den Beitrag zu einer im Herbst 1981 in Marburg stattgefundenen Tagung. Anlass der Tagung, die von Burkhard Tuschling geleitet wurde, war der 75. Geburtstag von Klaus Reich.

192 *KrV*, A 452/B 480.

193 Mit den Worten Cramers: „Aus dem Phänomen der Veränderung als solchem lässt sich nicht schließen, daß Etwas, das entstanden ist, auch hätte nicht entstehen können“ (*Kontingenz*, S. 152).

der Thesis der vierten Antinomie: „Da man [in der Reihe empirischer Bedingungen] keinen ersten Anfang und kein oberstes Glied finden konnte, so ging man plötzlich vom empirischen Begriff der Zufälligkeit ab. [...] Dieses Verfahren ist aber ganz widerrechtlich“[194]. Wäre es dagegen möglich, vom empirisch Zufälligen auf das intelligible Zufällige zu schließen, dann könnte die Thesis der Antinomie gar nicht widerlegt werden[195].

Diese zwei Formen bzw. Bedeutungen der Zufälligkeit (**i.** und **ii.**) widersprechen nun offensichtlich weder der relativen Notwendigkeit noch der notwendigen Gültigkeit eines (transzendentalen oder empirischen) Gesetzes. Die Zufälligkeit des nicht-absolut-notwendigen Wesens (**i.**) ist mit der relativen Notwendigkeit einer Begebenheit wohl assoziierbar. Die zwei Behauptungen „nichts ist absolut notwendig“ und „alles ist relativ notwendig“ sind nämlich kompatibel. Die Definition der Zufälligkeit nach der Relation (**ii.**) widerspricht sogar der gewöhnlichen Bedeutung des Zufälligen als das, was ohne Grund geschieht. Alles hat einen Grund heißt schließlich: Alles geschieht notwendigerweise nach der zweiten Analogie der Erfahrung[196]. Es muss daher eine dritte, stärkere Definition der Zufälligkeit geben, welche die modale Entgegensetzung „Notwendigkeit–Zufälligkeit“ überhaupt erklärt.

194 *KrV*, A 458/B 486.

195 Man beachte dazu hier den Abs. 10.7 über das Verhältnis der Postulate zu den Antinomien der reinen Vernunft. Die Kantische Antinomie – erklärt Cramer – betrifft zwar eine typisierte Argumentation der Rationalisten, aber nicht die Argumente von Leibniz und Wolff, welche einen solchen Übergang des Empirischzufälligen in das Intelligibel-zufällige nicht enthalten: „Es lässt sich [...] zeigen, daß die Wolffsche Ontologie im Gefolge von Leibniz genau derselben Auffassung, und fast emphatischer noch, gewesen ist wie der, die Kant gegen diese Ontologie geltend machen wollte: daß sich nämlich aus dem Phänomen der Veränderung gerade nicht auf die reale Möglichkeit des kontradiktorischen Gegenteils der Existenz von Etwas schließen lässt“ (*Kontingenz*, S. 153). Kants Argument ist trotzdem gültig (Cramer, *Kontingenz*, S. 155). In der „Dialektik“ werden nicht die Positionen der Philosophen der Vergangenheit, sondern die dahinterstehenden widerrechtlichen Schlüsse der Vernunft dargelegt.

196 So Cramer über die Identität von empirischer Zufälligkeit und empirischer Notwendigkeit: „Jede Veränderung ist empirisch zufällig genau insofern, als sie eine empirisch bestimmende Ursache *hat*, d. h. insofern die zweite Analogie der Erfahrung *gilt*. Denn ‚Ursache‘ ist genau das, unter Voraussetzung von dessen Existenz die Existenz von etwas Anderem *notwendig* ist. Hieraus allein ergibt sich, so meine ich, zwingend, daß der Bereich des empirisch Zufälligen in Kants Theorie der Modalbestimmungen mit dem Bereich des empirisch *Notwendigen* identisch ist“ (*Kontingenz*, S. 147).

Obwohl Kant die unter Ziffer **i.** dargestellte Zufälligkeit als einen der „Kategorie der Modalität“ entsprechenden Begriff [197] oder als einen Begriff „im reinen Sinne der Kategorie“ beschreibt[198], lässt sich das Zufällige im transzendentalen bzw. kategorialen Sinne des Wortes zum bloßen „*id quod aliter esse potest*“ (im Gegensatz zur Notwendigkeit als „*id quod aliter esse non potest*“) nicht reduzieren. Im dritten Postulat behandelt Kant nicht die „intelligible“ Notwendigkeit der Dinge: „Also ist es nicht das Daseyn der Dinge (Substanzen), sondern ihres Zustandes, wovon wir allein die Nothwendigkeit erkennen können, und zwar aus anderen Zuständen, die in der Wahrnehmung gegeben sind, nach empirischen Gesetzen der Caussalität“[199]. Die Kategorie der Zufälligkeit kann dementsprechend nur die Verneinung der (allgemeinen) Gültigkeit des Gesetzes der Kausalität ausdrücken. Diese wird von Kant in einer Bemerkung zu den Anfangssätzen der Postulate im Handexemplar der *Kritik der reinen Vernunft* als eine „absolute Zufälligkeit“ bezeichnet, welche es, als solche, nicht geben kann: „Wir nennen absolut zufällig was gar keinen zureichenden Grund hat“[200].

iii. Man beachte in diesem Sinne die folgende Definition der Zufälligkeit aus einer Reflexion der Jahre 1776–1778: „Sofern eine Begebenheit nicht unter einer besonderen Regel ihrer Ursachen geschieht, so ists Zufall“[201]. Kant verbindet mit dem Namen Epikurs meistens die Idee, dass etwas ohne Grund geschieht bzw. geschehen kann. Schon in der *Allgemeinen Naturgeschichte* von 1755 schreibt er: „Epikur war [...] so unverschämt, daß er verlangte, die Atomen wichen von ihrer geraden Bewegung ohne alle Ursache ab, um einander begegnen zu können [...]. In meiner Lehrverfassung hingegen finde ich die Materie an gewisse nothwendige Gesetze gebunden [...]. Es geschieht dieses nicht durch einen Zufall und von ungefähr, sondern man bemerkt, daß natürliche Eigenschaften es nothwendig also mit sich bringen“[202]. Mit diesem Kausalismus korrespondiert

197 *KrV*, B 290.

198 *KrV*, B 290, A 458/B 486.

199 *KrV*, A 227/B 279–280, vgl. dazu Abs. 7.1 und 7.3.

200 R. LXXXVII zu *KrV*, A 218 f. in 23:32.

201 R. 5372.

202 1:227. In derselben Schrift schreibt Kant: „Nicht der ungefähre Zusammenlauf der Atomen des *Lucrez* hat die Welt gebildet; eingepflanzte Kräfte und Gesetze, die den weisesten Verstand zur Quelle haben, sind ein unwandelbarer Ursprung derjenigen Ordnung gewesen, die aus ihnen nicht von ungefähr, sondern nothwendig abfließen mußte“ (1:334).

auch in der *Nova dilucidatio* von 1755 die allgemeine, selbstevidente Behauptung der Gültigkeit des Satzes vom Grunde: „*Nihil contingenter existens potest carere ratione existentiam antecedenter determinante*“[203]. Alles hat nach Kant einen notwendig bestimmenden Grund. Eine der Hauptthesen des dritten Postulats des empirischen Denkens lautet dementsprechend: *In mundo non datur casus*, d. h. nichts in der Welt ist zufällig[204]. Oder besser: Nichts darf nach dem dynamischen Gesetz der Kausalität als

---

Vor allem Ciceros Darstellung und Widerlegung der Epikuräischen Theorie der Zufälligkeit in *De natura deorum* (aus dem Jahr 44 v. Chr.) und in *De fato* (aus demselben Jahr, kurz vor dem Mord an Cicero 43 v. Chr. in Formia) waren Kant gut bekannt. Im zweiten Buch des *De natura deorum* verteidigt die fiktive, stoische Figur „Balbus“ die unveränderliche, von den Epikuräern abgelehnte Regelmäßigkeit der Gesetze des Kosmos und dessen Leitung durch die Vorsehung mit den folgenden, zum Teil sehr lustigen Worten: „*Hic ego non mirer esse quemquam, qui sibi persuadeat corpora quaedam solida atque individua vi et gravitate ferri mundumque effici ornatissimum et pulcherrimum ex eorum corporum concursione fortuita? Hoc qui existimat fieri potuisse, non intellego, cur non idem putet, si innumerabiles unius et viginti formae litterarum vel aureae vel qualeslibet aliquo coiciantur, posse ex is in terram excussis annales Enni, ut deinceps legi possint, effici; quod nescio an ne in uno quidem versu possit tantum valere fortuna*“ (II, 93). Kurz danach argumentiert Balbus folgendermaßen: „*Quis enim hunc hominem dixerit, qui, cum tam certos caeli motus, tam ratos astrorum ordines tamque inter se omnia conexa et apta viderit, neget in his ullam inesse rationem eaque casu fieri dicat, quae, quanto consilio gerantur, nullo consilio adsequi possumus*“ (II, 97). In *De fato* erklärt Cicero, wie die Epikuräer sowohl den kausalen Determinismus der Stoiker, der sich auf der Kette der Ursachen und Wirkungen gründet, als auch ihren logischen Determinismus, der aus dem Satz vom ausgeschlossenen Dritten folgt, angreifen (*De fato*, 22–23, vgl. dazu hier Kapitel 8, S. 139).

203 1:396, *Prop. VIII.* Das heißt auf Deutsch: „Nichts, was zufällig da ist, kann eines Grundes entbehren, der sein Dasein vorgängig bestimmt“. Als Beweis des Satzes des bestimmenden Grundes gilt die Feststellung, dass, wenn es keinen bestimmenden Grund (im Sinne einer *ratio antecedenter determinans*) für die zufälligen Dinge gäbe, das Dasein der Dinge sich dann selbst in seiner Existenz verursachen könnte. Wir hätten damit eine Art von *causa sui.* Das heißt, das Dasein könnte allein sein Gegenteil als unmöglich ausschließen und sich selbst damit als absolut notwendig bestimmen. Das widerspricht aber der Anfangsthese, nach welcher es hier nicht um notwendige, sondern um zufällige Dinge geht (vgl. 1:397)

204 So Kant in zwei Reflexionen aus den 80er Jahren. R. 5970: „*non datur casus.* Begebenheit ohne bestimmende Ursache (in der Welt) [...] ist unmöglich. Das Entstehen von selbst (*casus*) ist auch unmöglich“. Und R. 5973: „*Non datur casus.* Keine Begebenheit geschieht von selbst, sondern ist immer durch Naturursachen bestimmt“. Vgl. dazu Abs. 9.4 (Notwendigkeit. 4. „*Alles ist notwendig*“/„*Nichts ist zufällig*“), Anm. 86 und Anm. 105 im Textkommentar.

zufällig betrachtet werden[205]. Die blinde Zufälligkeit[206] ist für die Vernunft unbegreiflich. Eine Reflexion aus den 90er Jahren widerspricht ganz offensichtlich den obigen Definitionen **i.** und **ii.** des Zufälligen: „Zufallig ist nicht das, dessen Nichtseyn sich nicht widerspricht, sondern ungegründet ist. Nun ist alles, was existirt, gegründet; folglich nichts existierendes ist zufallig“[207]. Alles ist notwendig. Alles ist vor allem deswegen notwendig, weil „objektiv“ für Kant grundsätzlich nur das ist, was notwendig verbunden ist. Das gilt als Hauptdefinition der Objektivität in der A-Deduktion: Objekt ist das, dessen „Begriff eine [...] Notwendigkeit der Synthesis ausdrückt“[208].

Hiermit ist die Darstellung der vielen, zum Teil einander widersprechenden Bedeutungen der Kantischen Zufälligkeit nicht ganz komplett. Vor allem zwei oben schon angedeutete Synonyme von „zufällig“, „subjektiv“ und „empirisch“, sollen hier besser erklärt werden.

iv. Unter „zufällig“ versteht Kant alles, was bloß „subjektiv“ ist. Das kann man zum Beispiel gut in einer Reflexion aus den 80er Jahren beobachten: „Das objektiv gültige und nothwendig gültige ist einerley. Was ich vom Obiect sagen soll, muß nothwendig seyn. Denn ist es zufällig, so gilt es nur im Subject, aber nicht vom obiect“[209]. In der zweiten „Analogie der Erfahrung“ trennt Kant in diesem Sinne zwischen der „subjektiven“ und „zufälligen“ Abfolge der Apprehension eines Gegenstandes (eines Hauses) und der „objektiven“ und „notwendigen“ Folge von Ereignissen (ein Schiff

205 Besonders deutlich ist in dieser Hinsicht eine schon oben zitierte Reflexion aus dem Jahr 1769, welche die hier dargestellten Punkte **i.** und **iii.** in einer einzigen Aussage verbindet: „Alles, was geschieht, ist zufällig an sich selbst; weil es doch aber nothwendig seyn muß vermöge des obigen, so ist es nothwendig durch einen fremden Grund“ (R. 4032). In den 70er Jahren schreibt Kant: „Die innere Zufalligkeit ist noch nicht die respective, noch viel weniger die absolute Zufalligkeit. Nur die Freyheit ist eine absolut zufallige Handlung *respectu* der *stimulorum.* [Sie ist frey] *omnimode* zufallig (durchaus): davon können wir das Daseyn nicht einsehen“ (R. 5251, 1776–78).

206 Nach *Opus postumum*: *„casus purus“*, 22:465.

207 R. 6410.

208 *KrV*, A 106.

209 R. 5915. Interessant in dieser Hinsicht ist auch eine Reflexion zur Logik aus den 70er Jahren: „Die allgemeingültigkeit ist entweder eine äußere oder innere: die erste geht auf alle Persohnen und ist subiectiv und zufallig; die zweyte geht auf den Gegenstand überhaupt, ist obiectiv und nothwendig“ (R. 1820).

zum Beispiel, das vom Strom bewegt wird)[210]. „Objektiv" hat in diesem Kontext die Bedeutung von „nicht subjektiv" im Sinne von „nicht zufällig", was Kant in einer anderen Reflexion aus den 80ern folgendermaßen betont: „Um objektiv allgemein zu urtheilen, und zwar apodictisch, muß die Vernunft frey von subjektiv bestimmenden Gründen seyn; denn bestimmten die, so wäre das Urtheil nur so wie es ist zufällig, nämlich nach den subjektiven Ursachen desselben"[211].

v. „Zufällig" gilt schließlich als Synonym von „empirisch". „Empirisch" heißt „aus der Erfahrung stammend", „a posteriori", d. h. „nicht a priori", „nicht notwendig" und daher „zufällig". Diese Gleichsetzung von Begriffen wird überzeugend von Bernd Dörflinger im Kontext der Deduktion der Kategorien beschrieben: „In der Erläuterung dessen, wie die transzendentale Deduktion der Verstandesbegriffe zu geschehen habe, schließt Kant aus, sie könne durch 'Entwickelung der Erfahrung' stattfinden, d. h. durch das Fortschreiten empirischen Bewusstseins, wobei, als bloß durch Illustration gestützt, die Begriffe 'doch nur zufällig sein würden' (B 126). Insofern nun Empfindung es ist, die 'den eigentlichen Unterschied des Empirischen von der Erkenntnis a priori ausmacht' (A 167/B 208 f.), wird sie auch Grund dieser Zufälligkeit sein"[212]. Es wurde dementsprechend schon oben gezeigt (in **ii.**), dass Kant manchmal die Zufälligkeit explizit als „empirische Zufälligkeit" bezeichnet. Die zwei Ausdrücke werden in der Tat öfter assoziiert oder gleichgesetzt: „empirisch, mithin zufällig...", das liest man sowohl in der zweiten Sektion der Einleitung der *Kritik der reinen Vernunft* (B 5) als auch in der zweiten Sektion der Einleitung der *Kritik der Urteilskraft* (5:174)[213]. Gesetze, die empirisch sind, welche aber als „Ge-

210 Der Unterschied zur sukzessiven Wahrnehmung des Hauses liegt darin, dass die Ordnung der Abfolge der Wahrnehmungen des Schiffes nicht zufällig und subjektiv, sondern notwendig und objektiv ist. Ich kann nämlich die Apprehension nicht anders anstellen, als gerade in dieser Folge. Es gibt etwas, das „uns *nötigt*, diese Ordnung der Wahrnehmungen vielmehr als eine andere zu beobachten" (*KrV*, A 196–197/B 242).

211 R. 5413.

212 Dörflinger, *Zum Status der Empfindung*, S. 102. So Kant in einer Reflexion aus den 80ern: „Die Einheit des Bewustseyns ist entweder empirisch: in der Wahrnehmung des Mannigfaltigen, Verbunden durch Einbildungskraft. Oder sie ist logisch: die Einheit in der Vorstellung des obiects. Die erstere ist zufallig und blos subiectiv, die zweyte nothwendig und obiectiv" (R. 5933).

213 Was für ein Zufall! Man beachte, dass diese Art von Zufall (hier z. B. das Auftauchen desselben Ausdrucks in zwei ähnlich geordneten Sektionen von zwei

setze“ zugleich eine Notwendigkeit ausdrücken, bleiben für unseren Verstand dennoch zufällig[214].

In der *Kritik der Urteilskraft* erklärt Kant, wie das für die menschliche Einsicht Zufällige als notwendig begriffen werden kann. Die subjektiven Urteile der Lust und Unlust haben in diesem Sinne mit Recht Anspruch „auf jedermanns Beistimmung“ mithin auf Notwendigkeit[215]. Hiermit wird das Empirische, d. h. das Subjektive und Zufällige als notwendig und objektiv wohl nicht erkannt, trotzdem aber als notwendig und objektiv angenommen. Kant schreibt in diesem Sinne von einer „exemplarischen“ und „subjektiven“ Notwendigkeit, deren Begriff sich auf das Paradox stützt, dass Notwendigkeit auch dort zu beschreiben ist, wo kein Gesetz und keine Regel begriffen werden kann[216]. Das geschieht mit Hilfe des in diesem Werk zentralen – jedoch hier nicht weiter untersuchten – Begriffs der Zweckmäßigkeit, welcher auf Regelmäßigkeit, Ordnung und mithin auf eine Notwendigkeit, die der Verstand als solche nicht erklären kann, hinweist. Die Kritik der Urteilskraft enthält in diesem Sinne die endgültige Beseitigung der Zufälligkeit aus dem System der Philosophie.

---

unterschiedlichen Werken), welche das heutige Verständnis des Wortes am besten wiedergibt, von Kant nicht in Betracht gezogen oder definitorisch bearbeitet wird.

214 Vgl. zum Beispiel 5:179–180, 5:183–184, 5:388.

215 *KU*, 5:191. Der Satz aus der VII. Sektion der Einleitung, wo sich dieser Hinweis befindet, lautet: „Ein einzelnes Erfahrungsurtheil, z. B. von dem, der in einem Bergkrystall einen beweglichen Tropfen Wasser wahrnimmt, verlangt mit Recht, daß ein jeder andere es eben so finden müsse [...]. Eben so macht derjenige, welcher in der bloßen Reflexion über die Form eines Gegenstandes ohne Rücksicht auf einen Begriff Lust empfindet, obzwar dieses Urtheil empirisch und ein einzelnes Urtheil ist, mit Recht Anspruch auf Jedermanns Beistimmung“.

216 „Diese Nothwendigkeit nun ist von besonderer Art: nicht eine theoretische objective Nothwendigkeit, wo *a priori* erkannt werden kann, daß jedermann dieses Wohlgefallen an dem von mir schön genannten Gegenstande fühlen werde; auch nicht eine praktische, wo durch Begriffe eines reinen Vernunftwillens, welcher freihandelnden Wesen zur Regel dient, dieses Wohlgefallen die nothwendige Folge eines objectiven Gesetzes ist und nichts anders bedeutet, als daß man schlechterdings (ohne weitere Absicht) auf gewisse Art handeln solle. Sondern sie kann als Nothwendigkeit, die in einem ästhetischen Urtheile gedacht wird, nur exemplarisch genannt werden, d.i. eine Nothwendigkeit der Beistimmung aller zu einem Urtheil, was als Beispiel einer allgemeinen Regel, die man nicht angeben kann, angesehen wird“ (*KU*, § 18, 5:236–237).

3. Der Begriff „Postulat"

Die Grundsätze des reinen Verstandes werden innerhalb der *Kritik der reinen Vernunft* systematisch aus der Kategorientafel abgeleitet. Kant nennt sie 1. „Axiome der Anschauung", 2. „Antizipationen der Wahrnehmung", 3. „Analogien der Erfahrung" und 4. „Postulate des empirischen Denkens überhaupt". Es handelt sich um „Benennungen", welche, so schreibt Kant, „ich mit Vorsicht gewählt [habe], um die Unterschiede in Ansehung der Evidenz und der Ausübung dieser Grundsätze nicht unbemerkt zu lassen"[217]. Unter diesen Titeln werden die zwölf synthetischen Urteile a priori definiert, deren Bestimmung und Beschreibung die Hauptaufgabe der ganzen „Transzendentalen Logik" ist. Wie erklären sich aber diese etwas seltsamen „Benennungen"?

Eine Erklärung dieser Definitionen kann nur unter Berücksichtigung der verzweigten Entwicklung der Einteilung der Kategorien und der daran gebundenen Prinzipien in der ersten Hälfte der 70er Jahre gegeben werden[218]. Innerhalb der *Kritik der reinen Vernunft* erklärt Kant den Gebrauch des Wortes „Analogie"[219]. Die Begriffe „Axiom" und „Antizipation" lassen sich dagegen aus dem Kontext der jeweiligen Sektionen der „Analytik der Grundsätze" ableiten[220].

---

217 *KrV*, A 161/B 200.

218 Man lese dazu Abs. 9.6.

219 Er äußert sich dazu vor allem in *KrV*, A 179–180/B 222: „In der Philosophie bedeuten Analogien etwas sehr Verschiedenes von demjenigen, was sie in der Mathematik vorstellen. [...] In der Philosophie [...] ist die Analogie nicht die Gleichheit zweier quantitativen, sondern qualitativen Verhältnisse, wo ich aus drei gegebenen Gliedern nur das Verhältniß zu einem vierten, nicht aber dieses vierte Glied selbst erkennen und *a priori* geben kann, wohl aber eine Regel habe, es in der Erfahrung zu suchen, und ein Merkmal, es in derselben aufzufinden". Vgl. dazu Piché, *Qu'est-ce qu'une 'analogie' de l'experience?* Nach der kritischen Zusammenfassung der wichtigsten Positionen zum kantischen Gebrauch des Wortes „Analogie" (vgl. Guyer, Kemp Smith, Adickes, Marty, Pieper, Melnick, usw.) verteidigt Piché in überzeugenden Worten die folgende These: „...l'usage du mot 'analogie' dans le titre signifie que c'est au fond l'expérience qui est *analogue* aux modes du temps" (S. 229).

220 Es geht im ersten Fall um einen Grundsatz (das Axiom), welcher, wie die Grundprinzipien der Mathematik, die Anschauungen rein quantitativ bezeichnet.

Beantwortet werden muss hier folgende Frage: Was heißt überhaupt „Postulat"? Warum gebraucht Kant ausgerechnet dieses Wort, um die Prinzipien a priori der Modalität in der *Kritik der reinen Vernunft* zu bezeichnen?

Der Begriff „Postulat" orientiert sich bei Kant an der Bedeutung, die ihm Johann Heinrich Lambert im Zuge der Neuentdeckung der ursprünglich mathematischen Bedeutung des Wortes bei Euklid, in öffentlicher Polemik gegen den Gebrauch desselben bei Wolff, Crusius und in der Philosophie seiner Zeit überhaupt, zugewiesen hatte. Die Betonung eines richtigen (Euklidischen) Gebrauchs ist hiermit zugleich als Kritik an der bloß mathematisierenden Philosophie zeitgenössischer Rationalisten zu verstehen. Auf diese Debatte bezieht sich Kant, wenn er am Anfang des vorletzten Absatzes des Kapitels die Erläuterung des Wortes „Postulat" folgendermaßen eröffnet: „Ich will diesen Ausdruck hier nicht in der Bedeutung nehmen, welche ihm einige neuere philosophische Verfasser wider den Sinn der Mathematiker, denen er doch eigentlich angehört, gegeben haben, nämlich: daß Postuliren so viel heißen solle, als einen Satz für unmittelbar gewiß ohne Rechtfertigung oder Beweis ausgeben..."[221].

Durch den Rekurs auf die Unbeweisbarkeit der Postulate haben die Wolffianer das Prinzip verteidigt, dass man gewisse Grunddefinitionen oder Wahrheiten unabhängig von jeglichem Beweis durch das einzige Kriterium der Autorität oder der Selbstevidenz derselben annehmen kann (siehe hier Abs. 3.1). Eine andere Definition des Wortes „Postulat", die offensichtlich auch im Sinne der Unbeweisbarkeit des Satzes zu verstehen ist, findet sich bei Crusius (Abs. 3.2). Lambert bezieht sich dagegen auf die ursprünglich mathematische (Euklidische), streng praktische Bedeutung des Wortes und entwickelt aus dem Streit um die Bedeutung des Wortes seine ganze Kritik gegen das falsche Verständnis der mathematischen Methode innerhalb der rationalistischen Philosophie (Abs. 3.3 und 3.4).

Kant denkt meines Erachtens ganz offensichtlich an Lambert, wenn er auf eine rein mathematische Bedeutung des Wortes „Postulat" hinweist. Die konstruktivistische Bedeutung des Wortes bei Lambert drückt nämlich am besten den subjektiven Charakter der Grundsätze der Modalität aus, wobei – auch das muss bemerkt werden – die zwei von Kant und Lambert entwickelten Definitionen der Möglichkeit (und der Objektivität) nicht unterschiedlicher sein könnten. Kants Philosophie lässt sich in keiner

---

Es handelt sich im zweiten Fall um das Prinzip, welches – so schreibt Kant in *KrV*, A 166 – alle Wahrnehmung „antizipiert".

221 *KrV*, A 232–233/B 285; vgl. dazu die Anm. 123, 124 und 127 in Textkommentar.

Weise in der Form des Konstruktivismus von Lambert begreifen. Die mathematische und konstruktivistische Bedeutung des Wortes „Postulat“ vertritt nichtsdestoweniger sehr gut die Funktion der Grundsätze der Modalität als subjektive Prinzipien der ursprünglichen Definition der Objektivität.

3.1. Der Begriff „Postulat“ nach Wolff und in der Wolffschen Schule

Wolff übersetzt das lateinische Wort „Postulat“ mit „Heische-Satz“. In der *Deutschen Logik* von 1713 liest man in diesem Sinne: „Die Erwägungs-Sätze, welche aus einer Erklärung hergeleitet werden, nenne ich Grund-Sätze; die Übungssätze, welche man aus einer Erklärung schliesset, Heische-Sätze“[222]. Zu bemerken sei hier vor allem, dass für Wolff die Heische-Sätze bzw. Postulate von Definitionen und Erklärungen abhängen. Im § 1 des 6. Kapitels desselben Buchs schreibt er: „Die Grund- und Heische-Sätze werden aus einer Erklärung hergeleitet“. Und im § 2 desselben Kapitels: „[Heischesätze] erfordern keinen Beweis, sie sind für sich selbst klar, nemlich so bald man die Erklärung verstehet, daraus sie vermittelst eines Schlusses gezogen werden“. Im § 5 des 8. Kapitels liest man: „Wenn wir etwas nachdenken können und Erklärungen haben; so werden wir die Grund- und Heische- Sätze in unserer Gewalt haben“.

Im § 269 der *Philosophia rationalis sive Logica* von 1728 wird das Postulat von Wolff ganz allgemein als eine „*propositio practica indemonstrabilis*“ definiert. Wolff hält die *postulata* für praktische Sätze. Innerhalb seiner Definitionen hat das Praktische jedoch eine lediglich geringe Bedeutung. Er überbetont indessen die Unbeweisbarkeit. Das geschieht sowohl in Bezug auf die philosophischen als auch auf die mathematischen Postulate. In den *Anfangsgründen aller Mathematischen Wissenschaften* von 1710 werden letztere (zusammen mit den *Axiomata*) als „was so klar zu seyn scheinet, dass man es ohne Beweiß annehmen kann“ definiert[223].

Die Anhänger Wolffs unterscheiden sich diesbezüglich kaum von ihrem Meister. Alexander G. Baumgarten definiert das Postulat in § 169 der *Acroasis Logica* folgendermaßen: „*Propositio indemonstrabilis theoretica est axioma** [*ein Grundsatz], *practica, postulatum*** [**ein Heischesatz]“. In

222 Wolff, *Deutsche Logik*, Kapitel 3, § 13.
223 Wolff, *Anfangsgründen aller Mathematischen Wissenschaften*, § 32; vgl. auch *Elementa matheseos universae*, § 31.

§ 315 des *Auszugs aus der Vernunftlehre* von Georg Friedrich Meier wird das *Postulatum* in ähnlicher Weise als ein unerweisliches Übungsurteil definiert[224].

3.2. Der Begriff „Postulat" nach Thomasius, Walch, Hoffmann und Crusius

Die Definitionen Wolffs entsprechen der damals üblichen Auffassung des Wortes „Postulat". Schon Christian Thomasius erläutert die Postulata in der *Einleitung zu der Vernunft-Lehre* von 1691 als „*veritates primae indemonstrabiles*, die allerdings zu unstreitiger Wahrheiten Grund erfordert werden"[225]. In der *Ausübung der Vernunft-Lehre* schreibt er diesbezüglich: „Denn ich habe bald anfangs dieses daß etwas wahr sey als ein eintziges postulatum praesupponiert, und erinnert daß ohne dasselbe man in Erforschung der Weißheit ohnmöglich fortkommen könne"[226].

Im *Philosophischen Lexikon* des Thomasianers Johann Georg Walch von 1726 wird das Wort „Postulatum" auf Grund der (eher Wolffschen) Unterscheidung zwischen philosophischem und mathematischem Postulat und der Festlegung der entscheidenden Funktion der Empfindung und der Sinnlichkeit für die mathematischen Postulate neu definiert:

> **Postulatum**, heißt in der Lehre von der Demonstration ein unmittelbares Principium, woraus etwas demonstrirt, oder eine andere ganz gewisse Wahrheit gefolgert wird. Es ist entweder ein mathematisches, so fern solches vermittelst der unmittelbaren Empfindung wahr ist, wie denn alle Quantität, womit die Mathesis umgeht, unmittelbar in die Sinne fällt, wovon Wolff in dem *Unterricht der mathematischen Methode* § 28. und in dem *mathemathischen-Lexico* p. 1086. zu lesen; oder ein philosophisches, wenn solches unmittelbar von der Definition einer Sache, dadurch ihre Beschaffenheit, oder Qualität, welche nicht sogleich in die Sinne fällt, angezeigt worden, in Ansehung seiner Wahrheit dependiret, und dieses ist wieder entweder ein physisches, oder ein moralisches.

Diese Definition wird einige Jahre später unter dem Begriff „Satz (Heische-)" im Band 34 (Sao – Schla, veröffentlicht im Jahr 1742) des *Universal-Lexikons* von Johann Heinrich Zedler fast wörtlich wiedergegeben.

Anders als Thomasius, Wolff und Walch definiert Christian August Crusius die *Postulata* im Anschluss an seinen Lehrer August Friedrich

224 Vgl. Kant, 16:668.
225 Thomasius, *Einleitung zu der Vernunft-Lehre*, S. 283.
226 Thomasius, *Ausübung der Vernunft-Lehre*, S. 17.

Hoffmann[227] als Sätze, welche „nicht nach allen Umständen bewiesen werden können“[228], welche aber – weil sie „Realsätze“ sind, d. h. Sätze, „darinnen man den Dingen etwas zuschreibt, welches ihnen der Wahrheit nach zukommen, und nicht von unserer Willkühr abhangen soll, z. E. dass in iedem Cirkel ein Mittelpunct sey“[229] – als wahr angenommen werden müssen. Crusius' Definition lautet dementsprechend: „Es ist also ein *Postulatum* ein Realsatz, welcher also beschaffen ist, dass man ihn als wahr gelten lassen muß, ob er wohl nicht in Ansehung aller Umstände Beweis zulässt“[230]. Κατ'ἀλήθειαν sind Postulate, die etwas Falsches oder Ungewisses enthalten, welches aber keinen Einfluss auf die Wahrheit des Satzes hat („z. E. wenn man vor eine ganze Stadt nur einen *Meridianum* bestimmt“, ebd.). Κατ'ἄνθρωπον sind Postulate, in denen Erfahrungssätze für allgemein oder sogar für notwendig gehalten werden („z. E. daß die Personen männlichen und weiblichen Geschlechtes beynahe in gleicher Anzahl geboren werden; daß ieder Mensch eine Empfindung von Billigkeit und Unbilligkeit habe“[231]). Da die menschliche Erkenntnis schließlich auf solchen und ähnlichen Postulaten basiert, denen eine umfassende Begründung fehlt, sind auch Streitigkeiten zwischen den Menschen unvermeidlich. Das Recht selbst, in einer Diskussion etwas zu postulieren, d. h. etwas ohne Beweis als wahr gelten zu lassen, sollte in diesem Sinne nach Crusius so gut wie möglich bewiesen – man könnte sagen: deduziert – werden.

3.3. Lambert gegen Wolff über Sinn und Gebrauch des Wortes „Postulat“

Lambert übersetzt das Wort „Postulat“ mit dem deutschen Begriff „Forderung“. Nicht korrekt sei dagegen für ihn die Wolffsche Übersetzung mit „Heische-Satz“. Dadurch gehe nämlich der aktive, praktische (d. h. the-

227 Vgl. Hoffmann, *Vernunft-Lehre*, 1737, Vorbericht, §§ 10–13, S. 4–6. In § 10 schreibt Hoffmann: „Ein Realsatz ist entweder in Ansehung aller Stücke die darinnen gesagt werden, bis auf einen Punct erweißlich; oder er ist nicht nach allen Stücken erweißlich, doch aber so beschaffen, daß ihn jeder vor wahr gelten lassen muß; und ein solcher heißt ein postulatum. Z. E. wenn man sagte: es sterben mehrere Menschen vor dem 70sten Jahre, als nach demselben“ (ebd. S. 4–5)

228 Crusius, *Weg zur Gewissheit*, § 39.

229 Ebd. § 38.

230 Ebd.

231 Ebd.

tische und nicht bloß theoretische) Charakter des Wortes verloren. Wiederholt unterstreicht Lambert diesen für ihn nicht bloß terminologischen, sondern inhaltlich entscheidenden Unterschied zu Wolff. In § 156 der *Dianoiologie* des *Neuen Organon* schreibt er zum Beispiel: „[Die] euklidischen *Postulata* haben offenbar die Form von jeden seinen Aufgaben. Man hat sie daher sehr unrichtig durch Heischsätze, und die Aufgaben durch practische beweisbare Sätze übersetzt, und in den neuern Vernunftlehren angenommen". Am Anfang der *Anlagen zur Architectonic* ist die Kritik an Wolff noch präziser und vehementer: „Was in der Meßkunst Postulata (Forderungen) und Aufgaben heißt, davon kömmt in Wolfens Metaphysic wenig oder nichts vor"[232]. Und kurz darauf: „Man kann nicht sagen, dass Wolf die Euclidische Methode ganz gebraucht habe. In seiner Metaphysic bleiben die Postulata und Aufgaben fast ganz weg, und die Frage, was man definieren solle, wird darin nicht völlig entschieden"[233].

Wolff habe nach Lambert den praktischen Teil der Wissenschaften vollkommen vernachlässigt bzw. nur im Hinblick auf eine Theorie des Guten und des Bösen (d. h. innerhalb der Moralphilosophie) thematisiert. Er habe damit die richtige Bedeutung des Begriffs „Postulat" nicht begriffen und daher auch die ganze Euklidische Geometrie und die (in Euklids *Elementen* so gut dargestellte) Methode der Mathematik nicht verstanden. Er sei daher auch nicht in der Lage gewesen, die Methode der Philosophie neu zu begründen[234]. In einem Brief an Kant vom 13. November 1765 schreibt Lambert Folgendes über Wolff: „Wolf konnte endlich Schlüsse zusammen hängen und Folgen ziehen, und dabey schob er alle Schwürigkeiten in die Definitionen. Er zeigte wie man fortgehen könne: aber wie man anfangen sollte das war ihm nicht recht bekannt. Definitionen sind nicht der Anfang, sondern das was man nothwendig voraus wissen muß, um die Definition zu machen. Definitionen sind bey dem Euclid gleichsam nur die Nomenclatur, und der Ausdruck *per definitionem* gilt bey ihm nicht mehr als der Ausdruck *per hypothesin.* Wolf scheint auch nicht genug darauf gemerkt zu haben wie sorgfältig Euclid ist, und wie sehr er selbst die Ordnung des Vortrages dazu einrichtet, die Möglichkeit der Figuren zu beweisen und ihre Gränzen zu bestimmen. Denn sonst würde Wolf sich von den *Postulatis* welche eigentlich dahin dienen ganz andre Begriffe gemacht haben: so hatte er auch gelernt man müsse nicht bey dem

232 Lambert, *Architectonic*, § 11.
233 Ebd. § 12.
234 Vgl. dazu *Architectonic*, §§ 13, 15, 18, 22, 23, *Criterium veritatis*, §§ 50 ff. und 79.

allgemeinen sondern bey dem einfachen anfangen, und *Axiomata* seyn von *Principiis* verschieden, ungefehr wie Materie von Form"[235].

Der Begriff des „Postulats" ist der Mathematik zugehörig. Es handelt sich um die lateinische Übersetzung des griechischen Begriffs „αἴτημα". Die ersten Überlegungen zu der Definition und Einstufung des Begriffs findet man jedoch bereits in den *Zweiten Analytiken* des Aristoteles[236]. Bei Euklid weisen die αἰτήματα auf die Möglichkeit elementarer Konstruktionen hin. Am Anfang der *Elemente* zählt er nach dem Aristotelischen Muster drei Formen von Prinzipien: die Definitionen (ὅροι), die Postulate (αἰτήματα) und die Axiome (κοιναὶ ἔννοιαι). Die Natur dieser unterschiedlichen Prinzipien wird terminologisch nicht festgelegt. Trotz der fehlenden Definition fällt auf, dass die Postulate Grundprinzipien sind, welche keinen Beweis erfordern, zugleich aber die Existenz gewisser geometrischer Konstruktionen sichern[237]. Gefordert sei von den Postulaten, 1. dass man

---

235 Lambert, *Briefwechsel*, S. 337–338. Über das Verhältnis Lambert-Wolff siehe zum Beispiel: Basso, *Filosofia e geometria*, S. 11, 86 ff., 99 ff., 115, Peters, *J. H. Lamberts Konzeption*, S. 54, Wolters, *Basis und Deduktion*, S. 90 ff.

236 Im zweiten und im zehnten Buch dieses Werkes (2,72a und 10,76a ff.) unterteilt Aristoteles die Grundprinzipien der Erkenntnis in „ἀξιώματα" (die Axiome: gemeinsame Prinzipien, welche jeder, der irgendetwas lernen will, notwendigerweise haben muss) und „θέσεις" (die Thesen: spezielle Prinzipien, die man nicht notwendigerweise haben muss). Die Thesen zerfallen ihrerseits in „ὁρισμοί" (die Definitionen, welche das Wesen von etwas beschreiben) und „υπόθεσεις" (die Hypothesen: nicht-definitorische Festsetzungen, welche die Existenz oder Nicht-Existenz von etwas behaupten). In 10,76b unterscheidet Aristoteles mit den folgenden Worten die normalen Hypothesen (υπόθεσεις) von den Postulaten (αἰτήματα): „Wenn man nun Sätze, die an sich bewiesen werden können, aufstellt, ohne ihren Beweis zu führen, so sind dies Hypothesen, wenn sie dem Lernenden als glaubwürdig erscheinen; sie sind dann keine Voraussetzungen schlechthin, sondern nur in Bezug auf den Lernenden; wenn aber ein Satz aufgestellt wird, für den die Meinung nicht spricht oder der gegen die Meinung läuft, so ist dies ein Postulat. Hierdurch unterscheiden sich die Hypothesen von den Postulaten; letztere sind Sätze, die der Meinung des Lernenden zuwider sind, oder Sätze, die man als bewiesene aufstellt und gebraucht, ohne sie bewiesen zu haben". Konstruktionshandlungen spielen bei der Einteilung der Grundprinzipien bei Aristoteles keine Rolle. Man kann aber eine Ähnlichkeit zwischen den zwei Definitionen des Postulats feststellen: In beiden Fällen wird der Rekurs auf vorhergehende Kenntnisse deutlich ausgeschlossen.

237 Mit den Worten Gereon Wolters': „Die Euklidischen Existenzpostulate beziehen sich [...] auf elementare Konstruktionen. [...] Erst die Möglichkeit der Durchführung elementarer Konstruktionshandlungen scheint bei Euklid die Bedingung der Möglichkeit der Formulierung begründeter Satzzusammenhänge zu bilden" (*Basis und Deduktion*, S. 41). Das Postulat bezeichnet bei Euklid das konstruktive

von jedem Punkt zu jedem anderen eine Strecke ziehen kann, 2. dass man eine begrenzte Linie immer nach einer gegebenen Richtung verlängern kann, 3. dass man um jeden beliebigen Punkt einen Kreis konstruieren kann. Die zwei anderen Postulate Euklids waren in der Ausgabe der *Elemente* von 1743, die Kant (und Lambert) vor Augen hatten, nicht erwähnt[238].

Vor Kant war Lambert der einzige deutsche Philosoph, der in der zweiten Hälfte des Jahrhunderts eine selbstständige philosophische Kritik an Wolff und an dessen Scholastik geübt hatte. Die Lektüre der *Elemente* von Euklid, war nun – wie Lambert selbst in einer schönen (mehr oder weniger fiktiven) Erinnerung innerhalb des *Criterium Veritatis* festhält – dasjenige, was seine Kritik an Wolff überhaupt ermöglicht hatte: „Ich hatte den Euclid erst lange nach dem Wolfe gelesen [...]. Ich wusste schon ungefehr, was Schulmethode und Mathematische methode war, und mit allem dem setzte mich schon die erste Proposition Euclids in Verwunderung. Ich dachte etwann, er werde bey den ersten Lehrsätzen von Vergleichung der Winkel anfangen. Allein er nimmt Winkel, Seite und Figur auf einmal, und statt eines Lehrsatzes fängt er mit einer Aufgabe an. Wie, dachte ich, muss nicht die Theorie vorgehen, ehe man zur Ausübung schreitet?“[239]. Auf Grund dieser Verwunderung unterscheidet Lambert die bloß praktischen von den theoretischen Sätzen[240]. Die ersten seien in mehrerer Hinsicht den zweiten übergeordnet. Die Postulate sollen daher als rein praktische Sätze gesehen werden, welche als Bedingungen der Möglichkeit aller theoretischen Definitionen und Erklärungen gelten.

Verfahren, wodurch ein Gegenstand uns gegeben und dessen Begriff erzeugt wird. So unterscheidet der Neoplatoniker Proclus (412–485) die Postulate von den Axiomen bei Euklid vor allem dadurch, dass erstere bloß die Konstruierbarkeit, nicht aber die Kenntnis von etwas enthalten. Man kann nach Proclus den Unterschied zwischen Postulaten und Axiomen folgendermaßen definieren: „...κατὰ δὲ τὸν τρίτον τὸν Ἀρστοτελικὸν πάντα μέν, ὅσα δι'ἀποδείξεως πιστοῦταί τινος, ἔσται αἰτήματα, ὅσα δὲ ἀναπόδεικτά ἐστιν, ἀξιώματα“ (Proclus, *In primum Euclidis Elementorum librum commentarii*, S. 183). Die Übersetzung von M. Steck lautet: „Nach der dritten, der Aristotelischen Definition, sind alle Sätze, die durch ein Beweisverfahren begründet werden, Forderungen; Sätze, die keines Beweises fähig sind, Axiome“ (Proclus, *Euklid-Kommentar*, S. 294).

238 Vgl. *Elementorum Euclidis libri XV ad Graeci contextus fidem recensiti et ad usum tironum accommodati*, hrsg. von G. F. Baermann, Leipzig, Gliditsch, 1743.

239 Lambert, *Criterium Veritatis*, § 79.

240 Vgl. *Dianoiologie*, § 155 ff. und *Alethiologie*, § 243.

Lambert folgt Euklid, indem er die drei obigen Fälle als klassische Beispiele des Postulats immer wieder erwähnt[241]. Im Unterschied zu Euklid thematisiert er aber vor allem die epistemologische und methodologische Bedeutung des Postulats. Was heißt überhaupt „Postulat" bzw. „Forderung"? Die Postulate – so liest man am Anfang der *Architectonik* – stellen „allgemeine, unbedingte und für sich gedenkbare, oder einfache Möglichkeiten, oder Thunlichkeiten" vor[242]. Postulate können aus keiner Definition oder Erklärung hergeleitet werden. Hierin offenbart sich ein entscheidender Fehler Wolffs: „Die Euclidische Methode [ist] von der Wolfischen [...] darinn verschieden, dass was man nach der letzteren als Grundsätze aus den Definitionen herleitete, nach der erstern solche Sätze sind, die der Definition bereits vorgehen, und aus welchen die Definition gebildet und erwiesen wird"[243]. Die Postulate allein geben die unbedingte, erste und allgemeine Möglichkeit an[244].

Die Möglichkeit selbst hängt nach Lambert nicht mehr, wie bei Wolff und in der klassischen scholastischen Tradition, von der Nicht-Widersprüchlichkeit eines Begriffs ab[245], sondern von der Tunlichkeit und von der Machbarkeit von etwas (Figur, Ding oder Begriff): „So widerlegt [Euklid] jeden, der ihm die allgemeine Möglichkeit eines gleichseitigen Triangels in Zweifel ziehen wollte, dadurch, dass er zeigt, wie man denselben machen könne"[246]. Euklid zeigt in der Tat die Möglichkeit der geometrischen Figuren, indem er nur den *modum* zeigt, in dem man sie machen bzw. zeichnen kann. Seine Postulate haben die Form von praktischen Aufgaben[247], welche – als reine Handlungen bzw. Konstruktionen des Subjekts – in keiner Weise von der Erfahrung abhängig sind: „Die wissenschaftliche Erkenntniß soll dienen, Erfahrungen überflüssig zu machen, und folglich das, was man noch erst erfahren müsste, voraus zu bestimmen"[248].

241 Siehe z. B. die § 156 und § 692 der *Dianoiologie.*
242 *Architectonic*, § 12.
243 *Architectonic*, § 23; vgl. auch die §§ 695 und 696 der *Dianoiologie*, die §§ 22, 23, 77 ff. der *Architectonik* und die Briefen an Kant in *Briefwechsel*, S. 338 und S. 348.
244 Dazu *Dianoiologie*, §§ 692 ff., *Alethiologie*, §§ 124, 128, 203, 242, 243, 246, 248, 249, *Architectonik*, §§ 12, 13, 19, 20, 76, 114, 118, 122, 123, *Briefwechsel*, S. 348.
245 Siehe *Alethiologie*, § 10, *Architectonik*, § 19, *Criterium Veritatis*, § 97.
246 *Dianoiologie*, § 692.
247 Man beachte dazu: *Dianoiologie*, § 156, § 528 ff., § 615, *Alethiologie*, § 243, *Architectonik* §§ 12, 18, *Über die Methode*, § 89.
248 *Dianoiologie*, § 678; vgl. aber auch § 606.

3.4. Der Begriff „Postulat“ in der „Analytik der Grundsätze“

Kant übernimmt die obige Definition von „Postulat“ aus den Schriften von Johann Heinrich Lambert, der in diesem Begriff nichts weniger als die Möglichkeit einer radikalen Umwälzung der Wolffschen Metaphysik gesehen hatte. Er wendet aber diesen Begriff in einem ganz anderen Kontext an. Er will nämlich in keiner Weise eine Kritik an der angeblich ungenügenden „mathematischen“ Methode der rationalistischen Philosophie üben. Stattdessen bleiben die zwei Methoden der Philosophie und der Mathematik bei ihm immer deutlich getrennt. Bezeichnet wird vielmehr die ursprüngliche Aktion des Subjekts in der Konstitution bzw. in der Definition der Objektivität.

Die Postulate der Mathematik ‚eine Linie ziehen oder einen Kreis umschreiben, sind ursprüngliche Taten, welche jedoch, ohne Beweise oder Definitionen zu erfordern, Objekte bestimmen. Das Wort „Postulat“ wird von Kant in einem metaphorischen (d. h. übertragenen) Sinne gebraucht. Die Postulate des empirischen Denkens bezeichnen die ganz ursprüngliche und konstitutive Setzung des Objekts (ein Objekt ist zunächst ein bloß mögliches für den Verstand, ein wirkliches für die Sinnlichkeit oder ein notwendiges für die Vernunft) und eröffnen hiermit die Kantische Auseinandersetzung mit dem Problem der Definition von Objektivität überhaupt. Der Übergang von der mathematischen zur transzendentalphilosophischen Bedeutung des Postulats wird von Kant als einfach und selbstverständlich dargestellt („So können wir demnach mit eben demselben Rechte die Grundsätze der Modalität postulieren…“)[249]. Dieser Übergang bzw. diese Metapher ist aber leider weder simpel noch selbstverständlich. Hier müssen wenigstens zwei entscheidende Unterschiede zwischen diesen zwei Diskursebenen beachtet werden.

Eine erste Differenz wird sehr gut von Herbert James Paton erkannt und benannt: „[Kant's Postulats] like the mathematical postulates […], are concerned with the activities of the mind through which an object is constructed and a concept produced. This resemblance is not destroyed by the presence of differences in the two cases, differences which are obvious enough, since the mathematical postulate determines the character of the object through and through, whereas Kant's postulates determine the inner character of the object not at all“[250]. Der Hauptunterschied zwischen Mathematik und Philosophie besteht offensichtlich darin, dass die ma-

249 *KrV*, A 234/B 287.
250 Paton, *Kant's Metaphysic*, II, S. 369–370.

thematischen Postulate ihr Objekt innerlich (d. h. inhaltlich) vollkommen bestimmen, während die philosophischen Postulate dasselbe in gar keiner Weise determinieren. Folglich setzen mathematische Postulate das mathematische Objekt als solches (z. B. eine Linie oder ein Kreis). Die philosophischen Postulate setzten ebenfalls das Objekt, jedoch unabhängig von jeglicher Bestimmung desselben. Sie setzen damit nicht ein Objekt per se, sondern die leere Objektivität eines noch nicht definierten Objektes.

Ein zweiter konstitutiver Unterschied betrifft die Inhalte der Kantischen Theorie der Objektivität. Diese lässt sich nämlich in keiner Weise aus der Mathematik ableiten. Die konstitutiven Handlungen des Subjekts werden zwar als drei „Postulate" definiert. Inhaltlich betrachtet[251] sind sie aber keine Postulate im mathematischen Sinne des Wortes. Vor allem beschreiben sie keine reinen Setzungen des Subjekts. Das gilt insbesondere für das erste Postulat, welches eine Theorie der Möglichkeit enthält, die in diametralem Gegensatz zu Lamberts Philosophie der Möglichkeit steht[252]. Trotz der Rubrizierung unter dem Titel „Postulate" lässt sich Kants Theorie der Objektivität in keiner Weise als eine mathematisch-konstruktivistische begreifen.

Die Metapher des „Postulats" ist daher eine sehr problematische. Sie kann vielleicht besser verstanden werden, wenn man bedenkt, dass der Titel „Postulate des empirischen Denkens" genau so wie „Axiome der Anschauung", „Antizipationen der Wahrnehmung" und zum Teil auch „Analogien der Erfahrung" ein Oxymoron enthält. Er besteht nämlich aus zwei sich widersprechenden oder sich gegenseitig ausschließenden Begriffen. Das empirische Denken (welches a posteriori ist)[253] kann als solches weder etwas a priori postulieren (falls man den Genitiv „des" im Titel als ein *genitivus subjectivus* nimmt), noch a priori bestimmt werden (falls man den Genitiv als ein *genitivus objectivus* nimmt).

Versucht man trotzdem das empirische Denken in seiner konstitutiven und ursprünglichen Tätigkeit zu erfassen, worin die Aufgabe der transzendentalen Philosophie besteht, dann ist anzunehmen, dass dieses erst in seinem Verhältnis zu der *Möglichkeit* eines Gegenstandes überhaupt verstanden werden muss. Hierin liegt der Sinn der Metapher des „Postulierens", welche bei Lambert wie bei Kant im engen Verhältnis zu einer ursprünglichen Möglichkeit zu verstehen ist.

251 Vgl. dazu die Zusammenfassungen am Anfang von Kapitel 5, 6, 7.
252 Vgl. Abs. 5.3.
253 Vgl. dazu Kapitel 4.

Die Möglichkeit der Gegenstände der Erfahrung ist nun nach Kant eine ganz besondere, welche auf die Bestimmung der formalen Bedingungen der Erfahrung hinweist. Die Form geht im kritischen System der Materie voran. Der weitere Hinweis auf 2) die „materiale Bedingungen der Erfahrung" für die Bestimmung der Wirklichkeit und auf 3) die Verbindung von Form und Materie in der Definition der Notwendigkeit sind die Konsequenz dieser erst ursprünglichen Tätigkeit des empirischen Denkens in der Definition bzw. Postulierung des zunächst bloß möglichen Objekts. Die Bestimmung der Wirklichkeit und der Notwendigkeit der Gegenstände der Erfahrung ist im kritischen System genauso fundamental wie die ihrer Möglichkeit. Es kann daher wohl die Rede von drei „Postulaten des empirischen Denkens" sein.

3.5. Der Begriff „Postulat" in der *Kritik der praktischen Vernunft*

„Ein Postulat ist ein praktischer, unmittelbar gewisser Satz [...], der eine mögliche Handlung bestimmt, bei welcher vorausgesetzt wird, daß die Art sie auszuführen, unmittelbar gewiß sei": So wird das „Postulat" von Kant im § 38 der *Logik* definiert[254]. In einer Anmerkung zu dieser Definition stellt Kant eine zweite Bedeutung von dem Begriff „Postulat" vor, welche mit dem heutigen, allgemeinen Verständnis des Wortes in „Kantischer" Hinsicht am besten korrespondiert: „Es kann auch theoretische Postulate geben zum Behuf der praktischen Vernunft. Dieses sind theoretische, in praktischer Vernunftabsicht nothwendige Hypothesen, wie die des Daseins Gottes, der Freiheit und einer andern Welt"[255].

Schon in den 70er Jahren unterschied Kant in der Tat zwischen diesen zwei Gebrauchsweisen des Wortes „Postulat": „Ein postulat ist eigentlich

254 9:112 (vgl. über diesen Satz: Rovira, *La noción de Postulado*, S. 79).

255 Ebd. Das Dasein Gottes, die Freiheit und die Unsterblichkeit sind „theoretische Postulate zum Behuf der praktischen Vernunft". Sie werden aber meistens als „praktische Postulate" bezeichnet. Schon 1796–97 schrieb der Verfasser des *ältesten Systemprogramms des deutschen Idealismus*: „Da die ganze Metaphysik künftig in die Moral fällt – wovon Kant mit seinen beiden praktischen Postulaten nur ein Beispiel gegeben, nichts erschöpft hat –, so wird diese Ethik nichts anderes als ein vollständiges System aller Ideen oder, was dasselbe ist, aller praktischen Postulate sein" (in Hegel, *Das älteste Systemprogramm*, S. 234). Die Behauptung, Kant habe die Metaphysik in die Ethik eingeordnet, ist hier auch nicht ganz korrekt. Kant ist eher der erste Theoretiker gewesen, der eine „Metaphysik der Sitten" geschrieben und hiermit die Ethik als Teil der Metaphysik begriffen hat.

ein practischer unmittelbar [noth] gewisser Satz. Aber man kann auch theoretische postulate haben (zum Behuf der practischen Vernunft), namlich eine theoretische in practischer Vernunftabsicht nothwendige Hypothesis, als die des Daseyns Gottes, der Freyheit und einer andern Welt"[256]. Unterschieden wird hier interessanterweise zwischen einem *praktischen* Gebrauch des Begriffs „Postulat" in *theoretischer* Vernunftsabsicht und einem *theoretischen* Gebrauch desselben in *praktischer* Vernunftsabsicht.

Betrachtet man nun die beiden ersten *Kritiken* (der *reinen* und der *praktischen* Vernunft), dann kann man laut Michael Wolff nicht zwei, sondern sogar drei unterschiedliche Formen von „Postulat" trennen:

1. Die (drei) praktischen Postulate in theoretischer Absicht, d. h. die „Postulate des empirischen Denkens überhaupt" in A 218–235/B 265–287;
2. Das oberste Grundgesetz der reinen praktischen Vernunft im § 7 der *KpV*, welches auch ein praktisches Postulat ist, aber nicht des empirischen Denkens, sondern der reinen praktischen Vernunft[257];
3. die (drei) theoretischen Postulate im praktischen Gebrauch, d. h. die notwendigen Hypothesen des Dasein Gottes, der Freiheit und der Unsterblichkeit der Seele in der „Dialektik der reinen praktischen Vernunft".

Die „Postulate des empirischen Denkens überhaupt" (1.) sind das Thema dieses ganzen Kommentars. 2. und 3. sollen dagegen hier kurz dargestellt werden.

2. Michael Wolff betont, dass es innerhalb der *KpV* nicht nur ein, sondern zwei rein praktische Vernunftgesetze gibt, die man als „praktische Postulate" bezeichnen kann: das „Grundgesetz" und das „Sittengesetz"[258]. Das

---

256 R. 3133 (aus der zweiten Hälfte der 70er Jahre zum § 315 der *Vernunftlehre* Meiers).

257 Mit den Worten Michael Wolffs: „Ein aufmerksamer Leser der zweiten *Critik* wird die Aufstellung des Grundgesetzes der reinen praktischen Vernunft registrieren können als Ergänzung des kantischen Systems philosophischer Postulate durch ein Postulat der *reinen Vernunft*" (*Warum das Faktum*, S. 523).

258 So Wolff: „Das erste dieser praktischen Gesetze, das „Grundgesetz der reinen praktischen Vernunft", wird in der zweiten Anmerkung des § 7 als ein Gesetz bezeichnet, das „für alle vernünftigen Wesen, so fern sie überhaupt einen Willen, d. i. ein Vermögen haben, ihre Causalität durch Vorstellung von Regeln zu bestimmen", gültig ist und sich „also nicht blos auf Menschen" einschränkt, sondern „sogar das unendliche Wesen als oberste Intelligenz mit" einschließt (5:32). [...]

Grundgesetz der praktischen Vernunft, das Kant auch „Factum der Vernunft" nennt[259], ist ein praktisches Postulat, welches – wie die Postulate der Geometrie – keines Beweises bedarf. Als empirisch unbedingte Vernunfthandlung ist es apodiktisch gewiss und unbezweifelbar. Der Hinweis auf die Konstruktionen der Mathematik am Anfang der „Anmerkung" des § 7 sei in diesem Sinne nicht zufällig. Genauso wie der Geometer seine Grundkonstruktionen objektiv bestimmt, so gibt das praktische Grundgesetz eine Regel, die unmittelbar objektiv gilt[260]. Mit den Worten Wolffs: „Wie das Postulat der Konstruierbarkeit eines geometrischen Begriffs in der reinen Anschauung (indirekt) die Möglichkeit des Daseins von Gegenständen dieses Begriffs in der Erfahrung fordert, so fordert das Postulat des praktischen Grundgesetzes (direkt) das wirkliche Gegebensein dieses Gesetzes"[261].

Man kann auf dieser Basis die Funktion der (praktischen) Postulate des Grundsatzkapitels der *KrV* mit derjenigen der (auch praktischen) Postulate des § 7 der *KpV* gleichsetzen. In der umgekehrten Ordnung der „Analytik" der *Kritik der reinen Vernunft* und der *Kritik der praktischen Vernunft*[262] steht die Darstellung der Grundsätze der reinen Vernunft jeweils am Ende und am Anfang des Systems. Die Postulate bestimmen die Objektivität: – der Gegenstände der Erfahrung am Ende der „Analytik" der *KrV*, – des Grundgesetzes der reinen praktischen Vernunft am Anfang der „Analytik" der *KpV*. In beiden Fällen wird mithilfe der Metapher eines mathematischen „Postulats" die für die Inhalte der „Analytik" entscheidende Bestimmung der theoretischen und praktischen Objektivität dargestellt.

3. Schon in mehreren Reflexionen aus der vorkritischen Zeit betont Kant die Funktion des Postulats als theoretische Voraussetzung der sittlich guten Handlungen: „*Postulatum theoreticum* [...] ist eine nothwendige *hypothesis* der Zusammenstimmung der theoretischen und practischen Erkentnis"[263].

Bei dem zweiten praktischen Gesetz handelt es sich um das „dem Menschen" durch reine Vernunft gegebene so genannte „Sittengesetz" (5:31)" (*Warum das Faktum*, S. 524).

259 Vgl. 5:31.

260 Auch in der *Metaphysik der Sitten* werden die Gesetze der Freiheit als „unerweislich" und doch „apodiktisch", „gleich mathematischen Postulaten" beschrieben (6:225).

261 Wolff, *Warum das Faktum*, S. 529.

262 Vgl. dazu *KpV*, 5:16, 5:42, 5:89, 5:91.

263 R. 4953 aus den Jahren 1776–78. Vgl. vor allem R. 1010 aus den 70er Jahren, R. 4545 und R. 5477 (um 1775), R. 5476 und R. 5624 (zwischen 1776 und 1783).

Eine systematische Doktrin der Postulate der praktischen Vernunft findet man aber weder in den zwei Ausgaben der *Kritik der reinen Vernunft* (trotz einer diesbezüglich wichtigen Bemerkung)[264] noch in der *Grundlegung zur Metaphysik der Sitten* von 1785.

In der wenige Monate nach der Veröffentlichung der zweiten Ausgabe der *Kritik der reinen Vernunft* erschienenen *Kritik der praktischen Vernunft* thematisiert Kant diesmal ganz explizit das „Postulat“ als „einen theoretischen, als solchen aber nicht erweislichen Satz [...], so fern er einem *a priori* unbedingt geltenden praktischen Gesetze unzertrennlich anhängt“[265]. Am besten wird das in dem dieser Thematik gewidmeten VI. Kapitel des zweiten Hauptstücks der „Dialektik der reinen praktischen Vernunft“ dargestellt: „Diese Postulate sind nicht theoretische Dogmata, sondern Voraussetzungen in nothwendig praktischer Rücksicht, erweitern also zwar nicht das speculative Erkenntniß, geben aber den Ideen der speculativen Vernunft im Allgemeinen (vermittelst ihrer Beziehung aufs Praktische) objective Realität und berechtigen sie zu Begriffen, deren Möglichkeit auch nur zu behaupten sie sich sonst nicht anmaßen könnte“[266]. Und weiter: „Diese Postulate sind die der Unsterblichkeit, der Freiheit, positiv betrachtet (als der Causalität eines Wesens, so fern es zur intelligibelen Welt gehört), und des Daseins Gottes. Das erste fließt aus der praktisch nothwendigen Bedingung der Angemessenheit der Dauer zur Vollständigkeit der Erfüllung des moralischen Gesetzes; das zweite aus der nothwendigen Voraussetzung der Unabhängigkeit von der Sinnenwelt und des Vermögens

264 Im siebten und letzten Abschnitt des dritten Hauptstücks des „Ideals der reinen Vernunft“ unterscheidet Kant zwischen theoretischem und praktischem Gebrauch der Vernunft: Durch ersteren erkennt man a priori (als notwendig), dass etwas ist, durch den zweiten, was geschehen soll. Er unterscheidet darüber hinaus zwischen zwei Formen der nachträglichen Induktion. Falls ich die Bedingung einer Notwendigkeit nicht unmittelbar erkenne, jedoch ebenfalls für notwendig erkläre, dann kann diese Bedingung nicht bloß „supponiert“, sondern muss eher „postuliert“ werden. Auf Grund dieser zwei Unterscheidungen baut Kant eine Brücke zwischen Theorie und Praxis: „Da es praktische Gesetze gibt, die schlechthin nothwendig sind (die moralische), so muß, wenn diese irgend ein Dasein als die Bedingung der Möglichkeit ihrer verbindenden Kraft nothwendig voraussetzen, dieses Dasein postulirt werden, darum weil das Bedingte, von welchem der Schluß auf diese bestimmte Bedingung geht, selbst *a priori* als schlechterdings nothwendig erkannt wird“ (A 633–634/B 661–662). Das Dasein des höchsten Wesens kann nach Kant nur nachträglich als notwendige Bedingung der Möglichkeit der Moralität postuliert werden.

265 5:122.

266 5:132.

der Bestimmung seines Willens nach dem Gesetze einer intelligibelen Welt, d. i. der Freiheit; das dritte aus der Nothwendigkeit der Bedingung zu einer solchen intelligibelen Welt, um das höchste Gut zu sein, durch die Voraussetzung des höchsten selbstständigen Guts, d. i. des Daseins Gottes“[267].

Hat nun das Wort „Postulat“ im Kontext der „Postulate des empirischen Denkens überhaupt“ (1.), der „Grundsätze der reinen praktischen Vernunft“ (2.) und der „Dialektik der reinen praktischen Vernunft“ (3.) eine vergleichbare Bedeutung?

Kant selbst gesteht, dass er große Schwierigkeiten bei der Suche nach einem passenden Wort für diese theoretischen Voraussetzungen der Moral gehabt habe: „Ich wußte für diese subjective, aber doch wahre und unbedingte Vernunftnothwendigkeit keinen besseren Ausdruck auszufinden“[268]. „Postulieren“ heißt „fordern“[269]. Was gemäß der praktischen Vernunft gefordert werden soll, sind Unsterblichkeit, Freiheit und Gott. Hier – genauso wie in der „Analytik der Grundsätze“ – haben wir es mit einem subjektiven Akt der Vernunft zu tun, welcher, wie das Wort „Postulat“ in seinem ursprünglichen mathematischen Sinn suggeriert, selbst seinen Gegenstand setzt. Der Sinn dieser subjektiven Setzung ist aber in den drei Fällen ganz unterschiedlich. Nach der praktischen Vernunft besteht dieses Setzen in einem subjektiven Fürwahrhalten, das schließlich die Form eines moralisch fundierten Glaubens annimmt. In den „Postulaten des empirischen Denkens überhaupt“ abstrahiert Kant dagegen vom Objekt, um – anhand einer Untersuchung des Subjekt-Objekt-Verhältnisses – die Objektivität selbst zu definieren. Im § 7 der *KpV* wird auch die Objektivität des praktischen Grundgesetzes festgelegt.

Diese Perspektiven sind nicht zu vergleichen – was sicherlich auch Kants Bedenken erklärt, dasselbe Wort in so weit voneinander entfernten Kontexten zu gebrauchen. Rein systematisch betrachtend kann man jedoch Folgendes festhalten: Während die Postulate des empirischen Denkens einerseits und das oberste Grundgesetz der reinen praktischen Vernunft andererseits die Frage der (theoretischen und praktischen) Objektivität überhaupt beantworten, was für die Philosophen der Wolffianischen Schule die Aufgabe einer Ontologie als *metaphysica generalis* war, behandeln die Postulate der praktischen Vernunft die Existenz der drei Objekte der *metaphysica specialis:* Gott, Seele und Welt. Sie allein führen zur Überwindung und Auflösung der Paralogismen, der Antinomien und des

267 Ebd.
268 5:11.
269 Siehe Abs. 3.3.

Ideals der reinen Vernunft. In diesem Sinne deckt das Wort „Postulat“ den gesamten Inhalt der Metaphysik ab.

4. Das empirische Denken

Der Titel „Postulate des empirischen Denkens überhaupt" wird von Kant in den letzten zwei Absätzen des Kapitels erläutert – in denen der Gebrauch des Wortes „Postulat" dargelegt wird[270] – und zugleich am Anfang des zweiten Absatzes, in dem der Sinn des Ausdrucks „empirisch" kurz dargelegt wird. Hier schreibt Kant Folgendes: „Die Grundsätze der Modalität [sind] nichts weiter, als Erklärungen der Begriffe der Möglichkeit, Wirklichkeit und Nothwendigkeit in ihrem empirischen Gebrauche und hiermit zugleich Restrictionen aller Kategorien auf den bloß empirischen Gebrauch, ohne den transscendentalen zuzulassen und zu erlauben"[271].

Wenn wir nun unter der Bezeichnung „empirisches Denken" das Denken verstehen, welches aus der Erfahrung bzw. durch Erfahrung gewonnen wird, so können wir auch leicht behaupten, dass die gesamte transzendentale Logik im Bereich des empirischen Denkens gar nichts zu suchen hat[272] und die „Postulate des empirischen Denkens überhaupt" nicht zu einer solchen Logik gehören können. Die „transzendentale Logik" isoliert nämlich das Erkenntnisvermögen vor allem dadurch, dass sie nur die Teile des Denkens untersucht, welche ihren Ursprung im Verstand und in der Vernunft haben. Sie stammt hiermit in ihrer Definition selbst aus der Unterscheidung von „reinem" und „empirischem" Denken[273].

Versteht man aber unter „empirischem Denken" das Denken, welches sich zugleich notwendigerweise auf die Erfahrung bezieht, dann ist dieses der einzig mögliche Gegenstand der transzendentalen Untersuchung überhaupt. „Transzendental" heißt nämlich nichts anderes als die Erkenntnis der Möglichkeit der Anwendung des Apriorischen auf die sinnliche Erfahrung. Die „Postulate des empirischen Denkens überhaupt"

---

270 Vgl. hier Kapitel 3.

271 *KrV*, A 219/B 266.

272 Vgl. dazu *KrV*, A 55/B 79.

273 Während die „formale Logik", d. h. die Wissenschaft aller allgemeinen und notwendigen Gesetze des Denkens überhaupt, diese Trennung nicht kennt, ist die „transzendentale Logik" eine Logik des bloß „reinen", „nicht empirischen" Denkens (dazu: *KrV*, A 57/B 81–82). Sie untersucht die Regeln a priori des Denkens eines Gegenstandes und abstrahiert damit von allen empirischen Erkenntnisinhalten.

gehören deswegen zur transzendentalen Logik, weil „empirisch" hier nicht „aus der Erfahrung stammend" oder „empirischen Ursprungs" bedeutet (worauf sich die Unterscheidung empirisch – rein bezieht), sondern „auf Erfahrung bezogen". Das reine (nicht empirische) Denken kann hiermit zu keiner objektiven Erkenntnis führen, wenn es nicht auf die (doch empirischen) Gegenstände einer möglichen Anschauung angewendet wird. „Empirisch" ist daher im Titel der „Postulate" das Gegenteil von „transzendental" im Sinne von „übersinnlich", nicht aber im Sinne von „a priori". Durch die Definition der Begriffe der Möglichkeit, Wirklichkeit und Notwendigkeit der Dinge zeigt Kant innerhalb der *Postulate*, dass die ganze transzendentale Untersuchung nichts anderes ist als die Beschreibung der Formen und der Gesetze des empirischen Denkens.

4.1. Der empirische Gebrauch der Modalitätsbegriffe

Der Unterschied zwischen „empirischem" und „transzendentalem Gebrauch" der Begriffe wird von Kant im Abschnitt über Phänomena und Noumena folgendermaßen erläutert: „Der transscendentale Gebrauch eines Begriffs in irgend einem Grundsatze ist dieser: daß er auf Dinge *überhaupt* und *an sich selbst*[274] der empirische aber, wenn er bloß auf *Erscheinungen*, d. i. Gegenstände einer möglichen *Erfahrung*, bezogen wird"[275]. Wenige Seiten später schreibt Kant: „Das Denken ist die Handlung, gegebene Anschauung auf einen Gegenstand zu beziehen. Ist die Art dieser Anschauung auf keinerlei Weise gegeben, so ist der Gegenstand bloß transscendental, und der Verstandesbegriff hat keinen andern als transscendentalen Gebrauch"[276].

Nicht die Dinge an sich, sondern die Gegenstände der sinnlichen Erfahrung sollen nun als *möglich*, *wirklich* oder *notwendig* betrachten werden. Vom Beginn seiner philosophischen Arbeit an hat Kant mit aller Kraft gegen die ontologische Selbstständigkeit der Begriffe Unmöglich/Möglich, gegen jede Form von intellektueller Anschauung zur Bestimmung des Wirklichen und gegen die – aus seiner Sicht irreführende – Identität von innerer Möglichkeit und absoluter Notwendigkeit gekämpft. Das ist der Kern seines radikalen Antirationalismus. Die Postulate ent-

274 In Kants Handexemplar der *Kritik* steht stattdessen: auf „Gegenstände, die uns in keiner Anschauung gegeben werden, mithin nichtsinnliche Gegenstände" (23:47).

275 *KrV*, A 238–239/B 298.

276 *KrV*, A 247/B 304.

halten eine Analyse der Bedeutung der Begriffe der Modalität in ihrem nicht transzendenten, sondern bloß empirischen Gebrauch, was Paul Guyer in sehr deutlichen Worten folgendermaßen erläutert: „In particular, [Kant] argues that the concepts of *possibility* and *necessity* have no use apart from their connection to the conditions of *actual* experience. Kant thus undermines any possibility of a *transcendent* use of the concepts of possibility and necessity, that is, their use to claim knowledge of objects lying beyond the limits of possible experience, although it is precisely the transcendent use of two of these concepts that was the foundation of traditional metaphysical arguments“[277].

4.2. Form und Materie der Erfahrung

Die Möglichkeit entspricht im System der *Kritik der reinen Vernunft* der *Form*, die Wirklichkeit der *Materie*; die Notwendigkeit drückt das Verhältnis zwischen *Form* und *Materie* aus. Es handelt sich mit anderen Worten um die Objekte der Erfahrung, die wir dann als bloß „möglich“ bezeichnen, wenn sie mit den formalen Bedingungen der Erfahrung übereinstimmen und dementsprechend vom Verstand gedacht werden. Dieselben Objekte sind „wirklich“, wenn sie durch die Urteilskraft auf Grund einer sinnlichen Wahrnehmung erfasst werden. Sie sind schließlich „notwendig“, wenn die Vernunft erkennt, dass sie nach den allgemeinen Gesetzen der Erfahrung (in Übereinstimmung mit den „Analogien“) gegeben sind. Das Postulat der „Notwendigkeit“ verbindet hier die zwei anderen Postulate. Diese haben bereits gezeigt, dass „Möglichkeit“ und „Wirklichkeit“ keine selbstständigen Begriffe sind: – Es gibt keine Möglichkeit (Form), ohne dass es überhaupt etwas wirkliches (Materie) gibt; – die Wirklichkeit (Materie) lässt sich ihrerseits unabhängig von der Möglichkeit (Form) nicht begreifen[278].

Herbert James Paton formuliert dies treffend: „Kant is explaining real possibility, actuality, and necessity by reference to experience. Possibility depends on the form of experience, actuality primarily on the matter of

277 Guyer, *The Postulates*, S. 298.

278 Dieselbe gegenseitige Abhängigkeit wurde von Kant schon Mitte der 60er Jahre deutlich ausgedrückt: „*Possibilitatem alicuius non continere rationem ipsius existentiae. Nec existentiam possibilitatis suae. Sed in necessario possibilitatem et existentiam esse eadem. Nihil continere rationem sui ipsius*“ (R. 3876; siehe dazu S. 155, 170 f.).

experience, and necessity on the combination of the two“[279]. Und wenige Seiten danach: „Every object has a form imposed by the mind, and in virtue of that form the object is possible. Every object has a matter given to the mind and synthetised under that form; and in virtue of the matter so given and synthetised, the object is actual. Finally every object is a combined whole of form and matter, which means that it is a substance whose accidents are causally determined; and in virtue of this determination the object is necessary“[280].

Erfahrung enthält in der Tat für Kant zwei unterschiedliche Elemente: „eine Materie zur Erkenntniß aus den Sinnen und eine gewisse Form, sie zu ordnen“[281]. Die ersten Sätze sowohl der „Ästhetik“ (A 20/B 34), wie auch der „Logik“ (A 50/B 74), sind in dieser Hinsicht der wichtigen Erörterung der Relation Materie/Form gewidmet[282].

Die Form strukturiert innerhalb der *Kritik der reinen Vernunft* die Ordnung des Erscheinungs- und des Erfahrungsmaterials. Im Fall der Arithmetik und der Geometrie („transzendentale Ästhetik“) kann die reine Form auf die Materie verzichten. Die Form ist nämlich in der Lage, unter Vezicht auf die Materie den Inhalt dieser zwei Wissenschaften vollständig zu beschreiben. In den Urteilen der Physik („transzendentale Analytik“) kann die Form zwar nicht auf die Materie verzichten (es geht hier immer um eine formal geprägte Materie); sie kann jedoch auch hier – in Ansehung des Feldes möglicher Erfahrung – separat von der Materie behandelt und beschrieben werden.

Die Materie bezeichnet ihrerseits das, was mit der Empfindung korrespondiert. Als solche kann sie in keiner Weise festgelegt werden. Bernd Dörflinger schreibt zu Recht von einer „Unmöglichkeit der Empfindung“, d. h. von der Unmöglichkeit „eines an sich gegebenen Realen im Sinne einer schlechthin formfremden und Dualismus begründenden Materie der Erkenntnis“[283]. Die Materie kann nur als das allgemeine Feld möglicher Erfahrung bzw. als das unbestimmte Mannigfaltige einer Anschauung überhaupt betrachtet werden. Das Materiale, schreibt Dörflinger, muss

279 *Kant's Metaphysic*, II, S. 338, siehe dazu auch S. 336 und 337.
280 *Kant's Metaphysic*, II, S. 340.
281 *KrV*, A 86/B 118.
282 Eine erste, ausreichende Definition von „Materie“ und „Form“ wird von Kant in § 4 der *Dissertatio* von 1770 (2:392) gegeben: „*Repraesentationi autem sensus primo inest quiddam. Quod diceres* materiam, *nempe* sensatio, *praeterea autem aliquid, quod vocari potest* forma, *nempe sensibilium* species, *quae prodit, quatenus varia, quae sensus afficiunt, naturali quadam animi lege coordinantur*“.
283 Dörflinger, *Zum Status der Empfindung*, S. 111.

konstitutiv undurchsichtig bleiben: „Die Undurchsichtigkeit des Materialen ist das Fremde der Vernunft in Hinsicht auf sich selbst und verweist nicht auf ein Anderes zur Vernunft. Die immer wiederkehrenden Spekulationen über das Erfordernis von Dingen an sich, vorzugsweise an die Empfindungsproblematik angeschlossen, gefährden dieses wichtige Ergebnis“[284].

Als solche werden Materie und Form nicht in den „Postulaten“, sondern in der vierten Gruppe der „Amphibolie der Reflexionsbegriffe“, unter der Gruppe der Modalität[285] behandelt. Gegen Leibniz schreibt hier Kant: „Der Intellektualphilosoph konnte es nicht leiden: dass die Form vor den Dingen selbst vorgehen, und dieser ihre Möglichkeit bestimmen sollte“[286]. Das Verhältnis zwischen den „Postulaten“ und der Darstellung von Form und Materie in der „Amphibolie“ ist, systematisch und inhaltlich betrachtet, von großer Wichtigkeit: Die Modalität (in den „Postulaten“) drückt nichts Objektives aus, sondern nur das subjektive Setzen des Vorstellungsvermögens; sie ist daher als eine Reflexion des Denkens über sich selbst (Thema der „Amphibolie“) konzipiert. Mit den Worten von Alexis Philonenko: „Les postulats de la pensée empirique peuvent être regardés comme les moments où la science réfléchit sur elle-même […] On peut bien penser qu'alors se concrétise clairement, comme mouvement même de la connaissance, la réflexion transcendantale, qui consiste à s'occuper non pas des objets de nos connaissances, mais de nos connaissances des objets“[287]. Form und Materie sind ihrerseits so eng mit dem Gebrauch des Verstandes verbunden, dass sie die Grundlage jeder Reflexion bilden[288]. Sie sind die Begriffe, welche die Reflexion der „Postulate“ nicht nur von Anfang an begleiten, sondern grundsätzlich ermöglichen.

---

284 Ebd. S. 117.

285 *KrV*, A 266 f./B 322 f.

286 *KrV*, A 267/B 323.

287 *L'Œuvre de Kant*, I, S. 225. Vgl. dazu Veca, *Fondazione e modalità*, S. 216 ff. und Stampa, *Modalità e teoria dell'oggetto*, S. 137. Gegen die Gleichsetzung von Postulaten und Reflexionen spricht sich vor allem Grünewald in *Modalität und empirisches Denken*, S. 81 ff. aus.

288 Man lese dazu: *KrV*, A 266/B 322.

4.3. Restriktionen

Die Begriffe der Modalität, genauso wie alle reinen Begriffe, hatten für die Philosophen der Schule eine ihnen immanente Bedeutung. Auf Grund dieser Autonomie entwickelte die rationalistische Schule die gesamte Ontologie als das komplexe System der Erkenntnis der Dinge, wie sie wirklich sind. „The pure categories have a *prima facie* claim to apply to objects beyond experience; for in themselves (as derived from the nature of understanding) they have no reference to sensuous intuition", so Paton[289]. Kant bezeichnet diesen Gebrauch der Kategorien als „transzendental". In der „Dialektik", im ersten Abschnitt der „Einleitung", nennt er ihn ausdrücklich einen „Missbrauch" derselben[290]. Von den *noumena* – das erklärt er im dritten Hauptstück der „Analytik der Grundsätze" („Phaenomena und Noumena") – wissen wir gar nichts: „Ein reiner Gebrauch der Kategorie ist zwar möglich, d. i. ohne Widerspruch, aber hat gar keine objective Gültigkeit, weil sie auf keine Anschauung geht"[291]. Und weiter: „Wenn wir [...] sagen: die Sinne stellen uns die Gegenstände vor, *wie sie erscheinen*, der Verstand aber, *wie sie sind*, so ist das letztere nicht in transscendentaler, sondern bloß empirischer Bedeutung zu nehmen, nämlich wie sie als Gegenstände der Erfahrung im durchgängigen Zu-

---

289 *Kant's Metaphysic*, S. 343.

290 Vgl. *KrV*, A 296/B 532. Und kurz danach in A 296/B 352–353: „Die Grundsätze des reinen Verstandes, die wir oben vortrugen, sollen bloß von empirischem und nicht von transscendentalem, d. i. über die Erfahrungsgrenze hinausreichendem, Gebrauche sein". Eine Erklärung der Begriffe, die Kant hier anwendet, wird von Heiner Klemme ab S. 271 von *Kants Philosophie des Subjekts* gegeben. Klemme schreibt hier: „Mit den Kategorien als leeren Begriffen kann ich mir Gegenstände (Dinge überhaupt) denken, die in keiner Erfahrung gegeben sind, woraus sich ihre transzendentale Bedeutung ergibt. Kategorien, deren bestimmte Eigenschaft es ist, a priori auf Objekte zu gehen, haben aufgrund dieses Bezuges einen „transzendentalen Inhalt" (A 79), sie beziehen sich auf einen „transzendentalen Gegenstand" (A 109), sie stellen ein bloßes Etwas = X vor. Mit diesem apriorischen Bezug ist jedoch nicht gemeint, daß wir durch diese das bloße X auch erkennen. Erkenntnis setzt Anschauung voraus. Aus diesem Grunde kann von Kategorien, die eine transzendentale Bedeutung haben, kein transzendentaler Gebrauch gemacht werden: Kategorien können nicht nach Art der rationalen Psychologie als transzendentale Prädikate verwendet, d. h. auf Gegenstände an sich selbst angewandt werden. Ein solcher Gebrauch stellt tatsächlich einen Missbrauch dar. Eine empirische Bedeutung haben Kategorien demgegenüber nur, wenn sie sich auf sinnliche Anschauungen beziehen. Insofern von Kategorien ein empirischer Gebrauch gemacht wird, haben sie auch eine empirische Bedeutung" (S. 272–273).

291 *KrV*, A 253.

sammenhange der Erscheinungen müssen vorgestellt werden und nicht nach dem, was sie außer der Beziehung auf mögliche Erfahrung und folglich auf Sinne überhaupt, mithin als Gegenstände des reinen Verstandes sein mögen“[292].

Die „Postulate des empirischen Denkens überhaupt“ haben diesbezüglich eine wichtige Funktion. Sie beziehen sich auf alle anderen (nicht modalen) Kategorien und *restringieren* sie auf den Erfahrungsgebrauch. Die „Postulate“ sind zunächst und vor allem „Restrictionen aller Kategorien auf den bloß empirischen Gebrauch, ohne den Transzendentalen zuzulassen und zu erlauben“[293]. Wenn die Möglichkeit nicht das Wesen der Sache an sich (die innere Möglichkeit der Essenzen), sondern nur die Form der empirischen Erkenntnis ausdrückt und die Notwendigkeit ihrerseits von der Gegebenheit eines Gegenstandes in der empirischen Wahrnehmung abhängt, dann ist die Erkenntnis a priori insgesamt (die Formen der Anschauung und die Kategorien des Verstandes) auf die Bestimmung der Form und der Bedingungen der empirischen Erfahrung zu beschränken. Mit den Worten Neumanns: „Die Kategorien sind erfahrungsvorgängige und keine erfahrungsübersteigende, sondern für die Erfahrung und in der Erfahrung gültige Verstandesregeln“[294].

Das wird innerhalb der *Kritik der reinen Vernunft* immer wieder (in den unterschiedlichsten Kontexten und mit immer neuen Argumenten) behauptet. Die reinen Begriffe des Verstandes lassen uns nur dann Objekte erkennen, wenn die Materie der Objekte uns in der Wahrnehmung bzw. in einer empirischen Anschauung gegeben ist. „Die Kategorie hat keinen andern Gebrauch zum Erkenntnisse der Dinge, als ihre Anwendung auf Gegenstände der Erfahrung“, so lautet der Titel des § 22 der Deduktion der Kategorien in B 147. Zu einer anderen (nicht empirischen) Form der Objektivität können unsere Erkenntnisse keineswegs gelangen. Die Funktion der Schemata der Sinnlichkeit ist es in dieser Hinsicht, die Kategorien nicht nur zu „realisieren“, sondern auch zu „restringieren“, das heißt: „auf Bedingungen ein[zu]schränken, die außer dem Verstande liegen (nämlich in der Sinnlichkeit)“[295].

---

292 *KrV*, A 258/B 313–314.

293 *KrV*, A 219/B 266. „Se l'uso delle condizioni trascendentali si rivela trascendentale e non empirico, le categorie perdono il loro significato“, so Veca (*Fondazione e modalità*, S. 310). Vgl. auch Neumann, *Die neue Seinsbestimmung*, S. 324.

294 *Die neue Seinsbestimmung*, S. 317.

295 *KrV*, A 146/B 185–186; dazu auch: A 139/B 178, A 140/B 179, A 147/B 187, A 181/B 224.

5. Zusammenfassung des ersten Postulats

Das Postulat der Möglichkeit wird von Kant ab dem dritten Absatz der „Postulate“ in insgesamt fünf unterschiedlich langen Absätzen erläutert. Sie systematisch einzuordnen erweist sich als ausgesprochen schwierig:

III. Im dritten Absatz erläutert Kant, was der Begriff des Möglichen im transzendentalen Sinne bedeutet: Es ist die Übereinstimmung des Begriffs eines Dinges mit den formalen Bedingungen der Erfahrung. Und was es nicht ist: bloße Nicht-Widersprüchlichkeit eines Begriffes. Der Unterschied zwischen diesen verschiedenen Auffassungen der Möglichkeit wird anhand eines geometrischen Beispiels dargestellt, der Unmöglichkeit einer Figur, die nur von zwei geraden Linien begrenzt wird.

IV. Im vierten Absatz wird der Sinn der transzendentalen Möglichkeit auf Grund von drei (den Kategorien der Relation entsprechenden) Beispielen erläutert. Es geht hier nicht um die abstrakte Möglichkeit des Begriffs eines Dinges, welches zum Beispiel (1.) beharrlich im Raume steht, (2.) Ursache von etwas anderem ist, oder (3.) sich in einem Verhältnis mit anderen ebenfalls aufeinander bezogenen Dingen befindet. Die objektive Realität und die transzendentale Wahrheit der Begriffe der Substanz, Kausalität, Wechselwirkung hängen eher davon ab, dass diese Begriffe die Bedingungen a priori der Möglichkeit der Erfahrung sind. — Was „objektive Realität“ und „transzendentale Wahrheit“ eines Begriffs a priori bedeuten, wird hier in dem Abschnitt 5.1 erläutert.

V. Schließt man doch von der Nicht-Widersprüchlichkeit eines Begriffes auf die Möglichkeit des Gegenstandes, dann kommt man konsequenterweise zur Annahme von Hirngespinsten und Chimären. Das wird von Kant mit Hilfe dreier erdichteter Begriffe erklärt, welche (die obigen Beispiele fortsetzend) den drei Kategorien der Relation entsprechen: 1. eine geistige Substanz zwischen Materie und Gedanken, 2. die Vorhersehung, 3. die Gemeinschaft der Gedanken. — Diese drei Formen von Hirngespinsten werden zunächst hier in dem Abschnitt 5.2, dann ausführlicher in den Anmerkungen 35, 36 und 37 erläutert.

VI. Im sechsten Absatz der „Postulate" wiederholt Kant, dass es kein rein formales Denken durch reine Begriffe a priori gibt, denn diese sind ausschließlich die Form der Erfahrung. Er wendet nun seine Aufmerksamkeit den formalen Begriffen der Mathematik zu, deren Objektivität in keiner Weise von der Wirklichkeit bzw. von der Gegebenheit eines materiellen Inhalts abhängt.

VII. Die Objektivität der Gegenstände der Mathematik wird dadurch gewährleistet, dass diese nicht willkürlich (d. h. nach der Möglichkeit als bloßer Widerspruchslosigkeit gewisser Abstraktionen), sondern auf Grund der Bedingungen der Gegenstände der Erfahrung selbst konstruiert werden. — Der Möglichkeit der mathematischen Begriffe, welche zugleich eine Wirklichkeit ist, ist hier der ganze Abschnitt 5.3 gewidmet.

Die Struktur des ersten Postulats erscheint auf den ersten Blick ziemlich unklar. Man kann zum Beispiel schwer begreifen, warum Kant die mathematische Bedeutung der Möglichkeit sowohl im ersten (III) als auch, vollständiger, im letzten Absatz (VII) behandelt. Ich kann diesbezüglich die folgende Erklärung vorschlagen:

Die Darstellung der Unmöglichkeit eines Zweieckes (Biangels) hat zunächst (in Absatz III) eine bloß negative Funktion. Gezeigt werden soll die Tatsache, dass nichts (auch nicht der Begriff einer mathematischen Figur) auf Grund einer bloß logischen Möglichkeit (d. h. auf Grund des Satzes des Widerspruchs) objektive Realität zugeschrieben werden kann. Die Konfrontation mit dem rationalistischen Begriff des Möglichen findet auf diesem Terrain statt. Und nur auf diesem Terrain kann sie nach Kant stattfinden. Um die Wolffianer zu widerlegen, muss er eine alternative Konzeption der Mathematik vorschlagen. Im letzten Absatz wird die Möglichkeit der mathematischen Konstruktionen nicht mehr negativ, sondern positiv und ausführlicher behandelt. Dazwischen (d. h. vor und nach der Behandlung der mathematischen Möglichkeit) wird die Möglichkeit der Physik betrachtet. Das entspricht der Tatsache, dass hier (wie in der ganzen transzendentalen Analytik) grundsätzlich die Möglichkeit der Gegenstände der Erfahrung im Zentrum steht. Mit den Worten der später entstandenen *Prolegomena* kann man sagen, dass hier viel weniger die Frage „Wie ist reine Mathematik möglich?" als die Frage „Wie ist reine Naturwissenschaft möglich?" beantwortet werden soll.

Die zwei Absätze des ersten Postulats, die sich explizit mit diesem eher naturwissenschaftlichen Aspekt der Möglichkeit beschäftigen (d. h. Absatz IV und V), entwickeln sich zu einer sehr interessanten Form der Argumentation. In IV erklärt Kant, dass die an sich nicht kontradiktorische Vorstellung eines Dinges, welches (1.) beharrlich ist, (2.) immer als Ursache eines anderen zu betrachten ist und (3.) in wechselseitigem Verhältnis mit allen anderen (miteinander auch verbundenen) Dingen der Welt steht, keineswegs die Möglichkeit der objektiven Realität dieser Begriffe enthält. Man kann vor allem nicht – wie die Philosophen der Schulphilosophie – von der Möglichkeit bzw. Denkbarkeit eines Begriffes auf die Existenz desselben schließen. Nur als Formen a priori, welche die Verhältnisse der Wahrnehmungen in jeder Erfahrung darstellen, können solche Begriffe die Möglichkeit einer objektiven Realität ausdrücken.

Im Absatz V führt Kant diese Entgegensetzung von zwei unterschiedlichen Auffassungen der „Möglichkeit" zu ihren extremen Konsequenzen. Begriffe, welche die Möglichkeit a priori der Erfahrung nicht ausdrücken, zugleich aber nicht a posteriori von der Erfahrung abgeleitet werden, können im Namen einer irreführenden Definition des Möglichen im metaphysischen Sinne als das, was keinen Widerspruch enthält, sich in bloß kohärente aber keineswegs wahrhaftige Darstellungen der Welt verwandeln. Kant nimmt einige Themen aus seiner früheren Beschäftigung mit dem Spiritualismus Swedenborgs auf und gliedert sie nach der Ordnungsstruktur der Kategorien der Relation (siehe oben in V: 1., 2., 3.). Wie schon in den *Träumen eines Geistersehers* von 1766 verbindet Kant nun die Träume der Metaphysiker, welche ihre imaginären Welten auf dem Begriff des Möglichen und der möglichen Essenzen konstruieren, mit den Träumen der Geisterseherei[296].

296 Vgl. dazu Abs. 9.3. Der Interpret, der sich am meisten mit dem Problem der Struktur des ersten Postulats beschäftigt hat, ist Erich Adickes, welcher jedoch – nach der philologischen Methode der später von Paton benannten „patchwork theory" – eine m. E. keineswegs haltbare Lösung des Problems anbietet. Das nach Adickes offensichtliche – zum Teil sogar „verwirrende und beängstigende" (*Kants Kritik der reinen Vernunft*, S. 234) – Fehlen einer kohärenten Struktur im ersten Postulat lasse sich dadurch erklären, dass Kant in der letzten Verfassung der *Postulate* zwei ganz unterschiedliche Texte zusammengebracht habe. Ein erster, ursprünglicher Text bestehe aus den Absätzen I, II (die zwei allgemeinen Erörterungen vor der Betrachtung der Möglichkeit), IV (ohne den ersten Satz) und V. Mit diesen habe Kant die drei Postulate zusammen behandeln gewollt. Später sei er aber auf die Idee gekommen, die drei Postulate zu unterscheiden. Er habe deswegen die Absätze III, VI, VII und alle weiteren Stücke hinzugefügt, „wobei er" – hier wird die ohnehin gewagte Lösung Adickes noch komplizierter – „vermöge des Doppelsinns des Wortes „möglich" das eigentliche Beweismaterial des „kurzen Abrisses" [Abs. IV und V] bei dem ersten Postulat unterbringen konnte" (ebd.). Das führt laut Adickes zu den vielen Ungereimtheiten innerhalb des ersten Postulats, da die

5.1. Die objektive Gültigkeit der reinen Begriffe des Verstandes

Am Ende des vierten Absatzes der „Postulate" – d. h. im Zentrum des ersten Postulats, zwischen der Darstellung des falschen Gebrauchs von „Substanz", „Kausalität" und „Wechselwirkung" als Begriffe von möglichen Dingen und der Zuspitzung dieses falschen Gebrauchs durch die Schilderung der Begriffe der geistigen Substanz, der Vorhersehung und der Telepathie – schreibt Kant das Folgende über die drei reinen Begriffe der Relation: „Nur daran [...], daß diese Begriffe die Verhältnisse der Wahrnehmungen in jeder Erfahrung *a priori* ausdrücken, erkennt man ihre objective Realität, d. i. ihre transscendentale Wahrheit, und zwar freilich unabhängig von der Erfahrung, aber doch nicht unabhängig von aller Beziehung auf die Form einer Erfahrung überhaupt"[297]. Wenn ein Begriff a

---

Absätze IV und V nicht zum Postulat der Möglichkeit, sondern zum Postulat der Notwendigkeit und der Wirklichkeit gehörten. Nach dieser Rekonstruktion von zwei separaten Texten waren (im zweiten Abriss) die Betrachtung des mathematischen Beispiels am Ende vom Absatz III und die der Mathematischen Begriffe in VII in einen kontinuierlichen Diskurs eingebunden. Der spätere, neue Anlauf des Absatzes VI war daher nicht nötig.

Die einzelnen (nicht überzeugenden) Argumente, die Adickes am Ende von S. 234 seiner Ausgabe der *Kritik* zur Unterstützung seiner These anführt, können hier nicht diskutiert werden. In keiner Weise kann man m. E. behaupten, dass der Absatz IV zum Postulat der Notwendigkeit und Absatz V zum Postulat der Wirklichkeit gehört (ebd.). Diese Absätze enthalten nämlich eine scharfe Kritik der Konzeption der Möglichkeit als Nicht-Widersprüchlichkeit des Begriffes im Kontrast zu den Kategorien der Relation als Bedingungen a priori der Möglichkeit eines Gegenstandes. Die Unterbrechung der Rede über die mathematischen Begriffe am Ende des Abs. III und die Wiederaufnahme der gleichen Themen im Abs. VII mögen vielleicht verwirrend sein. Man muss aber beachten, dass Kant die Diskussion der Mathematik an den Anfang des ersten Postulats an eine prominente Position stellt, weil die Konfrontation und die Überwindung der rationalistischen Theorien der Möglichkeit nur auf diesem Terrain stattfinden können. Er stellt aber sein Argument nicht in das Zentrum des ersten Postulats, weil er – wie oben im Text schon erklärt wurde – genau diese Verbindung des Möglichen mit dem Mathematischen (zugunsten einer breiteren Betrachtung der realen Möglichkeit der Erfahrung) überwinden will.

Norman Kemp Smith findet die Rekonstruktion von Adickes zum Teil künstlich, aber im Endeffekt glaubwürdig: „This may seem a very complicated and hazardous hypothesis; but careful examination of the text, with due recognition of the confused character of the argument as it stands, will probably convince the reader that Adickes is in the right" (*A Commentary*, S. 397). Man beachte dazu die treffende und m. E. ganz korrekte Kritik von Paton an Kemp Smiths Zustimmung der „patchwork theory" von Adickes (*Kant's Metaphysic*, II, S. 370–371).

297 *KrV*, A 221/B 269.

priori die Verhältnisse der Wahrnehmungen in jeder Erfahrung ausdrückt, dann hat derselbe zugleich „objektive Realität" und „transzendentale Wahrheit".

Die Objektive Realität. Was heißt hier und überhaupt „objektive Realität haben"? Die Beziehung zu einem Gegenstand der Anschauung ist nach Kant das, was allein unseren empirischen Begriffen bzw. Erkenntnissen eine objektive Realität verleiht[298]. Mit den Worten Heiner Klemmes: „Ist die Bedingung der Möglichkeit des Sinnlichkeitsbezuges erfüllt, haben Kategorien objektive Realität, ist sie nicht erfüllt, sind sie nur leere Begriffe, die allerdings eine „transzendentale Bedeutung" (A 248/B 305) haben„[299]. Reine Begriffe können dadurch objektive Realität haben, dass sie die Bedingungen a priori jeder möglichen Erfahrung sind: „Wenn es [...] reine Begriffe *a priori* giebt, so können diese zwar freilich nichts Empirisches enthalten: sie müssen aber gleichwohl lauter Bedingungen *a priori* zu einer möglichen Erfahrung sein, als worauf allein ihre objective Realität beruhen kann"[300]. Das wird von Günter Zöller in einem zum größten Teil diesem Begriff gewidmeten Buch folgendermaßen zusammengefasst: „Die Kategorien fungieren als Prinzipien der Erfahrung (*Ermöglichung von Erfahrung*), und sie haben auf Grund dieser apriorischen Beziehung auf (mögliche) sinnliche Anschauungen „objektive Realität"„[301]. Die objektive Realität aller Begriffe a priori gründet nach Kant darauf, „daß, weil sie die intellectuelle Form aller Erfahrung ausmachen, ihre Anwendung jederzeit in der Erfahrung muß gezeigt werden können"[302].

---

298 Vgl. *KrV*, A 109–110, A 217/B 264, A 279/B 335, B 412–413.

299 Klemme, *Kants Philosophie des Subjekts*, S. 272.

300 *KrV*, A 95.

301 Zöller, *Theoretische Gegenstandsbeziehung*, S. 181. Das ist eine der resümierenden Thesen (die 11.), mit denen Zöller seine Untersuchung des Begriffs der „objektiven Realität" in der „Transzendentalen Analytik" zusammenfasst. Eine ähnliche Definition der „objektiven Realität" enthalten auch die Thesen 10, 13, 14 (ebd.; man beachte auch die Thesen 4 und 7 auf S. 254). Weniger nachvollziehbar scheint mir Wolfgang Carls Definition der „objektiven Realität" als das, was ein Begriff hat, wenn er „...rechtmäßig gebraucht wird [...] d. h. wenn es wahre Urteile gibt, in denen er vorkommt" (*Die transzendentale Deduktion*, S. 34). Man beachte hinsichtlich dieser unterschiedlichen Definitionen Klemme (*Kants Philosophie des Subjekts*, S. 141), der auch an die Kritiken von Hinsch und Mohr an Carl diesbezüglich hinweist.

302 *KrV*, A 310/B 367. Man beachte dazu auch B 150–151, A 155–157/B 194–197, A 567–568/B 595–596, 11:42 ff., R. 5923. Die Frage nach der „objektiven Realität" steht auch in Zentrum des ersten Abschnitts der Schrift *Über eine Ent-*

Die transzendentale Wahrheit. Kant vertritt in der *Kritik der reinen Vernunft* eine (nicht neue) Theorie der Wahrheit als Übereinstimmung der Erkenntnis mit den Gegenständen der Erfahrung. Das stellt für ihn kein besonderes Problem dar: „Was ist Wahrheit? Die Namenerklärung der Wahrheit, daß sie nämlich die Übereinstimmung der Erkenntniß mit ihrem Gegenstande sei, wird hier geschenkt und vorausgesetzt"[303]. Über die „transzendentale Wahrheit" schreibt er im „Schematismuskapitel", dass alle unsere Erkenntnisse eine solche Wahrheit haben, indem sie in Beziehung mit einer möglichen Erfahrung stehen[304]. Das spiegelt die Definition der „objektiven Realität" wider. „Realität" und „Wahrheit" gehören jedoch zu zwei unterschiedlichen Ebenen des Diskurses: einer ontologischen Ebene (die der Essenz oder der Existenz eines Dinges als *res*) und einer logischen (die der Wahrheit einer Aussage oder eines Urteils). Inwiefern können „objektive Realität" und „transzendentale Wahrheit" doch als gleichbedeutend betrachtet werden?

Die objektive Gültigkeit. Diese zwei Formeln („objektive Realität" und „transzendentale Wahrheit") werden von Kant nie – außerhalb des oben, am Anfang vom Abs. 5.1 zitierten Satzes – als Synonyme betrachtet. Man kann trotzdem 1. die „objektive Realität" eines Begriffs mit der „objektiven Gültigkeit" desselben gleichsetzten[305] und 2. die „objektive Gültigkeit" mit der „transzendentalen Wahrheit" gleichsetzen[306]. Die Frage, die man sich diesbezüglich stellen kann (und muss), ist daher die folgende: Was heißt überhaupt „ein Begriff ist objektiv gültig"?

Die transzendentale Logik hat ausschließlich mit Gesetzen des Verstandes und der Vernunft zu tun. Diese Gesetze werden aber nicht als solche betrachtet, sondern auf die Gegenstände der Erfahrung bezogen.

---

deckung nach der alle neue Kritik der reinen Vernunft durch eine ältere entbehrlich gemacht werden soll von 1790, 8:190 ff.

303 *KrV*, A 58/B 82.

304 *KrV*, A 146/B 185. Inhaltlichkeit und Gegenstandsbeziehung sind in der Tat die wichtigsten Merkmale der „transzendentalen Wahrheit": „[der transzendentalen Analytik] kann keine Erkenntniß widersprechen, ohne daß sie zugleich allen Inhalt verlöre, d.i. alle Beziehung auf irgend ein Object, mithin alle Wahrheit" (*KrV*, A 62–63/B 87). Vgl. dazu Zöller, *Theoretische Gegenstandsbeziehung*, S. 91 ff.

305 Es sieht so aus, als wäre in der *KrV* die „objektive Gültigkeit" zunächst nichts anderes als die positive Beantwortung der Frage, ob ein Begriff objektive Realität hat. Dass es doch einen Unterschied zwischen den beiden Ausdrücken gibt, wird hier z. B. in den Anm. 32, 40 und 50 des Textkommentars behauptet.

306 Siehe dazu: *KrV*, A 125, A 128, B 816, A 760/B 788.

Nur dadurch können sie eine „objektive Gültigkeit" erlangen[307]. Die subjektiven Bedingungen des Denkens – so Kant am Anfang der „Deduktion", in A 89/B 122 – haben „objektive Gültigkeit", indem sie „Bedingungen der Möglichkeit aller Erkenntniß der Gegenstände abgeben". Die reinen Begriffe des Verstandes (und mit ihnen auch die Begriffe „Raum" und „Zeit" und alle Begriffe der Mathematik) würden keine „objektive Gültigkeit" haben, d. h. sie würden „ohne Sinn und Bedeutung [bleiben], wenn ihr nothwendiger Gebrauch an den Gegenständen der Erfahrung nicht gezeigt würde"[308]. Das Verhältnis einer Vorstellung zu einem Gegenstand, dessen Darstellung *in concreto* und die Tatsache, dass hier nicht nur die Regel, sondern auch der Fall der Anwendung dieser Regel gezeigt werden muss, das sind die Elemente, welche allein den Begriffen a priori „objektive Gültigkeit" geben können[309]. Einer der wichtigsten und berühmtesten Sätze der „Transzendentalen Logik" lautet daher: „Die Bedingungen der *Möglichkeit der Erfahrung* überhaupt sind zugleich *Bedingungen der Möglichkeit der Gegenstände der Erfahrung* und haben darum objective Gültigkeit in einem synthetischen Urtheile a priori"[310].

Neben dieser muss aber auch eine weitere, sehr wichtige Bedeutung der „objektiven Gültigkeit" der Begriffe a priori berücksichtigt werden. „Objektiv" ist für Kant nicht nur das, was nicht subjektiv außerhalb von mir steht, sondern vor allem das, was in strenger Notwendigkeit, d. h. nach allgemeingültigen Gesetzen, verbunden ist. Es handelt sich hier um einen, so Zöller, „starken Begriff von Erkenntnis (Objektivität)", der die „objektive Gültigkeit" charakterisiert und im Begriff der „objektiven Realität" nicht auftaucht[311]. Mit den Worten des amerikanischen Interpreten Robert Paul Wolffs: „A body of propositions is said to be objective if it asserts truths which are necessary and universal"[312]. Die Empirie allein und die

307 Vgl. *KrV*, A 57/B 81–82.

308 *KrV*, A 156/B 195.

309 Vgl. *KrV*, A 35/B 52, A 57/B 81–82, A 93–94/B 126–127, B 137, A 135–136/B 174–175, A 160/B 199, A 239/B 298, A 242.

310 *KrV*, A 158/B 197; vgl. auch A 111.

311 Zöller, *Theoretische Gegenstandsbeziehung*, S. 130. So Zöller an einer anderen Stelle: „"objektive Realität", von nicht-empirischen Begriffen prädiziert, dient zur Kennzeichnung von deren Bezug auf mögliche Erfahrung im Sinne eines Anschauungsbezugs; „objektive Gültigkeit", speziell von Kategorien ausgesagt, findet Verwendung zur Artikulation eines Verhältnisses der Begründung von Gegenständlichkeit" (ebd. S. 122). Siehe dazu Klemme, *Kants Philosophie des Subjekts*, S. 141.

312 Wolff, *Kant's Theory of Mental Activity*, S. 166.

Äußerlichkeit sind in dieser Hinsicht auf keinen Fall Synonyme der Objektivität.

Kants kritische Philosophie (und zum Teil auch die vorkritische) enthält eine neue Bestimmung der „Objektivität" auf der Basis des Begriffs der „Notwendigkeit" und des „notwendigen Gesetzes". In Kants Theorie der Objektivität alles dreht sich um die Feststellung der notwendigen Gültigkeit eines Gesetzes: „Das objektiv gültige und nothwendig gültige ist einerley. Was ich vom Obiect sagen soll, muß nothwendig seyn. Denn ist es zufällig, so gilt es nur im Subject, aber nicht vom obiect"[313]. Die ganze „objektive Deduktion der Kategorien" soll nach der „Vorrede" zur ersten Ausgabe der *Kritik der reinen Vernunft* die „objektive Gültigkeit" der Begriffe des reinen Verstandes darlegen und begreiflich machen[314], was nur auf Grund des entscheidenden Begriffs der transzendentalen Affinität und somit auf der Basis einer Gesetzlichkeit möglich wird. In den Reflexionen, die sich unmittelbar auf die „Transzendentale Analytik" beziehen, wiederholt Kant sehr oft, dass das „Objekt" nur das ist, was nach „notwendigen Gesetzen" (bzw. durch die notwendige Einheit der Kategorien) in einer Anschauung vereinigt wird[315]. Nach den *Prolegomena* bedeutet hiermit die „objective Gültigkeit des Erfahrungsurtheils" nichts anderes, als die „notwendige Allgemeingültigkeit desselben": „...und ob wir gleich das Object an sich nicht kennen, so ist doch, wenn wir ein Urtheil als gemeingültig und mithin nothwendig ansehen, eben darunter die objective Gültigkeit verstanden. Wir erkennen durch dieses Urtheil das Object (wenn es auch sonst, wie es an sich selbst sein möchte, unbekannt bliebe) durch die allgemeingültige und nothwendige Verknüpfung der gegebenen Wahrnehmungen"[316]. Das Objekt wird schließlich in der B-Deduktion als dasjenige definiert, „in dessen Begriff das Mannigfaltige einer gegebenen Anschauung *vereinigt* ist"[317].

Unter Berücksichtigung dieser knappen Hinweise zur Komplexität der Definition der „objektiven Gültigkeit" in der kritischen Philosophie kann man schließen, dass die „objektive Realität" und die „transzendentale Wahrheit" der Begriffe nicht bloß mit der Anwendung auf die objektive (nicht-subjektive) Realität zu tun haben, sondern auch – und vor allem – mit der Notwendigkeit und der Allgemeingültigkeit (d. h. aus einer er-

313 R. 5915, aus den 80er Jahren.
314 *KrV*, A XVI. Vgl. auch R. 4900 aus den Jahren 1776–78.
315 Vgl. R. 5643, R. 5923, R. 5927, R. 5931, R. 5933.
316 4:298.
317 *KrV*, B 137.

kenntnistheoretischen Perspektive: mit der Apriorität) derselben verbunden sind. Dies führt zu einem besseren Verständnis des am Anfang von Abs. 5.1 zitierten Satzes: „Nur daran [...], daß diese Begriffe die Verhältnisse der Wahrnehmungen in jeder Erfahrung *a priori* ausdrücken, erkennt man ihre objective Realität, d. i. ihre transscendentale Wahrheit, und zwar freilich unabhängig von der Erfahrung, aber doch nicht unabhängig von aller Beziehung auf die Form einer Erfahrung überhaupt“[318].

5.2. Phantasten

Für Kant gibt es im Grunde keinen großen Unterschied zwischen den Spekulationen von Wolff, Darjes und Baumgarten über die Immaterialität und die Unsterblichkeit der Seele und den Visionen eines Geistersehers wie Swedenborg, welcher in lyrischen Tönen seine geistigen Gespräche mit Aristoteles und Virgil wiedergibt oder die himmlische Republik der Seelen in Form eines großen Menschen beschreibt. Die Spekulationen der Metaphysik und die Träume der Geistseherei lassen sich in unterschiedlicher Weise miteinander vergleichen[319]. Man kann diesbezüglich einen interessanten Parallelismus zwischen dem kleinen Pamphlet über Swedenborg von 1766 und der *Kritik* von 1781 feststellen. Die *Träume eines Geistersehers* enthalten eine scharfe Kritik der klassischen Metaphysik. Diese nimmt von Anfang an die Form einer Parodie der auf den ontologischen Begriff der Möglichkeit gestützten Visionen der Schulphilosophen an. Nur auf Grund des ontologischen Primats des Möglichen, der Identität der Möglichkeit mit dem Wesen einer Sache und der Unterordnung von Wirklichkeit (*existentia*) und Notwendigkeit unter die Möglichkeit (*essentia*) konnten die Schulphilosophen ihre „Luftschlösser“ konstruieren[320]. Die *Kritik der reinen Vernunft* enthält im ersten Postulat eine Auseinandersetzung mit

318 *KrV*, A 221/B 269.

319 In *Wahn und Wahrheit* hat Constantin Rauer versucht, die ganze Philosophie Kants als eine Psychoanalyse des Wahns zu rekonstruieren. Von einer (proto-) psychoanalytischen Arbeit Kants könne man nach Rauer sowohl in Bezug auf seine intensive Beschäftigung mit der nosographischen Einordnung der Krankheiten der Seele (im *Versuch über die Krankheiten des Kopfes* von 1764), wie auch – und vor allem – bei der Behandlung des Falls Swedenborg sprechen. Die relevantesten Aspekte der späteren Philosophie Kants seien alle, in unterschiedlicher Weise, auf diese psychoanalytische Einstellung und auf die Auseinandersetzung mit dem Irrationalen zurückzuführen.

320 Man beachte dazu Abs. 9.3.

dem klassischen Begriff des Möglichen, welche einige klassische Beispiele aus der Geistseherei wiedergibt. Diese werden nun systematisch nach der Dreiordnung der reinen Begriffe der Relation eingeordnet. Der Vergleich soll vor allem dazu dienen, den Unterschied von zwei getrennten Konzeptionen der Möglichkeit bildhaft vor Augen zugeführt zu bekommen.

Die Beispiele Kants sind leicht nachzuvollziehen. Man beachte diesbezüglich Folgendes: – Die Kategorie der Kausalität als Bedingung der Möglichkeit der Erfahrung wird mit der möglichen Vorstellung der Vorhersehung der Zukunft verglichen. Das ist auch eine Form von Kausalität, eben nur in einer umgekehrten Zeitrichtung[321]. – Die Kategorie der Wechselwirkung wird mit der Vorstellung einer Gemeinschaft der Seelen assoziiert[322]. – Schwieriger ist schließlich zu verstehen (es handelt sich jedoch um eine systematisch relativ marginale Kuriosität), was Kant unter der Kategorie der Substanz einordnet. Anhand einer langen Fußnote zum Text werde ich zeigen, dass Kant hier nicht, oder wenigstens nicht nur auf die (ganz allgemeine) Substanz des Geistes hinweist, sondern auf ein ganz spezielles Element zwischen Körper und Seele: das geistige Salz, das manche Mystiker (wie z. B. Jakob Böhme oder später der Böhmianer Friedrich Christoph Oetinger) in sehr unterschiedlichen Formen und Varianten thematisiert haben[323].

5.3. Mathematische Begriffe

Die Begriffe der Mathematik – das schreibt Kant am Ende des dritten Absatzes der „Postulate" in A 220–221/B 268 – können objektive Realität haben, auch wenn sie sich nur „auf mögliche Dinge" beziehen. Man fragt sich diesbezüglich: Was heißt es für diese Begriffe, sich auf mögliche Dinge zu beziehen? „Möglich" bzw. „real möglich" heißt bei Kant nicht mehr – wie noch bei Wolff und in der scholastischen Tradition – dasjenige, was den rationalen Prinzipien der Logik nicht widerspricht, sondern eher dasjenige, was mit den formalen Bedingungen der Synthesis der Erfahrung übereinkommt[324]. Auch die Begriffe der Mathematik können dementsprechend nur dann „möglich" sein, wenn sie – wie alle anderen (reinen und empirischen) Begriffe – mit den formalen Bedingungen der Erfahrung über-

321 Vgl. dazu Anm. 36 des Textskommentars.
322 Vgl. Anm. 37.
323 Vgl. Anm. 35.
324 Siehe oben S. 47 ff.

einkommen. Die Frage, die man sich hier stellen sollte, lautet daher: Was heißt es für solche, mathematischen Begriffe, dass sie mit den formalen Bedingungen der Erfahrung übereinkommen?

Wir haben es hier mit Begriffen ganz besonderer Art zu tun, deren „objektive Realität" weder davon abhängt, dass sie a posteriori von gegebenen Anschauungen abgeleitet werden, noch davon, dass sie a priori auf dieselben Anschauungen angewandt werden können. Die objektive Realität der mathematischen Begriffe liegt vielmehr in der Tatsache, dass die Gegenstände der Anschauung, die sie konstruieren, zugleich der Form der Anschauung und hiermit der Form aller Gegenstände der Erfahrung im Allgemeinen entsprechen. Mathematische Begriffe enthalten in sich die Form selbst der Erfahrung. Anders formuliert: Der bestimmte Gegenstand, den ich mathematisch (d. h. geometrisch oder arithmetisch) konstruiere, muss von den universalen Bedingungen der mathematischen Konstruktion, die zugleich die universalen Bedingungen der Erfahrung überhaupt sind, determiniert werden.

Mathematische Gegenstände haben deswegen objektive Realität, weil die Form ihrer Konstruktion die Form der Erfahrung selbst ist und daher die Möglichkeit der Erfahrung ausmacht[325]. In der Vergangenheit haben Philosophen – so Kant in den *Prolegomena* – nicht erkannt, „daß [der geometrische] Raum in Gedanken den physischen, d. i. die Ausdehnung der Materie selbst, möglich mache; daß dieser gar keine Beschaffenheit der Dinge an sich selbst, sondern nur eine Form unserer sinnlichen Vorstellungskraft sei; daß alle Gegenstände im Raume bloße Erscheinungen, d. i.

---

325 Das wird von Brandt folgendermaßen ausgedrückt: „Mit der Vorstellung/Anschauung von Raum und Zeit sind diese zugleich – im Unterschied zu allen eliminierbaren Gegenständen in ihnen – für den Vorstellenden als solche gegeben, denn bei ihnen gibt es für ihn keine Differenz zwischen Vorstellung und Vorgestelltem : Die Vorstellung vom Raum ist für ihn der Raum, die Vorstellung von der Zeit ist für ihn die Zeit. [...] Die Notwendigkeit liegt [...] in der Identität von Vorstellung und Vorgestelltem" (*Raum und Zeit in der „Transzendentalen Ästhetik"*, S. 447–448). Rein epistemisch wird dieses Verhältnis durch den Begriff der „Konstruktion" ausgedrückt. Die Begriffe und die Gegenstände der Mathematik haben das ganz Besondere an sich, dass sie in der Definition selbst entstehen, d. h. im Akt selbst der reinen, subjektiven Konstruktion. Wovon hängt aber die objektive Realität der Konstruktionen der Mathematik ab? Wingendorf schreibt in diesem Sinne zu Recht: „Nicht die mathematische Konstruktion selbst, sondern erst die philosophische Erkenntnis, daß diese Konstruktion ausschließlich auf Bedingungen beruht, die zugleich Bedingungen des Gegebenseins der Gegenstände sind, verleiht diesen Begriffen objektive Realität" (*Kritische Modalphilosophie*, S. 71). Man beachte dazu hier die Anm. 20 und 22 des Textkommentars.

nicht Dinge an sich selbst, sondern Vorstellungen unsrer sinnlichen Anschauung seien, und, da der Raum, wie ihn sich der Geometer denkt, ganz genau die Form der sinnlichen Anschauung ist, die wir *a priori* in uns finden, und die den Grund der Möglichkeit aller äußern Erscheinungen (ihrer Form nach) enthält, diese nothwendig und auf das präciseste mit den Sätzen des Geometers, die er aus keinem erdichteten Begriff, sondern aus der subjectiven Grundlage aller äußern Erscheinungen, nämlich der Sinnlichkeit selbst, zieht, zusammen stimmen müssen"[326].

Hierin liegt die „objektive Realität" der mathematischen Begriffe, welche die Möglichkeit aller Gegenstände der Erfahrung (der Größe nach) ausdrücken und daher ganz unabhängig von jeglicher Anwendung auf die Erfahrung eine objektive Realität haben. In der Mathematik sind – merkwürdigerweise – Möglichkeit und Wirklichkeit ein und dasselbe: Was ich kann, ist. Mit den Worten Kants: „In der Mathematik kann ich alles das durch mein Denken selbst machen (construiren), was ich mir durch einen Begriff als möglich vorstelle: ich thue zu einer Zwei die andere Zwei nach und nach hinzu und mache selbst die Zahl vier, oder ziehe in Gedanken von einem Punkte zum andern allerlei Linien und kann nur eine einzige ziehen, die sich in allen ihren Theilen (gleichen sowohl als ungleichen) ähnlich ist"[327].

Die Apriorität der mathematischen Konstruktionen widerspricht vor allem nicht dem anschaulichen (und daher konkreten, nicht abstrakten und nicht bloß begrifflichen) Charakter derselben. Konstruktionen der

326 4:288.

327 4:370; vgl. 4:227, 4:281. Die Übereinstimmung der Konstruktion des einzelnen Gegenstandes mit den universalen Bedingungen der Konstruktion aller Gegenstände in der Erfahrung wird von J. Michael Young zu Recht als wichtiger Punkt angesehen: „Kant talks of constructing a concept, he does indeed have in mind an activity whereby we provide ourselves with the intuition of a particular object. It also shows how Kant's usage of „construction" is related to that of the geometry of his time. One of the standard Stepps in a Euclidean proof was the „ecthesis" or „setting out," in which the geometer constructed a particulare figure of the kind about which something was to be proved" (Young, *Kant on the Construction of Arithmetical Concepts*, S. 17). Das Verhältnis von Möglichkeit und Wirklichkeit wird von Alfredo Ferrarin mit den folgenden, treffenden Worten erläutert: „If mathematics considers the concept in concreto, and not empirically but a priori, the sense of existence in mathematics differs from aposteriori empirical existence (A 719/B 747), and is made equal to constructibility. The mathematician determines intuition objectively and is able to bridge purely apriori the gap between discursive reason and the exhibition of an intuition that shows the concept in concreto, whereas all other realms of knowledge need to support their apriori cognitions via empirical verification" (*Construction and Mathematical Schematism*, S. 135–136).

Mathematik stützen sich auf Vorstellungen in der Anschauung. So Kant in der „Disziplin der reinen Vernunft“: „Zur Construction eines Begriffs wird [...] eine nichtempirische Anschauung erfordert die folglich, als Anschauung, ein einzelnes Object ist, aber nichts destoweniger als die Construction eines Begriffs (einer allgemeinen Vorstellung) Allgemeingültigkeit für alle mögliche Anschauungen, die unter denselben Begriff gehören, in der Vorstellung ausdrücken muß“[328].

Denken und Erkennen sind für die Mathematiker identische Handlungen. In der „Disciplin“ unterscheidet Kant in dieser Hinsicht die mathematischen Begriffe von allen anderen (reinen oder empirischen) Begriffen des Verstandes: „Nur der Begriff von Größen läßt sich construiren,

---

328 *KrV*, A 713/B 741. Die Darstellung eines Begriffs durch die selbsttätige (apriorische) Hervorbringung einer ihm korrespondierenden Anschauung wird in *Über eine Entdeckung* (1790) folgendermaßen erläutert: „Apollonius construirt zuerst den Begriff eines Kegels, d. i. er stellt ihn *a priori* in der Anschauung dar (das ist nun die erste Handlung wodurch der Geometer die objective Realität seines Begriffs zum voraus darthut). Er schneidet ihn nach einer bestimmten Regel, z. B. parallel mit einer Seite des Triangels, der die Basis des Kegels (*conus rectus*) durch die Spitze desselben rechtwinklig schneidet, und beweiset an der Anschauung *a priori* die Eigenschaften der krummen Linie, welche durch jenen Schnitt auf der Oberfläche dieses Kegels erzeugt wird, und bringt so einen Begriff des Verhältnisses, in welchem die Ordinaten derselben zum Parameter stehen, heraus, welcher Begriff, nämlich (in diesem Falle) der Parabel, dadurch in der Anschauung *a priori* gegeben, mithin seine objective Realität, d. i. die Möglichkeit, daß es ein Ding von den genannten Eigenschaften geben könne, auf keine andere Weise, als daß man ihm die correspondirende Anschauung unterlegt, bewiesen wird. – Herr Eberhard wollte beweisen: daß man seine Erkenntniß gar wohl erweitern und sie mit neuen Wahrheiten bereichern könne, ohne sich vorher darauf einzulassen, ob sie nicht mit einem Begriffe umgehe, der vielleicht ganz leer ist und gar keinen Gegenstand haben kann, (eine Behauptung, die dem gesunden Menschenverstande geradezu widerstreitet) und schlug sich zur Bestätigung seiner Meinung an den Mathematiker. Unglücklicher konnte er sich nicht adressiren“ (8:191).

Man beachte in dieser Hinsicht auch *Über Kästners Abhandlungen* (Kants Rezension von drei kurzen Essays, die der Mathematiker A. G. Kästner im Jahr 1790 für das *Philosophische Magazin* von J. A. Eberhard geschrieben hatte). Das apriorische, nicht abstrakte Verfahren der Mathematik wird hier durch die Worte Kästners beschrieben: Auf „S. 391 [S.193] wird ganz richtig gesagt: „*Euklid nehme* die Möglichkeit, eine gerade Linie zu ziehen, und einen Kreis zu beschreiben, *an*, ohne sie zu beweisen“, das heißt wohl so viel, als: ohne diese Möglichkeit *durch Schlüsse* zu beweisen; denn die *Beschreibung*, welche a priori durch die Einbildungskraft nach einer Regel geschieht, und *Construction* heißt, ist selbst der Beweis von der Möglichkeit des Objects“ (20:410–411). Und weiter: „Die Constructionen anderer Begriffe dieser Art im Raum sind in der Geometrie abgeleitet, und diese Ableitung nennt Hr. *K.* das *Beweisen* ihrer Möglichkeit“ (ebd.).

d. i. *a priori* in der Anschauung darlegen, Qualitäten aber lassen sich in keiner anderen als empirischen Anschauung darstellen“[329]. Das ist der Unterschied zwischen Philosophie und Mathematik: „Die philosophische Erkenntniß betrachtet [...] das Besondere nur im Allgemeinen, die mathematische das Allgemeine im Besonderen, ja gar im Einzelnen, gleichwohl doch *a priori* und vermittelst der Vernunft, so daß, wie dieses Einzelne unter gewissen allgemeinen Bedingungen der Construction bestimmt ist, eben so der Gegenstand des Begriffs, dem dieses Einzelne nur als sein Schema correspondirt, allgemein bestimmt gedacht werden muß“[330]. Die wohl berühmteste Frage der Kantische Philosophie „Wie sind synthetische Urteile a priori möglich?“ lässt sich dementsprechend folgendermaßen neu stellen: „Wie sind synthetische Sätze *a priori* durch Begriffe, wie durch die Construction der Begriffe möglich?“[331].

Kants Frage nach Form und Bedeutung der Mathematik hat vor allem eine philosophische Relevanz. Seine Kritik von Dogmatismus und Empirismus betrifft zunächst (und muss zunächst betreffen) das in beiden Strömungen verbreitete logizistische Verständnis der Geometrie und der Arithmetik.

Nach Locke, Hume und Crusius, genauso wie nach Wolff und Baumgarten, können die Theoreme der Mathematik nur rein logisch behauptet und bewiesen werden. Sie folgen in diesem Sinne aus dem Satz des Widerspruchs. Kant stellt in der *Kritik der reinen Vernunft* von Anfang an fest, dass die Grundsätze der Geometrie und der Arithmetik nicht analytisch, sondern synthetisch und trotzdem a priori sind: „Daß die gerade Linie zwischen zwei Punkten die kürzeste sei, ist ein synthetischer Satz. Denn mein Begriff vom Geraden enthält nichts von Größe, sondern nur eine Qualität. Der Begriff des Kürzesten kommt also gänzlich hinzu und kann durch keine Zergliederung aus dem Begriffe der geraden Linie gezogen werden. Anschauung muß also hier zu Hülfe genommen werden, vermittelst deren allein die Synthesis möglich ist“[332].

Es kann daher kaum überraschen, dass sich vor allem in der Reflexion über die Mathematik die entscheidenden Gedanken befinden, die Kant zu einer radikalen Neubestimmung und Neubeschreibung der ganzen Metaphysik führten. Am besten kann man Kants Revolution bezüglich der

---

329 *KrV*, A 714–715/B 742–743.

330 *KrV*, A 714/B 742.

331 23:33, Refl. XCIX zu A 234; vgl. auch 9:141, 20:371, 20:262, 24:614, 24:798, 28:532, 28:616, 29:6, 29:27.

332 *KrV*, B 16; vgl. dazu auch A 716–717/B 744–745, 4:269, R. 5645, 28:418.

philosophischen Auffassung der Mathematik verstehen, wenn man die Entwicklung seiner Gedanken in der vorkritischen Phase betrachtet.

Schon 1755 erklärte Kant in der *Nova dilucidatio*, dass das Wesen des Dreiecks, welches aus der Zusammenfügung von drei Seiten besteht, als solches nicht „absolut notwendig“ ist. Aus einer Möglichkeit folgt nämlich niemals eine absolute Setzung und niemand würde behaupten, dass es irgendwie notwendig ist, sich drei Seiten als verbunden vorzustellen. Die Notwendigkeit folgt vielmehr aus der Setzung des Dreiecks selbst: „*Si cogitas triangulum, cogitas necessario tria latera, quod idem est ac si dicis: si quid est, est*“[333]. Die Notwendigkeit aller mathematischen Definitionen wird nach der *Nova Dilucidatio* nicht dem Kontradiktionsprinzip (wie bei Wolff), sondern dem Satz der Identität unterstellt: „Was ist, ist“, „Was nicht ist, ist nicht“[334]. Die innere Möglichkeit enthält *an sich* nichts Notwendiges. Das rationalistische Argument wird somit abgelehnt. Die alternative Lösung, welche sich hier auf die Trennung von *ratio identica* und *ratio cognoscendi* stützt, ist jedoch in dieser Schrift noch sehr unklar. Viel deutlicher sind Kants Arbeiten der frühen 60er Jahre. In der Schrift über die *Negativen Größen* wird zum Beispiel zwischen „logischen“ und „realen“ Relationen unterschieden, wobei die mathematischen Beziehungen als klassisches Beispiel der letzteren angeführt werden[335]. In Bezug auf diese Schrift wertet Christian Kanzian die Frage nach der Bestimmung der Mathematik als erstes und wichtigstes Unterscheidungskriterium nicht nur zwischen Kant und Wolff, sondern auch zwischen Kant und Crusius: „Wenn beispielsweise eine Zahl von einer anderen abgezogen wird – eine negative Größe ist –, so handelt es sich nicht um eine Setzung widersprüchlicher Bestimmungen, sondern um eine Entgegensetzung von Gleichartigen, die bei gleicher Größe ihre Folgen aufheben, sprich ihre Summe gleich null sein lassen – eben eine Realrepugnanz“[336]. In der *Preisschrift* von 1763 wird darüber hinaus die Definition der Figuren und die Evidenz der Axiome der Mathematik als „augenscheinlich“ definiert: „Ein Kegel mag sonst bedeuten, was er wolle; in der Mathematik entsteht er aus der willkürlichen Vorstellung eines rechtwinklichten Triangels, der sich um eine Seite dreht“[337]. Die unmittelbare Beziehung zur Anschauung ist damit der Hauptgrund der Unterscheidung zwischen Mathematik und

333 1:395.
334 Siehe über die *Nova Dilucidatio* den Abs. 9.3.
335 2:171 ff.
336 Kanzian, *Kant und Crusius 1763*, S. 400.
337 2:276.

Philosophie: Die Zeichen der Mathematik sind „sinnliche Erkenntnismittel", die man mit den Augen sieht[338]. Das ist sicherlich ein wichtiges Zeichen für die spätere Entwicklung der Kantischen Philosophie in Hinsicht auf die sinnliche Bestimmung von Raum und Zeit. 1768 stellt sich Kant in dem Artikel über den *Unterschied der Gegenden im Raume* den oben dargestellten „begrifflichen" und „logischen" Auffassungen des Raumes deutlich entgegen. Er behauptet im Grunde, dass man sich die Möglichkeit völlig ähnlicher und gleicher Figuren vorstellen kann, welche aber inkongruente Räume beschreiben. Nach Leibniz ist der Raum der Begriff der topologischen Relationen aller Punkte in ihrer gegensätzlichen Abhängigkeit. Er ist ein Begriff, welcher – als solcher – alle möglichen (unendlichen) Verhältnisse zwischen Punkten enthält. Nach Kant ist der Raum kein Begriff, sondern eine reine Anschauung. In der *Dissertatio* von 1770 werden Mathematik und reine Mechanik als unabhängige Wissenschaften definiert, deren objektive Gewissheit und innere Gesetzlichkeit ausschließlich aus Axiomen der sinnlichen Anschauung stammen. Nicht die Erkenntnis des Intelligiblen, sondern die Lehre des Sinnlichen wird zum Muster eines genauen und wohl fundierten Wissens bestimmt: „*Geometria propositiones suas universales non demonstrat obiectum cogitando per conceptum universalem, quod fit in rationalibus, sed illud oculis subiiciendo per intuitum singularem, quod fit in sensitivis*"[339]. Entscheidend ist hier die Einteilung der Welt in eine sinnliche und eine intellektuelle: Die Erkenntnis der sinnlichen Welt kann klar und deutlich sein, die der intellektuellen dagegen auch sehr dunkel und verworren (wie die spätere „transzendentale Dialektik" zeigt).

Die Ablehnung der philosophischen Perspektive von Leibniz ist hier ganz deutlich. Neben und gegen die ideelle Objektivität der Begriffe entsteht bei Kant eine andere Form der Objektivität, welche nicht mehr von dem *cogito*, sondern von dem *video* einer unmittelbaren und evidenten Anschauung abhängt. Die mathematische Erkenntnis ist die wahre, objektive Erkenntnis der Erscheinungen in ihrer rein formalen, zugleich aber sinnlichen Bestimmung und Beschaffenheit. Die Mathematik drückt nicht mehr die logische Form der Wahrheiten des Verstandes, sondern die Form der Anschauungen aus.

338 Vgl. 2:291.
339 2:403.

6. Zusammenfassung des zweiten Postulats

Das Postulat der Wirklichkeit besteht aus zwei Absätzen unterschiedlicher Größe. Der erste, kleinere Absatz (VIII) erklärt die Hauptthese des Postulats. Der zweite (IX) ergänzt sie durch weitere Argumente und Reflexionen. In B wird schließlich durch einen hinzugefügten Satz die Widerlegung des Idealismus eingeleitet[340].

VIII. Die Behauptung der Wirklichkeit eines Gegenstandes hängt von der Wahrnehmung desselben ab, d. h. von dem Bewusstsein der sinnlichen Empfindung eines materiellen Inhaltes. Diese Wahrnehmung sei jedoch nicht eine unmittelbare, sondern mittelbar, d. h. nach den Analogien der Erfahrung gegeben. — Das enge Verhältnis zwischen Wahrnehmung und Wirklichkeit eines Dinges wird hier im Abs. 6.1 dargelegt.

IX. Im neunten Absatz wird zunächst eine eher negative These verteidigt: Die Existenz eines Dinges kann vor allem nicht aus einer begrifflichen Determination abgeleitet werden. Der schon in Abs. VIII erwähnte mittelbare Charakter der Wirklichkeit wird hier ausführlich erörtert und mit Hilfe des Beispiels der unmöglichen Wahrnehmung der magnetischen Materie dargestellt. — Die Wirklichkeit des Magnets ist Thema des Abs. 6.2.

— Die zwischen die Absätze IX und X der „Postulate“ in B eingefügte „Widerlegung des Idealismus“ wird hier im Abs. 6.3 zusammengefasst und diskutiert.

6.1. Existenz

Die Wirklichkeit der Dinge – so lautet die Hauptthese des zweiten Postulats – kann nur durch Wahrnehmung erkannt werden: „Was mit den materialen Bedingungen der Erfahrung (der Empfindung) zusammenhängt, ist wirklich“[341]. Die Existenz gehört nach Kant vor allem nicht zu den möglichen Eigenschaften, welche das Ding in seinem Begriff defi-

340 Siehe dazu Abs. 6.3.
341 *KrV*, A 218/B 266.

nieren: „Unser Begriff von einem Gegenstande mag […] enthalten, was und wie viel er wolle, so müssen wir doch aus ihm herausgehen, um diesem die Existenz zu erteilen“[342]. Diese entscheidende Behauptung der Kantischen Lehre der Existenz wird von Paton mit den folgenden Worten erklärt: „The concept of a thing contains absolutely no mark of his existence. However complete the concept may be, however fully we may be able to think a thing with all its inner determinations, we can never justifiably pass from the concept to an affirmation of the existence of the thing conceived“[343]. Der Satz „dieses oder jenes existiert“ ist vor allem nach Kant immer ein „synthetisches“, kein „analytisches“ Urteil[344].

Ein gewisser Grad an „Analytizität“ konnte dagegen in den Definitionen der Existenz wiedergefunden werden, die die Schulphilosophen – auch unabhängig von der klassischen, analytischen Definition der Existenz Gottes – entwickelt hatten.

Für Wolff ist zwar die Existenz eine sekundäre Eigenschaft (ein *modus*), welche nicht von der Möglichkeit (von der Definition) abgeleitet werden kann. Die existierenden Dinge können vor allem nicht aus ihrem Wesen deduziert werden. Wolff schreibt in diesem Sinne, daß *„possibilitatem non esse rationem sufficientem existentiae“*[345]. Die Existenz sei ein *complementum possibilitatis*[346]. In Übereinstimmung mit Leibniz' Lehre der besten aller Welten („le contingent qui existe doit son existence au principe du meilleur, raison suffisante des choses“)[347] beschreibt Wolff jedoch eine freie Schöpfung der existierenden Welt, welche zugleich als eine analytische und rationale Deduktion bestimmt ist. Die Wirklichkeit wird hiermit innerhalb der Möglichkeit begriffen.

Für Baumgarten ist das *ens actuale*, d. h. die Sache in ihrem wirklichen Dasein, das Mögliche selbst, wenn dieses in Absicht aller *affectiones* (*essentialia*, *attributa*, *modi*), die in ihm möglich sind, bestimmt wird. Man hat dagegen ein *non ens*, falls die Bestimmungen nicht vollkommen sind:

---

342 *KrV*, A 601/B 629.

343 Paton, *Kant's Metaphysic*, II, S. 358. Man beachte dazu: Forgie, *Kant and the Question*, S. 574–575, Villacañas, *Las tesis de Kant*, S. 61, Benoist, *Jugement et existence chez Kant*, S. 208 und 212.

344 Vgl. auch *KrV*, A 225/B 272, A 597/B 625, A 601/B 629, A 639/B 667, R. 5255 (um 1776–78), R. 5230 (um 1780), R. 6027, R. 6245, R. 5711 (um 1780), R. 5767, R. 6017 (alle aus den 80er Jahren), R. 6389 und R. 6413 (aus den 90er Jahren).

345 Wolff, *Ontologia*, § 172.

346 Wolff, *Ontologia*, § 174.

347 Leibniz, Brief an Clarke, § 9, in *Philosophischen Schriften*, 7, S. 390.

„Possibile praeter essentiam, aut est determinatum, qua omnes affectiones etiam in ipso compossibiles, aut minus. Illud est actuale [*wirklich], *hoc non ens (nihil) privativum (mere possibile* [**das bloss mögliche, ein mögliches Nichts]*) vocatur*“[348]. Robert Theis fasst die Position Baumgartens mit treffenden Worten zusammen: „Die Existenz ist [...] der Inbegriff der zusammen möglichen Eigenschaften, also solcher Bestimmungen, die in der essentia ihren Grund haben. Das Mögliche nun kann hinsichtlich seiner Eigenschaften bestimmt sein oder nicht. Ist das erstere der Fall, dann ist es aktual existierend oder wirklich“[349].

Das Dasein stammt für Kant weder aus einer rationalen Ableitung aus dem Möglichen (wie bei Wolff) noch aus der durchgängigen Bestimmung desselben (wie bei Baumgarten). Es bezeichnet für ihn bloß die sinnliche Wahrnehmung eines Dinges. Schon in den vorkritischen Schriften behauptet er mehrmals, dass die Existenz von der Essenz und von der Möglichkeit deutlich getrennt werden solle. Sie könne vor allem nicht nominal (d. h. aus einer begrifflichen Definition) abgeleitet werden[350]. In *Der einzig mögliche Beweisgrund zu einer Demonstration des Daseyns Gottes* von 1763 wird in diesem Sinne deutlich festgelegt, dass das Dasein gar kein Prädikat ist. Dem Subjekt eines Urteils können Existenz oder Nichtexistenz hinzugefügt werden, ohne dass dieses modifiziert wird[351]. Die vollständige Determination der Möglichkeit gilt für Kant hiermit nicht als Zugang zum Begriff der Wirklichkeit: „Ich kann zwar sagen: alles Wirkliche ist durchgängig determiniert, aber nicht: alles durchgängig Determinierte ist wirklich“[352]. Diese ist eine schwer datierbare Reflexion (Adickes notiert: ω ? φ ??, d. h. entweder aus den 90er oder aus den 70er Jahren), welche Kant neben Baumgartens Definition der Existenz als *„complementum essentiae“* im § 55 der *Metaphysica* hinzufügte, und welche eine der tiefsten und konstantesten Überzeugungen Kants über das Thema enthält. Die Möglichkeit eines vollständigen Wesens (im Sinne der Denkbarkeit eines Begriffs) kann nicht als Beweis der tatsächlichen Existenz desselben gelten. Man kann in diesem Sinne immer denken, dass etwas – egal was – nicht ist und es entsteht überhaupt kein logischer oder ontologischer Widerspruch, wenn eine Sache – auch Gott – aufgehoben wird[353].

348 Baumgarten, *Metaphysica*, § 54.
349 Theis, *Gott*, S. 58.
350 Vgl. dazu hier in Abs. 9.4. die Sektion *W 1*.
351 Vgl. dazu hier Abs. 9.2.
352 R. 6384.
353 Vgl. Abs. 9.4. Dort werden mehrere Stellenangaben aus der vorkritischen Phase zum Thema gegeben. Man beachte nun aus der kritischen Zeit die folgenden

Kants Grundthese über alle synthetischen Existenzialurteile ist auch in der *Kritik der reinen Vernunft* die folgende: „Sein ist offenbar kein reales Prädikat, d. i. ein Begriff von irgend etwas, was zu dem Begriffe eines Dinges hinzukommen könne“[354]. Das wird anhand eines berühmt gewordenen Beispiels dargestellt: „Hundert wirkliche Taler enthalten nicht das mindeste mehr, als hundert mögliche“[355]. Die Existenz kann vor allem nicht von dem bloß Möglichen durch die Zuschreibung eines weiteren Prädikates („Dasein“) unterschieden werden[356]. Existenz ist ganz im Gegenteil die absolute Setzung eines Dinges mit allen seinen möglichen Prädikaten. Sie ist „bloß die Position eines Dinges, oder gewisser Bestimmungen an sich selbst“[357]. Man kann natürlich das „Dasein“ auch als

---

Stellen: *KrV*, A 592 ff./B 620 ff., A 615/B 643, R. 6245, R. 5759, R. 5760, R. 5761, R. 5782, R. 5775, R. 5776 und R. 5783 (alle aus den 80er Jahren), R. 6389 und R. 6436 (aus den 90ern).

Man sollte in dieser Hinsicht die Tradition der Kritiken an dem Cartesianischen Beweis der Existenz Gottes innerhalb der Thomasianischen Schule von Leipzig betrachten. In dem *Entwurf der notwendigen Vernunft-Wahrheiten* listet zum Beispiel Christian August Crusius eine lange Reihe von Beweisen der Existenz Gottes auf (vgl. §§ 209–234). Es folgt im § 235 die Widerlegung des Beweises von Descartes: „Man meynet hernach, man dürfte nur die Möglichkeit eines vollkommensten Wesen erweisen; so erhelle die Existenz desselben, durch den Satz vom Widerspruche. Der Schluß muß also heissen: Welches Wesen alle nur mögliche Vollkommenheiten hat, dasselbe hat auch die Existenz: Nun aber ist Gott ein Wesen, welches alle nur mögliche Vollkommenheiten hat. Demnach hat er auch die Existenz, und also ist ein Gott. Dieser Schluß kan einen deswegen betrügen, weil der erste Satz ein *Axioma*, und der andere eine Definition ist. Allein er ist in *forma* nicht richtig, sondern ein *Syllogismus* mit vier *Terminis*. Denn der *Terminus*, die Existenz haben, heißt in der Conclusion etwas anders als in der Grund-Proposition. Nemlich in der Grund-Proposition ist von der Existenz im Verstande die Rede [...] In der Conclusion aber ist von der realen Existenz ausserhalb der Gedanken die Rede. Die Vördesätze sind alle beyde Ideal-Sätze, und doch soll die Conclusion ein Real-Satz werden“.

354 *KrV*, A 598/B 626.

355 *KrV*, A 599/B 627.

356 Die Existenz ist kein Prädikat; sie kann aber als Eigenschaft des Gedankens, den man von einem Begriff hat, gesehen werden (vgl. dazu *KrV*, A 598 f./B 626 f. R. 5716 – Datierung unsicher (um 1780), R. 6276 aus den 80er Jahren) – was nach der modernen Sprachanalyse (von Bernard Bolzano, Gottlob Frege, Bertrand Russell u. a.) als ein „Prädikat zweiter Stufe“ (oder „zweiter Ordnung“) bezeichnet wird (vgl. dazu Morscher, *Ist Existenz ein Prädikat?*, S. 122 ff. und *Ist Existenz immer noch kein Prädikat?*, S. 179; Forgie, *Kant and the Question*, S. 578 ff.; Young, *Der Begriff der Existenz bei Kant*, S. 87; Röd, *„Existence“ as „Absolute Position“*, S. 71–72; Benoist, *Jugement et existence chez Kant*, S. 207 und 214 ff.

357 *KrV*, A 598/B 626.

ein normales Prädikat verwenden, denn „zum logischen Prädikate kann alles dienen, was man will“[358]. Die Existenz ist aber ein Prädikat, welches, obwohl es notwendigerweise synthetisch dem Subjekt zukommt[359], dasselbe in seinem Begriff gar nicht vergrößert oder vermehrt: „Wenn ich [...] ein Ding, durch welche und wie viel Prädikate ich will, (selbst in der durchgängigen Bestimmung) denke, so kommt dadurch, daß ich noch hinzusetze, dieses Ding ist, nicht das mindeste zu dem Dinge hinzu. Denn sonst würde nicht eben dasselbe, sondern mehr existieren, als ich im Begriffe gedacht hatte, und ich könnte nicht sagen, daß gerade der Gegenstand meines Begriffs existiere“[360]. Das Dasein bezeichnet für Kant die Position eines Dinges, welches nur durch eine sinnliche *Anschauung* festgestellt werden kann[361].

Wenn wir urteilen, dass etwas ist bzw. existiert, dann sagen wir nichts darüber, wie es (inhaltlich) vorgestellt wird oder werden sollte. Vielmehr sagen wir, dass es etwas unserem Begriff Entsprechendes gibt: vor und unabhängig vom Begriff selbst. Existenz ist kein Prädikat, sondern die Setzung des Subjekts mit allen seinen Prädikaten. Alles, was existiert, ist absolut gesetzt. „Durch Existenz wird kein praedicat zum Dinge hinzu gesetzt, sondern das Ding mit allen seinen Prädikaten außer dem Begriffe“[362]. Behaupten wir, dass etwas existiert, dann sagen wir nur, dass uns etwas gegeben ist. „Das Dasein ist die absolute Position eines Dinges“, so Kant in *Der einzig mögliche Beweisgrund*[363]. „Es ist bloß die Position eines

358 *KrV*, A 598/B 626. Vgl. auch *BG*, 2:72, R. 3706 (aus den Jahren 1760–64), R. 4017 (aus dem Jahr 1769), R. 5858 (schwer datierbar, wahrscheinlich um 1780).

359 Siehe Anm. 72 des Textkommentars.

360 *KrV*, A 600/B 628. William J. Forgie fasst Kants Argument folgendermaßen zusammen: „1. It is possible to have a complete concept of a merely possible being, N; 2. Existence cannot be included in a concept of a merely possible being; 3. Therefore, if N were to exist, existence would not be one of its predicates“. Man kann nach Forgie die Sache auch so rekonstruieren: „1. It is possible to have a complete concept of a merely possible being, N; 2. If so, the object of such a concept, N, would have every predicate it would have were it an actual being, but (since it is a merely possible being) it would not have existence; 3. Therefore, if N were to exist, existence would not be one of its predicates“ (Forgie, *Kant and the Question*, S. 566–567).

361 Vgl. *KrV*, A 374, A 601/B 629. Man beachte dazu: Dryer, *The Concept of Existence in Kant*, S. 30 ff., Vick, *Existence was a predicate for Kant*, S. 367 f., Benoist, *Jugement et existence chez Kant*, S. 226 f.

362 So Kant in einer anderen schwer datierbaren Reflexion (die R. 6382) in § 55 der *Metaphysica* Baumgartens.

363 2:73. Vgl. dazu hier Abs. 9.2.

Dinges", so er in der *Kritik der reinen Vernunft*[364]. Die Dimension der Wirklichkeit ist daher für Kant eine rein „thetische", welche das unbedingte, einfache Setzen (das Gegebensein) von einer Sache „an und für sich" ausdrückt: „Was an sich selbst gesetzt ist, existiert; was an sich selbst aufgehoben ist, existiert nicht; was weder das eine noch das andere ist, ist unbestimmt"[365].

6.2. Der Magnet

Das Beispiel, das Kant im zweiten Postulat zur Erklärung der Wirklichkeit gibt, ist – im starken Kontrast zur Definition selbst der Wirklichkeit – die „magnetische Materie", d. h. etwas, das wir (da unsere Sinne zu grob sind) gar nicht wahrnehmen können, dessen Dasein jedoch aus anderen Wahrnehmungen und aus den Gesetzen des empirischen Zusammenhanges der Erscheinungen abgeleitet wird: „So erkennen wir das Dasein einer alle Körper durchdringenden magnetischen Materie aus der Wahrnehmung des gezogenen Eisenfeiligs, obzwar eine unmittelbare Wahrnehmung dieses Stoffs uns nach der Beschaffenheit unserer Organen unmöglich ist"[366]. Wirklichkeit und Wahrnehmung lassen sich nach Kant in keiner Weise gleichsetzen. Etwas wird als wirklich nicht bloß durch Empfindung bzw. Wahrnehmung[367], sondern durch die Einordnung des Wahrgenommenen in eine Gesetzlichkeit erkannt: „Wo also Wahrnehmung und deren Anhang nach empirischen Gesetzen hinreicht, dahin reicht auch unsere Erkenntniß vom Dasein der Dinge"[368]. Die Existenz lässt sich nicht auf Grund bloßer Wahrnehmung, sondern auf Grund eines Gesetzes festhalten[369].

364 *KrV*, A 598/B 626.

365 R. 4396, aus den 70er Jahren. Siehe dazu Abs. 9.4 (über die vorkritische Zeit). Vgl. sonst R. 5710 (um 1780), R. 5758, R. 5784, R. 6245 (aus den 80er Jahren). Über die Begriffe der Modalität als Kategorien des Setzens siehe Schneeberger, *Kants Konzeption*, S. 69 ff., Veca, *Fondazione e modalità*, S. 21 und S. 330.

366 *KrV*, A 226/B 273.

367 Wahrnehmung ist das Bewusstsein einer sinnlichen Empfindung (vgl. hier auf S. 90 die Zusammenfassung des VIII. Absatzes). Sie ist, mit den Worten der B-Deduktion, eine „mit Empfindung begleitete Vorstellung" (*KrV*, B 147).

368 *KrV*, A 226/B 273.

369 Peter Krausser versucht in diesem Sinne, die Kantische Auffassung des Problems der Vorstellung durch Wahrnehmung zu verallgemeinern und zu aktualisieren: „Nicht nur echte Wahrnehmungen, sondern auch illusionäre oder halluzinatorische Wahrnehmungstäuschungen entsprechen den Anschauungsformen und Ka-

Vor Kant wurde die Frage nach der Existenz von Dingen, die unsere Sinne nicht direkt affizieren, meistens innerhalb der empiristischen Tradition gestellt. August Friedrich Müller stellt sich in seiner *Einleitung in die philosophischen Wissenschaften* genau demselben, hier von Kant dargestellten Problem: Wie können wir die Wirklichkeit von Objekten feststellen, die wir nicht wahrnehmen? Seine Antwort ist der Antwort Kants sehr ähnlich: Wir brauchen zugleich eine direkte Wahrnehmung von anderen Dingen und die innere Empfindung der Richtigkeit der Verstandesschlüsse, die wir auf Grund solcher Wahrnehmungen über die (nicht wahrgenommenen) Dinge ziehen[370]. Im praktischen Teil seiner Ver-

---

tegorien. Das bloße anschaulich erfüllte Vorstellen kann also nicht ein Recht zur Annahme der Wirklichkeit des so Vorgestellten begründen. Dafür ist mehr erforderlich: Das so Vorgestellte muß sich auch in das Ganze alles anderen so Vorgestellten zwanglos und ohne empirische Gesetze zu verletzen einpassen" (*Kants Theorie der Erfahrung*, S. 138). In der Anmerkung zur dritten Antinomie schreibt Kant in diesem Sinne, dass die Naturgesetzlichkeit alleine zum „Merkmal empirischer Wahrheit, welches Erfahrung vom Traum unterscheidet" dienen kann (*KrV*, A 451/B 479). Bezüglich dem Magnetismus schreibt Krausser: „Heute würde man als ebenso typische Beispiele etwa die quantentheoretischen Elementarteilchen und schließlich – wie mir scheint – auch sogenannte theoretische Gesetze anführen können. Alle diese theoretischen Entitäten, zu denen – nach A 495/B 523 – auch noch alle historisch vergangenen und nicht von uns selbst wahrgenommenen Ereignisse kommen, können prinzipiell nicht in irgendeinem allgemein akzeptierbaren Sinne des Wortes durch direkte Wahrnehmungen (Beobachtungen und/oder Experimente) überprüft werden. Alle aber sind – wenigstens im Prinzip – in der von dem Postulat für ihre wissenschaftliche Annehmbarkeit geforderten Weise indirekt durch Beobachtung oder Experiment in systematischem Zusammenhang mit bewährten empirischen Gesetzen mehr oder weniger streng überprüfbar" (ebd. S. 138–139).

370 Mit den Worten Müllers: „In ansehung der sinnlichen betrachtung solcher objecte, die nicht unmittelbar in die sinne fallen, [...] ist dieses [d. h. die Tatsache, dass man auch mit dem Verstand aufmerksam sein müsse] an sich selbst deutlich: denn diese zu erkennen wird zweyerley erfordert; erstlich die vorstellung des unmittelbar sinnlichen grundes, daraus sie geschlossen werden, zum anderen die innerliche empfindung der richtigkeit der folgerungen, durch welche sie daraus geschlossen werden: solche richtigkeit der folgerungen lässet sich nicht empfinden, wenn bey empfindung ihres unmittelbar sinnlichen grundes nicht verstand oder judicium genug vorhanden ist, solche folgerungen zu machen" (*Einleitung*, „Logic", 5. Cap., § 10, S. 147–148). In der *Vernunftlehre* Hoffmanns findet man ähnliche Überlegungen: „Wenn man eine Erfahrung zum Grunde leget, so muß daraus die Existenz des Dinges entweder unmittelbar erhellen, oder man kommt von dem, was man in der Erfahrung wahrnimmt, entweder auf eine Causam; oder auf eine Determination einer vorher durch die Empfindung empfangenen undeterminierten Idee, indem man die Existenz eines Unterschieds zweyer Dinge durch die

nunftlehre schreibt Crusius: „...auch daher, dass etwas, wegen des ihm zugeschriebenen Wesens, gar nicht empfunden werden kan, [kann] nicht geschlossen werden, dass es auch nicht sey, sondern nur dass es auf andere Art, als durch Erfahrung, erwiesen werden müsse“[371].

Kants Überlegungen zu diesem Problem sind jedoch wesentlich tiefer und interessanter als die der empiristischen Tradition seiner Zeit. Thematisiert wird nun nicht mehr die Tatsache, dass der Verstand die Sinne begleitet, sie unterstützt und gelegentlich – wo diese zu schwach sind – sogar ersetzt. Anschauungen ohne Begriffe sind für Kant grundsätzlich blind: „Daher ist es eben so nothwendig, seine Begriffe sinnlich zu machen (d. i. ihnen den Gegenstand in der Anschauung beizufügen), als seine Anschauungen sich verständlich zu machen (d. i. sie unter Begriffe zu bringen)“[372]. Die Bestimmung der Wirklichkeit eines Dinges erfordert immer zugleich die Materie der Sinne und die Form der reinen Begriffe des Verstandes, denn das Ding kann nur auf Grund der Gesetzlichkeit und der Notwendigkeit der Erfahrung in seiner Existenz festgestellt werden. Die Kausalität als Behauptung und Definition einer Gesetzlichkeit ist daher die beste Definition der Objektivität selbst. „Wenn wir [...] erfahren, daß etwas geschieht, so setzen wir dabei jederzeit voraus, daß irgend etwas vorausgehe, worauf es nach einer Regel folgt. Denn ohne dieses würde ich nicht von dem Objekt sagen, daß es folge, weil die bloße Folge in meiner Apprehension, wenn sie nicht durch eine Regel in Beziehung auf ein Vorhergehendes bestimmt ist, keine Folge im Objekte berechtigt“, so Kant in der zweiten Analogie der Erfahrung[373]. Die Notwendigkeit ist dasjenige, „was die Vorstellung einer Succession im Objekt allererst möglich macht“[374].

Grundlage der Kantischen Definition der Objektivität ist hiermit die Identität selbst von Wirklichkeit und Notwendigkeit[375]. Objekt sei vor allem das, dessen „Begriff eine [...] Notwendigkeit der Synthesis aus-

Erfahrung wahrnimmet, und von der Beschaffenheit des einen Dinges, die man ebenfalls durch die Erfahrung wahrnimmt, durch die determinierende Abstraction, und einen disjunctivischen Schluß auf die Beschaffenheit des andern, und also auf die genauere Determination ihres Unterschiedes schliesset“ (*Vernunftlehre*, II, Cap. 6, § 50, S. 1007).

371 Crusius, *Weg zur Gewißheit*, § 465, S. 832.

372 *KrV*, A 51/B 75.

373 *KrV*, A 195/B 240.

374 *KrV*, A 197/B 242.

375 Vgl. dazu Abs. 6.2.

drückt"[376]. Vor allem Paton scheint gut zu verstehen, wie wichtig und zentral innerhalb der Kantischen Philosophie diese Identität des Wirklichen mit dem Notwendigen ist: „The actual is also the necessary. This does not excuse us from the obligation of distinguishing actuality from necessity, although the two are so closely bound up together that we can distinguish them only by abstraction"[377].

6.3. Die Widerlegung des Idealismus

In der zweiten Ausgabe der *Kritik der reinen Vernunft* fügt Kant am Ende des zweiten Postulats, d.h. zwischen dem IX. und dem X. Absatz des Kapitels (in A 226)[378] einen fünfseitigen Abschnitt unter dem Titel „Widerlegung des Idealismus" (B 274–279). Anlass dieser nicht marginalen Veränderung (und Belastung) der „Postulate" war die Notwendigkeit, eine möglichst präzise und gut strukturierte Antwort auf die Einwände zu liefern, die vor allem Johann Georg Heinrich Feder auf Grund der Revidierung eines ursprünglichen Textes von Christian Garve in einer anonym erschienenen Rezension der *Kritik* in der Zugabe vom 19. Januar 1782 zu den „Göttingschen Anzeigen von gelehrten Sachen" geäußert hatte[379]. Kants transzendentale Philosophie sei nach Feder nichts Anderes als eine neue Form von subjektivem Idealismus, der die wirklichen Dinge zu Erscheinungen und hiermit – mit den Worten der *Prolegomena*[380] – „in lauter Schein" reduziert[381].

---

376 *KrV*, A 106; vgl. B 137.

377 Paton, *Kant's Metaphysic*, II, S. 360.

378 Siehe S. 209.

379 Begleitet wird die „Widerlegung des Idealismus" von zwei Seiten in der B-Vorrede, welche ihr zentrales Argument verstärken (*KrV*, B XXXIX-XLI). Der Grund für diese weitere, getrennte Einschiebung wird von Dietmar H. Heidemann folgendermaßen erklärt: „Möglicherweise erfuhr Kant vom erneuten Idealismus-Vorwurf in Feders Buch [Johann Georg Heinrich Feder, *Ueber Raum und Caussalitaet. Zur Pruefung der Kantischen Philosophie*, Göttingen, 1787] erst nach Drucklegung der zweiten Auflage der *Kritik der reinen Vernunft* und sah keine andere Möglichkeit, darauf zu reagieren, als eine Anmerkung in die noch nicht gedruckte Vorrede (B) einzufügen; von dieser glaubte er, dass sie seine Idealismus-Widerlegung gegen Feders Vorwurf stützen würde" (*Kant und das Problem des metaphysischen Idealismus*, S. 93).

380 4:290.

381 Man beachte auch die *Prolegomena* (4:293) und den Brief Kants an Garve vom 7. August 1783 (10:336 ff.). Eine präzise Rekonstruktion der Auseinandersetzung

Die systematischen Gründe, welche die Einfügung der „Widerlegung des Idealismus" am Ende des zweiten Postulats erklären, sollen erwähnt und diskutiert werden (siehe dazu den hier unmittelbar folgenden Absatz). Man beachte jedoch zunächst, dass Kant in den „Postulaten" seine eigene Theorie der Objektivität in unmittelbarer Auseinandersetzung mit den wichtigsten konkurrierenden Theorien des Objekts entwickelt. Diese Sektion der *Kritik* enthält daher schon eine – implizite – Widerlegung des Rationalismus, des Empirismus, des Skeptizismus, des Fatalismus und – betrachtet man manche Argumente des zweiten und des dritten Postulats – auch des Idealismus. 1781 unterschätzt Kant offensichtlich die Gefahr, dass sein ganzes System als eine Variante des Idealismus interpretiert werden kann. Durch die geschickte Positionierung einer nun expliziten „Widerlegung des Idealismus" zwischen zweitem und drittem Postulat werden die Leser zu einer intensiveren Konfrontation mit seiner eigenen Theorie der Objektivität eingeladen.

Warum wird nun die Widerlegung ausgerechnet zwischen das zweite und das dritte Postulat geschoben? Am Ende des Postulats der Wirklichkeit fügt Kant den folgenden Satz hinzu: „Einen mächtigen Einwurf aber wider diese Regeln, das Dasein mittelbar zu beweisen, macht der Idealismus, dessen Widerlegung hier an der rechten Stelle ist"[382]. Die zwei „Regeln", auf die sich Kant hier bezieht, sind: 1) dass wir die Erkenntnis der Gegenstände von der sinnlichen Erfahrung her beginnen, und 2) dass wir die Wirklichkeit derselben auf Grund der Gesetze des empirischen Zusam-

zwischen Kant, Feder, Garve und Anderen über die Idealismusfrage ist im hier mehrmals erwähnten Buch von Heidemann zu finden: S. 87 ff. Es kann im Allgemeinen nicht überraschen, dass die Widerlegung des Idealismus bei Kant seit der A-Ausgabe der *Kritik* eine immer wichtigere Rolle bekam. Die zum Teil eher politisch-ideologische Debatte über die Kantische Philosophie in den 80er Jahren blieb nämlich ausgerechnet mit dieser Diskussion verbunden. Selbst das Lehrverbot der transzendentalen Philosophie in Hessen scheint in enger Verbindung mit den Bemerkungen Feders über Kants Idealismus gestanden zu haben. Man beachte in diesem Sinne was der Marburger Professor Johann Bering in einem Brief an Kant vom 21. September 1786 schreibt: „Vor ohngefehr 3 Wochen erhielten wir hier eine CabinetsOrdre wodurch für diesen Winter die Vorlesungen über die Kantischen Lehrbücher untersagt und zugleich der Philosophischen Facultät aufgegeben wurde binnen $\frac{1}{4}$ Jahre zu berichten: was von des Kants Schriften überhaupt zu halten, insbesondere ob solche zum Scepticißmo Anlaß gäben mithin die Gewißheit der menschlichen Erkentniß untergrüben? [...] Aller angewandten Mühe ohngeachtet, habe ich die Quelle dieses Verbots noch nicht ausfindig machen können, ob ich gleich mit einiger Wahrscheinlichkeit sie in Göttingen vermuthe..." (10:465).

382 *KrV*, B 274.

menhangs der Erscheinungen untersuchen[383]. Da nun der Idealismus die Objektivität sowohl der Behauptung der Existenz der Objekte außerhalb von uns als auch des notwendig geregelten Zusammenhangs derselben leugnet, ist die Spalte zwischen zweitem und drittem Postulat – wo Kant ausgerechnet diese zwei Prinzipien verteidigt – der optimale Ort für eine (endgültige) Widerlegung desselben[384].

Der Ursprung des Idealismus liegt nach Kant in der Trennung von *res cogitans* und *res extensa* und in der daran gebundenen Behauptung, dass das erste (das „Ich denke" bzw. „Ich bin") unmittelbar erkennbar, das zweite aber unsicher ist. Kant unterscheidet diesbezüglich zwischen dem „problematischen Idealismus" von Descartes, der die Gegenstände außerhalb von uns bloß für zweifelhaft bzw. unerweislich erklärt, vom „dogmatischen Idealismus" von Berkeley, der dieselben für „falsch und unmöglich" hält[385]. Der Idealismus des irischen Philosophen sei „unvermeidlich, wenn man den Raum als Eigenschaft, die den Dingen an sich selbst zukommen soll, ansieht; denn da ist er mit allem, dem er zur Bedingung dient, ein Unding"[386]. Kant ist der Meinung, dass die Behauptung der Absolutheit der Dinge unmittelbar zum Idealismus bzw. Skeptizismus führt. Die alte Theorie der selbstständigen, absoluten Substanzen sei nicht in der Lage, überzeugende Argumente gegen die Einwände eines konsequenten Sub-

383 Vgl. *KrV*, A 226/B 273.

384 Die Hauptgründe für die systematische Stellung der Widerlegung am Ende des zweiten Postulats werden von Dietmar H. Heidemann ab S. 94 seines Buches untersucht. Am Ende einer die Inhalte des zweiten Postulats der Wirklichkeit und der „Postulate" überhaupt zusammenfassenden Betrachtung schreibt Heidemann: „Im Hinblick auf die Frage nach dem Standort der *Widerlegung des Idealismus* zeigt sich mithin, daß das Postulat der Wirklichkeit bereits hinreichend Argumente gegen die Lehre des metaphysischen Idealismus an die Hand gibt. [...] Wie Kant schon in den *Prolegomena* (4:293) zurecht betont, könnte darum auf eine *Widerlegung des Idealismus* eigentlich verzichtet werden – allerdings nicht, ohne grundsätzliche Überlegungen zum Zusammenhang von inneren und äußerem Sinn anzustellen. Das zweite Postulat des empirischen Denkens ist jedoch aus kritischer Sicht insofern die angemessene systematische Stelle der Kantischen Idealismus-Kritik, als es den Begriff von empirischer Wirklichkeit zunächst klärt, um anschließend in der Widerlegung darzulegen, daß der metaphysische Idealismus keine hinreichende Gründe gegen ihn geltend machen kann und sich aufgrund des geregelten Zusammenhanges unserer Erfahrung der Zweifel an der Existenz der Außenwelt als unbegründet erweist. Dieser Nachweis setzt dabei explizit das Postulat der Wirklichkeit voraus" (*Kant und das Problem des metaphysischen Idealismus*, S. 99).

385 *KrV*, B 274.

386 Ebd.

jektivismus, und daher des Idealismus und des Skeptizismus zu liefern[387]. Die „Transzendentale Ästhetik" widerlege nun den dogmatischen Idealismus von Berkeley[388]. Der problematische Idealismus von Descartes, welcher an der Realität der Gegenstände der Erfahrung nur zweifelt, wird von

387 In den „Paralogismen der reinen Vernunft" in A erklärt er, dass jeder „transzendentaler Realist", welcher Raum, Zeit und die Gegenstände der Erfahrung für Dinge an sich erklärt, notwendigerweise in einen „empirischen Idealismus" verfällt, d.h. in die Verneinung der Existenz der Materie außer uns: „Dieser transsccendentale Realist ist es eigentlich, welcher nachher den empirischen Idealisten spielt und, nachdem er fälschlich von Gegenständen der Sinne vorausgesetzt hat, daß, wenn sie äußere sein sollen, sie an sich selbst, auch ohne Sinne, ihre Existenz haben müßten, in diesem Gesichtspunkte alle unsere Vorstellungen der Sinne unzureichend findet, die Wirklichkeit derselben gewiß zu machen" (A 369; siehe auch A 371 f.). Das entspricht der rekurrierenden Vorstellung Kants, dass der Dogmatismus notwendigerweise zum Skeptizismus führt und dass die Überwindung beider nur durch den Kritizismus stattfinden kann (vgl. zum Beispiel *KrV*, A IX ff., A 856/B 884, 9:83–84, 8:415–416, 20:342, R. 6545). Der „transzendentale (bzw. formale) Idealist" ist dagegen ein „empirischer Realist". Dieser allein kann die Wirklichkeit der Gegenstände erkennen: „Ich habe in Absicht auf die Wirklichkeit äußerer Gegenstände eben so wenig nöthig zu schließen, als in Ansehung der Wirklichkeit des Gegenstandes meines innern Sinnes (meiner Gedanken); denn sie sind beiderseitig nichts als Vorstellungen, deren unmittelbare Wahrnehmung (Bewußtsein) zugleich ein genugsamer Beweis ihrer Wirklichkeit ist" (A 371; siehe aber vor allem A 370).

388 Vgl. dazu *KrV*, B 275. Darüber schreibt Heidemann: „Kant bezieht sich an dieser Stelle, was die Sachlage aufhellt, augenscheinlich auf die der transzendentalen Ästhetik der zweiten Auflage der Kritik der reinen Vernunft hinzugefügten Anmerkungen. Dort erklärt er, wenn Raum und Zeit „objektive Realität" (B 70) beigelegt würde, sie also absolute Realitäten an sich wären, würden – wie in Berkeleys Kritik an Newton – die Gegenstände unserer Anschauung „in bloßen Schein verwandeln"" (*Kant und das Problem des metaphysischen Idealismus*, S. 106). Kants Überwindung der Newtonschen Theorie des absoluten Raumes und des dogmatischen Idealismus Berkeleys durch die „Transzendentale Ästhetik" bleibt jedoch in der „Widerlegung" letztendlich unerklärt, was auch Heidemann explizit tadelt (siehe S. 110–111). Inwiefern kann Kants Theorie von Raum und Zeit als Formen der Anschauung überhaupt die These der Immaterialität der Gegenstände der Außenwelt widerlegen? In der „Ästhetik" werden Form und Materie der Sinnlichkeit deutlich polarisiert. Dadurch zeigt Kant zugleich, 1. dass es eine Materie außerhalb von mir gibt, und 2. dass diese Materie nach einer Form a priori geordnet ist. Der kritische Idealismus Kants thematisiert – im Unterschied zum dogmatischen Idealismus – nur die Formen a priori, nicht aber den Inhalt (die Materie) unserer Erfahrung. Hiermit wird ein „Kriterium der Wahrheit" bestimmt (vgl. *Prolegomena* 4:375), das allein eine ganz neue Definition der Objektivität enthält. Man beachte dazu mein *„Das Phantom des Berkleyischen Idealisms". Ricerche su alcuni riferimenti a J. G. H. Feder nella Critica della ragion pura.*

Kant als „vernünftig und einer gründlichen philosophischen Denkungsart gemäß" definiert[389]. Er wird in der Widerlegung behandelt.

Kants Philosophie kann von Feder vor allem deswegen als ein subjektiver Idealismus angesehen werden, weil in ihr die Gegenstände der Erfahrung immer wieder als (bloße) Erscheinungen definiert werden. Von Anfang an bekommt jedoch die Subjektivität im System der transzendentalen Philosophie einen rein funktionellen Charakter, als Bestimmung der Objektivität. Kants Definitionen des Subjekts z. B. als „Substratum zu einen Regel überhaupt" im *Duisburgschen Nachlass*[390], als „reine Apperzeption" oder als „produktive Synthesis der Einbildungskraft" in dem III. Abschnitt der A-Deduktion, als „Bewußtsein überhaupt" in den *Prolegomena*, als synthetische und qualitative Einheit der Apperzeption oder als „Ich denke" in der zweiten Fassung der B-Deduktion usw. sind alle in funktionellem Sinne zu verstehen. Sie entstehen in keiner Weise aus der Unterscheidung zwischen zwei Formen von Substanz (*res cogitans – res extensa*) und noch weniger aus der Inklusion der einen (das *res extensa*) in die andere (das *res cogitans*).

In dieser Inklusion bzw. Reduktion liegen jedoch Sinn und Möglichkeit des Idealismus. Eine treffende Widerlegung muss dementsprechend zeigen, dass es keinen wesentlichen Unterschied zwischen Subjekt und Objekt, zwischen *res extensa* und *res cogitans* gibt. Mit den Worten Scott Staplefords: „The only way to refute the idealist, according to Kant, is to show that the sort of experience he admits to having, namely, inner experience (or empirical consciousness of his own existence), presupposes the type of experience he denies, namely, outer experience"[391]. Das tut Kant, indem er zeigt, „daß selbst unsere innere dem Cartesius unbezweifelte Erfahrung nur unter Voraussetzung äußerer Erfahrung möglich [ist]"[392]. Kant beschreibt hiermit nicht die synthetische Einheit der Ap-

389 *KrV*, B 274.

390 17:656.

391 *Kant's Transcendental Arguments*, S. 81. Das behauptet Stapleford in einem unmittelbareren Kommentar zur Reflexion 6311 aus den 90er Jahren. Hier schreibt Kant unter anderem: „Der problematische Idealist giebt zu, daß wir Veränderungen durch unsern innern Sinn wahrnehmen, er leugnet aber, daß man darum auf das Daseyn äußerer Gegenstände im Raum schließen könne, weil der Schluß von einer Wirkung auf eine bestimmte Ursache nicht gültig sey. – Veränderung des innern Sinnes oder innere Erfahrung wird also von dem Idealisten zugegeben, und wenn man ihn daher widerlegen will, so kann dies nicht anders geschehen, als daß man ihm zeigt, diese innere Erfahrung, oder welches einerlei ist, das empirische Bewußtseyn meines Daseyns setze äußere Wahrnehmung voraus".

392 *KrV*, B 275.

perzeption, sondern die empirische Existenz des Ichs in der Zeit[393]. Der Lehrsatz der Widerlegung des Idealismus lautet dementsprechend:

> *Das bloße, aber empirisch bestimmte Bewußtsein meines eigenen Daseins beweiset das Dasein der Gegenstände im Raum außer mir.*

Als Beweis dieses allgemeinen Prinzips entwickelt Kant das folgende Argument: „Ich bin mir meines Daseins als in der Zeit bestimmt bewußt. Alle Zeitbestimmung setzt etwas Beharrliches in der Wahrnehmung voraus. Dieses Beharrliche aber kann nicht etwas in mir sein, weil eben mein Dasein in der Zeit durch dieses Beharrliche allererst bestimmt werden kann[394]. Also ist die Wahrnehmung dieses Beharrlichen nur durch ein Ding außer mir und nicht durch die bloße Vorstellung eines Dinges außer mir möglich. Folglich ist die Bestimmung meines Daseins in der Zeit nur durch die Existenz wirklicher Dinge, die ich außer mir wahrnehme, möglich"[395]. Die Widerlegung besteht in der Aufhebung der (substantiellen) Trennung zwischen Subjekt und Objekt – was jeden möglichen Zweifel an der Existenz der Objekte außer mir aufhebt: Was kann nämlich dieses „außer mir" überhaupt bedeuten, wenn selbst das Ich von der Wahrnehmung äußerer Gegenstände strukturell abhängt? Die strukturelle Abhängigkeit vom inneren und äußeren Sinn, die das Grundargument der Widerlegung liefert, wird daher zu Recht von Heidemann in den unterschiedlichsten Kapitel der zweiten Ausgaben der *Kritik der reinen Vernunft* („Transzendentale Ästhetik", „Deduktion", Schematismuskapitel, „Analogien" usw.) untersucht und als Schlüssel einer korrekten Interpretation der „Widerlegung" präsentiert: „Die *Widerlegung des Idealismus* muß diese neue

393 So Heidemann: „Neben dem reinen Selbstbewusstsein des „Ich denke" ist in Kants Egologie damit auch empirisches Selbstbewusstsein des erkannten Ich-Objekts im inneren Sinn möglich. […] Empirisches Selbstbewusstsein, von dem die Widerlegung des Idealismus ausgeht, ist kein epistemologisches Prinzip, sondern aktuales Synthesis-Bewußtsein im inneren Sinn" (*Kant und das Problem des metaphysischen Idealismus*, S. 131).

394 Nach der B-Vorrede (*KrV*, B XXXIX) ist dieser Satz folgendermaßen zu ändern: „Dieses Beharrliche aber kann nicht eine Anschauung in mir sein. Denn alle Bestimmungsgründe meines Daseins, die in mir angetroffen werden können, sind Vorstellungen und bedürfen als solche selbst ein von ihnen unterschiedenes Beharrliches, worauf in Beziehung der Wechsel derselben, mithin mein Dasein in der Zeit, darin sie wechseln, bestimmt werden könne".

395 *KrV*, B 275–276.

Theorie des Zusammenhanges von innerem und äußerem Sinn, da sie sie nicht eigens ausführt, voraussetzen"[396].

Die drei Anmerkungen, die dem Beweis der „Widerlegung" folgen und ihn ergänzen, bestätigen, dass eine Lesart derselben, die auf jede weitere ontologische Überlegung über den ontologischen Status von Subjekt und Objekt verzichtet, korrekt ist.

—— In Anmerkung 1 unterscheidet Kant zwischen a) der „Vorstellung: ich bin, die das Bewußtsein ausdrückt, welches alles Denken begleiten kann" und unmittelbar die Existenz eines Subjekts in sich schließt, und b) der richtigen Erkenntnis bzw. der empirischen Erfahrung desselben[397]. Die erste Vorstellung (a) begründet mit dem funktionalen Charakter des Ichs die Behauptung der Existenz desselben. Die zweite Vorstellung – die der Erkenntnis bzw. der empirischen Erfahrung des Subjekts (b) – kann von der konstitutiven Abhängigkeit von *res cogitans* und *res extensa* nicht abstrahieren. Man sieht hiermit leicht, dass weder der erste noch der zweite Fall zu einer konsequenten Theorie des Subjekts als einzige unmittelbare Erkenntnis führen kann.

—— In Anmerkung 2 definiert Kant interessanterweise die Materie selbst als Bedingung a priori aller Zeitbestimmung und hiermit auch aller möglichen Bestimmungen des inneren Sinnes. Er behauptet darüber hinaus, dass „das Bewußtsein meiner selbst in der Vorstellung Ich gar keine Anschauung [ist], sondern eine bloß intellectuelle Vorstellung der Selbstthätigkeit eines denkenden Subjects"[398].

—— Nicht jede Vorstellung äußerer Dinge – das behauptet Kant in Anmerkung 3 – folgt aus der Existenz derselben. Sie kann bloß die Wirkung der Einbildungskraft sein, welche jedoch selbst von der Reproduktion von äußerlichen Wahrnehmungen von real existierenden Gegenständen abhängt.

396 *Kant und das Problem des metaphysischen Idealismus*, S. 158. Vgl. dazu vor allem S. 141–160.
397 *KrV*, B 277.
398 *KrV*, B 278.

7. Zusammenfassung des dritten Postulats

Das Postulat der Notwendigkeit wird in einem einzigen, sehr umfangreichen Absatz (X) behandelt, der sich in der zweiten Auflage der *Kritik der reinen Vernunft* zwischen der „Widerlegung des Idealismus“ und den letzten, eher allgemeinen Absätzen (über alle drei Postulate) befindet. Die innere Struktur des X. Absatzes ist sehr komplex.

X. Nicht die absolute Notwendigkeit der Dinge, sondern die relative Notwendigkeit der Zustände der Dinge (— hier Thema von Abs. 7.1) kann nach Kant erkannt werden. Die transzendentale Untersuchung des Begriffs der Notwendigkeit wird daher auf die Analyse der Verhältnisse der Erscheinungen „nach den dynamischen Gesetzen der Kausalität“ (A 228/B 280) reduziert. Strukturell verbunden und sogar abhängig vom Gesetz der Kausalität sind jedoch vier Prinzipien (*in mundo non datur hiatus, saltus, casus, fatum*), welche (— nach dem hier in Abs. 7.2 behandelten Prinzip der Kontinuität) den vier Kategoriengruppen entsprechen. Die absolut privilegierte Position der Kausalität im System der Kategorien wird hiermit am deutlichsten bestätigt. Es geht letztendlich in der ganzen „Transzendentalen Analytik“ um ein einziges Prinzip: das Prinzip der notwendigen, d. h. gesetzlich geordneten (— vgl. dazu Abs. 7.3) Verbindung von Ursache und Wirkung.

7.1. Die relative Notwendigkeit

Die Notwendigkeit, die wir erkennen können, ist für Kant eine relative. Soll diese Notwendigkeit nicht bloß die mathematische Form eines Gegenstandes (nach den Axiomen der Anschauung und den Antizipationen der Wahrnehmung), sondern die effektive Existenz desselben betreffen, dann haben wir es nicht mit einer symmetrischen, sondern mit einer asymmetrischen (dynamischen) Relation der Art „wenn a, dann b“ ($A \rightarrow B$) zu tun. „Asymmetrisch“ bedeutet hier, dass das Verhältnis der *relata* einen bestimmten, unumkehrbaren Richtungssinn hat. Diese Notwendigkeit ist die *relative* (nicht *absolute*) Notwendigkeit einer *kausalen* „wenn-dann“-

Beziehung. Nur „*vermittelst einer Ursache*“[399] kann nach Kant die Existenz eines Dinges a priori als notwendig erkannt werden. Hier ist das Prädikat (die Wirkung) nicht analytisch-inklusiv im Subjekt (Ursache) enthalten, sondern synthetisch, auf Grund der Behauptung eines Gesetzes, mit diesem verbunden.

Die zweite Analogie der Erfahrung ist der Darstellung und Erläuterung vom „Grundsatz der Zeitfolge nach dem Gesetz der Kausalität“ gewidmet, d. h. des fundamentalsten aller synthetischen Sätze a priori: „Alle Veränderungen geschehen nach dem Gesetze der Verknüpfung der Ursache und Wirkung“[400]. In A lautet der „Grundsatz der Erzeugung“ folgendermaßen: „Alles, was geschieht (anhebt zu sein) setzt etwas voraus, worauf es *nach einer Regel* folgt“[401].

Nichts ist nach Kant an sich, d. h. absolut notwendig[402]. Nichts kann vor allem von der menschlichen Vernunft als „an sich notwendig“ und daher a priori als existierend begriffen werden. Die absolute Notwendigkeit eines Dinges lässt sich weder anschauen noch begreifen. Wir können uns nämlich immer das Gegenteil oder die Verneinung der Existenz einer Sache vorstellen: „*Necessarium ens est, cuius nonexistentia est impossibilis. Absolute tale non involvit contradictionem, sed transscendit conceptum humanum*“[403].

Die Existenz der Gegenstände der Sinne ist an sich keine notwendige, denn das Nicht-Sein derselben bleibt – als solches – immer denkbar. Die Notwendigkeit des *aliter esse non posse* betrifft dennoch die Dinge, aber nur wenn diese im Verhältnis zu anderen Dingen betrachtet werden: „[Nur] unter der Bedingung der Verknüpfung mit einer anderen Existenz ist das

399 Siehe R. 5910.

400 *KrV*, B 232.

401 *KrV*, A 189. Mit den Worten von Kemp Smith: „...since such empirical necessity does not concern the existence of substances, but only the existence of their states, viewed as dynamically caused, the criterion of empirical necessity reduces to the second Analogy, viz. that everything which happens is determined by an antecedent empirical cause“ (*A Commentary*, S. 400). Man beachte dazu auch Schneeberger, *Kants Konzeption*, S. 86 und Wingendorf, *Kritische Modalphilosophie*, S. 144.

402 Siehe dazu *N 1* auf S. 166.

403 R. 5761 aus den 80 Jahren. Vgl. dazu hier S. 60 und *N 2* auf S. 167. Charrak betont diesbezüglich, dass wir hier mit einer Notwendigkeit nur im Kontext der möglichen Erfahrung zu tun haben: „Cela revient à dire que la modalité apodictique n'a de sens que dans le contexte de l'expérience possible et qu'elle ne s'étend pas au-delà de ses frontières, de sorte que l'on peut parler d'une nécessité hypothétique ne qualifiant que (mais de façon essentielle) l'expérience ou la nature“ (*Contingence et nécessité*, S. 156).

Nichtsein desselben unmöglich"[404]. Weiterhin heißt es: „An sich selbst sind die Dinge weder nothwendig noch zufällig; sie existieren, und ihr Nichtsein laßt sich mit ihrem Begriffe allein sehr wohl vereinigen; aber unter der Bedingung der Verknüpfung mit einer anderen Existenz *ist das Nichtsein derselben unmoglich*, d. i. sie können als bedingter Weise nothwendig angesehen werden"[405]. Die klassische Definition des Notwendigen, als *id quod aliter esse non potest*, kann daher keine Substanz oder Materie als solche, sondern nur die Form einer Relation bestimmen. Die Notwendigkeit betrifft die Gegenstände der Sinnlichkeit jedoch nur, wenn diese im Verhältnis zu anderen Gegenständen betrachtet werden. Dazu äußert sich Kant sehr deutlich in einer Metaphysik-Vorlesung aus dem Jahr 1780: „Daß ein Körper, der in seiner Bewegung ein unüberwindliches Hindernis antrifft, in Ruhe gesetzt wird, ist nothwendig, aber diese Ruhe, diese Bewegung ist doch nichts anders, als der Zustand [...] seines Daseyns; folglich ist das alles blos hypothetische Nothwendigkeit. Von dieser hat man nun eine Menge Beyspielen, aber eine wirklich totale Nothwendigkeit trifft man in der Natur nicht an"[406]. Alles ist notwendig, aber nur hypothetisch notwendig[407].

7.2. Das Prinzip der Kontinuität

Im dritten Postulat schreibt Kant in Bezug auf die vier (sowohl dynamischen als auch mathematischen) Grundsätze a priori der Erfahrung: „Das Princip der Continuität verbot in der Reihe der Erscheinungen (Veränderungen) allen Absprung (*in mundo non datur saltus*), aber auch in dem Inbegriff aller empirischen Anschauungen im Raume alle Lücke oder Kluft zwischen zwei Erscheinungen (*non datur hiatus*); denn so kann man den Satz ausdrücken: daß in die Erfahrung nichts hinein kommen kann, was ein *vacuum* bewiese, oder auch nur als einen Theil der empirischen Synthesis zuließe"[408]. Was heißt hier „Kontinuität"?

404 R. 6270, etwa 1783–84.

405 R. 6269, auch etwa 1783–84 (Hvh. v. G. M.). Man beachte auch R. 3717 (1762–63), R. 4814 (1775–76), R. 5192, R. 5249. R. 5523 (1776–78), R. 5911, R. 5919, R. 5975, R. 6020, R. 6299 (aus den 80er Jahren).

406 28:498–499.

407 Vgl. *N 4*, S. 168.

408 *KrV*, A 228–229/B 281; vgl. dazu Anm. 90, 94, 95, 96 des Textkommentars.

In der *Kritik der reinen Vernunft* bezieht Kant die Kontinuität auf die Formen der Sinnlichkeit, d. h. auf den Raum[409] und auf die Zeit[410]. Alle Erscheinungen, da sie im Raum stattfinden, können als extensive kontinuierliche Größe betrachtet werden[411]. Kontinuität charakterisiert nach Kant nicht nur die extensive, sondern auch und vor allem die intensive Größe der Erscheinungen, was in der *Kritik* durch die Antizipationen der Wahrnehmung als stetiges Zu- und Abnehmen von Empfindungsdaten dargestellt wird[412]. Sie ist darüber hinaus eine wichtige Voraussetzung des Kausalitätsbegriffs nach den Analogien der Erfahrung[413]. Nach dem Anhang zur „Transzendentalen Dialektik" ist schließlich die *lex continui in natura* das wichtigste regulative Prinzip des empirischen Gebrauchs der Vernunft[414].

Schon in der *Wahren Schätzung* von 1747 (d. h. 34 Jahre vor der *Kritik der reinen Vernunft*) behauptete Kant, dass die Philosophen seiner Zeit das Gesetz der Kontinuität in seiner zentralen Bedeutsamkeit größtenteils unterschätzt hätten[415]. Während Leibniz das Prinzip der Kontinuität (zusammen mit den anderen fundamentalen Grundsätzen: dem Satz des Widerspruchs, des Grundes, der besten aller Welten, usw.) ins Zentrum des gesamten Systems der Metaphysik stellte, wurde dasselbe von seinen Nachfolgern eher beseitigt. Wolff und die Schulphilosophen behandeln es ziemlich flüchtig innerhalb der Kosmologie. Auch Alexander Baumgarten, der seine ganze Metaphysik auf den Begriff des *connexum* gründet[416], beschäftigt sich mit der Kontinuität nicht in der ontologischen Lehre der

---

409 Siehe *KrV*, A 25/B 39, A 169 f./B 211 f., A 524–525/B 552–553; in der vorkritischen Phase 2:403, R. 3801 (um 1664–66), R. 40 (um 1773–75), R. 5384 (um 1776–8, vielleicht auch später) und die *Metaphysik-Vorlesung* L_1 aus den 70er Jahren, 28:203.

410 Siehe *KrV*, A 32/B 47–48, A 169 f./B 211 f., A 209/B 254; in der vorkritischen Phase 2:399, R. 5390 (um 1776–9), und die *Metaphysik* L_1 aus den 70er Jahren, 28:202.

411 Vgl. *KrV*, A 527/B 555.

412 Vgl. *KrV*, A 169/B 211.

413 Siehe *KrV*, A 208/B 253–254 und A 171/B 212–213; man beachte diesbezüglich auch 2:22, 2:399–400, R. 40 (um 1773–75), R. 3801 (1764–66), R. 4531, R. 4666 (etwa 1772), R. 5376, R. 5379, R. 5382, R. 5383 (1776–1778), R. 5392 (Datierung unsicher), die hier oben erwähnte *Metaphysik* L_1 28:203 und die *Metaphysische Anfangsgründe der Naturwissenschaft* von 1786 auf Seite 4:552, in der Kant das mechanische Gesetz der Kontinuität betrachtet (dazu Pollok, *Kants Metaphysische Anfangsgründe*, S. 468 ff.).

414 Vgl. *KrV*, A 657 f./B 685 ff. und die spätere *KU*, 5:182.

415 1:37.

416 Vgl. Baumgarten, *Metaphysica*, §§ 19–33.

fundamentalen Grundsätze der Metaphysik, sondern innerhalb der *Notio mundi negativa* im ersten Kapitel der *Cosmologia*[417]. Die Übertragbarkeit der Kontinuität von der Mathematik auf die Physik wird außerdem von dem damals sehr berühmten Leibnizianer und Wolffianer Abraham Gotthelf Kästner (Mathematiker in Leipzig und Göttingen) explizit kritisiert[418]. Nur einige Physiker und Naturforscher wie Johann Bernoulli oder Ruder Josip Boskovic behalten das Prinzip in ihren Werken[419].

Kant entwickelt seine Reflexionen über das Prinzip der Kontinuität in der Regel am Rande der Lektüre der oben erwähnten Paragraphen der *Notio mundi negativa* Baumgartens. Obwohl Philosophen wie Aristoteles, die Stoiker, Cicero, Thomas von Aquin oder Nikolaus von Kues bereits umfassende Überlegungen hinsichtlich des Kontinuums anstellten, knüpft Kant nirgends explizit an sie an. Er erwähnt nur Leibniz[420] als denjenigen, der das Kontinuitätsgesetz als fundamentales Prinzip der Metaphysik festgestellt hat. Drei in diesem Zusammenhang wichtige Fragen sollen hier beantwortet werden: 1. Was heißt „Kontinuität" bei Leibniz? 2. Welche systematische Rolle hat die Kontinuität im System der Leibnizschen Philosophie? 3. Welche systematische Rolle hat die Kontinuität im System der Philosophie Kants?

1. In einem Brief, den Leibniz unter dem Titel *Lettre de M. L. sur un principe général utile à l'explication des loix de la nature par la considération de la sagesse divine, pour servir de réplique à la réponse du R. P. D. Malebranche* in der Juli-Ausgabe der *Nouvelles de la République des lettres* von 1687 veröffentlichte, wird das Kontinuitätsprinzip mit den folgenden Worten dargestellt: „Lorsque la différence de deux cas peut être diminuée au-dessous de toute grandeur donnée *in datis* ou dans ce qui est posé, il faut qu'elle se puisse trouver aussi diminuée au-dessous de toute grandeur donnée *in quaesitis* ou dans ce qui en résulte, ou pour parler plus familièrement: lorsque les cas (ou ce qui est donné) s'approchent continuellement et se perdent enfin l'un dans l'autre, il faut que les suites ou évé-

417 Ebd. §§ 380–391.
418 Vgl. zum Beispiel die *Anfangsgründe der höheren Mechanik*, S. 354; dazu Kant, 2:400.
419 Man beachte zum Beispiel Bernoullis *Discours sur les loix de la communication du mouvement* (Paris, 1727) und Boskovics Schrift *De continuitatis lege et eius consectariis pertinentibus ad prima materiae elementa eorumque vires dissertatio* (Roma, 1754).
420 Vgl. auch 24:407.

nements (ou ce qui est demandé) le fassent aussi"[421]. Ebenso wie der Unterschied zwischen zwei gegebenen Elementen unbegrenzt vermindert werden kann, so muss auch der Unterschied zwischen den daraus entstandenen Fällen unbegrenzt reduziert werden können.

Am besten lässt sich nach Leibniz das Prinzip der Kontinuität mittels mathematischer Beispiele erläutern. So ist zum Beispiel der Kreis ein Polygon mit unendlich vielen, unendlich kleinen Seiten. Die Parabel kann ihrerseits wie eine besondere Ellipse vorgestellt werden, bei der die Brennpunkte der großen Halbachse unendlich weit voneinander entfernt sind („comme une figure qui differe de quelque Ellipse moins que d'aucune difference donnée")[422]. Man muss jedoch Folgendes immer festhalten: Bei Leibniz ist das Kontinuitätsprinzip kein Sonderfall, sondern die wichtigste Voraussetzung der ganzen Mathematik und der Geometrie der Infinitesimalen. Im Widerspruch zu Descartes wird nun die geometrische Ausdehnung nicht als ein ursprünglicher Begriff oder als etwas Gegebenes betrachtet, sondern als etwas, das im Denken durch die kontinuierliche Bewegung eines Punktes nach einem Gesetz produziert wird. Das Gesetz der kontinuierlichen Bewegung des Punktes, d. h. die qualitative Einheit des Gesetzes, sei in dieser Hinsicht nichts anderes als das Differential; die Größe dagegen, die von dieser kontinuierlichen Entwicklung erzeugt wird, das Integral. Der Prozess der Kontinuation sei daher der Prozess der infinitesimalen Summation selbst, welcher die Bestimmung aller Größen charakterisiert[423]. Kontinuität betrifft hiermit die ideale Welt der Möglichkeiten. Dasselbe Gesetz hat jedoch nach Leibniz einen allgemeinen, metaphysischen Grund und muss daher auch auf die Phänomene der Physik angewendet werden: „En vertu de cette loi, il faut qu'on puisse considérer le repos comme un mouvement évanouissant après avoir été continuellement diminué ; et de même l'égalité, comme une inégalité qui s'évanouit aussi [...] et il faut qu'ensuite de cette considération, la règle générale des corps inégaux ou des corps en mouvement soit applicable aux corps égaux, ou aux corps dont l'un est en repos, comme à un cas particulier de la règle ; ce qui réussit dans les véritables lois des mouvements, et ne réussit point dans certaines lois inventées par M. Descartes et par quelques autres habiles gens..."[424]. Die klassischen Paare der aristotelischen Physik

421 Leibniz, *Die philosophischen Schriften*, 3, S. 52.
422 Ebd.
423 Man beachte zum Beispiel die *Justification du calcul des infinitésimales par celui de l'algèbre ordinaire*, in *Journal de Trévoux* von 1702.
424 Leibniz, *Théodicée*, III, § 348, in *Philosophischen Schriften*, 6, S. 321.

(wie Ruhe-Bewegung, Potenz-Akt, Tod-Leben, usw.) werden hier durch die Idee der kontinuierlichen Entwicklung einer einzigen Kraft überwunden. Jenseits der Grenze der Physik gilt das Kontinuitätsprinzip auch im Kontext der Untersuchung der lebendigen Organismen: „Tout va par degrés dans la nature, et rien par saut, et cette règle à l'égard des changements est une partie de ma loi de la continuité"[425]. Die Monade selbst sei ein dynamisches Ganzes, dessen Kraft sich kontinuierlich in eine Mannigfaltigkeit von Bestimmungen entwickelt.

2. Die infinitesimale Größe ist ein Vernunftbegriff, der als solcher keine empirische Realität hat. Das Prinzip der Kontinuität etabliert jedoch eine strikte Analogie zwischen Geometrie und Realität und ermöglicht infolgedessen die rationale Intelligibilität des Realen. Die effektive Reduktion des Empirischen auf das Rationale d. h. die Denkbarkeit des Realen selbst, kann nur von diesem Prinzip gewährleistet werden. François Duchesneau drückt dies mit den folgenden Worten aus: „Le principe de continuité intègre l'intelligibilité des phénomènes sous ces exigences formelles [des relations de congruence et de similitude] en en guidant l'application au contexte d'un ordre de causes réelles irréductibles à l'ordre d'idéalités qui les enveloppe formellement. Le principe de continuité vise à compenser cette irréductibilité analytique pour nos entendements finis"[426].

3. Kants Diskussion über die Prinzipien (*in mundo non datur saltus, hiatus, vacuum, casus, fatum*) wie auch die darauf folgende Diskussion des Verhältnisses zwischen Möglichkeit und Wirklichkeit gelten als eine Antwort auf Leibniz und als eine Art Neuschreibung der klassischen Themen der Leibnizschen Philosophie[427]. Während bei Leibniz die Kontinuität den Übergang des Realen in das Rationale (d. h. auch des Sensibeles in das Intelligible) ermöglicht, verwendet Kant dasselbe Prinzip, um jede Form von Absolutheit zu beseitigen. Wie auch die anderen Grundprinzipien der Metaphysik[428], gewinnt bei Kant das Gesetz der Kontinuität eine ganz wichtige Funktion auf der Ebene der Modalität. Der systematische Ort des Prinzips des Kontinuums ist die Behandlung der Notwendigkeit im dritten

425 Leibniz, *Nouveaux Essais*, IV, XVI, § 12, in *Philosophischen Schriften*, 5, S. 455; vgl. auch ebd., III, VI, § 12, in *Philosophischen Schriften*, 5, S. 286.

426 Duchesneau, *Leibniz et la méthode de la science*, S. 316.

427 Man beachte dazu Kemp Smith, *A Commentary*, S. 401 und Veca, *Fondazione e modalità*, S. 354 f.

428 Vgl. Anm. 91, 92 des Textkommentars.

Postulat des empirischen Denkens. Die sich auf die Kontinuität stützenden Sätze der negativen Kosmologie Baumgartens drücken in diesem Kontext die Tatsache aus, dass wir keinen Zugang zum Absoluten (*saltus*, *hiatum*, *abyssum*, *fatum*, usw.) haben. Die einzige Notwendigkeit, die wir begreifen können, ist eine relative. Durch das Prinzip der Kontinuität lässt sich darüber hinaus die ausnahmslose Gesetzlichkeit des Realen behaupten. Die verschiedenen Formen des Kontinuums, die im ersten Absatz dieser Anmerkung zusammengefasst worden sind, entsprechen den Prinzipien der Notwendigkeit, die Kant im dritten Postulat mit Hilfe der „Cosmologia negativa" von Baumgarten erläutert. Die Tatsache, dass alle Erscheinung eine von der Einheit der Apperzeption abhängige Vorstellung in der Zeit und daher eine kontinuierliche ist, hängt stark von dieser neuen, modalen Bestimmung der Gegenstände unserer Erfahrung ab.

7.3. Empirische Gesetzlichkeit

Gegen alte und neue Formen des Aristotelismus schließt Kant im dritten Postulat jede Untersuchung der Substanzen aus der Philosophie aus[429]. Wir können keine Notwendigkeit des Wesens erkennen. Gegenstand der Philosophie sei hingegen das relativ Notwendige. Da die Substanz nicht notwendig ist (bzw. als solche nicht erkannt werden kann, da das Anderssein und die Nicht-Existenz einer Sache für uns immer denkbar sind), kann sie auch nicht als privilegierter Gegenstand in die Philosophie aufgenommen werden. Die einzige Notwendigkeit, die wir begreifen können, ist die relative: Sie gehört nicht zur Definition der Sache, sondern zur Beschreibung der Zustände der Gegenstände in ihren kausalen, gesetzlich geordneten Verhältnissen[430].

In der Anmerkung 80 zu A 227/B 280 (*Was meint Kant, wenn er von „empirischen Gesetzen der Causalität" schreibt?*) versuche ich zu erklären, dass Kants Definition der Notwendigkeit im dritten Postulat viel weniger an die transzendentalen Bedingungen der Erfahrung im Subjekt als an eine empirische Gesetzlichkeit anknüpft. Die Notwendigkeit des dritten Postulats drückt die regelmäßige Wiederholung eines besonderen Falles nach einem allgemeinen, physikalischen Gesetz aus. André Charrack formuliert dies folgendermaßen: „...la loi dont il est ici question ne se réduit pas au niveau supérieur des analogies de l'expérience, qui donnent la loi de la

429 Siehe dazu S. 125 f.
430 Vgl. Abs. 7.1.

causalité et celle de l'action réciproque ; désormais, il s'agit bien des diverses loi mathématiques de la nature (composant le corpus des différentes sciences) er dont le nécessaire indique la représentation qui, en retour, généralise le cas particulier"[431].

Der moderne Begriff des Naturgesetzes, den Kant im dritten Postulat gebraucht, stammt aus dem Antiaristotelismus, welcher schon die Philosophie und die Wissenschaft des ganzen 17. Jahrhunderts prägte, wobei die Ablehnung der Physik und der Metaphysik des Aristoteles – vor allem in Bezug auf den Begriff „Substanz" – keine spezifische Schule oder philosophische Richtung kennzeichnet. Ein bewusster Antiaristotelismus charakterisierte sowohl den Empirismus von Francis Bacon, welcher – mit Kants Worten – „den Weg der Erfahrung [betrat] und auf die Wichtigkeit und Unentbehrlichkeit der *Beobachtungen* und *Versuche* zur Entdeckung der Wahrheit aufmerksam [machte]"[432], als auch die rationalistischen Einstellungen von René Descartes, der in den *Principia Philosophiae* von 1644 die innere Notwendigkeit der substantiellen Formen und ihrer Begriffe mit Hilfe der Einführung eines neuen, von allen Formen und Qualitäten freien Materiebegriffs entschieden zurückgewiesen hatte. Für Descartes besteht jedwedes physikalisches Phänomen letztendlich aus Bewegung und Stoß. Jedes Ereignis der Natur lasse sich auf drei allgemeine Prinzipien der Mechanik zurückführen, die er als Naturgesetze bezeichnet und als axiomatische Ordnungsprinzipien an die Spitze eines größeren deduktiven Systems stellt[433]. Der Gesetzesbegriff prägt darüber hinaus die

431 *Contingence et nécessité*, S. 155. Dass die Notwendigkeit des dritten Postulats nicht bloß die einer subjektiven Bedingung, sondern zugleich diejenige eines empirischen Gesetzes ist, wurde kürzlich von Andreas Kamlah in einem Aufsatz für die Kant-Studien behauptet: „...neben einem epistemisch verwendeten Notwendigkeitsbegriff (notwendig = synthetisch a priori wahr) [verwendet Kant] noch einen ontischen Begriff der physikalischen Notwendigkeit, der Naturnotwendigkeit [...] Die Notwendigkeit der Verknüpfung zwischen Ursache und Wirkungen ist nur diejenige der empirischen Naturgesetze" (*Kants Antwort*, S. 39). Die Hauptthese des Artikels von Kamlah ist folgende: „Kant gelangt de facto zu zwei Notwendigkeitsbegriffen, indem er den einen, die Notwendigkeit von Naturgesetzten in zwei verschiedenen Weisen gebraucht, ontisch (oder objektiv) und epistemisch, in der Bedeutung: „als notwendig erweisbar" [...] Er folgt dabei nur einer üblichen Praxis des Umgangs mit Sprache" (ebd. S. 41). Dass hinter dieser Gleichsetzung von subjektiver und objektiver Notwendigkeit nicht bloß der damalige Sprachgebrauch, sondern eine tiefgehende Revolution auf der Ebene der Ontologie steht, habe ich an mehreren Stellen dieses Buches darzulegen versucht. Man beachte in diesem Sinne auch die kurze Besprechung des Aufsatzes Kamlahs auf S. 306 f.

432 9:32.

433 Vgl. Descartes, *Principia Philosophiae*, *Pars secunda*, XXXVII – XLII, S. 62–66.

empirischen Untersuchungen und die Terminologie von Wissenschaftlern wie Galilei, Kepler und Huygens (die Kant öfters zusammen erwähnt), Torricelli, Boyle, Lavoisier, der meisten Gelehrten der *Royal Society* und deren berühmten Mitglied Isaac Newton. Er prägt aber auch die rationalistischen Systeme von Spinoza, Malebranche und Leibniz und die vielen Versuche des 18. Jahrhunderts (zum Beispiel von Jean Bernoulli, von D'Alembert, von Maupertuis, aber auch von Wolffianern wie Knutzen und Bilfinger), die Physik Newtons metaphysisch und rational zu begreifen.

Newton stellt endgültig klar, dass die Untersuchung der Natur sich mit den Problemen der Definition oder der Beschreibung der Eigenschaften der Dinge nicht mehr beschäftigen soll. Im Vorwort zu den *Principia mathematica* stellt er fest, dass die neue Wissenschaft auf jeden Gebrauch der substantiellen Formen verzichten muss und stattdessen die Phänomene der Natur mit Hilfe von (mathematischen) Gesetzen erklären soll: „*...recentiores, missis formis substantialibus & qualitatibus occultis, phænomena naturæ ad leges mathematicas revocare aggressi sint*“[434]. Er untersucht zum Beispiel die Phänomene des Lichts, ohne sich aber dabei zu fragen, ob das Licht selbst eine Emanation oder die Bewegung eines Mediums sei, ob es einfach, zusammengesetzt oder noch etwas anderes sei. Die Frage nach der inneren Natur und Essenz des Lichts wird einfach nicht mehr gestellt. Wenn man aber – so Newtons Verfahren – die Strahlung des Sonnenlichts mittels eines Prismas auffächert, dann kann man deutlich erkennen, dass das weiße Licht aus der sukzessiven Mischung der Farben entsteht. Farben und Licht sind bloße Eigenschaften, deren physikalische Essenz nicht mehr in Frage gestellt wird. Etwas Ähnliches geschieht bei der Definition der Schwerkraft. Form und Eigenschaften dieser Art von Kausalität lassen sich nicht begreifen. Die Erscheinungen werden trotzdem innerhalb von allgemeinen Naturgesetzen begriffen. Das zentrale Wort „Gesetz“ wird nun von Newton auf mindestens zwei unterschiedlichen Ebenen gebraucht und definiert: 1. Am Anfang der *Principia mathematica* stellt er unter dem (wohl Cartesianischen) Titel „*Axiomata, sive Leges motus*“ die drei Grundprinzipien der Mechanik dar. Das sind die allgemeinen (rationalen) Behauptungen, die man überhaupt über die Natur aussagen kann. Das erste Axiom ist das Trägheitsprinzip. Das zweite und das dritte sind die Grundprinzipien der Aktion und der Reaktion. Trotz ihres allgemeinen Charakters treffen diese Prinzipien ganz konkrete Aussagen über den Bewegungszustand von Körpern in Abhängigkeit von einer äußeren Größe (der Kraft) und einer Eigenschaft des Körpers (der Masse). Von einer ra-

434 Newton, *Principia mathematica*, „*Prefatio ad Lectorem*“, S. 15.

tionalen Apriorität dieser Prinzipien kann in dieser Hinsicht gar nicht die Rede sein. 2. „Gesetze“ sind darüber hinaus eine lange Reihe wichtiger spezifischer Sätze wie zum Beispiel – in den *Principia* – die Gesetze der Pendelschwingung, der Planetenbewegung und das Gravitationsgesetz, oder – in *Opticks* – das Refraktionsgesetz. Es handelt sich um Behauptungen, die im Prinzip von der Erfahrung durch Induktion abstrahiert werden[435], von Newton aber eher auf die Erfahrung durch das Experiment angewendet werden. Gesetze werden von Newton – unabhängig von allen Fragen über eine (immer fragwürdige) rationale oder empirische Ableitung derselben – ins Zentrum aller physikalischen Untersuchungen zur Definition und Bestimmung aller Formen von Objektivität gestellt.

Genauso wie bei Newton wird das Ding in seinem Wesen von Kant aus der Philosophie ausgeschlossen. Empirische Phänomene sollen nun in ein System von Relationen eingeordnet und möglicherweise unter allgemeinen Gesetzen verstanden werden. Fragen zur Essenz der Körper werden entweder für unnütz erklärt oder als unmöglich beseitigt: „Wir erkennen durch die Erfahrung eher die Natur als das Wesen“[436]. In der *Kritik der reinen Vernunft* – in einem kurzen Anhang zwischen den „Analogien“ und den „Postulaten“ – definiert er Natur folgendermaßen: „Unter Natur (im empirischen Verstande) verstehen wir den Zusammenhang der Erscheinungen ihrem Dasein nach, nach nothwendigen Regeln, d. i. nach Gesetzen. Es sind also gewisse Gesetze und zwar *a priori*, welche allererst eine Natur möglich machen“[437]. Einerseits ist die Natur für Kant der „Inbegriff von Erscheinungen, mithin kein Ding an sich, sondern blos eine Menge von Vorstellungen des Gemüths“[438] – was in der zweiten Ausgabe der *Kritik* „*natura materialiter spectata*“ genannt wird[439]. Natur sei andererseits „der notwendige Zusammenhang“[440], also „die Ordnung und Regelmäßigkeit an den Erscheinungen“[441], in einem Wort: „Gesetzmäßigkeit“[442]. Nach den *Prolegomena* ist sie „die Gesetzmäßigkeit in Verknüpfung der Erscheinungen“[443]. Oder aber, mit den Worten der zweiten Ausgabe der *Kritik*, die

435 „*In hac philosophia propositiones deducuntur ex phaenomenis, & redduntur generales per inductionem*“ (*Principia mathematica*, III. *Scholium generale*, S. 764)
436 R. 4097 aus den Jahren 1769–1773.
437 *KrV*, A 216/B 263.
438 *KrV*, A 114.
439 *KrV*, B 163; vgl. dazu auch die *Prolegomena*, 4:295 f., 4:318.
440 *KrV*, A 114.
441 *KrV*, A 125.
442 Vgl. *KrV*, A 448/B 476.
443 4:318.

„Gesetzmäßigkeit der Erscheinungen in Raum und Zeit", d. h. „*natura formaliter spectata*"[444]. Während die Welt das „mathematische Ganze aller Erscheinungen" ist, ist die Natur das „dynamisches Ganzes" derselben[445].

444 *KrV*, B 165.
445 *KrV*, A 418/B 446.

8. Vorgeschichte und nachweisbare Quellen der Kantischen Lehre der Modalität

Kant ist der erste Philosoph, der explizit von „Kategorien der Modalität" schreibt[446]. Die Lehre der modalen Bestimmung der Urteile wurde aber bereits in der antiken Philosophie, vor allem von Aristoteles und seinen Kommentatoren begründet. In der Tradition der für die Entwicklung der Untersuchungen der Modalität sehr wichtigen Logik-Traktate des 13. Jahrhunderts werden die Modalbegriffe explizit als nicht-kategorematische, sondern eher als syn-kategorematische Satzteile bzw. als keine Aussage *de re*, sondern als Aussage *de dicto* bezeichnet[447]. Diese Unterscheidungen sind für das Kantische Verständnis der Modalität von zentraler Bedeutung. Das primäre Ziel dieser Untersuchung ist es, einen Blick in die für das Entstehen solcher (und ähnlicher) Grunddefinitionen wichtigsten Werke der Geschichte der Philosophie zu werfen.

Eine bedeutende Rolle spielen die Modalbegriffe innerhalb der Werke verschiedener Philosophen der Antike, des Mittelalters und der Neuzeit (z. B. bei Aristoteles, Chrysipp, Thomas von Aquin, Duns Scotus, Willem von Ockham, Descartes, Spinoza, Leibniz, usw.). Die unmittelbaren Quellen der Kantischen Lehre der Modalität sind aber in den Texten seiner Zeitgenossen und seiner unmittelbaren Vorgänger zu suchen. Die ersten drei Sektionen dieses Kapitels 8 enthalten daher eine kurze, nur wenige Beispiele enthaltende Darstellung der wichtigsten Theorien der Modalität, und zwar jeweils in der 1. antiken, 2. mittelalterlichen und 3. modernen Zeit. Die Diskussion der direkten Quellen der Kantischen Philosophie der Modalität folgt unmittelbar danach in 4.

---

446 Das behauptet zum Beispiel Ingetrud Pape in *Tradition und Transformation*: „Sieht man sich […] von Kant aus rückwärts in der Geschichte um, so ist ein Modalproblem dem Namen nach nicht zu entdecken. Wohl ist die Sache überall da…", (S. 22, vgl. auch S. 14). Man hat sich mittlerweile an gewisse Kantische Formeln wie „Kategorien der Modalität" so gut gewöhnt, dass man die Neuigkeit und das ganz Besondere an ihnen gar nicht mehr wahrnimmt.

447 Siehe hier S. 140 ff. Man beachte auch S. 23 f.

1. Schon auf den ersten Seiten der *Analytica priora* wird von Aristoteles die sogenannte apophantische Notwendigkeit (die Notwendigkeit des Eingangsatzes in einen Schluss) untersucht: „Jeder Eingangssatz ist auf folgende Aussageweisen bezogen, entweder: „*Liegt vor*", oder: „Liegt *mit Notwendigkeit* vor", oder „*Kann sein, dass* vorliegt"„[448] (Aristoteles, *Erste Analytik*, I, 2, 25a). Die Modalität betrifft die unterschiedlichen Formen der Zugehörigkeit (ὑπάρχειν) eines Prädikats zu einem Subjekt. Dieses Zugehören kann entweder a) einfach, b) ἐξ ἀνάγκης oder c) τοῦ ἐνδέχεσθαι sein[449]. Die Art, wie modale Ausdrücke die Sätze modifizieren, analysiert Aristoteles noch genauer in *De interpretatione.* In Kapitel 12 stellt er die Begriffe des Möglichen (δυνατόν), des Kontingenten (ἐνδεχόμενον), des Unmöglichen (ἀδύνατον) und des Notwendigen (ἀναγκαῖον) dar. In Kapitel 13 beschreibt er das modallogische Quadrat der logischen Relationen zwischen diesen Begriffen. Die Modalität als solche wird nicht erwähnt[450], was aber später bei seinen Übersetzern und Kommentatoren – und zwar bei Ammonius als τροπός[451] und bei Boethius zum ersten Mal als *modus*[452] – geschieht. Aus einer anderen Perspektive heraus unterscheidet Aristoteles in Buch Θ der *Metaphysik* zwischen Potenz (δύναμις) und Akt (ἐνέργεια): „ἔστι δ'ἡ ἐνέργεια τὸ ὑπάρχειν τὸ πρᾶγμα, μὴ οὕτως ὥσπερ λέγομεν δυνάμει"[453]. Aristoteles verbindet hier die Potenz mit der Materie und den Akt mit der Form und schreibt der Aktualität der Form das Primat über die Potentialität der Materie zu.

Die Logik der Modalität wurde auch in der Tradition der Megarischen und der Stoischen Schule intensiv untersucht. Bei den Philosophen dieser zwei Schulen ist – genauso wie bei Aristoteles – die Thematisierung der Modalität eng mit der Analyse der Zeitverhältnisse und mit der Frage nach dem Determinismus verbunden. Wichtigstes Mitglieder der Schule von Megara war Diodoros Kronos (um 350–296 v. Chr.), welcher die These

---

448 Aristoteles, *Erste Analytik*, I, 2, 25a.

449 Vgl. auch *Erste Analytik*, I, 9, 30a und I, 14, 33a. In I, 10, 30b unterscheidet Aristoteles zwischen relativer und absoluter Notwendigkeit.

450 Man beachte bezüglich der Aristotelischen Modalphilosophie vor allem: Seel, *Die Aristotelische Modaltheorie*; Waterlow / Broadie, *Passage and Possibility*; Buddensiek, *Die Modallogik.*

451 Ammonius, *In Aristotelis* De interpretatione *commentarius*, S. 214.

452 Boethius, *Commentarii in librum Aristotelis* Peri hermeneias, I, S. 166–167 und II, S. 377.

453 Aristoteles, *Metaphysik*, Buch IX (Θ), Kapitel 6, 1048a („Unter Wirklichkeit versteht man, daß die Sache existiere, nicht in dem Sinne, wie man sagt, sie sei der Möglichkeit nach").

der Notwendigkeit aller Realität aufstellte und sie durch das sogenannte „schlagende Argument" zu beweisen versuchte[454]. Ähnlich wie die Megariker gründeten auch Chrysipp und die Stoiker den Beweis der Existenz des *fatum* auf den Satz vom Widerspruch[455]. Chrysipp meinte, dass die Wahrheit zukünftigen Geschehens jederzeit schon bestimmt sei. Das Prinzip vom ausgeschlossenen Dritten gelte in diesem Sinne auch für Sätze über die Zukunft. Aus einer physikalischen Perspektive heraus betrachtet heißt dies für den Fall, dass wir alle verschiedenen möglichen Ursachen beherrschen könnten, dass es uns dann auch im Prinzip möglich wäre zu wissen, ob ein bestimmter Satz über Zukünftiges wahr oder falsch ist. Wir haben hier die deutlichste und stärkste Behauptung des Zusammenfallens von logischem und kausalem Determinismus[456]. Dieses Zusammenfallen

---

454 Es gibt nach Diodoros keinen realen Unterschied zwischen Möglichkeit und Wirklichkeit, denn das Mögliche ist nur „das, was wahr ist oder wahr sein wird" (Cicero, *De fato*, IX, 17). Eine Konsequenz daraus sei, dass alle zukünftigen Ereignisse notwendig sind. Um die Richtigkeit seiner Behauptungen zu beweisen, bezieht sich Diodoros auf das oben erwähnte „schlagende Argument" (κυριευῶν λόγος), welches von Epictetus bezeugt wurde (Epictetus, *The Discourses*, II, XIX, 1 ff.). Nach diesem Argument sind die drei folgenden Aussagen miteinander unverträglich: A) „jede wahre Aussage über die Vergangenheit ist notwendig"; B) „aus Möglichem folgt nichts Unmögliches"; C) „es gibt etwas Mögliches, was weder wahr ist, noch wahr sein wird". Diodoros nimmt die Wahrheit der beiden ersten Aussagen an, verneint folglich die Gültigkeit von (C) und behauptet, dass es überhaupt nichts Mögliches gibt, das weder wahr ist, noch wahr sein wird. Alle Formen der Modalität haben für Diodoros nur einen abgeleiteten Status: Sie sind kurze Ausdrücke komplexer zeitlicher Bestimmungen. In diesem Komplex zeitlicher Determinationen finden die Modalbegriffe ihre Definition. Für eine sehr gute Darstellung der Modallehre Diodoros' vgl. Vuillemin, *Nécessité ou contingence*, S. 61–88.

455 Zu der Modallehre der Stoiker siehe: Bobzien, *Die stoische Modallogik*, Würzburg, 1986.

456 Chrysipps Meinung über die Notwendigkeit wird am deutlichsten bei Cicero in *De Fato* wiedergegeben: „Chrysipp zieht nämlich folgenden Schluss: „Wenn es eine Bewegung ohne Ursache gibt, dann wird nicht jegliches Urteil – die Logiker nennen es im Griechischen ein 'Axiom' – nur entweder wahr oder falsch sein; denn was keine bewirkenden Ursachen hat, wird weder wahr noch falsch sein. Nun ist aber jedes Urteil entweder wahr oder falsch: folglich gibt es keine Bewegung ohne Ursache. Wenn dies aber so ist, geschieht alles, was geschieht, auf Grund von vorausgehenden Ursachen. Und wenn das stimmt, geschieht alles durch das Fatum. Es folgt also daraus, dass alles, was geschieht, durch das Fatum geschieht" (Cicero, *De Fato*, X). Könnte etwas Künftiges ohne Wirkursachen geschehen, die in die Gegenwart und Vergangenheit zurückreichen, dann wären Urteile darüber in der Gegenwart weder wahr noch falsch. Das ist aber auf Grund des Satzes vom Wi-

wird nicht nur von den Stoikern, sondern interessanterweise auch von ihren Gegnern, z. B. von Epikur, für richtig gehalten.

Der Philosoph des Gartens dachte nämlich, er müsse, wenn er dem Satz vom ausgeschlossenen Dritten und dem Satz vom Widerspruch zustimme, auch zugeben, dass alles, was geschieht, auf Grund des Fatums geschieht. Und deswegen versuchte er, dieses logische Prinzip zu widerlegen. Nebenbei theorisierte er – nach den Darstellungen von Lucretius und Cicero – über eine „dritte Bewegung", die unabhängig von Schwerkraft und Impuls ist. Diese Bewegung lenkt das Atom um eine minimale Strecke aus seiner Bahn, sodass diese Bahnabweichung ohne Ursache zustande kommt und die Welt als zufällig erklärt werden kann[457].

Kant war sowohl mit der Tradition der Aristotelischen Logik als auch mit der philosophischen Debatte innerhalb der Hellenistischen Schulen sehr gut vertraut. Die Logik Aristoteles' war damals bekannt und wurde immer wieder in den Schulen gelehrt. Sie prägte überdies zutiefst die moderneren Lehrbücher des 18. Jahrhunderts. Die Hellenistischen Schulen hatten sich ihrerseits am Anfang des Jahrhunderts in ganz Europa vollständig durchgesetzt. Die Autoren des lateinischen Stoizismus und Epikureismus waren ohne Zweifel diejenigen, die Kant sowohl in den Jahren seiner Schulbildung als auch am Anfang seiner Karriere am meisten las und am besten kannte[458].

2. Der wichtigste Vermittler der Modallogik der Antike (und der antiken Logik im Allgemeinen) für die Philosophie des Mittelalters war der oben erwähnte Boethius, welcher unter anderem das *Peri hermeneias* (*De In-*

---

derspruch unmöglich. Es folgt, dass jede Bewegung eine Ursache hat, und dass alles, was geschieht, notwendigerweise durch das Fatum geschieht.

457 Die Theorie des *Clinamen* ist eines der größten Probleme der epikureischen Philosophie. Sie findet sich in den Fragmenten von Epikur nicht wieder; unsere wichtigsten Quellen sind Lucretius, *De rerum natura* II, 251–293 und Cicero, an verschiedenen Stellen. Dieselbe Theorie findet sich nicht bei Demokrit. Die Schule von Abdera akzeptierte deswegen die universale Notwendigkeit der physikalischen Bewegungen.

458 Vgl. dazu Klemme, *Die Schule Immanuel Kants*, S. 28, 46, 49 und den hier von Klemme wiedergegebenen Text von Christian Schiffert über das Königsberger Collegium Fridericianum (S. 76 ff.). Manfred Kühn schreibt in *A Biography:* „Kant continued to think higly of the ancients, reading them throughout his life. Seneca and perhaps somewhat surprisingly Lucretius and Horace remained his favorites, but he also knew other classical Latin writers well" (S. 49). Siehe dazu Ulrike Santozki, *Die Bedeutung antiker Theorien*, Berlin, 2006.

terpretatione) von Aristoteles neu übersetzte und kommentierte[459]. Sehr wichtig ist diesbezüglich seine Unterscheidung der Aussagen „*quae simpliciter proferuntur*“ von den Aussagen „*quae cum modo aliquo proferuntur*“, denn hier wird zum ersten Mal das Wort „modus“ in diesem Kontext gebraucht[460]. Δυνατόν, ἐνδεχόμενον, ἀδύνατον und ἀναγκαῖον werden von Boethius – gemäß der älteren Übersetzung von Marius Victorinus – mit *possibile*, *impossibile*, *contingent* und *necessarium* wiedergegeben.

Petrus Abelardus (1079–1142) gilt als einer der ersten Philosophen des Mittelalters, welche die Urteile in einfache („*de puro inesse*“) und modale („*cum modo*“) geteilt haben und sich mit dem Problem der speziellen Funktion der Modalausdrücke explizit und systematisch beschäftigt haben[461]. Nach Aristoteles unterscheidet Abelardus vier Modi (möglich, unmöglich, notwendig und nicht-notwendig), die er mit Hilfe der Negation (z. B. nicht möglich) und der doppelten Negation (z. B. nicht nicht möglich) in mehreren weiteren Fällen entwickelt[462]. Von entscheidender Wichtigkeit ist dabei seine Darstellung des Unterschieds zwischen zwei Arten von Modalsätzen: die *expositio de sensu* und die *expositio de rebus*. Nicht modal im engeren Sinne des Wortes sind für ihn alle Sätze, welche nicht ein Verb oder ein Prädikat, sondern den Sinn eines weiteren Satzes (deswegen: *expositio de sensu*) modal bestimmen: „Es ist notwendig, dass A B ist“. Wahrhaft modal seien dagegen die Aussagen, in denen der *modus* das Verhältnis zwischen Subjekt und Prädikat unmittelbar und inhaltlich

---

459 Boethius übersetzte zum Beispiel auch die *Isagoge* des platonischen Philosophen Porphyrius, eine Erklärung und Darstellung der *Kategorien* des Aristoteles, welche im Mittelalter zum wichtigsten Handbuch der Logik wurde. Seine Übertragungen aus dem *Organon* blieben bis zum 12. Jahrhundert fast die einzigen in der lateinischsprachigen Welt verfügbaren Schriften des Aristoteles.

460 So Boethius an der schon oben auf S. 106 erwähnten Stelle: „*Propositionum aliae sunt quae simpliciter proferuntur, aliae quibus aliquis modus in enuntiatione miscetur. si quis enim dicat: Socrates disputat, simplicem propositionem fecit; si vero aliquis dicat: Socrates bene disputat, modum propositioni quam enuntiabat adiunxit; quomodo enim disputaret adposuit, cum dixit bene. nunc ergo hoc speculatur quem-admodum se habeant adfirmationes et negationes earum propositionum, quae cum modo aliquo proferuntur: ut si quis dicat possibile est hoc fieri et rursus non possibile est hoc fieri, quemadmodum sese in his adfirmationis habeat negationisque natura. similiter autem et in eo quod est inpossibile esse et in eo quod est necesse esse et in eo quod dicitur contingere esse et non contingere esse...*“ (*Commentarii in librum Aristotelis* Peri hermeneias, I, S. 166–167).

461 Vgl. Petrus Abelardus, *Glossae super Periermeneias*, S. 3 und *Dialectica*, S. 190.

462 Vgl. *Glossae super Periermeneias*, S. 21 ff. und *Dialectica*, S. 191 ff.

(deswegen: *expositio de re*) bestimmt: „A ist notwendigerweise B“[463]. Kohärent zu dieser Position ist Abelardus' Behauptung, dass tatsächlich modal nur die Adverbien sein können: „...*adverbia proprie modos dicimus*...“[464].

Thematisiert werden die Modalaussagen in einer langen Reihe von Logik-Traktaten des 13. Jahrhunderts, wie zum Beispiel die anonymen *Excerpta Norimbergensia*, *Ars Meliduna*, *Ars Burana*, *Dialectica Monacensis* und die *Summe Metenses*[465]. Der Philosoph des Mittelalters, welcher die logische Funktion und Bedeutung der Modalität am genauesten untersucht hat, ist ohne Zweifel William of Sherwood (um 1200–10–um 1266–72). Ähnlich wie Abelardus unterscheidet Sherwood in seinen *Introductiones in Logicam*[466] zwischen adverbialen Modi (*modi adverbiales*), welche das Verb einer Aussage modal bestimmen (wie zum Beispiel im Satz: „Sokrates läuft kontingenterweise“ – das ist die *expositio de re* von Abelardus) und nominalen Modi (*modi nominales*), welche den Satz im Ganzen bestimmen (wie zum Beispiel: „Dass Sokrates läuft, ist kontingent“ – das ist die *expositio de sensu* von Abelardus). Nur erstere dürfen nach Sherwood (genauso wie bei Abelardus) *modales* im eigentlichen Sinne des Wortes genannt werden. Die zweiten werden als bloß *de modo* bezeichnet (angeblich gemäß Aristoteles – es ist aber sehr schwer bzw. unmöglich zu rekonstruieren, auf welchen Text von Aristoteles Sherwood hinweist)[467].

Modalausdrücke werden jedoch von Sherwood interessanterweise in der späteren Schrift *Syncategoremata* als syn-kategorematische Satzteile bezeichnet. Diese sind wie die *modi nominales* keine Bestimmungen des Subjekts, des Prädikats (durch ein Adjektiv zum Beispiel) oder der Kopula selbst (durch ein Adverb), sondern Bestimmungen der gesamten Synthesis

---

463 So Abelardus auf S. 14 der *Glossae super Periermeneias*: „*Similiter, si dicam 'quandam rem impossibile est currere', diversos habet sensus, de sensu et de re. Si enim de sensu exponatur, sic: 'inpossibile est quod quedam res currat' falsa est ; si vero de re hoc modo: 'quedam res non potest currere' vera est. Sed et si dicam 'necesse est non sedere stantem', de sensu verum est quia necesse est ut non sit ita quod stans sedet ; si vero de re ita accipiam quod 'is qui stat ex necessitate caret sessione' falsum est. Et ita de re et de sensu exposite huiusmodi modales diversos habent sensus*“. Man beachte dazu Maierù, *Terminologia logica*, S. 340–341 und Jacobi, *Die Modalbegriffe*, S. 105 ff.

464 *Dialectica, S.* 191. Vgl. auch *Glossae super Periermeneias*, S. 3–4. Dazu Maierù, *Terminologia logica*, S. 337.

465 Siehe die historische Rekonstruktion und Darstellung dieser Traktate in *Logica Modernorum* von Lambert Marie de Rijk.

466 Das Buch ist vermutlich zwischen 1230 und 1240 verfasst worden. Man lese dazu die „Einleitung“ zu der hier gebrauchten Ausgabe Hamburg, 1995, S. XIV.

467 Vgl. *Introductiones in Logicam*, S. 30–43. Dazu Maierù, *Terminologia logica*, S. 349–350.

des Subjekts und des Prädikats, d. h. der Aussage im Ganzen. Sie erklären, auf welche Weise das Prädikat das Subjekt inhäriert: „*Dicitur* [...] *hoc nomen 'syncategorema' a 'sin' quod est 'con' et 'categorema' quod est 'significativum' vel 'praedicativum' quasi conpraedicativum; semper enim cum alio jungitur sermone*“[468]. Die Synkategoremata bezeichnen nach Sherwood gar nichts, denn sie sind nur mitbezeichnend. Das heißt, sie bestimmen andere Bestimmungen[469].

Obwohl Sherwood die Funktion der Synkategoremata besonders akkurat beschreibt und die Modalitäten dazu zählt, sieht er noch (wenigsten in den *Introductiones in Logicam*) den echten Sinn der Modalität weniger in der Begleitung und Bestimmung eines ganzen Urteils, als in einem im Satz enthaltenden Adverb (in den sogenannten *modi adverbiales*). Nach Petrus Hispanus, Lambert von Auxerre und Roger Bacon, welche zusammen mit Sherwood die wichtigsten Verfasser von Logik-Traktaten des 13. Jahrhunderts sind, besteht dagegen der Sinn der Modalbegriffe ganz explizit darin, dass diese Begriffe die Aussage im Ganzen bestimmen. „Ein Modus ist eine nominale oder adverbiale auf eine Aussage (*compositio*) bezogene Bestimmung. Er bestimmt, auf welche weise das Prädikat im Subjekt ist, und denotiert die ganze Aussage (*totam compositionem*), indem er sagt, wie beschaffen die Aussage ist, nicht aber, wie beschaffen das Prädikat ist“, so Lambert von Auxerre in seiner Logik[470].

---

468 Sherwood , *Syncategoremata*, S. 48.

469 Besonders deutlich erklärt Klaus Jacobi, dass die Unterscheidung zwischen *kategoremata* und *synkategoremata* einen wesentlichen Beitrag zur Operationalisierung und Entgrammatikalisierung der Sprachanalyse der mittelalterlichen Logik geleistet hat: „Die kategorematischen Bestimmungen geben inhaltliche Merkmale an; sie betreffen die Signifikation des Nomens bzw. Verbs. Synkategorematische Bestimmungen betreffen Nomen und Verb nur, sofern sie Subjekt und Prädikat einer Aussage sind. Ihr Sinn ist identisch mit ihrer logischen Funktion. Es gibt streng genommen keine Wortklasse 'Synkategoremata'; Wilhelm zeigt, daß nahezu alle als logische Funktoren verwendbaren Wörter auch in kategorematischem Sinn vorkommen. Alle logischen Funktoren bestimmen die Aussage im ganzen“ (*Die Modalbegriffe*, S. 219). Christoph Zimmer fasst die mittelalterliche Tradition der Texte über die *synkategoremata* in *Synkategoremata. Ein Beitrag zur mittelalterlichen Sprachlogik* von 1991 zusammen. Er bezieht sich vor allem auf die Werke von Abelardus, Sherwood, Ockham und Buridan.

470 *Summa Lamberti*, S. 29. Hier zitiert nach der Übersetzung von Klaus Jacobi in *Die Modalbegriffe*, S. 117. Über die spezifische (syn-kategorematische, d. h. nicht bloß adverbiale oder prädikative) Funktion der Modalität äußerte sich Petrus Hispanus genau so deutlich wie Lambert: „*Sed omissis omnibus aliis de illo modo qui compositionem determinat, dicendum est, ut sunt isti sex:* 'necessario', 'contingenter' *etc. Cum enim dicitur* 'homo necessario currit', *significatur quod ista compositio sit*

Mit treffenderen Worten äußert sich schließlich Thomas von Aquin über das Thema in einem kleinen Text, welcher unter dem Titel *De propositionibus modalibus* in den Jahren 1244–45 verfasst wurde. Thomas unterscheidet hier zwischen modalen Aussagen *de dicto*, welche (genauso wie die *expositio de sensu* von Abelardus oder die *modi nominales* von Sherwood) die ganze Aussage betreffen, und Modalaussagen *de re*, bei denen die Modalität (wie bei der *expositio de rebus* von Abelardus und bei den *modi adverbiales* von Sherwood) nur Subjekt, Verb oder Prädikat inhaltlich bzw. innerlich betrifft: „*Propositionum autem modalium quaedam est de dicto, quaedam est de re. Modalis de dicto est, in qua totum dictum subiicitur et modus praedicatur, ut Socrates currere est possibile; modalis de re est, in qua modus interponitur dicto, ut Socratem possibile est currere*“[471]. Modalsätze *de dicto* werden im Unterschied zu den Propositionen *de re* als Propositionen zweiten Grades beschrieben, d. h. als Propositionen, welche andere Propositionen bestimmen. Man könne nach Thomas in diesem Sinne auch die folgenden zwei Unterschiede feststellen: – Modalsätze *de dicto* sind immer singuläre Aussagen; Modalsätze *de re* entsprechen dagegen der Quantität des Subjekts. – Jede wahre Aussage *de dicto* ist immer auch *de re* wahr; das Gegenteil gilt aber nicht. Hiermit wird von Thomas die endgültige Terminologie eines grundlegenden Unterschieds der mittelalterlichen Modallogik festgelegt.

Wie viele und welche sind nun die Formen der Modalität nach den hier erwähnten Philosophen? Nach Sherwood sind es sechs: „*verum*“, „*falsum*“, „*possibile*“, „*impossibile*“, „*contingens*“, „*necessarium*“[472]. Die beiden ersten werden jedoch von ihm ausgeschlossen, da sie die Aussage nicht weiter bestimmen. Die Demarkation dieser Modalbegriffe geschieht bei Sherwood weniger durch die Bestimmung ihrer Bedeutung, als durch den Vergleich und die Vorstellung des logischen Zusammenhanges. Das wird von William of Sherwood im modallogischen Quadrat durch die Darstellung aller *contrariae*, *subcontrariae*, *contradictoriae* und *subalternae*

necessaria. Cum autem dicitur 'homo currit bene *vel* velociter', *significatur quod cursus hominis sit bonus vel velox. Et ita in ista determinatur res verbi, in prima vero compositio. Et sic intelligendum est de aliis predictis adverbiis. Unde solum ille modus qui determinat compositionem, facit propositionem modalem et solum de tali hic intendimus*“ (*Summule logicales*, 1.20, S. 12). Von Roger Bacon siehe zum Beispiel: *Summulae dialectices*, S. 255–256.

471 Thomas, *De propositionibus modalibus*, S. 580.

472 Vgl. Sherwood, *Introductiones in Logicam*, S. 32.

Modalaussagen veranschaulicht[473]. Petrus Hispanus und Thomas von Aquin erwähnen die vier Modalbegriffe des logischen Quadrats; Lambert von Auxerre und Bacon zählen wie Sherwood sechs Formen der Modalität[474].

Diese Definitionen und Klassifikationen werden einen massiven Einfluss haben, der bis in die Logiktraktate des 18. Jahrhunderts und somit bis zu Kant reicht, dessen Lehre der Modalität sich im Grunde auch auf der Unterscheidung zwischen logischen Aussagen *de dicto* und realen Aussagen *de re* stützt. Die besondere Funktion der Modalität in Kants Tafel der Kategorien[475] folgt letztendlich aus dieser schon in Mittelalter sehr deutlich und präzise dargestellten Differenz.

Durch diese kurze Zusammenfassung der Inhalte der Logiktraktate des 13. Jahrhunderts ist die Diskussion über die Modalität im Mittelalter hier sehr partiell dargestellt worden. Man kann in diesem Sinne noch drei wichtige Beiträge der mittelalterlichen Philosophie erwähnen, welche ebenfalls einen massiven, obwohl selbstverständlich indirekten Einfluss auf die Kantische Philosophie der Modalität gehabt haben: Thomas von Aquins Unterscheidung zwischen absoluter und relativer Notwendigkeit, die Definition des Möglichen bei Duns Scotus und Willems von Ockhams (nominalistische) Trennung von logischer und realer Notwendigkeit.

— In der *Summa Theologiae* definiert Thomas das Notwendige als das, „was nicht nicht sein kann": „*Necesse est* [...] *quod non potest non esse*"[476]. Von Notwendigkeit spricht er in mehrfacher Weise: *Necessitas multipliciter dicitur.* Thomas unterscheidet in diesem Sinne zwischen schlechthin notwendig (*necessarium absolute*)[477] und notwendig auf Grund einer

473 Vgl. Sherwood, *Introductiones in Logicam*, S. 42 ff. Dazu Jacobi, *Die Modalbegriffe*, S. 136.

474 Vgl. Petrus Hispanus, *Summule logicales*, 1.24, S. 13–15; Thomas von Aquin, *De propositionibus modalibus*, S. 579; Lambert von Auxerre, *Summa Lamberti*, 29, 19–25; *Logica*, S. 345, 353.

475 Dazu Kapitel 1 und Abs. 9.6.

476 Thomas von Aquin, *Summa Theologiae*, I, qu. 82, ar. 1, S. 304.

477 „*Respondeo dicendum quod necessarium dicitur aliquid dupliciter, scilicet absolute, et ex suppositione. Necessarium absolute iudicatur aliquid ex habitudine terminorum, utpote quia praedicatum est in definitione subiecti*" (ebd. I, qu. 19, ar. 3., S. 216). Als schlechthin notwendig wird etwas nach dem Verhältnis der Begriffe beurteilt, entweder wenn die Satzaussage in der Begriffsbestimmung des Satzgegenstandes enthalten ist („*sicut necessarium est hominem esse animal*", ebd.) oder wenn der Satzgegenstand zum Wesen der Satzaussage gehört („*sicut hoc est necessarium, numerum esse parem vel imparem*", ebd.).

Voraussetzung (*necessarium ex suppositione*)[478], und darüber hinaus zwischen dem, was notwendig wegen eines inneren Grundes (*ex principio intrinseco*)[479] und was notwendig wegen eines äußeren Grundes ist (*ex aliquo extrinseco*)[480]. Schon im dritten Artikel der zweiten *Quaestio* (*De Deo: An Deus sit*) dienen diese fundamentalen Unterschiede Thomas zum Beweis der Existenz Gottes[481].

---

478 Es ist zum Beispiel nicht schlechthin notwendig, dass Sokrates sitzt. Man kann es aber notwendig auf Grund einer Voraussetzung (hypothetische Notwendigkeit) nennen. In der Voraussetzung, dass er sitzt, ist es notwendig, dass er sitzt, solange er sitzt. Mit den Worten von Thomas: „...*non est necessarium socratem sedere. Unde non est necessarium absolute, sed potest dici necessarium ex supposizione, supposito enim quod sedeat, necesse est eum sedere dum sedet*“ (ebd.).

479 *Summa Theologiae*, I, qu. 82, ar. 1, S. 304. Innerhalb dieses ersten Typs von Notwendigkeit kann der innere Grund entweder ein stofflicher (*materieller*) Grund (so z. B. wenn wir sagen: alles aus Gegenteiligem Zusammengesetzte ist notwendigerweise zerstörbar) oder ein förmlicher (*formaler*) Grund sein (wenn wir sagen: es ist notwendig, dass das Dreieck drei Winkel hat, deren Summe 180° ist). Diese zwei Arten von Notwendigkeit bilden die sogenannte natürliche und unbedingte Notwendigkeit (*necessitas naturalis et absoluta*). Als absolute hat diese Notwendigkeit nicht nur mit einer natürlichen und physischen sondern auch mit einer metaphysischen Art von Notwendigkeit zu tun. Sie betrifft das innere Wesen des Seins und alles, was mit Gott zu tun hat, in dem Sinne, dass bei Gott Wesen und Sein zusammenfallen. Wesen und Sein sind aber getrennt in allen vergänglichen Wesen. Hier betrifft die absolute Notwendigkeit nur das Wesen der Sachen (in rein analytischen Urteilen). Das Sein des Wesens fällt dagegen unter die hypothetische Notwendigkeit, die immer in synthetischen Urteilen a posteriori ausgedrückt wird.

480 Ebd. Auf diese zweite Weise kommt es einem Ding von etwas Äußerem her zu, notwendig zu sein, entweder vom Zweck oder vom Tätigen her. Vom Zweck her (*necessitas finis*), wenn jemand ohne dieses Ding nicht oder nicht gut einen Zweck erreichen kann (z. B. die Nährung ist notwendig zum Leben, ein Pferd ist notwendig zur Reise). Diese Notwendigkeit kann auch Nützlichkeit heißen. Vom Tätigen her (*necessitas coactionis*), wenn jemand von einem Tätigen gezwungen wird, so daß er nicht das Gegenteil tun kann. Das ist die Notwendigkeit des Zwanges. Diese zwei Formen von Notwendigkeit können auch innerhalb der sogenannten *moralischen* Notwendigkeit angewendet werden: Die Notwendigkeit des Zwanges widerspricht dem Willen und ist im Allgemeinen gegen die Neigung eines Dinges; die Notwendigkeit des Zweckes widerspricht nicht dem Willen (wenn man nur auf eine Weise den Zweck erreichen kann). Es geht in beiden Fällen um eine relative und hypothetische (nicht absolute) Notwendigkeit.

481 „*Omne autem necessarium vel habet causam suae necessitatis aliunde, vel non habet. non est autem possibile quod procedatur in infinitum in necessariis quae habent causam suae necessitatis, sicut nec in causis efficientibus, ut probatum est. ergo necesse est ponere aliquid quod sit per se necessarium, non habens causam necessitatis aliunde, sed quod est causa necessitatis aliis, quod omnes dicunt deum*“ (ebd., I, qu. 2, ar. 3, S. 187).

— Das Nichts wird von Duns Scotus in der 3. *quaestio* der *Quaestiones quodlibet* als das, was einen Widerspruch enthält, definiert. Zwei widersprüchliche Bestimmungen können in der Tat kein Wesen (*unum intelligibile*) bilden[482]. Ein Ding (*ens* bzw. *res*) kann dagegen zunächst als das begriffen werden, was keinen Widerspruch enthält (*quodlibet conceptibile, quod non includit contradictionem*)[483]. Duns Scotus ist wahrscheinlich der erste Philosoph, der das Mögliche ausdrücklich als das, was widerspruchsfrei ist, und das Unmögliche als das, was widersprüchlich ist, definiert[484]. Das Wesen wird hiermit unter dem Blickpunkt seiner rationalen Definition als *quidditas* verstanden. Die *quidditas* weist wiederum auf die Möglichkeit als ihre ursprüngliche und erste Bestimmung hin. *Ens* ist nach Scotus zunächst das, was gedacht werden *kann*. Diese Definition prägt einen wesentlichen Teil der europäischen Philosophie und steht noch am Anfang aller Metaphysik-Lehrbücher der deutschen Schulmetaphysik des 18. Jahrhunderts[485].

— Mit Willem of Ockham und seiner Schule fällt dagegen sogar jede Möglichkeit, die notwendige Konstitution der Sache durch logisches und

---

482 Duns Scotus, *Quaestiones quodlibet*, qu. 3, n. 2.

483 Ebd.

484 Das behauptet zum Beispiel auch Hans Burkhardt in *Modaltheorie und Modallogik in der Scholastik und bei Leibniz*, S. 275. Vgl. dazu von Gerhard Seel, *Die Aristotelische Modaltheorie*, S. 192.

In *Questiones in I lib. Sent.* 2, 7, 10 der *Ordinatio* unterscheidet Duns Scotus folgendermaßen das logisch Mögliche vom realen Möglichen: „*Possibile logicum est modus compositionis formatae ab intellectu, illius quidem cuius termini non includunt contradictionem, et ita possibilis est haec propositio: „Deum esse", „Deum posse produci" et „Deum esse Deum"; sed possibile reale est, quod accipitur ab aliqua potentia in re sicut a potentia inhaerente alicui vel terminata ad illud sicut ad terminum*". Das *possibile logicum* drückt eine durch den Verstand hergestellte Verbindung in Gedanken und somit eine Notwendigkeit, das *possibile reale* die Nicht-Widersprüchlichkeit einer Zufälligkeit. Alle Modalbegriffe hängen somit von der Möglichkeit ab, was Ludger Honnefelder in einer Vorlesung in Paris folgendermaßen erklärt: „La *non repugnantia ad esse* exprime alors une ratitudo qui précède les modes de la contingence et de la nécessité; car [...] non seulement l'étant contingent peut être dit 'non répugnant à l'être' (*non repugnans ad esse*). Est nécessaire l'étant à qui il ne répugne pas selon sa nature d'être, mais à qui il répugne en même temps de ne pas être. Est contingent, par contre, l'étant à qui il ne répugne pas selon sa nature d'être, mais à qui il ne répugne pas non plus de ne pas être. Le *non repugnans ad esse* est partagé par le *necessarium* et le *contingens* parce qu'il n'exprime rien d'autre que la non-répugnance, et parce qu'il est indifférent au monde de l'entité" (*La métaphysique comme science transcendantale*, S. 53; vgl. dazu auch *Scientia transcendens*, S. 6 ff., S. 54).

485 Man beachte dazu hier S. 47 f.

deduktives Schließen zu etablieren. Dies löst eine starke Kritik an jedem Versuch aus, die verschiedenen Formen des Wissens und der Argumentation (physische, metaphysische, logische) zu verwechseln. Eine notwendige Aussage ist für Ockham nicht eine Aussage über etwas Notwendiges. Daraus folgt eine radikale Trennung des Bereichs der logischen und der realen Notwendigkeit (*necessitas in predicando* und *necessitas existentiae*)[486].

3. In der (den meisten Philosophen der späteren Schulphilosophie gut bekannten) *Logica Hamburgensis* (1638) von Joachim Jungius (1587–

486 Die neue Logik von Wilhelm von Ockham und insbesondere die Bedeutung des Begriffs der Notwendigkeit innerhalb dieser Logik sind vielleicht die wichtigsten Momente, um die Trennung zwischen abstrakten und realen Wissenschaften zu verstehen. In diesem Sinne bedarf Ockhams Theorie der Syllogismen und insbesondere der sogenannten „*syllogismus demostrativus*" im dritten Teil seiner *Summa logicae* einer kurzen Erläuterung. Der Syllogismus ist für Ockham ein Verfahren, in welchem aus zwei Prämissen mit Notwendigkeit eine Schlussfolgerung gezogen wird (*Summa logicae*, S. 361). Aber nur der „*syllogismus demonstrativus*", sagt Ockham, produziert Wissen im strengen Sinne („*scientia proprie dicta*"). Diese Art von Syllogismus besteht in einem Verfahren, das auf evidenten und notwendigen Prämissen beruht (*Summa logicae*, S. 259). Was heißt aber hier „notwendig"? Wann können diese Prämissen notwendig sein? Eine sehr gute Antwort wird von J. P. Beckmann gegeben: „Notwendig heißt hier nicht, daß es sich um so etwas wie „ewige und unvergängliche Wahrheiten" handelt, sondern daß es keinen vernünftigen Zweifel an der Wahrheit der Prämissen gibt". Und noch: „Ockham legt großen Wert auf die Unterscheidung zwischen einem „notwendig sein" (*esse necessarium*) und [...] „mit Notwendigkeit wahr und nicht falsch sein können" (*necessario esse verum vel non posse esse falsum*). Notwendig-Sein gilt bedingungslos, notwendig Wahr-Sein dagegen bedingt. Eine Schlußfolgerung kann nur eine notwendige sein, wenn sie überhaupt formuliert wird" (*Wilhelm von Ockham*, S. 79). Man kann Sätze und Schlüsse formulieren, die notwendigerweise gelten; das heißt aber nicht, dass die Gegenstände, auf die sich diese Sätze beziehen, auch in irgendeiner Weise notwendig sein müssen. In diesem Sinne wird z. B. die Notwendigkeit des Urteils: „Der Mensch ist ein Lebewesen" von Aristoteles ganz anders als von Ockham verstanden. Nach Aristoteles liegt die Notwendigkeit des Satzes in der realen, ontischen Beziehung zwischen Mensch und Lebewesen: der Mensch ist tatsächlich notwendigerweise ein Lebewesen. Für Ockham kann dagegen nur die Verknüpfung der beiden Termini („Mensch" und „Lebewesen") notwendig sein. Der Mensch ist nicht notwendigerweise ein Lebewesen, denn nichts in der Welt ist notwendig. Alles ist kontingent (die einzige Ausnahme ist Gott: das unverursachte Seiende, das nicht anders sein kann, als es ist). Was aber notwendig sein kann, ist die Aussage über den Mensch. Der Satz kann notwendig sein, auch wenn die Gegenstände gar keine Notwendigkeit haben.

1657) werden die Modalitäten relativ genau und sorgfältig behandelt[487]. Jungius unterscheidet zunächst die reine Aussage (*enuntiatio pura*) von der modal bestimmten Aussage (*enuntiatio modo considerata*). Er unterscheidet auch zwischen „*modum generalis*", welches nur Wahrheit und Falschheit bestimmt, und „*modum specialis*", welches den einfachen, reinen Satz als notwendig, möglich, unmöglich, nicht-notwendig bestimmt. Differenziert stellt Jungius die Bedeutungen der vier Modi und ihr Verhältnis zueinander durch das klassische, modallogische Quadrat dar.

In der weitaus berühmteren *Logique de Port Royal* (1662) von Antoine Arnauld (1612–1694) und Pierre Nicole (1625–1695) wird dagegen die Lehre der modalen Aussagen extrem kurz und oberflächlich dargestellt. In Kapitel VI des II. Teils kann man Folgendes lesen: „De ces propositions complexes, ou la complexion tombe sur le verbe, & non sur le sujet ny sur l'attribut, les Philosophes ont particulièrement remarqué celles qu'ils ont appellées modales parceque l'affirmation y est modifiée par l'un de ces quattre modes, possible, contingent, impossible, necessaire"[488]. Viel mehr ist aber dort nicht zu finden.

Eine entscheidende Rolle spielen die Begriffe der Modalität innerhalb der Tradition des Rationalismus des 17. und des 18. Jahrhunderts. Ich werde in diesem Sinne hier exemplarisch die Funktion der Modalität in den drei wichtigsten Systemen des Rationalismus (dem von Descartes, von Spinoza und von Leibniz) darstellen.

— Die Methode der wissenschaftlichen Analyse kann bekanntlich nach Descartes in verschiedene Phasen eingeteilt werden: – die *Zergliederung* der Elemente – die *Isolierung* einfacher Sachverhalte (die rein *intellektuell* sein können, z. B. „Erkenntnis", „Zweifel", „Unwissenheit", rein *materiell*, z. B. „Figur", „Ausdehnung", oder *allgemein*, z. B. „Existenz", „Einheit", „Dauer")[489] – und letztlich die *Verbindung* dieser Sachverhalte in einem bejahenden Urteil[490]. Die dritte und wichtigste Phase der Methode, die Verbindung dieser einfachen Sachverhalte miteinander, kann für Descartes entweder *notwendig* oder *zufällig* sein. Sie ist notwendig, wenn der eine Sachverhalt in den Begriff des anderen verwickelt ist: „*Necessaria est, cum una in alterius conceptus confusa quadam ratione ita implicatur, ut non possimus alterutram distincte concipere, si ab invicem sejunctas esse kudicemus:*

---

487 Vgl. *Logica Hamburgensis*, Liber II. Cap. XII.

488 Arnauld, A. und Nicole, P., *Logique de Port-Royal*, S. 127.

489 Vgl. Descartes, *Regulae*, S. 419.

490 Descartes folgt nämlich der scholastischen Terminologie, nach der die „*compositio*" bejahendes Urteil bedeutet, während das verneinende Urteil „*divisio*" heißt.

hoc pacto figura extensioni conjuncta est, motus durationi, sive tempori, etc., quia nec figuram omni extensione carentem, nec motum omni duratione, concipere licet“[491]. Es ist schwer zu sagen, ob hier nur analytische oder auch synthetische Urteile angesprochen werden. Descartes gibt als Muster des Urteils die Einbeziehung des Prädikats innerhalb des Subjekts (Form des analytischen Urteils). Das Urteil muss andererseits innerhalb eines einfachen Sachverhalts „etwas Neues“ erfinden (*illatio unius ab altero*), denn sonst könnte die Natur dieses Sachverhaltes nicht einfach genannt werden. Die zwei Formen des Urteils sind bei Descartes noch nicht getrennt. Das zweite Beispiel, das er anführt, stellt in diesem Sinne (analytisch betrachtet) eine Vorwegnahme des synthetischen Urteils bei Kant dar: „*Ita etiam si dico, 4 et 3 sunt 7, haec compositio necessaria est, neque enim septenarium distincte concipimus, nisi in illo ternarium et quaternarium confusa quadam ratione includamus*“[492].

— Baruch Spinoza leitet von dem Cartesianischen Prinzip der Rationalität der Welt selbst die Notwendigkeit ihres Daseins ab. Die logische Ordnung und Verknüpfung der Ideen sind für Spinoza dasselbe wie die physische Ordnung und Verknüpfung der Dinge: „*Ordo, et connexio idearum idem est, ac ordo, et connexio rerum*“[493]. Die Dinge können, laut Spinoza im Gegensatz zu Descartes' Ansicht, „auf keine andere Weise und in keiner anderen Ordnung von Gott hervorgebracht werden, als sie hervorgebracht worden sind“[494]. Mehr als bei allen anderen Denkern seiner Zeit bekommt die Notwendigkeit bei Spinoza eine absolut privilegierte, spekulative Stellung. Sie ist nicht nur die wichtigste modale Kategorie, sondern auch die einzige Eigenschaft des Seins[495].

---

491 Descartes, *Regulae*, S. 421.

492 Ebd. Diese Notwendigkeit findet sich für Descartes nicht nur in den Gegenständen der sinnlichen Wahrnehmung, sondern auch in abstrakten bzw. intellektuellen Wahrheiten: „*…si Socrates dicit se dubitare de omibus, hinc necessario sequitur: ergo hoc saltem intelligit, quod dubitat; item, ergo cognoscit aliquid esse posse verum vel falsum , etc.: ista enim naturae dubitationis necessario annexa sunt*“ (ebd.). Es ist evident, dass auch der „*cogito ergo sum*“ eine Verbindung derselben Form ausdrückt. Das „*ergo*“ bestimmt in diesem Sinne eine notwendige Beziehung zwischen *cogito* und *sum*, zwischen Gedanke und Existenz.

493 Spinoza, *Ethica*, II, Prop. VII.

494 Ebd., II, Prop. VII.

495 Ebd., I, Prop. XXXIII. Schon in den *Cogitata Metaphysica* wie auch später in der *Ethica* behauptet Spinoza, dass sich die Affektionen des Wesens auf 'Notwendigkeit' und 'Unmöglichkeit' beschränken. Notwendigkeit und Unmöglichkeit können einerseits in Beziehung auf die Wesenheit, andererseits in Beziehung auf die Ursache gesehen werden (vgl. *Ethica*, I, Prop. XXXIII, 1). Die Notwendigkeit

— Leibniz erweitert den aus der Tradition der Scotistischen Scholastik überlieferten Begriff der „Möglichkeit", indem er dieses Konzept, welches sich auf die Nicht-Widersprüchlichkeit und auf die Denkbarkeit eines Inhaltes stützt, als allererste und wichtigste Definition des Wesens übernimmt. Möglich sei alles, was deutlich erkannt werden kann und deswegen – unabhängig von der Existenz desselben – eine Essenz hat[496]. Jedes Mögliche strebt nach Existenz. Wirklichkeit, Kontingenz, Notwendigkeit und alle anderen Modalbegriffe werden von Leibniz auf unterschiedliche Weise auf den grundlegenden Begriff der Möglichkeit reduziert. Das im 18. Jahrhundert am meisten gelesene und debattierte Werk von Leibniz ist die *Theodizee* von 1710, in der bewiesen wird, dass die wirkliche, aktuelle Welt die beste aller möglichen Welten ist. Gott hat in seiner unendlichen Weisheit die beste Möglichkeit gewählt, nämlich die Welt, in der auf Grund weniger Prinzipien die meisten Unterschiede zwischen den Sachen und deren größte Varietät bestehen. Gott selbst ist in seiner Freiheit durch den Grund seiner Vernunft determiniert. Er bleibt, im Unterschied zu Spinozas Gott, ein *Deus creator*, ein schöpfender, freier Gott. Seine Perfektion hat ihn aber zur Schöpfung der besten aller möglichen Welten bestimmt. Die Wirklichkeit, wie wir sie alltäglich erfahren, ist damit auch eine logische und rationale Folge der Grundprinzipien des Verstandes.

Da Kants Auseinandersetzung mit den Philosophen der Leibnizianischen Tradition einerseits (Wolff, Baumgarten, Meier usw.) und mit den englischen Empiristen andererseits (vor allem mit Locke und Hume) in-

---

nach der Wesenheit ist die erste Eigenschaft Gottes. Gott und seine Macht existieren notwendigerweise, weil sein Wesen und sein Dasein genau dasselbe sind. Auch das Wesen der geschaffenen Gegenstände hängt direkt von Gott ab. Alles, was ist, ist in diesem Sinne in Gott. Die Unmöglichkeit dem Wesen nach ist dagegen typisch für nicht-existierende Dinge wie z. B. 'die Schimäre' oder 'ein quadratischer Kreis'. Diese können ausgesprochen, aber nie gedacht oder vorgestellt werden. Die Notwendigkeit der Ursache hat ihrerseits für Spinoza denselben innerlichen und rationalen Zwang, der auch die Definition einer Sache nach seiner Wesenheit charakterisiert. Auch diese Form von Notwendigkeit geht auf den göttlichen Ratschluss als einzige externe Ursache von Allem zurück (vgl. *Ethica*, I, XXXIV). Die reale Notwendigkeit unterscheidet sich hiermit nicht von der logischen und rationalen Notwendigkeit der Wesenheiten. Notwendigkeit und Unmöglichkeit sind jedoch für Spinoza nicht die einzigen Kategorien der Modalität. Er nennt darüber hinaus die Zufälligkeit oder Möglichkeit der Sache. Nur die Grenzen der menschlichen Erkenntnis verleiten dazu, etwas als zufällig oder möglich anzusehen (vgl. *Ethica*, I, XXXIII, 1 Anm.). Als solche gibt es keine Zufälligkeit bzw. Möglichkeit, sondern nur Notwendigkeit und Unmöglichkeit, und diese letztere nur als Beschränkung der Notwendigkeit selbst.

496 Vgl. dazu hier den Abs. 2.3.

tensiv und unter unterschiedlichen Gesichtspunkten in den anderen Kapiteln dieser Arbeit behandelt wird[497], werden hier in Sektion 4 nur die Theorien der Modalität zusammengefasst, welche (möglicherweise) einen ganz expliziten Einfluss auf Kants Gestaltung seiner Lehre der Modalität gehabt haben.

4. Die direkten Quellen der Kantischen Theorie der Modalität sind nicht besonders alt. Sie zählen daher meistens nicht zu den Werken, an die innerhalb der drei obigen Punkte (1. 2. 3.) erinnert wurde. Eine kohärent durchgeführte Untersuchung der „Quelle der Quelle" kann jedoch manchmal viel interessanter sein als die Erforschung der Texte, die Kant direkt kannte. Dies ist der Fall bei der Modalitätslehre. Beschränkt man sich auf die Lektüre der unmittelbaren Quelle, dann bleiben viele philosophische Fragen vollkommen unbeantwortet.

Die direkten Quellen der Kantische Lehre der Modalität sind jedoch sehr wichtig (als solche und in Bezug auf Kant). Giorgio Tonelli zählt – in einer sehr ausführlichen Arbeit zu den unterschiedlichen Formen von Urteilen in den Logiken des 18. Jahrhunderts – wenigstens 24 Philosophen vor Kant, welche die Modalität als eine spezifische, unabhängige Abteilung betrachtet haben[498]. Dazu gehören die Vernunftlehren von Autoren wie Christian Thomasius, Andreas Rüdiger, Samuel Christian Hollmann, Johann Andreas Fabricius, Johann Peter Reusch, Johann Heinrich Winkler, Friedrich Christian Baumeister, Christian Johann Anton Corvinus, Christian August Crusius, Georg Friedrich Meier, Alexander Gottlieb Baumgarten und Johann Heinrich Lambert. 12 weitere Autoren betrachten laut Tonelli die Urteile der Modalität nicht als selbstständige Gruppe, sondern innerhalb der Gruppe der zusammengesetzten Urteile. Dabei handelt es sich unter anderem um die oben erwähnte *Logique de Port-Royal* von Antoine Arnauld, die Werke Jean Leclercs sowie die von Joachim Georg Darjes und von Martin Knutzen. Man kann daraus schließen, dass Kant den meisten Autoren seiner Zeit folgt, indem er die Urteile und die Begriffe der Modalität in eine selbstständige, unabhängige Gruppe einordnet.

Drei Philosophen hatten jedoch einen offensichtlichen und nachweisbaren Einfluss auf die Kantische Systematik der Modalbegriffe:

497 Siehe dazu vor allem die Kapitel 4, 5, 6 einerseits, 9 und 10 andererseits.
498 Vgl. Tonelli, *Die Voraussetzungen zur kantischen Urteilstafel*, S. 135 ff. und S. 153.

Johann Heinrich Lambert. Kant unterscheidet drei Formen der Modalurteile: das problematische, assertorische und apodiktische Urteil. Mit ihnen korrespondieren die drei Kategorien der Modalität und deren Verneinungen: Möglichkeit – Unmöglichkeit, Dasein – Nichtsein, Notwendigkeit – Zufälligkeit. Seit dem Mittelalter hatten mehrere Philosophen sechs Modi statt vier gezählt, weil sie neben denjenigen des modallogischen Quadrats auch „wahr" und „falsch" hinzuzählten[499] Lambert ist aber wahrscheinlich der erste Philosoph vor Kant, der explizit „Wirklichkeit" bzw. „Nicht-Wirklichkeit" zusammen mit den vier anderen Modalbegriffen[500] erwähnt. Im *Neuen Organon* von 1764 (im dritten Hauptstück der *Dianoiologie*: „Von den Urtheilen und Fragen") schreibt er: „Man hat noch eine andere Eintheilung der Sätze, die von gewissen sehr allgemeinen Bestimmungen herrührt, welche man dem Bindewörtgen beysetzt. Diese Bestimmungen beruhen überhaupt auf dem Unterschiede des möglichen, wirklichen, nothwendigen und ihres Gegensatzes. Die Formeln, am einfachsten vorgetragen, sind folgende: 1. A kann B seyn. 2. A ist B. 3. A muß B seyn, oder A ist nothwendig B. 4. A kann nicht B seyn. 5. A ist nicht B. 6. A ist nicht nothwendig B. Der Unterscheid dieser Sätze macht den Unterschied der Vernunftlehre des möglichen, wirklichen und nothwendigen aus"[501]. Sehr interessant ist Lamberts weitere Erklärung: „Da aber diese Begriffe in die Ontologie gehören, und nicht bloß von der äusserlichen Form der Erkenntniß abhangen, so werden wir sie auch nur in so weit hier mitnehmen, als die Form der Erkenntniß selbsten Anlaß dazu geben wird" (ebd.). Man kann hier bemerken, dass Lambert, genauso wie Kant, durch die Einteilung aller Urteile nach dem Muster 1, 2, 3/4[502] die Modalitätsurteile mit dem besonderen Problem der Antwort auf eine strikt ontolo-

499 Vgl. S. 143 f.

500 Hans Poser beschreibt auf S. 137 seines Aufsatzes *Mögliche Erkenntnis und Erkenntnis der Möglichkeit* das modallogische Quadrat der Verhältnisse zwischen Notwendigkeit, Möglichkeit, Unmöglichkeit und Kontingenz (vgl. dazu hier S. 296 f. und 297 f.). In Bezug auf Kant und seine Quellen schreibt er: „All dies wird in Thümmigs *Institutiones philosophiae*, in Baumeisters *Metaphysica* bis hin zu Baumgartens *Metaphysica* wiederholt, und Kant war hiermit, wie sein Handbuch der Logik zeigt, wohl vertraut".

501 Lambert, *Neues Organon*, § 137. Weitere Hinweise auf diese Drei- bzw. Sechsteilung der Modalbegriffe findet man auch in *Dianoiologie* § 664 und in *Architectonic* § 60, § 232, § 282, § 287. Man beachte diesbezüglich Kemp Smith, *A Commentary*, S. 193, Veca, *Modalità e giudizio*, S. 198–199, Brandt, *Die Urteilstafel*, S. 99–100, Stampa, *Modalità e teoria dell'oggetto*, S. 92–93.

502 Vgl. S. 16 f., 179 f., 188.

gische Frage (über die Objektivität der Objekte der Erfahrung überhaupt) verbindet.

Georg Friedrich Meier. In Meiers *Auszug aus der Vernunftlehre* von 1752 (das Logikbuch, das Kant in seinen Vorlesungen benutzte) werden die Modalurteile als „unrein" bezeichnet. Denselben Ausdruck – nur auf lateinisch: *„impurae"* versus *„purae"* – findet man zum Beispiel schon in Joachim Jungius' *Logica Hamburgensis*[503], in Bilfingers *Praecepta logica*[504], in Darjes' *Introductio in artem inveniendi seu logicam* von 1742[505] und in Baumgartens *Acroasis logica*[506]. Interessanterweise findet sich eine ähnliche Benennung zum Beispiel schon in Abelardus' *Glossae*[507], während Sherwood alle modallogisch unbestimmten Subjekt-Prädikat-Verknüpfungen nicht als „rein", welches eine positive Bewertung ausdrückt, sondern eher als mangelhaft und als präzisierungsbedürftig bezeichnet[508]. Meier schreibt: „Die Vorstellung der Art und Weise, wie das Prädikat dem Subjecte zu oder nicht zukommt, ist *die Bestimmung des Verbindungsbegriffs* und *der Verneinung desselben* (*modus formalis*). Ein Urtheil hat entweder eine solche Bestimmung, oder nicht. Jenes ist *ein unreines* (*iudicium modale, modificatum, complexum qua copulam*), dieses aber *ein reines Urtheil* (*iudicium purum*)"[509]. Kant stellt diesen Unterschied in mehreren Vorle-

---

503 Siehe oben S. 147 f.

504 Jena, 1729; zweite Ausgabe, Jena, 1742. Hier liest man: *„Si in propositione simplici necque subiectum, neque praedicatum, neque copula afficiatur limitatione aliqua determinatione, aut modo dicitur* pura*; si afficiatur, dicitur* modalis, *ut, si dicas; lapis diutius cadens semper movetur celerius*" (*Praecepta logica*, § 189).

505 Die Hauptschrift des § 163 (in *Pars* I, *Sectio* I, *Cap.* II: *De regulis inveniendi iudicia intuitiva*) lautet: *„Propositiones impurae compositae sunt vel modales vel exponibiles"*. Das wird in *Corollarium* desselben Paragraphen folgendermaßen erklärt: *„In proposizione* [...] *exponibili vel subjecto vel praedicato eiusmodi adiunguntur signa, quae illorum significatus specialiter determinant. Et in propositionibus modalibus modus, quo praedicatum cum subjecto combinandum, per signa indicatur"*. Die vier unterschiedlichen Modi (*Necesse est, contingens, possibile est, impossibile est*) werden im folgenden § 164 erläutert.

506 Halle, 1763; zweite Ausgabe, Halle 1773. So Baumgarten im § 243: „Modi *(formales)* in propositione *sunt conceptus vel termini significantes necessitatem vel contingentiam convenientiae aut repugnantiae.* Propositio, *quae modum habet expressum, est* modalis *(impura, modificata); non modalis est* pura".

507 Siehe hier S. 140 f.

508 Vgl. dazu Jacobi, *Die Modalbegriffe*, S. 65.

509 Meier, *Vernunftlehre*, § 309.

sungen dar[510]. Gleichzeitig widerspricht er der Aussage Meiers in einem wichtigen Punkt. In einer für seine Vorlesungen notierten Reflexion schreibt er: „Ohne modalität ist gar kein Urtheil moglich; also ist das modale Urtheil nicht unrein"[511]. Jedes Urteil ist für Kant *modal.* Reinhard Brandt drückt dies folgendermaßen aus: „Die Modalität ist eine jedem Erkenntnisurteil als solchem, als einem *judicium purum*, inhärente Bestimmung"[512].

Christian August Crusius. Das Wort „Modalität" übernahm Kant jedoch nicht von Meier, der es in dieser Form nie verwendete, sondern von Crusius, welcher in seiner *Logik* (*Weg zur Gewißheit und Zuverläßigkeit der menschlichen Erkenntniß*, Leipzig, 1747) vier Formen des Urteils – in Ansehung 1. der Materie, 2. der Art des Verhältnisses, 3. der Qualität und 4. der Modalität – unterschied und innerhalb der vierten Form (der „Modalität der Sätze") drei Grade der Subordination („vermöge welcher die subordinierten Begriffe einander wesentlich oder natürlich oder zufällig sind") und drei Grade der Verschiedenheit („vermöge welcher die nicht subordinierten Begriffe einander entweder bloß möglich, oder widernatürlich, oder unmöglich sind") unterschieden hatte[513]. Das deutsche Wort „Modalität" erscheint zum ersten Mal bei Crusius.

---

510 Vgl. *Logik-Blomberg*, 24:277; *Logik Philippi*, 24:463, *Logik Pölitz*, 24:579, *Logik Dohna-Wundlacken*, S. 766.

511 R. 3111, Datierung unklar, wahrscheinlich Mitte der 70er Jahre; man lese dazu auch R. 3094 und *Logik-Blomberg*, 24:276, *Logik Philippi*, 24:464.

512 Brandt, *Die Urteilstafel*, S. 80; vgl. auch S. 102 ff. Siehe außerdem vor allem Veca, *Modalità e giudizio*, S. 196 f. und Stampa, *Modalità e teoria dell'oggetto*, S. 17 f.

513 Crusius, *Weg zur Gewißheit*, § 228; siehe auch § 163, Man beachte diesbezüglich vor allem Tonelli, *Die Voraussetzungen zur Kantischen Urteilstafel*, S. 138–139, Veca, *Modalità e giudizio*, S. 197 f., Menne, *Die Kantische Urteilstafel*, S. 319, Brandt, *Die Urteilstafel*, S. 68, 103 und Stampa, *Modalità e teoria dell'oggetto*, S. 92.

9. Die Entwicklung der Kantischen Reflexion über die Modalität

Die dreifache Einteilung der Modalität innerhalb der *Kritik der reinen Vernunft* lässt sich als Fixierung der Kantischen Überarbeitung der Grundlage der klassischen Ontologie lesen. Die Wirklichkeit setzt Primat und Selbstständigkeit der Möglichkeit außer Kraft. Sie kann aber nicht die alte Rolle der Möglichkeit als Basis einer Metaphysik übernehmen. Vielmehr werden Möglichkeit und Wirklichkeit unter die Notwendigkeit subsumiert und mit Hilfe der Notwendigkeit neu verstanden. „Notwendigkeit“ soll nun (statt Möglichkeit oder Wirklichkeit) der zentrale Begriff einer Theorie der Objektivität werden. Das Objektive selbst wird in dieser Theorie mit dem „Gesetzlichen“ identifiziert. Ein Fragment aus der oben schon zitierten[514] R. 3876 aus den 60er Jahren zeigt diese dreifache Struktur der Modalität:

> *Possibilitatem alicuius non continere rationem ipsius existentiae. Nec existentiam possibilitatis suae. Sed in necessario possibilitatem et existentiam esse eadem. Nihil continere rationem sui ipsius.*

Kant behauptet (im Widerspruch zu den Rationalisten), dass das Wirkliche nicht vom Möglichen abhängt, d.h. die Existenz nicht von der Essenz ableitbar ist, und andererseits (im Widerspruch zu den Empiristen), dass die Möglichkeit keineswegs vom Wirklichen abhängt. Möglichkeit und Wirklichkeit können aber durch die Notwendigkeit verbunden werden.

Unter Bezugnahme auf dieses Muster sollen nun drei Schriften der vorkritischen Phase kurz zusammengefasst werden: die *Nova Dilucidatio* von 1755, *Der einzig mögliche Beweisgrund* von 1763 und die *Träume eines Geistersehers* von 1766. Ich werde diese Texte unter dem Gesichtspunkt einer Analyse des Begriffs der Notwendigkeit (in 9.1), der Wirklichkeit (in 9.2) und der Möglichkeit (in 9.3) behandeln. Es folgt in 9.4 die systematische Darstellung der drei vorkritischen Modalbegriffe (Möglichkeit, Wirklichkeit, Notwendigkeit), eine analytische Zusammenfassung der *Dissertatio* von 1770 (in 9.5) und die Rekonstruktion der Kantischen

514 Vgl. S. 88 und S. 170 f.

Einordnung der Begriffe der Modalität in den Reflexionen und in den Nachschriften der 70er Jahre (in 9.6).

9.1. Die Notwendigkeit in der *Nova Dilucidatio* von 1755

Principiorum primorum cognitionis metaphysicae nova dilucidatio lautet der Titel der kurzen akademischen Dissertation, die Kant für seine Habilitation am 27. September 1755 vorlegte und welche in demselben Jahr bei Hartung in Königsberg publiziert wurde. In ihr setzt sich der junge Kant mit den Fundamenten der Metaphysik nach Christian Wolff und Christian August Crusius auseinander[515].

In der ersten Sektion der Schrift wird der arbiträre Charakter der Annahme des „Unmöglichen" und dessen Definition als Anfang jeder philosophischen Deduktion verdeutlicht. Laut der Schulphilosophie kann die gesamte Ontologie aus dem Satz vom Widerspruch abgeleitet werden. Kant fragt nun polemisch: „*Quo vero pacto statui potest, omnes veritates ad hanc definitionem velut ad lapidem Lydium revocari oportere?*"[516]. Aus welchen Gründen gilt ausgerechnet dieses Prinzip als einziges Kriterium der Wahrheit? Kant teilt mit Crusius und in Opposition zu Wolff die Grundüberzeugung, dass die Möglichkeit keine privilegierte Position gegenüber der Wirklichkeit hat. Selbst die Existenz Gottes darf nicht durch logische Argumentation aus seinem Begriff abgeleitet werden[517].

In der zweiten Sektion des Werkes verteidigt Kant – diesmal gegen Crusius – die objektive Gültigkeit des Satzes vom Grunde: „*Nihil contingenter existens potest carere ratione existentiam antecedenter determinante*"[518]. Als Beweis des Satzes des bestimmenden Grundes gilt die Feststellung, dass, wenn es keinen bestimmenden Grund (im Sinne einer *ratio antecedenter determinans*) für die zufälligen Dinge gäbe, das Dasein der Dinge sich dann selbst in seiner Existenz verursachen könnte. Es läge somit eine Art von *causa sui* vor. Das heißt, das Dasein könnte allein sein Gegenteil als unmöglich ausschließen und sich selbst damit als absolut notwendig behaupten. Dies widerspricht aber der Anfangsthese, nach welcher es sich hier nicht um notwendige, sondern um zufällige Dinge handelt: „*In*

515 Man beachte dazu meine Untersuchung in *Ratio fiendi. La redéfinition kantienne des principes fondamentaux de l'ontologie dans la* „Nova Dilucidatio" *de 1755.*

516 1:391.

517 1:394.

518 1:396.

existentibus vero de ratione antecedenter determinante quaestio est, quae si nulla est, ens absolute necessario existit, si existentia est contingens, eam non posse non precedere, evictum dedi“[519]. Durch diese Deduktion der Gültigkeit des Satzes vom Grunde distanziert sich Kant sowohl von Wolff als auch von Crusius. Ersterer hatte den Satz durch die Verschmelzung von *ratio actualitatis* und *ratio veritatis* und vor allem von *ratio essendi* und *ratio cognoscendi* abgeleitet, d. h. aus einem allumfassenden Rationalismus und aus einer Philosophie des Möglichen. Crusius dagegen leitete den Satz aus einer Philosophie der subjektiven Gründe a priori unserer Erkenntnis ab, welche sich auch (aber in einer ganz anderen Weise als bei Wolff) auf die Identität von Realgrund und Idealgrund stützte.

Die Notwendigkeit wird daher an den Anfang und in das Zentrum der Diskussion über die Grundprinzipien der Metaphysik gestellt. Die dritte Sektion der *Nova Dilucidatio* mündet in eine (entschlossen anti-Crusianischen) Vision des Universums als Ort der Gesetzlichkeit der Natur. Alles ist nach notwendigen, allgemeinen Regeln bestimmbar. Die äußere Erscheinung der (von Gott bestimmten und geregelten) Wirkung und Nebenwirkung der Körper ist die Anziehungskraft selbst, d. h. das Newtonianische Gesetz der *universalis gravitas*, welche über alle beliebigen Abstände hinweg wirksam ist[520]. Die Notwendigkeit selbst ist im Hinblick auf die Erneuerung der Metaphysik anfangsbestimmend. Darüber hinaus beruht die Ontologie nun auf der Identität von Objektivität und Gesetzlichkeit.

9.2. Die Wirklichkeit in *Der einzig mögliche Beweisgrund* von 1763

In der zwischen Ende 1762 und Anfang 1763 erschienenen Schrift *Der einzig mögliche Beweisgrund zu einer Demonstration des Daseins Gottes* stellt Kant fest, dass eine Auseinandersetzung mit Wolff und den Rationalisten bezüglich der Beweise der Existenz Gottes nur auf der Ebene der Modalität und der Diskussion der Begriffe der Wirklichkeit, Möglichkeit und Notwendigkeit stattfinden kann. Die Schrift enthält eine starke Kritik an den rationalistischen Argument für die Existenz Gottes, dessen präziseste Darstellung damals in der natürlichen Theologie der *Metaphysica* Baumgartens zu lesen war: „*A posse Dei ad esse eiusdem valet consequentia i. e.*

519 1:397.
520 Vgl. 1:415.

existentia eius per essentiam ipsius sufficienter determinatur"[521]. Diese ontologische Konstruktion verbleibe nach Kant im Bereich des logisch Möglichen. Von dort sei aber kein Übergang zum materialen Dasein erlaubt. Ein besserer Beweis wird von Kant mit Hilfe der fundamentalen These erreicht, dass die Idee eines möglichen Seins notwendigerweise ein wirkliches Dasein voraussetzt.

Die Existenz, sagt Kant, ist kein Prädikat. Sie ist vor allem keine inhaltliche Bestimmung oder Vervollständigung eines Begriffes, sondern etwas grundsätzlich anderes, unabhängig von der gesamten Ordnung der Determinationen: „Das Dasein ist gar kein Prädikat oder Determination von irgend einem Dinge"[522]. Dem Subjekt „Julius Cäsar" – so lautet Kants Argument – können sowohl Existenz wie auch Nichtexistenz hinzugefügt werden, ohne dass es im Geringsten in seinem Wesen modifiziert wird. Das Ding ist mit anderen Worten schon in seinem Begriff vollständig, unabhängig davon, ob es existiert oder nicht: „Es kann also nicht statt finden, daß, wenn [mögliche Dinge] existieren, sie ein Prädikat mehr enthielten, denn bei der Möglichkeit eines Dinges nach seiner durchgängigen Bestimmung kann gar kein Prädikat fehlen"[523].

Kant hält alle Sätze des gemeinen Redegebrauchs für unpassend, die das Dasein als Prädikat verwenden. Wenn ich zum Beispiel sage: „Ein Seeeinhorn ist ein existierend Thier", dann drücke ich in Wahrheit keine besondere Eigenschaft des Seeeinhorns aus (kein neues Prädikat des Tiers), sondern nur die Tatsache, dass einem existierenden Ding alle Prädikate zukommen, die wir zusammen genommen in dem Ausdruck „Seeeinhorn" denken. Die Existenz kann nach dieser Umformulierung des Satzes wohl als Prädikat oder Eigenschaft beschrieben werden, aber nicht von dem Ding selbst, sondern nur „von dem Gedanken", den man von den Dingen hat[524]. Sie ist mit anderen Worten kein zusätzlicher Teil des Begriffs eines Dinges, sondern eine Eigenschaft bzw. ein Prädikat des gedachten Begriffs als Ganzes.

Positiv wird die Existenz von Kant als „die absolute Position eines Dinges" definiert[525]. Dass etwas existiert, kann man nur auf Grund einer sinnlichen Erfahrung feststellen: Ich sage, dass etwas existiert, nur weil ich

521 Baumgarten, *Metaphysica*, § 820.
522 2:72.
523 Ebd. Vgl. Abs. 6.1.
524 2:72 f.
525 2:73.

es gesehen habe, „oder von denen vernommen, die es gesehen haben“[526]. Eine weitere Analyse des Begriffs lässt sich nach Kant nicht vollziehen. Die Existenz gehört nämlich zu den „unauflöslichen Begriffen“, deren „Merkmale nur sehr wenig klarer und einfacher sind, als die Sache selbst“[527].

Die entscheidende Frage, die Kant sich diesbezüglich stellt, ist folgende: „Kann ich wohl sagen, dass im Dasein mehr als in der bloßen Möglichkeit sei?“[528]. Können Sein und Nichtsein überhaupt begrifflich unterschieden werden? Um diese Frage zu beantworten, verwendet Kant die fundamentale Unterscheidung zwischen allen Prädikaten, die den Inhalt eines Subjektes definieren („was da gesetzt sei“) und der Art, wie das Subjekt selbst gesetzt wird („wie es gesetzt sei“): „Was das erstere anlangt, so ist in einem wirklichen Dinge nicht mehr gesetzt als in einem blos möglichen, denn alle Bestimmungen und Prädikate des wirklichen können auch bei der bloßen Möglichkeit desselben angetroffen werden, aber das letztere betreffend, so ist allerdings durch die Wirklichkeit mehr gesetzt“[529]. Dadurch wird die Realität eines gesetzten Dinges von der Art (*modus*) unterschieden, die diese Setzung jeweils annimmt.

Die Wirklichkeit betrifft nach Kant die absolute Position der Sache und lässt sich keineswegs von Begriffen herleiten. Sie ist keine Ergänzung des Möglichen und darf daher nicht – wie bei den Rationalisten der Schulphilosophie – als *complementum possibilitatis* bezeichnet werden. Ganz im Gegenteil: Ohne Wirklichkeit, d. h. ohne das, was „das Reale der Möglichkeit“ ist, würde notwendigerweise auch jede Möglichkeit wegfallen (denn in jedem Vergleich muss das, was verglichen werden soll, vorhanden sein). Dasselbe gilt auch für die Unmöglichkeit, welche schließlich von der Existenz von etwas Wirklichem und von etwas Anderem (auch Wirklichem) abhängt, wobei das erste durch das zweite aufgehoben wird. Ein solcher Widerspruch (eine reine Unmöglichkeit) lässt sich nach Kant (genauso wie eine reine Möglichkeit) einfach nicht denken. Auf diese Überlegung stützt nun Kant sein Argument der Existenz Gottes.

Absolut notwendig ist entweder dasjenige, dessen Gegenteil das Formale alles Denkbaren aufhebt (absolute logische Notwendigkeit), oder dessen Nichtsein das Materielle in allem Denkbaren (d. h. in allem

526 Ebd.
527 2:73 f.
528 2:75
529 Ebd.

Möglichen) aufhebt. Nur letzteres ist die absolute, reale Notwendigkeit, welche aller Möglichkeit zugrunde liegt, und welches zugleich (was aber ein höchst problematischer Punkt ist, welcher meines Erachtens die Argumentation ungültig macht) als der einzig mögliche Beweisgrund zu einer Demonstration des Daseins Gottes gilt. Kant schreibt: „Dasjenige [...], dessen Aufhebung oder Verneinung alle Möglichkeit vertilgt, ist schlechterdings nothwendig. Demnach existiert etwas absolut nothwendiger Weise. [...] dieses Dasein [ist] an sich selbst nothwendig“[530]. Das ist ein falscher Schluss. Das „absolut Notwendige“ hat hier in demselben Argument zwei unterschiedliche Bedeutungen: einerseits die eines Adverbs einer gerechtfertigten Behauptung – iede Möglichkeit setzt *notwendigerweise* eine Realität voraus bzw. es existiert etwas notwendigerweise – andererseits die eines Adjektives zur (schon analytischen) Bestimmung dieser Existenz in ihrem Begriff: Es ist etwas *absolut Notwendiges*[531].

Interessanter als sein eigener (und einziger) Beweis der Existenz Gottes ist Kants Argument in Bezug auf die Güte Gottes im zweiten Teil der Schrift. Die Bestimmung der Güte Gottes ist gar kein richtiger Beweis (wie der apriorische). Sie ist aber eine breite und komplexe Darstellung der Existenz Gottes auf Grund der Notwendigkeit der Gesetze der Natur. Sie gilt hiermit als deutlichste Feststellung und als letzte Sicherung einer Revolution innerhalb der Auffassung der Modalkategorien[532].

530 2:83.

531 Am deutlichsten wird diese Sinnverschiebung von Robert Theis beschrieben: „Wenn wir den Text der dritten Betrachtung jedoch genau lesen, so wird ersichtlich, daß Kant hier eine Bedeutungsverschiebung vorgenommen hat. Er schreibt: ‚Dasjenige aber, dessen Aufhebung oder Verneinung alle Möglichkeit vertilgt, ist schlechterdings notwendig‘, womit er eindeutig ein *an sich selbst notwendiges* Dasein meint. In der zweiten Betrachtung jedoch hatte er lediglich *aufgrund identischer Voraussetzungen* behauptet, es sei notwendig (schlechterdings undenkbar), daß etwas (gar nichts) existiere. Dort blieb die Modalität des in dieser Weise zu Existierenden zunächst *un*bestimmt. Hier aber wird nicht auf die Notwendigkeit eines Daseins überhaupt, sondern auf die Existenz eines an sich Notwendigen geschlossen. Dieser Schluß wird nur dann verständlich, wenn man darauf achtet, wie Kant den begriff des absolut Notwendigen – also eines an sich Notwendigen – in Nummer 1 der dritten Betrachtung herauspräpariert hat“ (*Gott*, S. 68). Siehe dazu auch mein *Kants Philosophie der Notwendigkeit*, S. 123.

532 Das Thema der Physikotheologie im Gottesbeweis kann hier – obwohl es sehr wichtig ist – nicht auch nur in Ansätzen erfasst werden. Man beachte diesbezüglich Schmucker, *Die Ontotheologie*, S. 108 ff. und Theis, *Gott*, S. 111 ff.

9.3. Die Möglichkeit in den *Träumen eines Geistersehers*

Das erste Hauptstück des ersten (dogmatischen) Teils der *Träume eines Geistersehers, erläutert durch Träume der Metaphysik* von 1766 eröffnet Kant mit der Frage: Was heißt „Geist"? Seine offensichtlich ironische Untersuchung mündet in der folgenden Definition: Ein Geist ist ein einfaches, vernünftiges Wesen, welches die Eigenschaft der Undurchdringlichkeit nicht hat. Geister sind immaterielle Wesen, welche vereinigt niemals ein solides Ganzes ausmachen. Klumpen von Geistern können daher nicht zusammengeballt werden[533]. In einem weiterhin ironischen und spielerischen Ton bestreitet Kant energisch, dass man etwas auf Grund von Erfahrung oder aus Vernunftgründen als wirklich annehmen kann[534]. Sein Verfahren ist typisch rationalistisch: Von der nicht beweisbaren Unmöglichkeit schließt er direkt auf die Essenz und auf die Existenz einer Substanz mit allen Eigenschaften des Geistes: „Eben so wird mir zum wenigsten keine erweisliche Unmöglichkeit entgegen stehen, obschon die Sache selbst unbegreiflich bleibt, wenn ich behaupte: daß eine geistige Substanz, ob sie gleich einfach ist, dennoch einen Raum einnehme (d. i. in ihm unmittelbar thätig sein könne), ohne ihn zu erfüllen (d. i. materiellen Substanzen darin Widerstand zu leisten)"[535].

Wolff definierte die gesamte Philosophie als „Wissenschaft der Möglichkeit": „*Philosophia est scientia possibilium quatenus esse possunt*"[536]. Ein Wesen ist nach Wolff deswegen möglich (und deswegen ein Wesen), weil alle seine wesentlichen Bestimmungen (die *essentialia*) nicht in gegenseitigem Widerspruch stehen. Das „Quadrat" ist zum Beispiel etwas, weil vier gleichgroße Winkel und vier gleichlange Seiten nicht im Widerspruch zueinander stehen. Möglichkeit, Wesen und Satz vom Widerspruch sind somit eng verbunden. Baumgarten, Baumeister und Feder (d. h. drei Autoren, die Kant sehr gut kannte), hatten die Zentralität der Möglichkeit in der Ontologie dadurch noch mehr betont, dass sie diesen Begriff zur Grundlage jeder Kategorie und des Satzes selbst des Widerspruchs gemacht hatten.

Kant folgt in den *Träumen eines Geistersehers* der typischen Methode der Rationalisten. Die Seele wird auf Grund der Nichtwidersprüchlichkeit

---

533 Vgl. 2:321.
534 Vgl. 2:322.
535 2:323.
536 Wolff, *Logica*, § 29. In der *Deutschen Logik* liest man: „Die Weltweisheit ist eine Wissenschaft aller möglichen Dinge, wie und warum sie möglich sind" (§ 1).

derselben definiert (und hiermit bewiesen). Kants Argumente entwickeln sich zu einer immer detaillierteren und bunteren Farce, wobei der Autor zunächst mit pseudo-wissenschaftlichen Argumenten den Sitz der Seele zu lokalisieren versucht[537] und weiterhin die Natur der nach pneumatischen Gesetzen geordneten Welt der Seelen beschreibt. Offen bleibt jedoch die Frage, ob solche Wesen überhaupt wirklich oder bloß möglich sind. Das ist ein wichtiger Punkt, denn es geht hier um die Existenz, nicht nur um die Definition des Geistes.

Am Anfang des dritten Hauptstück (in der sogenannten Antikabbala) wird die gesamte Darstellung der immateriellen Welt von der fiktiven Figur eines aufgeklärten Skeptikers[538] als ein Traum der Vernunft bzw. der Metaphysik bezeichnet. Will man solche Träume vermeiden, dann soll man die nicht offenbare, jedoch ausschlaggebende Botschaft der Schrift begreifen: Die Metaphysik muss von der Dominanz der Möglichkeit und der Nicht-Widersprüchlichkeit befreit werden. Sie kann aber auf Grund der unmittelbaren Evidenz der sinnlichen Erfahrung – als Feststellung einer Wirklichkeit – und der Vernunft – als Feststellung einer Notwendigkeit – neu konzipiert werden.

Schon in den frühen 60er Jahren ist Kant der Meinung, dass die Definition des Möglichen als das, was keinen Widerspruch enthält, nicht in der Metaphysik, sondern nur im Bereich der formalen Logik von Bedeutung ist. In *Träume eines Geistersehers* definiert er zum ersten Mal die Metaphysik auch positiv als eine Wissenschaft der Grenze unseres Erkenntnisvermögens nach dem Muster der Philosophie von John Locke[539]. In das Zentrum seiner Philosophie stellt Kant jetzt die Untersuchung des Erkenntnisvermögens. Er deutet hiermit schon an seine künftige Definition des Möglichen als das, was mit den Bedingungen der Erfahrung übereinstimmt, an.

9.4. Systematische Darstellung der Modalität in den vorkritischen Schriften

Kants Reflexionen über die Modalität in den 50er, 60er und 70er Jahren sind zwar vielzählig, dennoch als kohärent und inhaltlich zusammenhängend zu betrachten. Es ist möglich, sie unter eine begrenzte Zahl von

537 Vgl. 2:324 ff.
538 Vgl. Johnson, *Träume eines Geistersehers*, S. 99 ff.
539 Vgl. 2:351, 2:368.

Überschriften einzuordnen. Grundsätzliche Aussagen Kants über Möglichkeit, Wirklichkeit und Notwendigkeit vor der *Kritik der reinen Vernunft* sollen hier in einer synoptischen Zusammenfassung dargelegt und erläutert werden.

Möglichkeit

M 1. Möglich ist das, was keinen Widerspruch enthält.
Formal-logisch ist für Kant eine Erkenntnis möglich, wenn diese widerspruchsfrei ist. Sie ist unmöglich, wenn sie widersprüchlich ist. Der Satz des Widerspruchs gilt hiermit als Hauptkriterium aller Wahrheiten in der Logik[540]. Von einer realen Möglichkeit kann man aber in diesem Sinne nicht sprechen: „Dieses Kennzeichen der innerlichen logischen Wahrheit ist [...] nur negativ; denn ein Erkenntniß, welches sich widerspricht, ist zwar falsch, wenn es sich aber nicht widerspricht, nicht allemal wahr“[541].

M 2. Die Möglichkeit hat keine privilegierte Position gegenüber der Wirklichkeit.
Existenz hängt nach Kant von keiner nominalen Definition und von keiner logischen Berechnung ab. Die Wirklichkeit ist – mit anderen Worten – keine Ergänzung des Möglichen und darf deswegen nicht als *complementum possibilitatis* bezeichnet werden. Die Möglichkeit eines vollständigen Wesens (im Sinne der Denkbarkeit seines Begriffs) kann hiermit nicht als Beweis seiner tatsächlichen Existenz gelten: „Was durch seinen Begrif durchgängig determinirt ist, ist darum nicht existirend, eben darum, weil es nur respectiv auf den Begrif gesetzt wird“[542]. Man kann daraus leicht schließen, dass für Kant Möglichkeit und Unmöglichkeit keine ursprünglichen ontologischen Prinzipien sind, sondern strukturell abhängig von der Wirklichkeit bleiben: „...die Möglichkeit [fällt weg], nicht allein wenn ein innerer Widerspruch als das Logische der Unmöglichkeit anzutreffen, sondern auch wenn kein Materiale, kein *Datum* zu denken da ist. Denn alsdann ist nichts Denkliches gegeben, alles Mögliche aber ist etwas, was gedacht werden kann, und dem die logische Beziehung gemäß dem Satze des Widerspruchs zukommt“[543].

540 Vgl. zum Beispiel 2:80, 9:51, 24:826.
541 9:51, vgl. auch in den *Metaphysik-Vorlesungen:* 28:477, 28: 488, 28:544.
542 R. 5230; vgl. 2:72, 2:81, 17:39, 286, 387, 689 f.
543 2:78; vgl. dazu *M3*, *W1* und *W3*.

M 3. Ohne Wirklichkeit würde auch die Möglichkeit wegfallen.
Das logisch Mögliche drückt die Beziehung und die Vereinbarkeit von etwas zu etwas anderem nach dem Satz des Widerspruchs aus. Das aber, was in einer logischen Beziehung steht, muss immer „etwas" sein. Ohne Wirklichkeit, d. h. ohne das, was „das Reale der Möglichkeit" ist, würde notwendigerweise nach Kant auch jede Möglichkeit wegfallen (denn in jedem Vergleich muss das zu Vergleichende vorhanden sein). „Allein daß irgend eine Möglichkeit sei und doch gar nichts Wirkliches, das widerspricht sich, weil, wenn nichts existirt, auch nichts gegeben ist, das da denklich wäre, und man sich selbst widerstreitet, wenn man gleichwohl will, daß etwas möglich sei"[544]. Dasselbe gilt auch für die Unmöglichkeit, welche schließlich von der Existenz von etwas Wirklichem und von etwas anderem (auch Wirklichem) abhängt, wobei das erste durch das zweite aufgehoben wird. Ein Widerspruch als solcher (eine reine Unmöglichkeit) lässt sich nach Kant (genauso wie eine reine Möglichkeit) einfach nicht denken „Ein Triangel, der viereckicht wäre, ist schlechterdings unmöglich. Indessen ist gleichwohl ein Triangel, imgleichen etwas Viereckichtes an sich selber Etwas"[545]. Die Wirklichkeit geht somit der Möglichkeit immer voran. Sie betrifft die „absolute Position der Sache selbst"[546] und lässt sich vor allem nicht aus möglichen Begriffen herleiten.

M 4. Der Möglichkeit liegen formale Bedingungen zugrunde.
Ab den frühen 70er Jahren definiert Kant die Möglichkeit ganz neu als das, was mit den formalen Bedingungen der Erfahrung übereinstimmt[547]. Schon in der Kritik am klassischen Begriff der Möglichkeit als Nichtwidersprüchlichkeit in den *Träumen* und in der dort entwickelten Neudefinition der Metaphysik – als „Wissenschaft [...] der Bestimmung der ihr durch die Natur der menschlichen Vernunft gesetzten Grenzen"[548] – zeigt sich diese Entwicklung und Erweiterung der Bedeutung des Begriffes der Möglichkeit bei Kant. Die absolute Möglichkeit wird dementsprechend nicht mehr als eine interne, sondern als Möglichkeit in aller Absicht (d. h. allen Bedingungen nach) definiert[549].

544 2:78.
545 2:77.
546 Vgl. 2:75.
547 Vgl. dazu die Antwort an die zweite Frage in Abs. 9.5.
548 2:369.
549 Vgl. dazu S. 51.

Wirklichkeit

W 1. Sein ist offenbar kein reales Prädikat.

Vor allem in *Der einzig mögliche Beweisgrund* von 1763 legt Kant fest, dass das Dasein „gar kein Prädikat oder Determination von irgend einem Dinge" ist[550]. Die Existenz soll diesbezüglich von der Essenz möglichst deutlich getrennt werden. Sie darf keineswegs bloß nominal aus einer rein begrifflichen Definition abgeleitet werden[551]. Man kann in diesem Sinne immer denken, dass etwas (egal was) *nicht ist* und es entsteht kein Widerspruch, wenn eine Sache (auch die vollkommenste: Gott) mit allen ihren Prädikaten aufgehoben wird[552]. Die Nichtexistenz von irgendetwas lässt sich immer denken.

W 2. [Existenz kann als ein Prädikat zweiter Stufe betrachten werden.]

Sein ist kein Prädikat eines Dinges, sondern nur „von dem Gedanken, den man davon hat"[553]. Man sollte in diesem Sinne nicht sagen: „regelmäßige Sechsecke existieren in der Natur", sondern umgekehrt: „gewissen Dingen der Natur [...] kommen die Prädicate zu, die in einem Sechsecke beisammen gedacht werden"[554]. Existenz kann hiermit wohl ein (nicht bloß formales) Prädikat sein, aber nicht des Dinges selbst, sondern nur des gedachten Begriffs in seinem Verhältnis zu den Gegenständen der Wahrnehmung[555]. In *Der einzig mögliche Beweisgrund* schreibt Kant, dass die Existenz zu den „unauflöslichen Begriffen" gehört. Es handelt sich um einen Begriff, dessen „Merkmale nur sehr wenig klarer und einfacher sind, als die Sache selbst"[556].

W 3. Das Dasein ist die absolute Position eines Dinges.

„Was an sich selbst gesetzt ist, existiert; was an sich selbst aufgehoben ist, existiert nicht; was weder das eine noch das andere ist, ist unbestimmt"[557]. Existenz ist für Kant kein Prädikat, sondern die Setzung eines Dinges mit

550 2:72, dazu Abs. 9.2.; vgl. R. 5228, R. 5255, R. 5507.
551 Vgl. 2:81, vgl. R. 3533, R. 3761, R. 4017, R. 4729.
552 Vgl. dazu 1:394, 2:81, R. 3725, R. 3736, R. 4033, R. 4659, R. 5506, R. 5525, 20:350, 28:571.
553 2:72.
554 2:73; siehe dazu das Beispiel des „Seeeinhorns" im Abs. 9.2.
555 Vgl. dazu S. 112 f. und Abs. 9.2.
556 2:73 f.
557 R. 4396; vgl. auch R. 3724, R. 4017, R. 5230.

allen seinen Prädikaten. So Kant vor allem in *Der einzig mögliche Beweisgrund*[558].

W 4. „Die Wahrnehmung […] ist der einzige Charakter der Wirklichkeit“.
Dass etwas wirklich ist, das kann man nicht begrifflich, sondern nur auf Grund einer sinnlichen Erfahrung feststellen[559].

Notwendigkeit

N 1. „Nichts ist an sich selbst notwendig“.
Die innere, absolute Notwendigkeit eines Dinges lässt sich weder anschauen noch begreifen: „Die innere Nothwendigkeit kan nicht eingesehen werden“[560]. Noch deutlicher äußert sich Kant in einer Bemerkung aus den 70er Jahren am Rande des § 106: „Die innere Notwendigkeit eines Wesens ist unmöglich zu denken. Denn an sich selbst ist aus dem, was einem Dinge innerlich zukommt, die Aufhebung desselben mit allen praedicaten iederzeit moglich“[561]. Wir können uns immer das Gegenteil oder die Verneinung der Existenz einer Sache vorstellen und nichts kann daher als „an sich notwendig“ begriffen werden. Als absolut notwendig können weder die Gegenstände der Mathematik, noch der Physik, noch der Metaphysik bezeichnet werden[562]. Nur die relative Notwendigkeit lässt sich laut Kant begreifen[563].

558 2:73; vgl. dazu Abs. 9.2.

559 Vgl. hier Abs. 9.2; dazu auch R. 5277, R. 5502, R. 5518, R. 5526.

560 R. 5257, zum § 109 aus den späten 70er Jahren.

561 R. 4690. Man beachte auch R. 3888 (ungefähr um 1768) und R. 5249, R. 5250, R. 5262 (aus den Jahren 1776–1778).

562 Dass alle Merkmale der Geometrie und der Arithmetik nicht absolut, sondern nur respektiv gesetzt werden können, wird von Kant zum Beispiel in *Metaphysik L1* (aus den 70er Jahren) behauptet: „Z.E. es ist nothwendig, daß ein Triangel drei Winkel habe. Freilich wenn ich einen Triangel denke; so muß ich nothwendig drei Winkel denken; aber der Triangel ist doch nicht nothwendig“ (28:315). Die absolute Notwendigkeit der Existenz der Sache kann auch nicht in der Physik erkannt werden. Jede Veränderung muss als solche eine Ursache haben und ist deswegen nur relativ notwendig: „*Nulla mutatio est absolute necessaria*, sie hat iederzeit eine andere Ursache. Also kan kein absolute necessarium mutabile sein“ (R. 5575). Auch auf der Ebene der Metaphysik wird die absolute Notwendigkeit deutlich abgelehnt. Das geschieht vor allem durch die mehrmals wiederholte Widerlegung des „ontologischen“ Beweises der Existenz Gottes: Die Existenz eines Dinges kann nicht als Prädikat in dem Begriff des Dinges enthalten sein.

563 Man beachte diesbezüglich R. 3717, R. 4814, R. 5192, R. 5249, R. 5523.

N 2. „Die absolute Notwendigkeit ist keine innerliche Notwendigkeit".
„Was interne nothwendig ist, ist deswegen nicht absolut nothwendig", das sagt Kant zu seinen Studenten in einer Metaphysik-Vorlesung aus den 70er Jahren[564]. Kants Philosophie kann vor allem keine Interpretation der Notwendigkeit als Resultat einer logischen Aufrechnung der Prädikate im Wesen der Dinge akzeptieren. Es ist vor allem sehr wichtig, die „innere Notwendigkeit" und die „absolute Notwendigkeit" als zwei getrennte Begriffe zu betrachten. Zusammen lassen sich das Absolute und das Innere einfach nicht denken. Die Notwendigkeit schlechthin wird in dieser Hinsicht nicht als „innere", sondern als eine besondere Form der äußeren, relativen, bedingten Notwendigkeit bezeichnet[565]. Es gilt im Allgemeinen das folgende Schema:

notwendig < bedingt < innerlich / äußerlich
notwendig < unbedingt

N 3. „Die absolute Notwendigkeit ist ein Grenzbegriff (conceptus terminator)".
Die absolute Notwendigkeit ist kein bestimmter, sondern ein absolut bestimmender Begriff. Sie besteht in der Position einer Sache gemäß einer Regel und kann daher als ein Grenzbegriff bezeichnet werden: „Der Begrif eines *absolute necessarii* ist ein *conceptus terminator* (weil wir alles zufallige durch einen Grund als nothwendig ansehen müssen und endlich die Be-

564 28:315. Es handelt sich hier um die *Metaphysik* L_1. Das ist die einzige uns überlieferte Metaphysik-Vorlesung aus den 70er Jahren. Sie enthält leider keinen Kommentar zur Ontologie (und damit zu den Prädikaten der Möglichkeit, Unmöglichkeit, Notwendigkeit, Zufälligkeit usw.), sondern nur zur Psychologie, Kosmologie und Theologie.

565 Man beachte in dieser Hinsicht die beiden folgenden Reflexionen: „Alles, was da ist, ist nothwendig, entweder schlechthin oder Bedingt. Alle nothwendigkeit ist bedingt, aber unter Bedingung der inneren Bestimmungen eines Dinges (desienigen, was im Dinge innerlich ist) oder unter äußeren Bedingungen" (R. 4031 aus dem Jahr 1769; vgl. auch R. 4037 aus demselben Jahr). „Die Notwendigkeit wird am besten Eingetheilt in die bedingte und unbedingte. Jene wiederum in die innerlich oder äußerlich bedingte. Denn *hypotheticum* ist nicht dem *interno*, sondern dem *categorico* entgegen gesetzt" (R. 4768 aus der Mitte der 70er Jahre). Dies sind zwei Bemerkungen Kants zum § 102 der *Metaphysica*, in dem Baumgarten das *necessarium absolute* als *necessarium intrinsecus* dem *necessarium hypothetice* als *necessarium secundum quid* ohne weitere Unterscheidungen entgegensetzte und damit die absolute, unbedingte Notwendigkeit durch die innere definierte.

dingung wegfallen muß); und da die Bedingung der Verstandlichkeit wegfällt, so ist er nach den Gesetzen der Vernunft nicht einzusehen“[566].

N 4. „Alles ist notwendig“ / „Nichts ist zufällig“.

„Nicht die Nothwendigkeit, sondern die Zufälligkeit ist vor die Vernunft unbegreiflich“[567]. Alles was die Vernunft begreifen kann, muss notwendig sein. Schlechterdings zufällig wäre dagegen etwas, das unter allen Bedingungen zufällig bleibt. So etwas können wir aber einfach nicht denken: „Wir können uns kein zufalliges Wesen denken, was nicht bedingter Weise nothwendig sey“[568]. Was in der Erfahrung gegeben ist, muss nach Kant immer unter Gesetzen gedacht werden, mithin als notwendig. Die Abwesenheit von Regeln und Gesetzen lässt sich überhaupt nicht denken. Die Freiheit selbst ist keine Behauptung der Zufälligkeit oder der Gesetzlosigkeit, sondern eine besondere Art der Kausalität nach unwandelbaren (intelligiblen) Gesetzen: „Es steht alles unter einer Regel, entweder der Notwendigkeit oder Freiheit“[569].

N 5. „Notwendigkeit und Objektivität sind dasselbe“.

In einer Reflexion aus dem *Duisburgischen Nachlass* wird die Beziehung zwischen Objektivität und Notwendigkeit besonders deutlich dargestellt: „Die innere Notwendigkeit der Erscheinungen [„innere“ bedeutet hier: „bezüglich der Erscheinungen“ und soll nicht in Gegensatz zu „äußere“

---

566 R. 4039. Das ist eine Bemerkung von 1769/1770 zu den §§ 111–113 der *Metaphysica*. „Der *terminus* der Reihe“ – erläutert Kant in derselben Reflexion – „ist das erste Glied derselben, der *conceptus terminator* aber der Begrif, wodurch ein erstes der Reihe möglich ist“. Man beachte dazu vor allem: R. 4033, R. 4253, R. 4403, R. 4580 (über die Notwendigkeit als *hypothesis originaria*), R. 4660, R. 5262, R. 5500, R. 5507. Man kann die absolute Notwendigkeit nur denken (d. h. weder anschauen noch begreifen): „Solche Begriffe kann man zwar denken, aber nicht bestimmen und ausführen“ (R. 4491, vgl. auch R. 5253). In der Reihe der kausalen Folgen zeigt die absolute Notwendigkeit zum Beispiel „einen Grund, der keine Folge ist“ (R. 4522) und welcher nicht innerhalb, sonder außerhalb der Reihe bleibt. Dasselbe gilt auch für Raum und Zeit: Sie sind nirgendwo zu suchen; alles ist aber räumlich und zeitlich. Als Grenzbegriff bezeichnet die absolute Notwendigkeit die allgemeine Unterordnung unter das Gesetz (was den Begriff „Gott“ am besten definiert). „Die *hypothesis* originaria ist nicht die Nothwendigkeit unter einer *Hypothesi*, sondern die Nothwendigkeit als *hypothesis*“, so Kant in R. 5262. Man beachte vor allem die R. 5257, R. 5258, R. 5259, R. 5260, R. 5500, R. 5502, R. 5503, R. 5525, R. 5567, R. 5570 (alle aus den 70er Jahren).

567 R. 4036.

568 R. 4156. Man beachte auch R. 3900, R. 4037, R. 4156, R. 5216.

569 R. 5375.

verstanden werden], da nemlich dieselbe von allem subjektiven losgemacht und durch eine allgemeine Regel (der Erscheinungen) bestimmbar angesehen wird, ist das objektive. Das Objektive ist der Grund der Einstimmung der Erscheinungen unter ein ander„[570]. Auch in praktischer Hinsicht sind Objektivität und Notwendigkeit ein und dasselbe: *„Bonitas actionis est necessitas obiectiva. Bonitas actionis contigentis est necessitatio obiectiva. Necessitatio est imperativus. Moralis est cathegoricus*[571]. Hans Vaihinger behauptet dementsprechend zurecht, dass „die „Rettung" der objectiven Nothwendigkeit eine der Grundtriebfedern der K.'schen Philosophie [ist]"[572].

N 6. „Die absolute Notwendigkeit lässt sich in der Form einer subjektiven darstellen"

Die Notwendigkeit schlechthin kann als unvermeidliche Bedingung der Vernunft gesehen werden. Sie gehört nämlich für Kant zur Vernunft in ihrem bestimmenden Charakter und kann als eine „notwendige Hypothesis" der Vernunft betrachtet werden: „Der Begrif vom nothwendigen ist gleichwohl erstlich ein durch die Vernunft gegebener Begrif, weil durch ihn allein etwas determiniert wird"[573]. Dem rationalistischen Paradigma von

570 R. 4675. Theodor Häring kommentiert diesen Absatz folgendermaßen: „Das Subjektive und das Objektive unterscheidet sich [...] „durch die Notwendigkeit der Verhältnisse", die seither besprochen wurde. Also ist an der Erscheinung [...] nur das objektiv, was notwendig ist. Notwendig aber ist das, was unter allgemeinen Regeln steht: die notwendigen Verhältnisse" (*Der Duisburgische Nachlass*, S. 106). Über die Trennung von subjektiv und objektiv – das schreibt Häring in einem anderen Kontext – „...entscheide [...] nur der Gesichtspunkt der *Notwendigkeit*, auf den Kant ja überhaupt den Begriff des „Gegenstandes" eben „reduziert" wissen wolle" (ebd. 147).

571 R. 6926. Man beachte diesbezüglich auch R. 5613, R. 6713, R. 6864, R. 6935, R. 7191 (alle aus den 70er Jahren).

572 Vaihinger, *Commentar*, S. 360.

573 R. 4033. Ähnliche Behauptungen enthalten zum Beispiel R. 4568 und die Reflexionen aus dem *Duisburgischen Nachlass:* R. 4674, R. 4675, R. 4681. Die „Subjektivierung der Notwendigkeit" bei Kant wird sehr gut von Dieter Henrich dargestellt. So Henrich: „Die ersten Reflexionen, die den Begriff der absoluten Notwendigkeit subjektivieren [...] sind frühesten in das Jahr 1764 zu datieren (3717, 3888). Sie ziehen aber nur eine Konsequenz aus der Erkenntnis der Schrift über die negativen Größen. Wenn die Beziehung zwischen Grund und Folge im Dasein nicht als logische Abhängigkeit verstanden werden kann, so muß auch die Möglichkeit als eine Bestimmung des Wirklichen von der logischen Identität grundsätzlich unterschieden werden. Am Ende des Jahrzehnts findet man die neue Theorie über die Notwendigkeit so weit entwickelt, daß sie sich in der Kritik des

Leibniz und Wolff (aber schon von Duns Scotus, Suarez und Descartes), nach dem die Realität durch logische Begriffe und schließlich in den Begriffen selbst durch die rationale Darstellung ihrer logischen Möglichkeit zu suchen ist, stellt Kant die im 18. Jahrhundert genau so gängig gewordene Einstellung gegenüber, nach welcher Raum und Zeit, und jeder Begriff im Allgemeinen, in einer besonderen Weise von *adaequatio intellectus et rei* zu bestimmen sind. Die Begriffe enthalten gar keine Eigenschaft der Dinge an sich oder ihrer Verhältnisse. Alles muss innerhalb der Beziehung Subjekt-Objekt, d. h. nicht unmittelbar und rational, sondern im bedingten Rahmen einer Psychologie verstanden werden.

N 7. „Notwendigkeit ist die Zusammensetzung von Möglichkeit und Wirklichkeit".
„Possibilitatem alicuius non continere rationem ipsius existentiae. Nec existentiam possibilitatis suae. Sed in necessario possibilitatem et existentiam esse eadem. Nihil continere rationem sui ipsius"[574]. Die innere Struktur der Modalität wird in den 70er Jahren immer wieder nach diesem Muster beschrieben. Man beachte die zwei folgenden Reflexionen aus den Jahren 1770–1771. R. 4298: „Moglichkeit: die Uebereinstimmung (non repugnantia) mit einer Regel, Wirklichkeit: die position schlechthin, Nothwendigkeit: die position nach einer Regel. Das erste wird gedacht, ohne gegeben zu seyn. Das zweyte Gegeben, ohne daß es gedacht wird. Das dritte dadurch gegeben, daß es gedacht wird". R. 4302: „Der Gegenstand des Begrifs ist moglich, daher durch diesen Begrif, weil er allgemein ist, nicht durchgangig bestimt. Der Gegenstand der Anschauung ist wirklich; der Gegenstand der Anschauung, welche der Grund der Begriffe von demselben überhaupt ist, ist nothwendig"[575]. Hinter der für die Kantische

---

Begriffes des ens necessarium nicht mehr von der der Kritik der reinen Vernunft unterscheidet" (Henrich, *Der ontologische Gottesbeweis*, S. 186–187). Die Reflexion 4033 (hier oben) wird von Henrich folgendermaßen erklärt: „In einer Weise, die ihm 1763 noch fernlag, verbindet Kant hier die Widerlegung des ontologischen Beweises mit der Subjektivierung des Begriffs der absoluten Notwendigkeit. Weil wir niemals in einen Widerspruch kommen, wenn wir das Dasein eines Wesens aufgehoben denken, ist der Begriff des notwendigen Wesens gar kein Begriff von einem Gegenstand. Nur als Grenzbegriff der Erkenntnis, nicht aber als einer ihrer Inhalte hat er einen bestimmten Sinn. Erst jetzt ist die Kritik der Ontotheologie und mit ihr die des kosmologischen Gottesbeweises abgeschlossen" (ebd. 187). Man beachte dazu auch Schmucker, *Die Ontotheologie*, S. 186 und S. 192 f.

574 R. 3876, dazu S. 88, 155.

575 „Questa correlazione interna tra le posizioni dell'oggetto in relazione al soggetto è un elemento tipico del discorso kantiano sulla modalità che si richiama signifi-

Philosophie ganz entscheidenden Trennung von Materie und Form steht die Definition der absoluten Notwendigkeit als bestimmendem, nicht selbst bestimmtem Grund der Objektivität.

9.5. Die *Dissertatio* von 1770

Am 21. August 1770 verteidigt Kant vor den *Opponenten* der Albertina in Königsberg eine für die Erlangung des Ordinariats für Logik und Metaphysik verfasste Abhandlung unter dem Titel *De mundi sensibilis atque intelligibilis forma et principis.* Diese in gewisser Weise akademisch erzwungene Schrift wirft ein äußerst klares Licht auf die sonst ziemlich undurchschaubar gebliebenen Vorarbeiten zur *Kritik der reinen Vernunft.* Die Arbeit enthält vor allem viele, zum Teil etwas konfuse, aber sehr beeindruckende Neuheiten im Vergleich zu allen früheren Schriften Kants. Eine dieser Neuheiten soll nun dargestellt und untersucht werden. Im § 8 des zweiten Abschnitts der Abhandlung werden die Begriffe der Möglichkeit, Wirklichkeit und Notwendigkeit zu den reinen Begriffen des Verstandes gezählt. Kant schreibt hier: „*Cum itaque in metaphysica non reperiantur principia empirica, conceptus in ipsa obvii non quaerendi sunt in sensibus, sed in ipsa natura intellectus puri, non tanquam conceptus* connati, *sed e legibus menti insitis (attendendo ad eius actiones occasione experientiae) abstracti, adeoque* acquisiti. *Huius generis sunt possibilitas, exsistentia, necessitas, substantia, causa etc. cum suis oppositis aut correlatis…*“[576] . Die folgende Frage kann hier gestellt werden: Inwiefern antizipieren die drei ersten Begriffe (Möglichkeit, Existenz, Notwendigkeit) die Funktionen der drei Kategorien der Modalität und der daran gebundenen synthetischen Sätze a priori? Eine Antwort kann m. E. nur mit Hilfe der Beantwortung von drei weiteren, separaten Fragen gegeben werden.

Erste Frage: Haben diese Begriffe dieselbe (oder wenigstens eine ähnliche) Funktion wie in der Kritik der reinen Vernunft?

Kant schreibt in der *Dissertatio*, dass solche Begriffe keineswegs von sinnlichen Vorstellungen abgeleitet werden können. Sie sind *ideae purae*,

---

cativamente ai temi precritici e che tende a permanere costantemente invariato nell'evoluzione del pensiero kantiano“, so Veca über die Struktur der Modalbegriffe (*Fondazione e modalità*, S. 183).

576 2:395. Vgl. auch R. 3927 und R. 3930, beide vermutlich aus dem Jahr 1769.

d. h. reine Ideen, welche nicht in den Sinnen, sondern durch die Natur des reinen Verstandes gegeben werden[577]. Der Zweck solcher Ideen bzw. reinen Begriffen sei entweder – so Kant – *elencticus*, sofern sie die Sinnlichkeit selbst von den noumenalen Wahrheiten unterscheiden oder *dogmaticus*, sofern sie die Vollkommenheit als Musterbild aller Erkenntnisse (der Theorie und der Praxis) zu denken ermöglichen[578]. Man kann leicht sehen, dass diese Begriffe eine ganz andere Funktion als in der *Kritik der reinen Vernunft* haben. In keiner Weise drücken sie die Form der sinnlichen Erfahrung aus: „*nec formam ullam continent cognitionis sensitivae*"[579].

Es gibt nun aber viele andere Begriffe, welche die sinnlichen Erscheinungen gemäß dem Prinzip des Widerspruchs einordnen und verknüpfen und damit aus der bloßen Erscheinung (*apparentia*) eine geordnete Erfahrung (*experientia*) machen[580]. Kant trennt hiermit zwei separate Gebrauchsweisen des Verstandes: eine *logische*, welche durch die Anwendung der Prinzipien der formalen Logik die Erfahrung überhaupt möglich macht, und eine *reale* (die im obigen Absatz bereits erwähnt wurde), welche für die Erkenntnis der Dinge, wie sie an sich sind, zuständig ist. Dadurch, dass er den Begriffen der Möglichkeit, Wirklichkeit, Notwendigkeit und allen anderen reinen Verstandesbegriffen einen (bloß) realen Gebrauch zuspricht, nimmt er die Möglichkeit, dieselben zugleich als Funktionen der Synthesis der Erscheinungen zu verstehen. Die drei Modalbegriffe erhalten somit eine ganz andere Funktion als in der *Kritik*.

Will man nun aber die *Dissertatio* von 1770 aus der Perspektive der späteren Entwicklung der Kantischen Philosophie lesen, dann kann man vielleicht auch – was aber die schlichte Lektüre des Textes gar nicht erlaubt! – diese zwei getrennten Gebrauchsweisen des Verstandes in einem einzigen Diskurs verbinden. Die reinen Begriffe des Verstandes können aus dieser (sicherlich gewagten aber nachträglich wohl erlaubten) Perspektive als Formen der Erfahrung betrachtet werden und die Begriffe der Modalität sogar in ihrem noch nicht ausgedrückten Verhältnis zum empirischen Denken (nach der Funktion, die ihr die späteren „Postulate" zuschreiben) interpretiert werden. Befürworter einer solchen Lesart sind z. B. Herman de Vleeschauwer und Salvatore Veca, welche in dieser Hinsicht noch von „kristallisierten" Funktionen des Verstandes schreiben („précipités", „cor-

577 Vgl. *Dissertatio*, § 6.
578 Vgl. § 9.
579 2:394, im § 6 der *Dissertatio*.
580 Vgl. § 5 der *Dissertatio*.

relati puri cristallizzati")[581]. Nur auf diese Weise kann die obige Frage nach der (gleichen oder anderen) Funktion der reinen Begriffe zwischen 1770 und 1781 positiv beantwortet werden.

Zweite Frage: Hat die Möglichkeit in der Dissertatio von 1770 schon eine ähnliche Bedeutung wie in der Kritik der reinen Vernunft?

Das ist eine für uns sehr wichtige Frage. Man beachte zunächst Folgendes: Die Definitionen von „Wirklichkeit" und „Notwendigkeit", die Kant von Anfang seiner philosophischen Beschäftigung an bis zu den „Postulaten des empirischen Denkens" liefert, bleiben im Grunde an die Tradition der Philosophie (und sogar des Gemeinsinns) gebunden. „Wirklich" ist das, was mit der Materie der Erfahrung gegeben wird. „Notwendig" ist das, was in seiner Gegebenheit gewissen Gesetzen entspricht und deswegen nicht anders hätte sein können. Diese Begriffe bekommen jedoch eine neue Bedeutung, aber nur weil sie in einen neuen Kontext eingegliedert werden. Die kritische Definition der Möglichkeit – als das, was mit den formalen Bedingungen der Erfahrung übereinstimmt – ist dagegen eine ganz neue. Es ist in diesem Sinne sehr wichtig festzustellen, ab wann Kant das Mögliche in dieser (besonderen und unerhörten) Weise definiert.

Man kann diesbezüglich einfach behaupten, dass die *Dissertatio* von 1770 die kritische Definition des Möglichen als das, was mit den Bedingungen der Erfahrung übereinstimmt, nicht enthält. Man muss aber zugleich bedenken, dass Kant innerhalb der Betrachtung von Raum und Zeit im dritten Abschnitt („*De principiis formae mundi sensibilis*") das Wort *possibile* in einer ganz neuen (fast kritischen) Weise gebraucht. Alle Ereignisse der Welt – das behauptet er zum Beispiel im § 14 („*De tempore*") – müssen mit den Axiomen der Zeit übereinstimmen, weil sie nur unter diesen Bedingungen als Gegenstände der Sinnlichkeit angenommen werden können: „*quoniam* nonnisi sub hisce condicionibus sensuum obiecta

581 Vleeschauwer schreibt: „Ce sont les concepts purs ou idées, qui, sans être abstraits ni formés par des éléments sensibles, déterminent les choses comme elles sont dans leur essence ontologique. [...] Quelle est leur origine? Ils sont produits par l'entendement pur. Comment? L'entendement travaille selon certaines lois. Or, en faisant réflexion sur ces lois, celle-ci se cristallisent en concepts, de sorte que les concepts purs sont en quelque sorte comparables à des précipités de notre réflexion sur les lois de l'entendement" (*La Déduction transcendentale*, I, S. 164). So Veca: „Possiamo considerare l'uso reale dell'intelletto e i suoi concetti puri in termini di correlati puri *cristallizzati* delle operazioni che l'intelletto compie nella costituzione dell'esperienza" (*Fondazione e modalità*, S. 153).

esse et coordinari possunt“[582]. Auf ähnliche Weise behauptet er im § 15 („*De spatio*“), dass kein Objekt den Sinnen überhaupt gegeben sein kann (man beachte hier das Verb „können“, welches eine Möglichkeit bzw. Unmöglichkeit ausdrückt), wenn dies nicht in Übereinstimmung („*nisi conformiter*“) mit den ursprünglichen Axiomen des Raumes und mit den Eigenschaften desselben, wie sie von der Geometrie gelehrt werden[583], geschieht.

Im § 26 der *Dissertatio* liest man den folgenden, bemerkenswerten Satz: „*Eadem condicio sensitiva, sub qua sola* intuitus *obiecti est possibilis, est condicio ipsius* possibilitatis obiecti“[584]. Das wird von Klaus Reich folgendermaßen übersetzt: „Dieselbe sinnliche Bedingung, unter der allein die *Anschauung* des Objekts möglich ist, ist die Bedingung der *Möglichkeit des Objekts* selbst“[585]. Der Satz hätte aus der *Kritik* stammen können. Kant zählt ihn jedoch zu den erschlichenen Axiomen (*axiomata subrepticia:* „Blendwerke, wodurch sinnliche Erkenntnisse als intellektuelle vorgespielt werden“). Auf Basis der Sinnlichkeit – sagt uns Kant – lassen sich weder die Objekte an sich noch die Möglichkeit derselben neu bestimmen.

Die *Dissertatio* enthält schließlich auch – neben dem oben erwähnten „kritischen“ Gebrauch des Wortes in Bezug auf Zeit und Raum und neben der gleichzeitigen radikalen Ausschließung einer neuen Definition des Möglichen auf Basis der neudefinierten Sinnlichkeit – eine scharfe Kritik an der alten, logischen Definition des Möglichen. Am Ende des § 28 schreibt Kant: „...*noster* [...] intellectus impossibilitatem non animadvertit, *nisi ubi notare potest simultaneam oppositorum de eodem enuntiationem* [...]. *Ubicunque igitur talis condicio non obvenit, ibi nullum intellectui humano de impossibilitate iudicium vacat. Quod autem ideo nulli plane intellectui liceat, adeoque,* quicquid non involvit contradictionem, ideo sit possibile, *temere concluditur, subiectivas iudicandi condiciones pro obiectivis habendo*“[586]. Die klassische Definition des Möglichen als das, was keinen Widerspruch enthält, sei deswegen grundlos, weil in ihr subjektive Bedingungen des Urteils (wie die Simultaneität der Erfahrungen), offensichtlich unreflektiert für objektiv gehalten werden. In diesem Sinne sind auch mehrere Reflexionen aus den Jahren 1769/1771 zu verstehen, in

582 2:402.
583 Vgl. 2:404.
584 2:413.
585 Kant, *De Mundi sensibilis atque intelligibilis forma et principiis*, übers. und hrgs. von Klaus Reich, S. 83.
586 2:416.

denen Kant die Trennung von logischer und realer Möglichkeit betont und die Anwendung der logischen Definition der Möglichkeit auf die Realität scharf kritisiert[587].

Nur die spätere, radikale Abschaffung der Erkennbarkeit der Dinge an sich und die daran gebundene neue Bestimmung der Funktion der Verstandesbegriffe führt Kant – kurz nach der Verfassung der *Dissertatio* – zu der uns bekannten, neuen Definition des Möglichen als das, was mit den Bedingungen der Sinnlichkeit und der Erfahrung im Allgemeinen übereinstimmt. Sehr schwer ist zu bestimmen, wann diese neue Definition auftaucht. Meine Antwort ist: Sie taucht unmittelbar nach, vielleicht sogar während der Verfassung der *Dissertatio* auf. Hier sind einige Reflexionen aus den Jahren 1770/1771, die als passende Kandidaten gelten könnten:

— R. 4298 (wahrscheinlich, aber nicht ganz sicher, aus den Jahren 1770/71, neben § 17 der *Metaphysica*): „Moglichkeit: die Uebereinstimmung (*non repugnantia*) mit einer Regel, Wirklichkeit: die position schlechthin, Nothwendigkeit: die position nach einer Regel".

— R. 4299 (gleiche Datierung wie oben, aber neben § 18): „Die Beziehung (eines Gegenstandes) auf Wahrnehmung (*perceptio*) ist das Daseyn; auf das Denken: Möglichkeit; auf das Denken, so fern es das Daseyn bestimt: die Nothwendigkeit".

Dritte Frage: Haben die Begriffe der Möglichkeit, Wirklichkeit und Notwendigkeit schon die ganz besondere Position, die sie später innerhalb der Tafel der Kategorien bekommen werden?

Diese Frage kann nicht leicht beantwortet werden, denn Kant scheint hier gar keine klare Vorstellung von der Hauptfunktion der reinen Begriffe des Verstandes zu haben (siehe oben, erste Frage). Auf Grund der Auflistung des § 8 („*possibilitas, exsistentia, necessitas, substantia, causa etc. cum suis oppositis aut correlatis*") kann man sicherlich nicht auf eine interne, systematische Differenzierung schließen. Die reinen Begriffe werden jedoch auch nicht rhapsodisch oder bloß zufällig wiedergegeben.

587 In einer Reflexion aus dem Jahr 1769 zum § 15 der *Metaphysica* Baumgartens (R. 4004) lesen wir zum Beispiel: „Möglich ist ein ieder Begrif, in welchem ein praedicat liegt, was in dem subiecte betrachtet wird und ihm nicht wiederspricht; aber es ist nicht iede *synthesis* möglich, in der kein wiederspruch ist. d. i. reale Verhältnisse werden nicht durch den Satz des Wiederspruchs eingesehen". Vgl. dazu auch R. 3991 und R. 4005.

An den Anfang der Liste stellt Kant die Begriffe der Modalität und folgt damit der Tradition der Wolffschen Metaphysik, die bekanntlich mit den Begriffen der Möglichkeit/Unmöglichkeit eröffnet wurde. Kant gibt die ganz spezielle Einteilung der Modalbegriffe wieder (mit der Wirklichkeit an zweiter Stelle), die damals nur im *Neuen Organon* von Lambert zu finden war[588]. In den Vordergrund stellt Kant hiermit ganz bewusst die Problematisierung von Sinn, Rolle, Funktion und interner Einordnung der Begriffe der Modalität, welche ihn schon seit Jahrzehnten beschäftigte. An den Anfang stellt er mit anderen Worten die Diskussion über die Bedeutung der Objektivität, die er in der *Kritik der reinen Vernunft* von 1781 an das Ende der Tafel, aber immerhin an eine ganz besondere Position, stellen wird[589].

9.6. Die Systematik der Begriffe in den 70er Jahren

Kant beschäftigt sich mit dem Problem der präzisen Definition (und des genauen Ortes) der Modalbegriffe insbesondere ab 1770, als er zu einer radikalen Abschaffung der Dinge an sich als mögliche Gegenstände des Intellekts gelangt. In der *Dissertatio* von 1770 ist er noch der Auffassung, dass die sinnlichen Vorstellungen (deren Form Raum und Zeit sind) die Dinge wiedergeben, wie sie erscheinen, die Verstandesbegriffe hingegen die Dinge wiedergeben, wie sie wirklich sind[590]. Erst ab 1770 schränkt er auch – und dies ist ein entscheidender Schritt auf seinem Weg zur kritischen Philosophie – die Geltung der reinen Begriffe für die Dinge ein, wie sie uns gegeben sind. In R. 4276 (aus dem Jahr 1770–71) schreibt er zum Beispiel: „Categorien sind die allgemeinen handlungen der Vernunft, wodurch wir einen Gegenstand überhaupt (zu den Vorstellungen, Erscheinungen) denken“. Und in R. 4634 (aus den darauf folgenden Jahren): „Wir kennen einen jeden Gegenstand nur durch prädikate, die wir von ihm sagen oder gedenken“. Die reinen Begriffe des Verstandes werden nun als

588 Siehe hier Kapitel 8, S. 152. Schon in der Beantwortung der Preisfrage von 1763 über die *Deutlichkeit der Gründsätze der natürlichen Theologie und der Moral* schreibt Kant: „In der Metaphysik wird der Anfang vom Schwersten gemacht: von der Möglichkeit und dem Dasein überhaupt, der Nothwendigkeit und Zufälligkeit u.s.w., lauter Begriffe, zu denen eine große Abstraction und Aufmerksamkeit gehört, vornehmlich da ihre Zeichen in der Anwendung viele unmerkliche Abartungen erleiden, deren Unterschied nicht muß aus der Acht gelassen werden. Es soll durchaus synthetisch verfahren werden“ (2:289).

589 Siehe dazu S. 181 f.

590 Vgl. 2:392.

die Handlungen des Subjekts verstanden, welche allein die Erfahrung eines Gegenstandes (als Erscheinung) möglich machen. Sie sind die „Titel des Denkens [...], worunter Erscheinungen an sich selbst gebracht werden: z. E. ob sie als Größe oder als subiect oder als Grund oder als Ganzes oder blos als realitaet angesehen werden“[591]. In diesem Kontext werden die Kategorien selbst als *synthetische* Begriffe definiert, gemäß derer das Gegebene zu einem einheitlichen Zusammenhang bzw. zu der Einheit der Erfahrung verknüpft wird[592].

Auf Grund dieser entscheidend wichtigen Neudefinition der reinen Begriffe des Verstandes stellt sich Kant eine ganz neue Aufgabe, die er selber in dem bekannten Brief an Markus Herz vom 21. Februar 1772 folgendermaßen zusammenfasst: „[Ich suchte nun] alle Begriffe der gäntzlich reinen Vernunft, in eine gewisse Zahl von *categori*en zu bringen, aber nicht wie *Aristoteles*, der sie so, wie er sie fand, in seinen 10 *praedicament*en aufs bloße Ungefehr neben einander setzte; sondern so wie sie sich selbst durch einige wenige Grundgesetze des Verstandes von selbst in classen eintheilen“[593]. Manche Reflexionen, die Kant um 1770 verfasste, enthielten in der Tat eine eher unordentliche und rückblickend konfuse Zusammenstellung der ontologischen Begriffe wie Dasein, Möglichkeit, Notwendigkeit, Grund, Einheit, Vielheit, Ganzheit, Teil, Raum, Zeit, Veränderung, Bewegung, Substanz, Kraft usw.[594]. Nun unterteilt Kant die Urteile in analytische und synthetische. Letztere werden ihrerseits in die verschiedenen Gruppen der „synthetischen Urteile a priori“ eingeteilt.

In einer Reihe von Reflexionen, die zwischen 1769 und 1774 verfasst wurden, bemüht sich Kant erstmalig um ein mögliches Ordnungsprinzip der Kategorien als Funktionen der synthetischen Verbindung der Erfahrung. Kategorien können reine Begriffe der „Coordination“ oder der „Subordination“ der Vorstellungen sein. So Kant in R. 3925: „Die synthesis ist entweder nach einander, d. i. des subordinirten, oder neben einander: des coordinirten. aus der letzten entspringen die Urtheile vom Ganzen und seinen Theilen“. Aus der Subordination entstehen dagegen die Urteile des Grundes und der Folge. Das behauptet Kant z. B. in R. 3935: „Die Synthesis der Vernunft (rational) oder der Erfahrung (empirisch). Die erste ist entweder der coordination: Gantze und Theile, Zahl und Einheit,

591 R. 4672 aus dem Jahr 1773.
592 Man lese dazu Carl, *Der schweigende Kant*, S. 28 ff. und 38 ff.
593 10:132.
594 Vgl. R. 3927, R. 3930, R. 3988, R. 4385.

oder der subordination: Grund und Folge"[595]. Während in der Dissertation von 1770 die *subordinatio* (und die darin enthaltene Kausalität) explizit als Form der Synthesis ausgeschlossen wurde („*Forma* [...] *consistit in substantiarum* coordinatione, *non subordinatione*"[596]), bekommt dieselbe nach 1770 eine ganz entscheidende Funktion für die Neubestimmung der Kategorien.

Erich Adickes hat jedoch m. E. vollkommen Recht, wenn er in seiner Inaugural-Dissertation von 1887[597] auf eine eher trichotomische Ordnung der Kategorien in den früher 70er Jahren hinweist. In R. 4276 aus den Jahren 1770/71 definiert Kant die Kategorien als „die allgemeinen handlungen der Vernunft, wodurch wir einen Gegenstand überhaupt (zu den Vorstellungen, Erscheinungen) denken". Dieselben werden in drei Gruppen geteilt:

— Kategorien der *thesis*, deren *predicamenta* das „*possibile, actuale, necessarium cum oppositis*" sind.

— Kategorien der *synthesis*, nach der *coordinatio* der Begriffe, deren *predicamenta* die *quantitas* ausdrücken.

— Kategorien der *hypothesis*, nach der *subordinatio* der Begriffe.

In unterschiedlichen Varianten kehrt diese Dreiteilung der Kategorien in vielen Reflexionen der ersten Hälfte der 70er Jahre wieder. So Kant in R. 4279: „Alle Sätze praedicieren *per thesin* (wirklich, moglich, nothwendig) oder *per synthesin* oder *analysin.* Thetische Sätze haben kein praedicat und können nur in Anschauungen erkannt werden. oder drücken die Unmittelbare Anschauung eines Dinges aus". In R. 4637 aus den Jahren 1772–76 liest man: „Das zu unsern Erkenntnissen gehorige, wodurch die Gegenstände gedacht werden (denn der Raum ist nur die Art, wie sie uns gegeben werden), ist entweder das denken eines gegenstandes überhaupt: *possibile* [er mag gegeben seyn oder nicht], oder wie er von uns selbst überhaupt kann gegeben werden: *qvantitas*, oder wie er uns durch Erfahrung gegeben werden muß"[598].

Die Kategorien der Modalität unterscheiden sich von allen anderen Begriffen a priori vor allem deswegen, weil sie keine Funktion der *Synthesis* oder *Hypothesis* der Gegenstände in ihrer Objektivität, sondern nur die

595 Vgl. dazu auch. R. 3941, R. 3958, R. 3961, R. 3968, R. 4155, R. 4415, R. 4476, R. 4493.

596 2:390.

597 Adickes, *Kant's Systematik*, S. 11 ff.

598 Man beachte in dieser Hinsicht auch R. 4380, R. 4413, R. 4415, R. 4476, R. 4493, R. 4496, R. 4640 und, aus den späten 70er Jahren, R. 4978, R. 5279, R. 6122.

Setzung (*Thesis*) des Objekts durch das Subjekt ausdrücken. Zu Recht erinnert Veca an das Vorkommen des Themas der Setzung und der absoluten Position schon in *Der einzig mögliche Beweisgrund* von 1763: „...il concetto di tesi esprime lo sviluppo di un tema comparso nel Beweisgrund in modo tanto significativo quanto problematico, il tema della posizione assoluta e relativa“[599]. Die Reflexionen aus der ersten Hälfte der 70er Jahre unterstreichen diesen rein „thetischen“ bzw. „setzenden“ Charakter der Modalität: „Moglichkeit, Wirklichkeit und aus beyden Nothwendigkeit sind nicht Begriffe von Gegenständen noch praedicate, sondern stellungen des obiects“[600]. Die Setzung (*Thesis*) eines Gegenstandes ist eine Funktion der Subjektivität[601]. Die Kategorien der Modalität bestimmen damit nicht die objektive Form des Gegenstandes, sondern nur die Position des Objektes in seiner Beziehung zum Subjekt. In der R. 4568 aus den Jahren 1772–75 gebraucht Kant das Wort „Postulat“, um explizit die subjektiven Prinzipien der Modalität zu definieren: „Die subjective Bedingungen der Menschlichen Vernunft sind die *postulata* ihres Gebrauchs und nicht *axiomata*“[602].

In den Blättern des *Duisburgischen Nachlasses* von 1775 werden die Kategorien der Modalität in ihrer ganz besonderen Funktion bestimmt, die sie auch später in der kritischen Phase behalten werden. In R. 4674 (7. Blatt des Nachlasses) unterscheidet Kant zwischen den Begriffen, welche „auf Gegenstande als Erscheinungen“ zielen, von den Begriffen der Möglichkeit, Wirklichkeit und Notwendigkeit, welche die Gegenstände „nur als Begriffe *a priori*“ betrachten[603]. Die Begriffe der Modalität – so der Kommentar von Theodor Häring – haben die Besonderheit, dass sie sich nur auf Gedankenverhältnisse, nicht auf Erscheinungen beziehen; sie bestimmen nämlich gar nichts Inhaltliches: „Kant [betrachtet und bezeichnet] die Kategorien der Modalität bis in die „Kritik“ hinein als den anderen nicht gleichstehend„[604]. Diese werden hier als „die *positiones* der

599 *Fondazione e modalità*, S. 179. Auf S. 181 schreibt Veca: „La modalità si presenta così, rispetto alle altre categorie, come un tipo puro dell'intelletto che riguarda la posizione dell'oggetto e le sue variazioni“. Und noch: „Se le altre categorie esprimono modi di costituzione dell'oggetto, la modalità sembra così destinata a regredire al soggetto e a tematizzarne l'atteggiamento in rapporto alle variazioni posizionali dell'oggetto“.

600 R. 4288.

601 Vgl. R. 4292.

602 Man beachte dazu das gesamte Kapitel 3.

603 R. 4674 in 17:646.

604 Häring, *Der Duisburgsche Nachlass*, S. 92.

postulaten der *synthesis a priori*" bezeichnet. „Als Grund davon" – so Häring – „war weiterhin gefunden, daß sie nur in ihrer Anwendung auf Erscheinung d. h. in ihrer „Position" gedacht werden könnten. Solange sie nicht diese Beziehung haben, sind sie keine Regeln, keine objektiven Grundsätze der Exposition (Synthesis), sondern nur (subjektive) „Postulate der Synthesis"„[605]. In R. 4675 (8. Blatt) stellt Kant unterschiedliche Formen der Gewissheit vor: „Die axiomen haben eine primitive, die analogien eine derivative, die petitionen eine adoptierte Gewisheit"[606]. Letztere lassen sich auf Grund des nachträglichen, nicht konstitutiven, sondern vielmehr reflexiven Charakters ihrer Gewissheit beschreiben. In R. 4678 (12. Blatt) bezieht sich Kant auf den „restriktiven" Charakter dieser *petitionen:* „Die principien des Denkens, so fern es durch die Bedingung des subiects restringiert oder auf das subject bestimt seyn, sind nicht Grundsätze, sondern restrictionen"[607]. „Danach" – so Häring – „sind die „Prinzipien des Denkens, die durch die Bedingung des Subjekts restringiert sind", offenbar solche Prinzipien die nur subjektive Geltung beanspruchen„[608].

Erich Adickes hat wiederum Recht, wenn er behauptet, dass Kant erst in der zweiten Hälfte der 70er Jahre die Idee entfaltete, die Kategorien den Formen des Urteilens nachzubilden und auf dieser Basis in eine Tafel einzuordnen[609]. Dieselbe Position vertreten Vleeschauwer[610] und Giorgio Tonelli. Tonelli schreibt in *Die Voraussetzungen zur Kantschen Urteilstafel* Folgendes: „Die Urteilstafel Kants erscheint zum ersten male sowohl in den *Enzyklopädievorlesungen* (1777–80) [24:37] wie in der *Metaphysik Pölitz A* (1778–80) [28:546 ff.]. […] Während es möglich ist, […] die Entstehung der Kategorientafel zu verfolgen, ist es dagegen ganz unmöglich, durch die kargen gelegentlichen Äußerungen über die Urteile die Entstehung der Urteilstafel zu rekonstruieren. Man hat schließlich den Eindruck, dass die

605 Ebd. Veca äußert sich über diesen Punkt mit besonders treffenden Worten: „Il *Duisburgscher* è il luogo in cui Kant […] vuole approfondire soprattutto il carattere obiectiv-machend delle categorie. […] Le modalità e le sue Petitionen urtano contro il prevalente tema della costituzione dell'oggetto, perché implicano la relazione al soggetto e il problema della correlazione tra variazione posizionale dell'oggetto e soggettività costitutiva. Per questo Kant indica il diverso tipo di evidenza delle Petitionen, correlato alla diversa direzione di senso delle funzioni modali che regrediscono al soggetto rispetto alle altre che progrediscono verso l'oggetto" (*Fondazione e modalità*, S. 185).

606 R. 4675 in 17:649.

607 R. 4678 in 17:661.

608 Häring, *Der Duisburgsche Nachlass*, S. 51.

609 Vgl. Adickes, *Kant's Systematik*, S. 13, 16 ff.

610 Vgl. Vleeschauwer, *L'évolution de la pensée kantienne*, S. 91.

Bearbeitung der Kategorien der führende Prozeß ist, und dass die Urteilstafel nach 1777 fast plötzlich entsteht, durch einen erst damals entdeckten besonderen Parallelismus mit den Kategorien“[611]. Bezüglich der früheren Darstellung der Form der Urteile in der *Logik Blomberg* von 1771[612] und in der *Logik Philippi* von 1772[613] notiert Tonelli zu Recht, dass ihre Ähnlichkeit zu der späteren Urteilstafel bis auf einige Einzelheiten sehr gering ist[614], was aber nicht der Fall ist nach Brandt[615] und Wolff[616], welche die Vorlesungen der frühen 70er Jahre als in diesem Zusammenhang sehr wichtig einschätzen.

In R. 4978 aus den Jahren 1776–78 schreibt Kant: „Die der thesis sind begleitende Begriffe [...] des Setzens“. Am Ende der siebziger Jahre werden jedoch die Sätze der Modalität nicht mehr als „thetische“, sondern – wie die anderen Kategorien – als „synthetische Sätze“ beschrieben[617]. Sie sind allerdings nur subjektiv-synthetisch: „nicht zu dem Begriffe des Dinges, sondern zum Denken überhaupt wird etwas hinzugethan“[618]. Sie behalten damit einen „setzenden“, thetischen (nicht objektiv-synthetischen) Charakter.

Durch die Neuordnung der Kategorien auf Grund der Tafel der Urteile werden (neben anderen Neuerungen) die Kategorien der Modalität zum ersten Mal von denen der Qualität deutlich getrennt. Man beachte, dass Kant in einer Reflexion aus der Mitte der 70er Jahre noch schreiben konnte: „Das Mogliche ist etwas oder nichts im metaphysischen Verstande als *realitas* oder *negation*“[619]. Kant verwechselte hier noch die *existentia* (Wirklichkeit) mit der Sachhaltigkeit (*essentia*) der Erscheinung. In den hier oben erwähnten *Enzyklopädievorlesungen* von 1777/80 erscheint zum ersten Mal die Tafel der Kategorien gemäß ihrer Ableitung aus der Tafel der Urteile[620]. Kant stellt nun[621] das folgende System dar (in dem die Kategorie der Limitation jedoch noch fehlt):

611 Vgl. Tonelli, *Die Voraussetzungen*, S. 147.
612 24:273 ff.
613 24:464.
614 Vgl. Tonelli, *Die Voraussetzungen*, S. 150.
615 Vgl. Brandt, *Die Urteilstafel*, S. 99–102.
616 Vgl. M. Wolff, *Die Vollständigkeit*, S. 56.
617 Vgl. z.B. R. 5172.
618 R. 5558. Vgl. auch R. 5228 und R. 5557.
619 R. 4389. Dazu Adickes, *Kant's Systematik*, S. 13.
620 Vgl. 24:36–37.
621 24:36–37.

> Durch die Titel des Denkens werden die Objecte bestimmt. Wenn wir alle logische Functionen durchgehn so werden wir auch so viele Titel des Verstandes herausbringen. I. der Qvalitaet nach sind 1. die Urtheile a) bejahend b) verneinend 2. die Titel des Denkens a) Realitaet b) Negation. II. der Qvantitaet nach sind 1. die Urtheile a) allgemein b) besonders c) einzeln. 2. die Titel des Denkens welche daraus entstehen a) omnitudo b) multitudo c) unitas. III. der Relation nach sind 1. die Urtheile a) categorisch b) hypothetisch c) disjunctiv. Diesen correspondiren 2. die Titel des Denkens a) der Begrif der Substanz und des Accidentz b) Grund und Folge c) des Gantzen und des Theils IV. der Modalitaet nach sind 1. die Urtheile a) problematisch, welche die Möglichkeit ausdrücken, es mag seyn etc. b) Aßertorisch, die drücken die logische veritaet aus, e. g. es ist ein gütiger Richter. c) Apodictisch, drücken die Nothwendigkeit aus, z.E. Ein Körper muß theilbar seyn. Diesen correspondiren 2. die Titel des Denkens a) Möglichkeit b) Würklichkeit c) Nothwendigkeit.

Durch die Dreiteilung der Urteile in problematische, assertorische und apodiktische wird auch das interne Muster der Modalität endgültig festgelegt. Dieselbe Dreiteilung hatte jedoch Kant mehrmals in den 60er und 70er Jahren dargestellt[622]. Besonders deutlich ist die innere Strukturierung der Modalität in den schwer datierbaren, aber sicherlich vor 1776 verfassten Reflexionen 4802 und 4288. In dieser letzten Anmerkung schreibt Kant das Folgende: „Moglichkeit, Wirklichkeit und aus beyden Nothwendigkeit sind nicht Begriffe von Gegenständen noch praedicate, sondern stellungen des obiects. 1. Von der Dichtungskraft. Das obiect der Erdichtung ist moglich. Die Erdichtung, die sich selbst aufhebt, ist keine Erdichtung. Zu iedem Dichten gehört, daß was Gegeben sey. 2. Das obiect des Sinnes ist Wirklich. 3. Die Setzung durch Vernunft ist nothwendig".

622 Vgl. dazu S. 170 f., 175.

10. Das Verhältnis zu den anderen Teilen der *Kritik der reinen Vernunft*

Thema dieses Kapitels ist das Verhältnis der Postulate zu anderen Sektionen oder Teilen der *Kritik der reinen Vernunft.* Die ganz besondere Bedeutung der Modalprinzipien im Vergleich zu den anderen Prinzipien des Verstandes wurde ab Kapitel 1 immer wieder betont[623]. Das systematische Verhältnis von Urteilstafel und Kategorientafel bezüglich der Modalität war das Thema des Abs. 2.1. Die Modalitätslehre soll nun in ihrer Beziehung zu anderen für die Modalitätslehre nicht mehr konstitutiven, jedoch auch wichtigen Sektionen der *Kritik der reinen Vernunft* analysiert werden.

10.1. Postulate und Ästhetik

Die Postulate sind strukturell eingegliedert in die „Transzendentale Logik". Sie betreffen ausschließlich das logische Urteil, indem sie uns etwas über seinen modalen (und ontologischen) Status sagen. Will man trotzdem eine Verbindung mit der „Transzendentalen Ästhetik" herstellen, dann kann man wohl behaupten, dass Kant durch die Postulate dem logischen Urteil dieselbe Notwendigkeit zu sichern versucht, die die Ästhetik von Anfang an besitzt. Nur dank der Postulate und der in ihnen enthaltenen Theorie der Objektivität kann man nämlich der Physik einen vergleichbaren Grad von Notwendigkeit wie der Mathematik (der Geometrie und der Arithmetik) garantieren[624].

---

623 Man beachte S. 15 ff. und Abs. 9.6.

624 Man hat jedoch mehrmals versucht, diese zwei Teile der *Kritik* als ähnlich zu betrachten. Die konstitutive Identität zwischen den Zielen der Ästhetik und denjenigen der Postulate wurde vor kurzem von Gaetano Chiurazzi in *Modalità ed esistenza* thematisiert. In beiden Fällen haben wir nach Chiurazzi mit einer nichtprädikativen Synthesis zu tun, welche das Verhältnis Form und Materie und die konstitutive Beziehung von Subjekt und Objekt betrifft (siehe S. 128–129). Chiurazzi beruft sich in diesem Sinne auf die Arbeiten von Paul Natorp und Salvatore Veca. Ersterer sah sogar die Notwendigkeit, die ganze Behandlung der Formen der Anschauung unter die Modalität zu subsumieren: „In einem stren-

Niemand kann laut Kant an der Notwendigkeit der synthetischen Sätze a priori der Mathematik zweifeln. Dass ihre Wahrheiten notwendig und allgemeingültig sind, das ist ein Faktum, das nicht in Frage gestellt wird. Die Grundfrage der Ästhetik betrifft nicht die Notwendigkeit der Mathematik, sondern viel mehr den sinnlichen – nicht mehr logischen – Status ihrer (notwendigen und allgemeingültigen) Wahrheiten. Raum und Zeit sind die reinen Formen der Anschauung. Sie sind aber zugleich reine Anschauungen, denn die Sinnlichkeit hat bei Kant (im klaren Gegensatz zu Leibniz und Locke) auch die Fähigkeit, etwas a priori anzuschauen. Raum und Zeit gelten hiermit als die allgemeinen Prinzipien aller synthetischen Sätze a priori der rein sinnlichen Wissenschaften der Geometrie und der Arithmetik.

Die wichtigste Frage, die man sich in Bezug auf das Verhältnis von „Ästhetik" und „Postulaten" stellen kann, betrifft daher (und kann meines Erachtens nur betreffen) die zwei unterschiedlichen Formen der Notwendigkeit (anschauliche und logische). Sie lautet: Was unterscheidet die notwendige, aber anschauliche Synthesis der Vorstellungen in Raum und Zeit von der notwendigen Synthesis der Begriffe im Denken?

Die Notwendigkeit der mathematischen Urteile unterscheidet sich von derjenigen der übrigen synthetischen Sätzen a priori dadurch, dass sie keine Subordination, keine asymmetrische Beziehung, kein dynamisches Ereignis, sondern eine Koordination der *relata* im Raum bzw. in der Zeit aufstellen. Dieser Unterschied wird schon im § 2 der *Dissertatio* von 1770 klar dargestellt. Die Subordination enthält ein heterogenes, asymmetrisches Verhältnis: „Subordinata [*se invicem respiciunt*] *ut causatum et causa, s. generatim ut principium et principiatum*"[625]. Die Koordination ist dagegen homogen und symmetrisch, da hier kein Element aus dem anderen folgt, sondern alle in ihrer wechselseitigen Beeinflussung von dem Ganzen abhängen: „Coordinata [...] *se invicem respiciunt ut complementa ad to-*

---

geren Systemaufbau hätten [die Vorstellungen der Zeit und des Raumes] ihre Stelle wohl finden müssen in der Modalität, bei der Kategorie der Wirklichkeit; aber auch bei der Möglichkeit und der Notwendigkeit. Zwar gerade indem die Forderung der Einzigkeit in der Modalität der Gegenstandserkenntnis begründet ist, muß sie sich auf das ganze System der reinen Denkbedingungen der Gegenständlichkeit und auf jede dieser Bedingungen besonders erstrecken" (Natorp, *Die logischen Grundlagen*, S. 277). Veca sieht in der Modalitätslehre und in der Ästhetik eine ähnliche thematische Behandlung der „Position" (Setzung) des Gegenstands in Bezug auf das Subjekt (*Fondazione e modalità*, S. 230).

625 2:390.

tum"[626]. Wenn, in der sinnlichen Koordination der Elemente, *a* die Ursache von *b* ist, dann ist gleichzeitig *b* die Ursache von *a.* Darius Koriako stellt in diesem Sinne zu Recht deutlich fest, dass hier kein Verhältnis Teil-Ganzes (was nur als Form der logischen Subordination zu verstehen wäre), sondern ein Verhältnis Teil-Teil auf Basis des Ganzen stattfindet: „Nur in bezug auf das Ganze beziehen sie [die Teile] sich auch aufeinander"[627].

Es ist vor allem die intensive Auseinandersetzung mit dem Verhältnis zwischen diesen zwei radikal unterschiedlichen Formen von Notwendigkeit, die es ermöglichen, Postulate und Ästhetik überhaupt systematisch in Verbindung zu bringen.

10.2. Systematische Verbindungen innerhalb der Tafel der Kategorien

Analysiert man die Begriffe der Modalität in ihrem Verhältnis zu den anderen neun Kategorien, so gelangt man zu der Einsicht, dass die Möglichkeit mit der gesamten Gruppe der Quantität, der Wirklichkeit der Qualität und der Notwendigkeit der Relation in Verbindung steht. Kant äußert sich darüber nur in den *Metaphysischen Anfangsgründen der Naturwissenschaft* von 1786, wo er die vierte Gruppe, die „Phänomenologie", in ein systematisches Verhältnis zu den drei anderen Gruppen der „Phoronomie", der „Dynamik" und der „Mechanik" bringt[628]. In der *Kritik*

626 Ebd. Und noch: „*Prior relatio* [die Koordination] *est reciproca et homonyma, ita, ut quodlibet correlatum alterum respiciat ut determinans, simulque ut determinatum, posterior* [die Subordination] *est* heteronyma, *nempe ab una parte nonnisi dependentiae, ab altera causalitatis*" (2:390).

627 Koriako, *Kants Philosophie der Mathematik*, S. 133.

628 Die drei Lehrsätze der „Phänomenologie" bestimmen „die Bewegung der Materie in Ansehung ihrer Möglichkeit, Wirklichkeit und Nothwendigkeit, mithin in Ansehung aller drei Kategorien der Modalität" (*MAN*, 4:558). Lehrsatz 1 beschreibt die gerade Bewegung als die bloß mögliche – denn objektiv nicht von der Bewegung des gesamten Raumes unterscheidbare – Bewegung eines Gegenstandes: „Die geradlinige Bewegung einer Materie in Ansehung eines empirischen Raumes ist zum Unterschiede von der entgegengesetzten Bewegung des Raums ein blos mögliches Prädicat. Eben dasselbe in gar keiner Relation auf eine Materie außer ihr, d. i. als absolute Bewegung gedacht, ist unmöglich" (4:555). Lehrsatz 2 bestimmt die Kreisbewegung einer Materie als wirkliche und wirklich verursachte Bewegung eines materialen Körpers: „Die Kreisbewegung einer Materie ist zum Unterschiede von der entgegengesetzten Bewegung des Raums ein wirkliches Prädicat derselben; dagegen ist die entgegengesetzte Bewegung eines relativen

der reinen Vernunft wird diese Einordnung nicht ausdrücklich beschrieben; inhaltlich lassen sich jedoch auch hier theoretische Verknüpfungen ausmachen:

1. Quantität – Möglichkeit. Der Begriff einer Größe ist derjenige, durch den, mit den Worten Kants, „die Vorstellung eines Objekts *zuerst* möglich wird" (B 203, Hvh. v. G. M.). Etwas ist in der Tat zunächst möglich, wenn es eine extensive Größe hat. In einem komplizierten, aber richtigen Satz behauptet Vuillemin diesbezüglich: „Et c'est aussi seulement parce que l'espace est une condition formelle a priori de l'expérience externe et que la synthèse figurative de la figure géométrique est identique à la synthèse de l'intuition externe phénoménale, qu'il est possible de lier au concept expérimental de la figure la représentation de sa possibilité"[629]. Auch die entscheidende Konfrontation mit dem klassischen, scholastischen Begriff des Möglichen als das, was keinen Widerspruch enthält, findet bei Kant vornehmlich auf der Ebene einer Diskussion über die quantitativ bestimmten Gegenstände der Mathematik statt[630].

2. Qualität – Wirklichkeit. Im zweiten Postulat des empirischen Denkens wird genauso wie in den „Antizipationen der Wahrnehmung" das Materiale der Erfahrung in einer Empfindung thematisiert. Die Kategorie der Realität (erster Begriff nach der Qualität) ist vor allem nicht mit der Kategorie der Wirklichkeit (zweiter nach der Modalität) zu verwechseln. Realität, deren logisches Korrelat die Bejahung ist, ist für Kant dasjenige, was inhaltlich zur Sache gehört (das, was etwas ist). Die Wirklichkeit drückt eher die Position des Objekts als solches aus (d. h. ob etwas existiert oder nicht)[631]. Das Verhältnis zwischen Wirklichkeit und Qualität ist – trotz der

---

Raums, statt der Bewegung des Körpers genommen, keine wirkliche Bewegung des letzteren, sondern, wenn sie dafür gehalten wird, ein bloßer Schein" (4:556–7). Lehrsatz 3 beschreibt die notwendigen mechanischen Gegenwirkungen von zwei Körpern: „In jeder Bewegung eines Körpers, wodurch er in Ansehung eines anderen bewegend ist, ist eine entgegengesetzte gleiche Bewegung des letzteren nothwendig" (4:558). Man beachte dazu vor allem Grünewald, *Modalität und empirisches Denken*, S. 23 ff. und Pollok, *Kants Metaphysische Anfangsgründe*, S. 473.

629 Vuillemin, *La théorie kantienne des modalités*, S. 150.

630 Vgl. Abs. 5.3. und Anm. 44, 46, 47 des Textkommentars.

631 Nach Günter Zöller stehen hier zwei unverträgliche Auffassungen des von ihm untersuchten Begriffs der „objektiven Realität" einander gegenüber: „eine ontologische, am Gedanken der realität als Sachheit und der „objektiven Realität" als sachlicher Bestimmtheit des Gegenstandes orientierte Auffassung [...] und eine

fundamentalen Differenz – offensichtlich. Erst in der zweiten Hälfte der 70er Jahre trennt Kant (in der Tafel der Urteile) Realität und Existenz, d. h. Qualität und Modalität[632].

3. Relation – Notwendigkeit. Dass jede Begebenheit in der Natur letzetndlich notwendig ist, das ist das Hauptresultat der „Analogien der Erfahrung". Nichts darf nach dem dynamischen Gesetz der Kausalität zufällig geschehen. Relation und Notwendigkeit sind – das wurde hier mehrmals gezeigt – eng miteinander verbunden[633].

Um jeden Versuch zu verhindern, systematische Relationen dieser Art festzustellen, äußert sich vor allem H. J. Paton: „It is tempting to suggest that the synthesis of quantity gives us the possibility of the object, the synthesis of quality its actuality, and the synthesis of relation its necessity. This has the great merit of simplicity; and it makes an object possible in virtue of its conformity to the nature of time and space, a doctrine not without a certain plausibility. Nevertheless the teaching of the Postulates is more complicated than this; for possibility is said to involve conformity with the formal conditions, not only intuition, but of experience in general; and these formal conditions [...] are said to contain all synthesis demanded for knowledge of objects"[634]. Ganz anderer Meinung ist der französische Interpret J. Vuillemin, welcher in *La Théorie kantienne des modalités* von 1981/82 eine weitere, strukturierende Korrelation zwischen Möglichkeit, Wirklichkeit und Notwendigkeit einerseits und den drei Begriffen der

---

rein modale Lesart, die den Begriff der „objektiven Realität" allgemein mit „Existenz" gleichsetzt" (*Theoretische Gegenstandsbeziehung bei Kant*, S. 227; man beachte hier auch S. 213–229). Nach Hardy Neumann wird durch diese Unterscheidung das alte Thema des Verhältnisses zwischen *essentia* und *existentia* in die Kategorientafel eingegliedert: „Für Kant, den Rationalismus und das Mittelalter bedeutet „real" das, was zur *res* gehört. *Res* ist hier der Terminus für die Sache. Realitas ist somit Sachheit. Als Sachheit ist Realitas [...] dasjenige, was eine Sache eigens zu dieser Sache macht. Realitas als Sachheit bedeutet somit nichts anderes als das Was-Sein, das Wesen oder die essentia einer Sache" (*Die neue Seinsbestimmung*, S. 195; man beachte S. 145, S. 196–197 und S. 345–346). Siehe bezüglich dieses Themas Schneeberger, *Kants Konzeption*, S. 65–66 und Veca, *Fondazione e modalità*, S. 265–266.

632 Vgl. dazu S. 181 f.

633 Vgl. Abs. 7.1.

634 Paton, *Kant's Metaphysic*, II, S. 341.

Relation (Substanz, Kausalität und Wechselwirkung) andererseits beschreibt[635].

Das Schema 1, 2, 3 / 4 hat sicherlich eine gewisse Autonomie. Man muss aber auch bedenken, dass Kant bis in die späten 70er Jahre hinein ein dreifaches Muster bevorzugt: Begriffe der Thesis, Synthesis und der Hypothesis (1, 2, 3 bzw. 1, 2 / 3)[636]. Das vierfache Muster wird in der Tat recht spät eingeführt und kann dementsprechend für Kant keine von Anfang an wesentliche oder inhaltlich entscheidende Funktion gehabt haben. Erst durch die Trennung der „Realität" von der „Wirklichkeit" um 1775/76 scheint Kant zum ersten Mal zu einer inneren, kohärenten Darstellung seiner vierteiligen Tafel der Kategorien gelangt zu sein.

Allgemein betrachtet ist schließlich die Modalität den drei anderen Formen der Determination unmittelbar (d. h. logisch und sogar zeitlich) nachgeordnet. Manche Interpreten haben jedoch vorgeschlagen, die Einordnung 1, 2, 3 / 4 so umzustellen, dass die Modalität als Vorbedingung und Voraussetzung der drei anderen Gruppen gilt: 4 / 1, 2, 3. Hans Graubner schreibt hierzu: „Alle Kategorien gehören zum Erkenntnisvermögen. Wenn sie daher Objekte bestimmen sollen, muß ein Verhältnis des zu Bestimmenden zum Erkenntnisvermögen bereits vorliegen oder doch vorliegen können. Die Kategorien der Modalität sind also für die besonderen Funktionen der übrigen Kategorien genau in dem Sinne vorauszusetzen, als in der *Modalität* ausgedrückt wird, was ein „Verhältnis" von Objekten zum Erkenntnisvermögen bedeutet"[637]. Der Grund, warum Kant nie mit der ontologischen Betrachtung des Begriffs des Möglichen hätte anfangen können, wurde bereits ziemlich deutlich in Abs. 2.3, 4.2 und 4.3 dargelegt: Die Möglichkeit selbst ist konstitutiv abhängig von den Formen der Anschauung und des Verstandes. Sie kann daher als solche die Diskussion über die Gegenstände der Erfahrung in keiner Weise eröffnen. In dieser Umstellung liegt sogar der Sinn der ganzen Umwandlung der Ontologie in die transzendentale Philosophie.

---

635 Siehe *La théorie kantienne des modalités*, S. 151 ff. Man lese diesbezüglich bei Kant 9:52–53. Man beachte ebenfalls Grünewald, *Modalität und empirisches Denken*, S. 4. Über das interessante Verhältnis zwischen Wechselwirkung und Notwendigkeit siehe Stampa, *Modalità e teoria dell'oggetto*, S.174.

636 Siehe dazu hier Abs. 9.6. Über das Ordnungsprinzip 1,2,3/4 siehe auch S. 16, 152.

637 *Form und Wesen*, S. 74. Auf dieselbe umgekehrte Einordnung hatte schon Martin Heidegger hingedeutet: »Das in diesen [ersten drei Gruppen der Grundsätze] setzt die Modalitäten voraus. Insofern bleibt die vierte Gruppe der synthetischen Grundsätze des reinen Verstandes den übrigen dem Range nach vorgeordnet« (*Die Frage nach dem Ding*, S. 187).

10.3. Postulate und Deduktion

Die Deduktion der Modalbegriffe (und der damit verbundenen Grundsätze a priori) ist eine ganz besondere. Erst aber im Textkommentar, im Anschluss an Kants Aussagen des XIII. Absatzes der „Postulate" (A 232–233/B 285–286) wird hier die merkwürdige Tatsache erklärt, dass diese Deduktion nicht im 2. Hauptstück der „Analytik der Begriffe" („Von der Deduktion der reinen Verstandesbegriffe"), sondern erst in den „Postulaten des empirischen Denkens überhaupt" stattfindet[638]. Thematisiert wird nun eher kurz das Verhältnis zwischen den „Postulaten" und der klassischen Deduktion bzw. den Deduktionen der (anderen) Verstandesbegriffe (in A 95 ff. und B 129 ff.).

Man beachte diesbezüglich Folgendes: Am Ende des dritten Postulats thematisiert Kant das Verhältnis zwischen den dort behandelten Prinzipien der Kontinuität (*in mundo non datur hiatus, non datur saltus, non datur casus, non datur fatum*) und der Funktion der Einheit des Verstandes: »Sie [diese Prinzipien] vereinigen sich [...] alle lediglich dahin, um in der empirischen Synthesis nichts zuzulassen, was dem Verstande und dem continuirlichen Zusammenhange aller Erscheinungen, d. i. der Einheit seiner Begriffe, Abbruch oder Eintrag thun könnte. Denn er ist es allein, worin die Einheit der Erfahrung, in der alle Wahrnehmungen ihre Stelle haben müssen, möglich wird«[639]. Die Kontinuität verbietet jeden *hiatus, saltus, casus, fatum* und jede weitere Form des Absoluten. Das heißt: Die Notwendigkeit, die wir erkennen können, ist keine absolute (nichts ist an sich notwendig), sondern die relative der Synthesis der Erfahrung[640]. Die Frage, die Kant sich am Ende des dritten Postulats stellt, betrifft jedoch nicht direkt die Notwendigkeit, sondern das Verhältnis der Prinzipien der Kontinuität zu der Einheit des Verstandes.

Liest man nun die A-Deduktion der Kategorien, dann hat man eher den Eindruck, als würde hier – ganz umgekehrt – die Rede über Einheit der Apperzeption in einen Diskurs über die notwendige Verbindung des Mannigfaltigen und damit über die Bedeutung selbst der Notwendigkeit münden. »Alle möglichen Erscheinungen« – so Kant in der „Vorläufigen Erklärung der Möglichkeit der Kategorien als Erkenntnisse a priori" – »gehören, als Vorstellungen, zu dem ganzen möglichen Selbstbewußt-

638 Siehe die Anm. 124 und 127 im Textkommentar.
639 *KrV*, A 229–230/B 282.
640 Vgl. Abs. 7.1.

sein«[641]. Diese Zugehörigkeit hängt von der Apperzeption ab, welche die formale Einheit des Bewusstseins in der Synthesis des Mannigfaltigen ist. Die synthetische Einheit der Apperzeption in ihrer aktiven Verknüpfung mit dem Mannigfaltigen der Anschauung ist – laut der A-Deduktion der Kategorien – die Affinität der Erscheinungen. »L'affinité ou l'ordre des données sensibles est un produit de l'aperception«, so Vleeschauwer[642]. Affinität hat ihren Sitz im Verstand. Sie ist aber zugleich »der Grund der Möglichkeit der Assoziation des Mannigfaltigen, sofern er im Objekte liegt«[643]. Sie zeigt nichts Anderes als die notwendige Einordnung der Erscheinungen auf Grund ihrer Verbindung mit der transzendentalen Apperzeption. Die Transzendentale Deduktion der Kategorien und das dritte Postulat des empirischen Denkens bilden hiermit einen gemeinsamen Diskurs. Die Notwendigkeit spielt einerseits eine entscheidende Rolle in der Definition des transzendentalen Begriffs der Affinität. Die Affinität selbst ist andererseits nur ein anderes Wort für „Kontinuität", wobei die Abhängigkeit von der transzendentalen Apperzeption des Verstandes im Fall des Wortes „Kontinuität" nicht ausgedrückt wird.

Die A-Deduktion der Kategorien kann im Allgemeinen nur dann verstanden werden, wenn sie in Beziehung zu Kants Begriff der Notwendigkeit gesetzt wird. Die Reflexion über die Notwendigkeit mündet ihrerseits (und kann nur münden) in der Betrachtung der Funktion der transzendentalen Apperzeption. Der Grund dieser engen Verbindung ist die Tatsache, dass beide Diskurse die Frage beantworten: Was heißt „Objekt"? Die neue Definition des Objekts in der Deduktion als notwendige Einheit der Vorstellungen[644] würde ohne die ontologische Revolution und die neue Auffassung der Objektivität der „Postulate" ein leerer Diskurs bleiben.

Die Form eines jeden Urteils besteht nach Kant in dem Bewusstsein, dass die Begriffe in ihm »zu einander gehören *müssen*«[645] und die Einheit des Bewusstseins selbst ist nichts anderes als eine Einsicht in diese Notwendigkeit des „Müssen". Dass die „Einheit des Urteils" dieselbe „Einheit der Apperzeption" ist, wird ausdrücklich nur in der neuen Definition des Urteils behauptet, die Kant im § 19 der zweiten Auflage der *Kritik der*

641 *KrV*, A 113.
642 *La Déduction transcendentale*, II, S. 313. Vgl. dazu auch Westphall, *Realism*, S. 107.
643 *KrV*, A 113.
644 Vgl. *KrV*, A 104–105.
645 R. 5923 aus den 80er Jahren.

reinen Vernunft gibt[646]. Logiker und Philosophen hatten dieses Verhältnis nie richtig untersucht. Sie waren deswegen nicht in der Lage, das Urteil von einer bloßen, empirischen Assoziation der Vorstellungen zu unterscheiden. Sie konnten nur sagen „wenn ich einen Körper trage, so fühle ich einen Druck der Schwere"; aber nicht „er, der Körper, ist schwer", »...welches soviel sagen will, als, diese beiden Vorstellungen sind im Objekt, d.i. ohne Unterschied des Zustandes des Subjekts, verbunden, und nicht bloß in der Wahrnehmung (so oft sie auch wiederholt sein mag) beisammen«[647]. Nur der *notwendige* Charakter des Wortes „ist" zeigt die objektive Gültigkeit der verschiedenen Formen des Urteils.

Jedes Urteil ist für Kant *modal*, in dem Sinn, dass seine Gültigkeit von einer *Notwendigkeit* abhängt[648]. Ohne Notwendigkeit sei dagegen das Urteilen nicht gerechtfertigt. Das heißt – in den präziseren Worten der B-Deduktion –, dass alle synthetischen Sätze a priori und damit alle Erfahrungsurteile unter dem Prinzip der *notwendigen* Verknüpfung der Wahrnehmungen stehen müssen: Ein Urteil ist eine Verbindung von Begriffen, sofern letztere als *notwendig* zueinander gehörend vorgestellt werden.

10.4. Schematismus der Modalbegriffe

Das Schema der Modalität stellt »die Zeit selbst als das Correlatum der Bestimmung eines Gegenstandes« dar[649]. Es soll vor allem deutlich machen, »ob und wie er [der Gegenstand] zur Zeit gehöre«[650]. Hiermit greift Kant ziemlich offensichtlich auf die Tradition der antiken Modallogik (von Aristoteles, von den Megarikern und von den Stoikern) zurück, welche systematisch Modalität und Temporalität verbunden hatten[651].

— »Das Schema der Möglichkeit ist die Zusammenstimmung der Synthesis verschiedener Vorstellungen mit den Bedingungen der Zeit

646 Entscheidend ist hier der folgende Satz: »Wenn ich [...] die Beziehung gegebener Erkenntnisse in jedem Urteile genauer untersuche, und sie, als dem Verstande angehörige, von dem Verhältnisse nach Gesetzen der reproduktiven Einbildungskraft (welches nur subjektive Gültigkeit hat) unterscheide, so finde ich, daß ein Urteil nichts anderes sei, als die Art, gegebene Erkenntnisse zur objektiven Einheit der Apperzeption zu bringen« (*KrV*, B 141).

647 *KrV*, B 142.

648 Vgl. dazu S. 153 f.

649 *KrV*, A 145/B 184.

650 Ebd.

651 Vgl. dazu Kapitel 8, S. 137 f.

überhaupt (z. B. da das Entgegengesetzte in einem Dinge nicht zugleich, sondern nur nach einander sein kann), also die Bestimmung der Vorstellung eines Dinges zu irgendeiner Zeit«[652]. Die Zeit, in der das Ding erfahren wird, bleibt hiermit unbestimmt. Die Möglichkeit einer solchen Erfahrung steht aber schon fest. Das Schema der Unmöglichkeit ist dagegen das Nichtsein von etwas Realem zu irgendeiner Zeit.

— »Das Schema der Wirklichkeit ist das Dasein in einer bestimmten Zeit«[653]. Man muss nämlich denken können, dass etwas Reales zu einer bestimmten Zeit vorhanden ist. Das Schema des Nichtseins ist die Nichtexistenz von etwas zu einer bestimmten Zeit.

— »Das Schema der Nothwendigkeit ist das Dasein eines Gegenstandes zu aller Zeit«[654]. Das Schema der Zufälligkeit ist dementsprechend das Dasein eines Gegenstandes zu nicht jeder Zeit: »Alles Zufallige ist einmal nicht gewesen«[655].

Unter „Transzendentales *Schema*" versteht Kant ganz im Allgemeinen die »formale und reine Bedingung der Sinnlichkeit, auf welche der Verstandesbegriff in seinem Gebrauch restringirt ist«[656]. Das Schema soll hiermit zugleich intellektuell und sinnlich sein. Es bezeichnet die Art, wie Form und Materie verbunden werden. Dass aber Begriffe, die gar keine reale Bedeutung bezüglich der Gegenstände der Erfahrung in sich haben, d. h. keine formalen Bedingungen der Gegenstände ausdrücken, sondern nur das Verhältnis des Subjektes zum Objekt darstellen, auch schematisiert werden können, das bleibt für die meisten Kantinterpreten schwer zu begreifen. Kant schreibt diesbezüglich, dass das Schema der Modalität im Unterschied zu den anderen Schemata nicht die Zeitreihe, den Zeitinhalt

652 *KrV*, A 144/B 184.
653 *KrV*, A 145/B 184.
654 Ebd.
655 R. 5948, aus den 80er Jahren. Vgl. auch R. 4979 aus 1776–78, dazu Schneeberger, *Kants Konzeption*, S. 93. Nach Schneeberger heißt hier „zu aller Zeit" nichts anderes als die Allgemeinheit ausgedrückt durch eine Zeitbestimmung (ebd. S. 90). Krausser erklärt das Schema der Notwendigkeit als immanent falsch: »Es ist völlig unvereinbar mit dem dritten Postulat, wie es Kant selbst erläutert bzw. präzisiert und wie es – dementsprechend – hier rekonstruiert wird. Kant muß bei der Niederschrift des Schemas offenbar eine andere Art von Notwendigkeit im Kopf gehabt haben, als später bei der Formulierung des Postulates und seiner Erläuterung« (*Kants Theorie der Erfahrung*, S. 142). Grünewald behauptet noch deutlicher, dass Schema und Postulat der Notwendigkeit miteinander nicht vereinbar sind und formuliert beide dementsprechend vollkommen neu (vgl. *Modalität und empirisches Denken*, S. 117 und S. 134).
656 *KrV*, A 140/B 179.

oder die Zeitordnung, sondern „den Zeitinbegriff" in Ansehung aller möglichen Gegenstände bestimmt[657]. Was kann das überhaupt bedeuten?

Gordon Nagel zeigt sich überzeugt, dass die Modalschemata von Kant aus bloß systematischen Gründen erfunden würden[658]. Krausser schreibt sie vollkommen neu unter dem Namen der „Hyperschemata"[659]. Grünewald kritisiert alle Versuche, die Modalitätsbegriffe als Reflexionsbegriffe zu schematisieren[660]. In einer ganz eigenartigen Interpretation definiert er nicht nur die drei Modalschemata, sondern sogar die drei Postulate vollkommen neu[661]. Die Kritik Grünewalds an der traditionellen Lesart der Modalbegriffe als Reflexionsbegriffe betrifft vor allem das Werk Walter Schindlers[662], welcher in einem Text von 1979 über die *Reflexive Struktur objektiver Erkenntnis* den Schematismus der Modalität als besten Verbindungsmoment zwischen den Postulaten und der Transzendentalen Einheit der Apperzeption bezeichnet hatte[663].

---

657 Ebd.

658 *The Structure of Experience*, S. 231–232.

659 Krausser gibt in seinen neuen Definitionen der Schemata die drei Postulate wieder, wobei er die Funktion von Zeit und Raum als formalen und materialen Bedingungen der Erfahrung in den Vordergrund stellt: »*Hyperschema der Möglichkeit*: Nur was sich [...] so vorstellen oder denken lässt, daß es zu einer nicht nur logisch konsistenten, sondern auch räumlich-zeitlich-dinglich-vorgänglich bruchlosen Gesamtkonfiguration der Erfahrung führt [ist möglich]. *Hyperschema der Wirklichkeit*: [Nur Sachverhalten], die so konzipiert sind, daß [...] ihnen nach allen allgemeinen, insbesondere gesetzartigen *empirischen* Bedingungen bestimmte Zeitstellen angewiesen sind [...], müssen als empirisch realzeitlich *wirklich* angesehen werden. *Hyperschema der Notwendigkeit*: Unter allen Zuständen [...] können als empirisch realzeitlich *notwendig* nur solche angesehen werden, die als kausalgesetzliche *Wirkungen* empirisch-anschaulich selbstgegebener Zustandsänderungen bestimmt sind« (*Kants Theorie der Erfahrung*, S. 143).

660 Mit seinen Worten: »Der reflexionsbegriffliche Mangel der Modalschemata [...] ist nur zu überwinden, wenn wir alle drei Modi im Bereich des Daseins ansiedeln, und dies heißt, wenn die (wirklich) der Fall seienden, objektiv-materialen Bedingungen von Sachverhalten in unsere Überlegungen miteinbeziehen und uns für die Einfügung des Begriffs des Daseins (Der-Fall-Sein) auch in das Möglichkeitsschema entschieden« (*Modalität und empirisches Denken*, S. 117). Das Schema der Möglichkeit wird von ihm folgendermaßen neu geschrieben: »Zu einer bestimmten Zeit bloß möglich sind Sachverhalte, die zu irgendeiner anderen Zeit der fall sind« (ebd.).

661 Siehe dazu meine Besprechung seines Buches auf S. 298 f.

662 Man beachte vor allem *Modalität und empirisches Denken*, S. 2 und 117.

663 Diese angeblich zentrale Funktion des Schematismus der Modalität wird von Schindler wie folgt dargestellt: »Das Schema der Modalität ist die transzendentale Bestimmung der Zeit, durch die der „Zeitinbegriff *in Ansehung* aller möglichen

Man kann meines Erachtens – unabhängig von diesen interpretatorisch ziemlich gewagten Hypothesen – einfach feststellen, dass der zunächst sicherlich überraschende Übergang von einer „reinen" zu einer zeitlich bestimmten Theorie der Modalität im Schematismuskapitel die Anwendbarkeit selbst der Kategorien auf die sinnliche Erfahrung ganz im Allgemeinen thematisiert. Die frappierende Inkongruenz von Schema und Postulat der Notwendigkeit lässt sich vielleicht dann begreifen, wenn man hier auch daran denkt, dass Kant dadurch auf eine notwendige, zu allen Zeiten existierende Regel hinweist. Dies ist viel weniger die Behauptung eines ontologisch immer existierenden Dinges (was seinen Überzeugungen widersprechen würde) als die Feststellung der allgemeinen, zeitlich nicht beschränkbaren Gültigkeit gewisser Formen der Gesetzmäßigkeit[664].

10.5. Postulate und die zweite Analogie der Erfahrung

David Hume hatte einen Krieg gegen die metaphysische Vernunft angekündigt und verlangt, dass der Hauptkampf dieses Krieges auf dem Feld der Kausalität stattfindet. Die Notwendigkeit der Beziehung Ursache-Wirkung kann dem schottischen Philosoph zufolge rein rational nicht bewiesen werden: »The knowledge of this relation is not, in any instance, attained by reasonings *a priori*...«[665]. Die Notwendigkeit lässt sich andererseits nicht von den Eindrücken der Sinne ableiten. Die für uns regelmäßige Verbindung von ähnlichen Ursachen mit ähnlichen Wirkungen ist nämlich keine ausreichende Bedingung für die Definition der Kausalität. Das rationale Prinzip der Notwendigkeit wird hiermit von Hume in der Beschreibung einer bloß psychologischen Tatsache aufgelöst: »...after a repetition of similar instances, the mind is carried by habit, upon the

---

Gegenstände" (A 145/B 185) erzeugt wird. Dieses „in Ansehung" will sagen: die transzendentalen Zeitbestimmungen, die durch die Analogien als Bedingungen der Möglichkeit der Gegenstände *in* der Zeit erkannt sind, werden nun als Bedingung der Einheit der Zeit selbst begriffen. Die Zeit selbst ist Inbegriff aller möglichen Gegenstände, weil sie Inbegriff dieser Bedingungen ist. Die objektiv-synthetischen Zeitbestimmungen a priori sind aber genau in dem Sinne notwendige Bedingungen der Verhältnisbestimmungen des Daseins in der Zeit, weil sie Verhältnisbestimmungen der Zeit zur Einheit der Apperzeption sind, und in dieser Bedeutung sind sie Modi der Einheit der Zeit« (Schindler, *Die reflexive Struktur*, S. 50).

664 Vgl. dazu S. 55 ff. und Abs. 7.3.

665 Hume, *Enquiry*, S. 27.

appearance of one event, to expect its usual attendant, and to believe that it will exist. This connexion, therefore, which we *feel* in the mind, [...] is the sentiment or impression from which we form the idea of power or necessary connexion. Nothing farther is in the case. Contemplate the subject on all sides; you will never find any other origin of that idea«[666].

In der zweiten Analogie der Erfahrung stellt Kant fest, dass alle Vorstellungen subjektiv sind. Sie werden nämlich durch den inneren Sinn aufgenommen. Die Frage ist nun: »Wie kommen wir [...] dazu, daß wir diesen Vorstellungen ein Objekt setzen, oder über ihre subjektive Realität, als Modifikationen, ihnen noch, ich weiß nicht, was für eine, objektive beilegen?«[667]. Auf welchen methodischen Wegen können wir Objektivität bestimmen und feststellen?

Damit das einheitliche Bild eines Gegenstandes in seiner objektiven Wirklichkeit entsteht, müssen die Wahrnehmungen miteinander Regeln gemäß geordnet werden. Der allgemeine Grundsatz der Analogien der Erfahrung in A lautet dementsprechend: »Alle Erscheinungen stehen ihrem Dasein nach *a priori* unter Regeln der Bestimmung ihres Verhältnisses unter einander in der Zeit«[668]. In B wird der Grundsatz der Analogien folgendermaßen ausgedrückt: »Erfahrung ist nur durch die Vorstellung einer nothwendigen Verknüpfung der Wahrnehmungen möglich«[669]. Nach diesem Grundsatz stehen alle Erscheinungen in dem Verhältnis einer notwendigen Verknüpfung, welche die Existenz selbst einer Sache bestimmt[670]. Die Kausalität als Behauptung und Definition einer Gesetzlichkeit ist hiermit die erste und einzig mögliche Definition der Objektivität.

Erst in den „Postulaten" thematisiert Kant jedoch die Verbindung zwischen Objektivität und Notwendigkeit. Erst hier werden alle anderen,

---

666 Ebd. S. 75.

667 *KrV*, A 197/B 242.

668 *KrV*, A 176–177.

669 *KrV*, B 217.

670 »Die Bestimmung der Existenz der Objecte in der Zeit [kann] nur durch ihre Verbindung in der Zeit überhaupt, mithin nur durch *a priori* verknüpfende Begriffe geschehen. Da diese nun jederzeit zugleich Nothwendigkeit bei sich führen, so ist Erfahrung nur durch eine Vorstellung der nothwendigen Verknüpfung der Wahrnehmungen möglich« (*KrV*, B 219). Die „Bestimmung", von der sowohl in A wie auch in B die Rede ist, betrifft nicht die notwendige Beschaffenheit der einzelnen Erscheinungen als solche (was eher bei den zwei ersten Grundsätzen geschieht: Axiomen und Antizipationen), sondern das notwendige Verhältnis der Erscheinungen gemäß der drei Dimensionen der Zeit: Beharrlichkeit, Folge, Zugleichsein.

auf Möglichkeit und Wirklichkeit sich stützenden Definitionen des Objekts ausgeschlossen[671] und die Fragen: Was heißt „notwendig“? Was heißt „Gesetz“? ausführlich beantwortet[672].

10.6. Postulate und Dialektik

Die Grundaufgabe der gesamten *Kritik der reinen Vernunft* ist die Trennung zweier unterschiedlicher Formen der Notwendigkeit: 1. Die subjektive, zugleich aber auch objektive Notwendigkeit der reinen Anschauungen und der Kategorien des reinen Verstandes und 2. die bloß subjektive (nicht objektive) Notwendigkeit der Schlüsse der reinen Vernunft[673]. Die Trennung von „transzendentaler Analytik“ und „transzendentaler Dialektik“ ist die wichtigste Unterscheidung innerhalb der ganzen *Kritik*, d. h. innerhalb einer Philosophie, deren Aufgabe hauptsächlich in der Bestimmung und Rechtfertigung des Gebrauchs weniger, reiner Begriffe besteht, welche zugleich eine synthetische, auf Erfahrung beruhende Bedeutung haben[674].

Wenn die Rechtfertigung des Gebrauchs weniger Begriffe tatsächlich die Hauptaufgabe der *Kritik* ist, dann sollte man auch leicht verstehen, warum Kant die „Postulate des empirischen Denkens“ ausgerechnet ans Ende der „transzendentalen Analytik“ und vor den Anfang der „tran-

671 Vgl. Abs. 2.3.
672 Vgl. Kapitel 7.
673 Dazu *KrV*, A 297/B 353.
674 Begriffe können nach Kant empirisch oder a priori sein. Falls sie die Grenzen der Erfahrung übersteigen, zugleich aber in der Natur der menschlichen Vernunft begründet sind, spricht man jedoch von den „transzendentalen Ideen“ der menschlichen Vernunft: »Ein Begriff aus Notionen, der die Möglichkeit der Erfahrung übersteigt, ist die Idee, oder der Vernunftbegriff« (*KrV*, A 320/B 377). Die Vernunft kann an sich keinen Begriff erzeugen; sie macht nur den Verstandesbegriff von allen Einschränkungen frei und erweitert ihn über die Grenze der Erfahrung hinaus. Die Ideen sind das Resultat dieser Erweiterung. Sie sind das Produkt verschiedener subjektiv notwendiger Illusionen der Vernunft. Als Begriffe, welche in keiner möglichen Anschauung dargestellt werden können, sind sie „transzendent“. Sie enthalten grundsätzlich nichts Objektives. Will man ihnen trotzdem eine objektive Realität zusprechen, dann erliegt man einer Illusion („Schein“), welche für die Vernunft natürlich und unvermeidlich ist und welche Kant deswegen als „transzendental“ bezeichnet. Die „transzendentale Dialektik“ ist, mit den Worten Kants, »eine Kritik des Verstandes und der Vernunft in Ansehung ihres hyperphysischen Gebrauchs, um den falschen Schein ihrer grundlosen Anmaßungen aufzudecken, und ihre Ansprüche auf Erfindung und Erweiterung unserer Kenntnisse […] herabzusetzen« (*KrV*, A 63–64/B 88).

szendentalen Dialektik" gesetzt hat. Die Postulate sind Erklärungen der Begriffe der Möglichkeit, Wirklichkeit, Notwendigkeit (und damit des gesamten Sinnes der Objektivität) in ihrem bloß *empirischen*, vor allem nicht *transzendentalen* (d.h. die Erfahrung übersteigenden) Gebrauch[675]. Sie sind darüber hinaus »Restrictionen aller anderen Kategorien auf dem bloß empirischen Gebrauch, ohne den Transzendentalen zuzulassen und zu erlauben«[676].

Im zweiten Postulat wird die Nicht-Erkennbarkeit der Dinge an sich behauptet. Die spätere Widerlegung des ontologischen Beweises der Existenz Gottes im „Ideal der reinen Vernunft"[677] wird hier mit den folgenden Worten vorweggenommen: »In dem bloßen Begriffe eines Dinges kann gar kein Charakter seines Daseins angetroffen werden. Denn ob derselbe gleich noch so vollständig sei, daß nicht das mindeste ermangele, um ein Ding mit allen seinen innern Bestimmungen zu denken, so hat das Dasein mit allem diesen doch gar nichts zu thun, sondern nur mit der Frage: ob ein solches Ding uns gegeben sei, so daß die Wahrnehmung desselben vor dem Begriffe allenfalls vorhergehen könne«[678].

Durch die Darlegung der Prinzipien der Kontinuität im dritten Postulat wird die Möglichkeit einer jeden Bestimmung der Existenz des Absoluten auch deutlich ausgeschlossen. Nichts kann von der menschlichen Vernunft als „an sich notwendig" begriffen oder angeschaut werden[679].

Am Ende des Kapitels schließt Kant jede Untersuchung über die absolute Möglichkeit folgendermaßen aus: »In der That ist [...] die absolute Möglichkeit (die in aller Absicht gültig ist) kein bloßer Verstandesbegriff und kann auf keinerlei Weise von empirischem Gebrauche sein, sondern er gehört allein der Vernunft zu, die über allen möglichen empirischen Verstandesgebrauch hinausgeht«[680]. Die Scharnierfunktion der *Postulate* (zwischen „Analytik" und „Dialektik") wird in diesen und in vielen ähnlichen Sätzen des Kapitels immer wieder bestätigt.

---

675 Vgl. oben Abs. 4.1.

676 *KrV*, A 219/B 266; vgl. Abs. 4.3.

677 *KrV*, A 592 ff.

678 *KrV*, A 225/B 272–273.

679 Vgl. dazu Abs. 7.1 und S. 166. Man beachte in dieser Hinsicht die folgende Reflexion (vermutlich aus den 80er Jahren): »*Abyssus, Saltus, Casus, Fatum* (*Hiatus: vacuum intermedium; circumfusum*) sind insgesamt Begriffe des Unbedingten, welches in einem *mundo noumeno* oder wenigstens in der Verknüpfung mit ihm gedacht werden kan, die auf den *mundus phaenomenon* aber nicht passen« (R. 5959).

680 *KrV*, A 232/B 285.

10.7. Postulate und die vierte Antinomie der reinen Vernunft

Die Thesis der vierten Antinomie lautet: »Zu der Welt gehört etwas, das, entweder als ihr Teil, oder ihre Ursache, ein schlechthin *notwendiges* Wesen ist«[681]. Das Argument betrachtet die *Totalität* der Reihe der Bedingungen und schließt dadurch auf ein unbedingtes, notwendiges Wesen. Die Antithesis der vierten Antinomie lautet: »Es existiert überall kein schlechthin notwendiges Wesen, weder in der Welt, noch außer der Welt, als ihre Ursache«[682]. Das Argument betrachtet die Zufälligkeit im Sinne der Bedingtheit von allem, was in der Abfolge der Zeit bestimmt ist und schließt dadurch auf die Unmöglichkeit eines notwendigen Wesens.

Die Symmetrie scheint perfekt zu sein. Sie wird von Kant anhand eines schönen Bildes aus den astronomischen Abhandlungen von Mairan gezeigt: »Der eine [Astronom] schloß [...] so: *der Mond dreht sich um seine Achse*, darum, weil er der Erde beständig dieselbe Seite zukehrt; der andere: *der Mond dreht sich nicht um seine Achse*, eben darum, weil er der Erde beständig dieselbe Seite zukehrt«[683]. Beide Schlüsse sind richtig, je nachdem, welchen Standpunkt (Sonne oder Erde) man einnimmt.

Interessant ist nun hier der ganz besondere Charakter dieser Antinomie im Vergleich zu den drei anderen. In der vierten Antinomie untersucht Kant nicht die Form, sondern die Existenz bzw. die Nichtexistenz eines absolut notwendigen Wesens überhaupt. Das entspricht der Funktion der Postulate: Sie sollen die Existenz (den ontologischen Status) all dessen bestimmen, was zuvor mittels der anderen Kategorien bloß formal beschrieben worden war. Noch interessanter ist aber die Tatsache, dass die vierte Antinomie auch inhaltlich den Diskurs des dritten Postulats fortsetzt. Ihre Themen sind dieselben der Notwendigkeitslehre der Analytik, nur aus einer anderen Perspektive betrachtet.

Die Differenz zwischen Erscheinungen und Dingen an sich führt in der Antinomienlehre zur Lösung der Konflikte der Vernunft mit sich selbst. Thesis und Antithesis der „dynamischen" Antinomien werden – wegen der besonderen Synthesis des Ungleichartigen, die hier stattfindet[684] – beide als wahr angenommen. Außerhalb der Welt gibt es – das ist die Wahrheit der Antithesis – kein absolut notwendiges Wesen. Gehört nämlich das Absolute nicht zur Welt, dann sollte der Begriff des „ersten Anfangs" zugleich

681 *KrV*, A 452/B 480.
682 *KrV*, A 453/B 481.
683 *KrV*, A 461/B 489.
684 Siehe diesbezüglich *KrV*, A 528/B 556–557.

getrennt von den Erscheinungen als auch vom Anfang des Geschehens in der Welt der Erscheinungen sein[685]. Wir können andererseits nicht ausschließen – dies ist die wahre Aussage der Thesis –, dass die ganze Reihe des Zufälligen doch in irgendeinem intelligiblen Wesen begründet ist. Die absolute Notwendigkeit eines intelligiblen Grundes der Erscheinungen lässt sich in dieser Hinsicht nicht vorstellen oder begreifen (so die Antithesis), andererseits aber wohl „denken". Die Wahrheit der Thesis enthält als solche keinen Widerspruch, denn der empirische Gebrauch der Vernunft »...wird durch die Einräumung eines bloß intelligiblen Wesens nicht affiziert«[686].

Die scheinbare Antinomie der reinen Vernunft in Bezug auf die Kategorien der Modalität wird durch die Behauptung dieser doppelten Wahrheit von ihrer Widersprüchlichkeit befreit: »Es wird also [...] gezeigt, daß die durchgängige Zufälligkeit aller Naturdinge [...] ganz wohl mit der willkürlichen Voraussetzung einer notwendigen, obzwar bloß intelligiblen Bedingung zusammen bestehen könne, also kein wahrer Widerspruch zwischen diesen Behauptungen anzutreffen sei, mithin sie beiderseits wahr sein können«[687].

Die Beziehung zwischen absoluter und relativer Notwendigkeit lässt sich nun bei Kant weder in Form einer Kosmologie (die unbedingte Notwendigkeit als interne oder externe Ursache der Welt), noch einer rationalen Ontologie (die unbedingte Notwendigkeit als allgemeine Form aller inneren Wahrheiten) verstehen. Die absolute Notwendigkeit ist die Behauptung der Allgemeingültigkeit und Allumfassendheit der relativen Notwendigkeit. Sie ist eine Hypothesis, die für alles gilt. Sie ist nichts anderes als die Auflösung jeder Form von Objektivität in die Gesetzlichkeit, was ausgerechnet das Thema der Postulate des empirischen Denkens ist.

685 *KrV*, A 453–455/B 481–483.
686 *KrV*, A 564/B 592.
687 *KrV*, A 562/B 590.

Zweiter Teil.
Text und Textkommentar der „Postulate des empirischen Denkens überhaupt“

Vorwort

Die folgenden Seiten enthalten die ca. 18 Seiten der „Postulate des empirischen Denkens überhaupt". In fetter Schrift sind im Text die folgenden Bemerkungen des Verfassers zu finden:

1) Innen: Die Nummerierung der Absätze der Sektion: **I – XIV**.
2) Außen: Die Paginierung der ersten und der zweiten Ausgabe der *Kritik der reinen Vernunft:* Riga, 1781 (**A 218–235**) und Riga, 1787 (**B 265–287**).
3) Die Einteilung des Textes in fünf Abschnitte: [**Anfang**], **Postulat der Möglichkeit, der Wirklichkeit, der Notwendigkeit, Schluss**.
4) Einige Fußnoten (bezeichnet durch die Zeichen [1], [2], [3]...) weisen auf die unterschiedlichen Wiedergaben des Textes in den verschiedenen Ausgaben der *Kritik* hin (man beachte dazu die bibliographischen Hinweise auf S. 308–309). Die bei jeder Fußnote an letzter Stelle ausgewiesene Version des Textes gilt zugleich als diejenige, die ich im Fließtext angenommen habe. In diesen Fußnoten sind auch einige Spracherklärungen zu finden.
5) Die 135 philosophischen und historischen Anmerkungen des Textkommentars (vgl. S. 215–286), bezeichnet durch die kursive Bezifferung [*1*], [*2*], [*3*], ...

4. Die Postulate des empirischen Denkens überhaupt.[1]

1. Was mit den formalen Bedingungen der Erfahrung (der Anschauung und den Begriffen nach) übereinkomt, ist möglich.

B 266 || 2. Was mit den materialen Bedingungen der Erfahrung (der Empfindung) zusammenhängt, ist wirklich.

3. Dessen Zusammenhang mit dem Wirklichen nach allgemeinen Bedingungen der Erfahrung bestimt ist, ist (existirt) nothwendig.[2]

A 219 Erläuterung.[3]

Die Categorien der Modalität haben das Besondere an sich: daß sie den I
Begriff, dem sie als Prädicate beygefüget werden, als Bestimmung des Obiects nicht im mindesten vermehren, sondern nur das Verhältniß zum Erkentnißvermögen ausdrücken[4]. Wenn der Begriff eines Dinges schon ganz vollständig ist, so kan ich doch noch von diesem Gegenstande fragen, ob er blos möglich, oder auch wirklich, oder, wenn er das letztere ist, ob er gar auch nothwendig sey? Hiedurch werden keine Bestimmungen mehr im Obiecte selbst gedacht, sondern es frägt sich nur, wie es sich (samt allen seinen Bestimmungen) zum Verstande und dessen empirischen Gebrauche, zur empirischen Urtheilskraft, und zur Vernunft (in ihrer Anwendung auf Erfahrung) verhalte?[5]

Eben um deswillen sind auch die Grundsätze der Modalität nichts weiter, II
als Erklärungen der Begriffe der Möglichkeit, Wirklichkeit und Nothwendigkeit in ihrem empirischen Gebrauche[6], und hiemit zugleich Restrictionen aller Categorien auf den blos empirischen Gebrauch, ohne den
B 267 transscendentalen zuzulassen und zu erlauben[7]. || Denn, wenn diese nicht eine bloß logische Bedeutung haben, und die Form des Denkens analytisch ausdrücken sollen, sondern Dinge und deren Möglichkeit, Wirklichkeit oder Nothwendigkeit betreffen sollen, so müssen sie auf die mögliche Erfahrung und deren synthetische Einheit gehen, in welcher allein Gegenstände der Erkentniß gegeben werden[8].

Das Postulat der Möglichkeit

I || Das Postulat der Möglichkeit[1] der Dinge fordert also, daß der Begriff derselben[9] mit den formalen Bedingungen[10] einer Erfahrung überhaupt zusammenstimme[11]. Diese, nämlich die obiective Form der Erfahrung überhaupt, enthält aber alle Synthesis[12], welche zur Erkentniß der Obiecte erfordert wird. Ein Begriff, der eine Synthesis in sich faßt, ist vor[2] leer zu halten, und bezieht sich auf keinen Gegenstand, wenn diese Synthesis nicht zur Erfahrung gehört[13], entweder als von ihr erborgt, und dann heißt er ein empirischer Begriff, oder als eine solche, auf der, als Bedingung *a priori*, Erfahrung überhaupt (die Form derselben) beruht, und denn[3] ist es ein reiner Begriff, der dennoch zur Erfahrung gehört, weil sein Obiect nur in dieser angetroffen werden kan[14]. Denn wo will man den Charakter der Möglichkeit eines Gegenstandes, der durch einen synthetischen Begriff *a priori* gedacht worden, hernehmen, wenn es nicht von der Synthesis geschieht, welche die Form der empirischen Erkentniß der Obiecte ausmacht?[4] [15] Daß in einem solchen Begriffe kein Widerspruch enthalten || seyn müsse, ist zwar eine nothwendige logische Bedingung; aber zur obiectiven Realität des Begriffs[16], d. i. der Möglichkeit eines solchen Gegenstandes, als durch den Begriff gedacht wird, bey weitem nicht genug[17]. So ist in dem Begriffe einer Figur, die in zwey geraden Linien eingeschlossen ist, kein Widerspruch, denn die Begriffe von zwey geraden Linien und deren Zusammenstossung enthalten keine Verneinung einer Figur[18]; son||dern die Unmöglichkeit beruht nicht auf dem Begriffe an sich selbst[19], sondern der Construction desselben[5] im Raume, d. i. den Bedingungen des Raumes und der Bestimmung desselben[20], diese haben aber wiederum ihre obiective Realität, d. i. sie gehen auf mögliche Dinge[21], weil sie die Form der Erfahrung überhaupt *a priori* in sich enthalten[22].

A 220 **B 268** **A 221**

V Und nun wollen wir den ausgebreiteten Nutzen und Einfluß dieses Postulats der Möglichkeit vor Augen legen[23]. Wenn ich mir ein Ding vorstelle, das beharrlich ist, so, daß alles, was da wechselt, blos zu seinem Zustande gehört, so kan ich niemals aus einem solchen Begriffe allein erkennen: daß ein dergleichen Ding möglich sey[24]. Oder, ich stelle mir etwas vor, welches

---

1 „M ö g l i c h k e i t" [Ak, Timmermann], „Möglichkeit" [A, B, Schmidt].
2 „vor" = für.
3 „und dann" [Ak, Schmidt], „und denn" [A, B, Timmermann].
4 „ausmacht." [A], „ausmacht?" [B, Ak, Schmidt, Timmermann].
5 „derselbe" [5. Auflage], „desselben" [A, B, Ak, Schmidt, Timmermann].

so beschaffen seyn soll, daß, wenn es gesetzt wird, iederzeit und unausbleiblich etwas Anderes darauf erfolgt, so mag dieses allerdings ohne Widerspruch so gedacht werden können[25]; ob aber dergleichen Eigenschaft (als Causalität) an irgend einem möglichen Dinge angetroffen werde, kan dadurch nicht geurtheilt werden[26]. Endlich kan ich mir verschiedene
B 269 Dinge || (Substanzen) vorstellen, die so beschaffen sind, daß der Zustand des einen eine Folge im Zustande des andern nach sich zieht, und so wechselsweise; aber, ob dergleichen Verhältniß irgend Dingen zukommen könne, kan aus diesen Begriffen, welche eine blos willkürliche Synthesis enthalten, gar nicht abgenommen werden[27]. Nur daran also, daß diese Begriffe die Verhältnisse der Wahrnehmungen in ieder Erfahrung *a priori*
A 222 ausdrücken, erkent man ihre obiective || Realität[28], d. i. ihre transscendentale Wahrheit[29], und zwar freilich unabhängig von der Erfahrung, aber doch nicht unabhängig von aller Beziehung auf die Form einer Erfahrung überhaupt, und die synthetische Einheit, in der allein Gegenstände empirisch können erkant werden[30].

Wenn man sich aber gar neue Begriffe von Substanzen, von Kräften, von V
Wechselwirkungen, aus dem Stoffe, den uns die Wahrnehmung darbietet, machen wollte, ohne von der Erfahrung selbst das Beyspiel ihrer Verknüpfung zu entlehnen[31]; so würde man in lauter Hirngespinste gerathen, deren Möglichkeit ganz und gar kein Kennzeichen vor[6] sich hat, weil man bey ihnen nicht Erfahrung zur Lehrerin annimt, noch diese Begriffe von ihr entlehnt[32]. Dergleichen gedichtete Begriffe können den Charakter ihrer Möglichkeit nicht so, wie die Categorien, *a priori*, als Bedingungen, von denen alle Erfahrung abhängt, sondern nur *a posteriori*, als solche, die durch
B 270 die Erfahrung selbst gegeben werden, bekommen, und || ihre Möglichkeit muß entweder *a posteriori* und empirisch, oder sie kan gar nicht erkant werden[33]. Eine Substanz[34], welche beharrlich im Raume gegenwärtig wäre, doch ohne ihn zu erfüllen, (wie dasienige Mittelding zwischen Materie und denkenden Wesen, welches einige haben einführen wollen)[35] oder eine besondere Grundkraft unseres Gemüths, das Künftige zum voraus a n - z u s c h a u e n (nicht etwa blos zu folgern)[36], oder endlich ein Vermögen desselben, mit andern Menschen in Gemeinschaft der Gedanken zu stehen
A 223 (so entfernt sie auch seyn mögen)[37], || das sind Begriffe, deren Möglichkeit ganz grundlos ist, weil sie nicht auf Erfahrung und deren bekante Gesetze gegründet werden kan[38], und ohne sie eine willkührliche Gedankenverbindung ist, die, ob sie zwar keinen Widerspruch enthält[39], doch keinen

6 „vor“ = für.

Anspruch auf obiective Realität, mithin auf die Möglichkeit eines solchen Gegenstandes, als man sich hier denken will, machen kan. Was Realität betrift, so verbietet es sich wol von selbst, sich eine solche *in concreto* zu denken, ohne die Erfahrung zu Hülfe zu nehmen; weil sie nur auf Empfindung, als Materie der Erfahrung, gehen kann, und nicht die Form des Verhältnisses betrift, mit der man allenfalls in Erdichtungen spielen könte[40].

Aber ich lasse alles vorbey, dessen Möglichkeit nur aus der Wirklichkeit in der Erfahrung kan abgenommen werden, und erwege hier nur die Möglichkeit der Dinge durch Begriffe *a priori*, von denen ich fortfahre zu be||haupten: daß sie niemals aus solchen Begriffen[7] vor[8] sich allein, son- **B 271**
dern iederzeit nur als formale und obiective Bedingungen einer Erfahrung überhaupt statt finden können[41].

Es hat zwar den Anschein, als wenn die Möglichkeit eines Triangels aus seinem Begriffe an sich selbst könne erkant werden (von der Erfahrung ist er gewiß unabhängig)[42]; denn in der That können wir ihm gänzlich *a priori* einen Gegenstand geben, d. i. ihn construiren[43]. Weil dieses aber nur die Form von einem Gegenstande ist, so würde er doch immer nur ein Product der Einbildung[44] || bleiben, von dessen Gegenstand die Möglichkeit noch **A 224**
zweifelhaft bliebe, als wozu noch etwas mehr erfordert wird, nemlich daß eine solche Figur unter lauter Bedingungen, auf denen alle Gegenstände der Erfahrung beruhen, gedacht sey[45]. Daß nun der Raum eine formale Bedingung *a priori* von äusseren Erfahrungen ist[46], daß eben dieselbe bildende Synthesis, wodurch wir in der Einbildungskraft einen Triangel construiren, mit derienigen gänzlich einerley sey, welche wir in der Apprehension einer Erscheinung ausüben, um uns davon einen Erfahrungsbegriff zu machen[47], das ist es allein, was mit diesem Begriffe die Vorstellung von der Möglichkeit eines solchen Dinges verknüpft[48]. Und so ist die Möglichkeit continuirlicher Grössen, ia sogar der Grössen überhaupt[49], weil die Begriffe davon insgesamt synthetisch sind, niemals aus den Begriffen selbst, sondern aus ihnen als || formalen Bedingungen der Be- **B 272**
stimmung der Gegenstände in der Erfahrung überhaupt allererst klar; und wo sollte man auch Gegenstände suchen wollen, die den Begriffen correspondirten, wäre es nicht in der Erfahrung, durch die uns allein Ge-

---

7 „als solche Begriffe" [Hartenstein], „aus solchen Begriffen" [A, B, Ak, Schmidt, Timmermann].

8 „vor" = für.

genstände gegeben werden?[9] [50] wie wol wir, ohne eben Erfahrung selbst voran zuschicken, blos in Beziehung auf die formalen Bedingungen, unter welchen in ihr überhaupt etwas als Gegenstand bestimt wird, mithin völlig *a priori*, aber doch nur in Beziehung auf sie, und innerhalb ihren Grenzen, die Möglichkeit der Dinge erkennen und charakterisiren können[51].

Das Postulat der Wirklichkeit

A 225 || Das Postulat, die W i r k l i c h k e i t[52] der Dinge zu erkennen, fordert W a h r n e h m u n g, mithin Empfindung[53], deren man sich bewußt ist[54], zwar nicht eben unmittelbar, von dem Gegenstande selbst, dessen Dasein erkannt werden soll[55], aber doch Zusammenhang desselben mit irgend einer wirklichen Wahrnehmung, nach den Analogien der Erfahrung[56], welche alle reale Verknüpfung in einer Erfahrung überhaupt darlegen[57].

In dem b l o s s e n B e g r i f f e eines Dinges kan gar kein Charakter[58] seines Daseyns angetroffen werden[59]. Denn ob derselbe gleich noch so vollständig sey, daß nicht das mindeste ermangele, um ein Ding mit allen seinen innern Bestimmungen zu denken, so hat das Daseyn mit allem diesem[10] doch gar nichts zu thun[60], sondern nur mit der Frage: ob ein solches Ding uns gegeben sey[61], so, daß die Wahrnehmung desselben vor
B 273 dem Begriffe allenfals vor||hergehen könne[62]. Denn, daß der Begriff vor der Wahrnehmung vorhergeht, bedeutet dessen blosse Möglichkeit; die Wahrnehmung aber, die den Stoff zum Begriff hergiebt, ist der einzige Charakter der Wirklichkeit[63]. Man kan aber auch vor der Wahrnehmung des Dinges, und also comparative *a priori* das Daseyn desselben erkennen, wenn es nur mit einigen Wahrnehmungen, nach den Grundsätzen der empirischen Verknüpfung derselben (den Analogien) zusammenhängt[64]. Denn alsdenn hängt doch das Daseyn des Dinges mit unsern Wahrneh-
A 226 mungen in einer möglichen || Erfahrung zusammen, und wir können nach dem Leitfaden iener Analogien, von unserer wirklichen Wahrnehmung zu dem Dinge in der Reihe möglicher Wahrnehmungen gelangen[65]. So erkennen wir das Daseyn einer alle Cörper durchdringenden magnetischen Materie aus der Wahrnehmung des gezogenen Eisenfeiligs, obzwar eine unmittelbare Wahrnehmung dieses Stoffs uns nach der Beschaffenheit unserer Organen unmöglich ist[66]. Denn überhaupt würden wir, nach

9 „gegeben werden," [A], „gegeben werden?" [B, Ak, Schmidt, Timmermann].
10 „mit allem diesen" [A], „mit allem diesem" [B].

Gesetzen der Sinnlichkeit und dem Context unserer Wahrnehmungen, in einer Erfahrung auch auf die unmittelbare empirische Anschauung derselben stossen, wenn unsere Sinnen feiner wären, deren Grobheit die Form möglicher Erfahrung überhaupt nichts angeht[67]. Wo also Wahrnehmung und deren Anhang nach empirischen Gesetzen hinreicht, dahin reicht auch unsere Erkentniß vom Daseyn der Dinge[68]. Fangen wir nicht von Erfahrung an, oder[69] gehen || wir nicht nach Gesetzen des empirischen Zu- **B 274** sammenhanges der Erscheinungen fort, so machen wir uns vergeblich Staat[70], das Daseyn irgend eines Dinges errathen oder erforschen zu wollen.[11]

Das Postulat der Notwendigkeit

X Was endlich das dritte Postulat betrift, so geht es auf die materiale Nothwendigkeit im Dasein, und nicht die blos formale und logische in Verknüpfung der Begriffe[71]. Da nun keine Existenz der Gegenstände der Sinne völlig *a priori* erkant werden kan[72], aber doch comparative *a priori* relativisch auf ein anderes schon gegebenes || Daseyn[73], gleichwol aber[12] **A 227** auch alsdenn nur auf dieienige Existenz kommen kan, die irgendwo in dem Zusammenhange der Erfahrung, davon die gegebene Wahrnehmung ein Theil ist, enthalten seyn muß[74]: so kan die Nothwendigkeit der Existenz, niemals aus Begriffen[75], sondern iederzeit nur aus der Verknüpfung mit demienigen, was wahrgenommen wird[76], nach allgemeinen Gesetzen der Erfahrung erkant werden[13] [77]. Da ist nun kein Daseyn, was unter der Bedingung anderer gegebener Erscheinungen, als nothwendig erkant werden könte, als das Daseyn der Wirkungen aus gegebenen Ursachen nach Gesetzen der Caussalität[78]. Also ist es nicht das Daseyn der Dinge (Substanzen), sondern ihres Zustandes, wovon wir allein die Nothwendigkeit erkennen können[79], und || zwar aus anderen Zuständen, die in der **B 280** Wahrnehmung gegeben sind, nach empirischen Gesetzen der Caussalität[80]. Hieraus folgt: daß das Criterium der Nothwendigkeit lediglich in dem

11 In B folgt hier die „Widerlegung des Idealismus" (vgl. dazu Abs. 6.3), welche vom folgenden Satz am Ende des IX. Absatzes eingeführt wird: „Einen mächtigen Einwurf aber wider diese Regeln, das Daseyn mittelbar zu beweisen, macht der I d e a l i s m , dessen Widerlegung hier an der rechten Stelle ist" (B 274).

12 „man gleichwohl aber" [Ak, Timmermann], „gleichwohl man aber" [Hartenstein], „gleichwol aber" / „gleichwohl aber" [A, B / Schmidt].

13 „erkan[n]t werden können" [A, B, Schmidt, Timmermann], „erkannt werden" [Ak, Grillo].

Gesetze der möglichen Erfahrung liege: daß alles, was geschieht, durch
seine Ursache[14] in der Erscheinung *a priori* bestimt sei[81]. Daher erkennen
wir nur die Nothwendigkeit der Wirkungen in der Natur, deren
Ursachen uns gegeben sind, und das Merkmal der Nothwendigkeit im
Daseyn reicht nicht weiter, als das Feld möglicher Erfahrung[82], und selbst
in diesem gilt es nicht von der Existenz der Dinge, als Substanzen, weil diese
niemals, als empirische Wirkungen, oder etwas, das geschieht und entsteht,
A 228 können angesehen werden[83]. Die Nothwendigkeit betrift || also nur die
Verhältnisse der Erscheinungen nach dem dynamischen Gesetze der
Caussalität, und die darauf sich gründende Möglichkeit, aus irgend einem
gegebenen Daseyn (einer Ursache) *a priori* auf ein anderes Daseyn (der
Wirkung) zu schließen. Alles, was geschieht, ist hypothetisch nothwen-
dig[84]; das ist ein Grundsatz, welcher die Veränderung in der Welt einem
Gesetze unterwirft, d. i. einer Regel des nothwendigen Daseyns, ohne
welche gar nicht einmal Natur statt finden würde[85]. Daher ist der Satz:
nichts geschieht durch ein blindes Ongefähr, (*in mundo non datur casus,*)[86]
ein Naturgesetz *a priori*; imgleichen, keine Nothwendigkeit in der Natur ist
blinde, sondern bedingte, mithin verständliche[87] Nothwendigkeit (*non
B 281 datur fatum*)[88]. Beide sind solche Ge||setze, durch welche das Spiel der
Veränderungen einer Natur der Dinge (als Erscheinungen) unter-
worfen wird, oder, welches einerley ist, der Einheit des Verstandes, in
welchem[15] sie allein zu einer Erfahrung[16], als der synthetischen Einheit der
Erscheinungen, gehören können[89]. Diese beide Grundsätze[90] gehören zu
den dynamischen[91]. Der erstere ist eigentlich eine Folge des Grundsatzes[92]
von der Caussalität (unter den Analogien der Erfahrung). Der zweite ge-
hört zu den Grundsätzen der Modalität, welche zu der Caussalbestimmung
noch den Begriff der Nothwendigkeit, die aber unter einer Regel des
Verstandes steht, hinzu thut. Das Princip der Continuität[93] verbot in der
Reihe der Erscheinungen (Veränderungen) allen Absprung (*in mundo non
A 229 datur || saltus*)[94], aber auch in dem Inbegriff aller empirischen Anschau-
ungen im Raume alle Lücke oder Kluft zwischen zwey Erscheinungen (*non
datur hiatus*)[95]; denn so kan man den Satz ausdrücken: daß in die Er-
fahrung nichts hinein kommen kan, was ein *vacuum* bewiese, oder auch nur
als einen Theil der empirischen Synthesis zuliesse[96]. Denn was das Leere

---

14 „durch ihre Ursache“ [A, B, Schmidt], „durch seine Ursache“ [4., 5. Auflage, Ak, Timmermann].

15 „in welcher“ [Erdmann], „ in welchem“ [A, B].

16 „zu Erfahrung“ [Vaihinger], „zu einer Erfahrung“ [A, B].

betrifft, welches man sich ausserhalb dem Felde[17] möglicher Erfahrung (der Welt) denken mag[97], so gehört dieses nicht vor die Gerichtsbarkeit des bloßen Verstandes[98], welcher nur über die Fragen entscheidet, die die Nutzung gegebener Erscheinungen zur empirischen Erkentniß betreffen, und ist eine Aufgabe vor[18] die idealische Vernunft, die noch über die Sphäre einer möglichen Erfahrung hinausgeht, || und von dem urtheilen will, was **B 282** diese selbst umgiebt und begränzet, muß[19] daher in der transscendentalen Dialektik erwogen werden[99]. Diese vier Sätze (*in mundo non datur hiatus, non datur saltus, non datur casus, non datur fatum,*) könten wir leicht, so wie alle Grundsätze transscendentalen Ursprungs[100], nach ihrer Ordnung, gemäß der Ordnung der Categorien vorstellig machen, und iedem seine Stelle beweisen[20], allein der schon geübte Leser wird dieses von selbst thun, oder den Leitfaden dazu leicht entdecken[101]. Sie vereinigen sich aber alle lediglich dahin, um in der empirischen Synthesis nichts zuzulassen, was dem Verstande und dem continuirlichen Zusammenhange aller Erscheinungen[102], d. i. der Einheit seiner Begriffe, Abbruch oder Eintrag thun könte. Denn er ist || es allein, worin die Einheit der Erfahrung, in der alle **A 230** Wahrnehmungen ihre Stelle haben müssen, möglich wird[103].

Schluss

Ob das Feld der Möglichkeit grösser sey als das Feld, was alles Wirkliche enthält[104], dieses aber wiederum grösser, als die Menge desienigen, was nothwendig ist[105], das sind artige Fragen, und zwar von synthetischer Auflösung, die aber auch nur der Gerichtsbarkeit der Vernunft anheim fallen[106]; denn sie wollen ungefehr so viel sagen, als, ob alle Dinge, als Erscheinungen, insgesamt in den Inbegriff und den Context einer einzigen Erfahrung gehören, von der iede gegebene Wahrnehmung ein Theil ist, der also mit keinen andern Erscheinungen || könne verbunden werden, oder **B 283** ob meine Wahrnehmungen zu mehr als[21] einer möglichen Erfahrung (in ihrem allgemeinen Zusammenhange) gehören können[107]. Der Verstand giebt *a priori* der Erfahrung überhaupt nur die Regel nach den subiectiven

17 „des Feldes" [Valentiner], „dem Felde" [A, B].
18 „vor" = für.
19 „dasselbe muß" [Erdmann], „es muß" [Vorländer], „begrenzet; muß daher" [Görland], „muß daher" [A, B, Ak, Schmidt, Timmermann].
20 „anweisen" [Grillo], „bestimmen" [Erdmann], „beweisen" [A, B].
21 „wie" [A], „als" [B].

und formalen Bedingungen, sowol der Sinnlichkeit als der Apperception, welche sie allein möglich machen. Andere Formen der Anschauung (als Raum und Zeit,)[108] imgleichen andere Formen des Verstandes (als die discursive[22] des Denkens, oder der Erkentniß durch Begriffe,)[109] ob sie gleich möglich wären, können wir uns doch auf keinerley Weise erdenken und faßlich machen, aber, wenn wir es auch könten, so würden sie doch nicht zur Erfahrung, als dem einzigen Erkentniß gehören, worin uns
A 231 Gegenstände gegeben werden. Ob andere Wahrneh||mungen, als überhaupt, zu unserer gesamten möglichen Erfahrung gehören, und also ein ganz anderes Feld der Materie noch[23] statt finden könne, kan der Verstand nicht entscheiden, er hat es nur mit der Synthesis dessen zu thun, was gegeben ist[110]. Sonst[24] ist die Armseligkeit unserer gewöhnlichen Schlüsse, wodurch wir ein grosses Reich der Möglichkeit heraus bringen, davon alles Wirkliche (aller Gegenstand der Erfahrung) nur ein kleiner Theil sey, sehr in die Augen fallend[111]. Alles Wirkliche ist möglich; hieraus folgt natürlicher Weise, nach den logischen Regeln der Umkehrung, der blos particulare Satz: einiges Mögliche ist wirklich, welches denn so viel zu bedeuten
B 284 || scheint, als: es ist vieles möglich, was nicht wirklich ist[112]. Zwar hat es den Anschein, als könne man auch gerade zu die Zahl des Möglichen über die des Wirklichen dadurch hinaussetzen, weil zu iener noch etwas hinzukommen muß, um diese[25] auszumachen. Allein dieses Hinzukommen zum Möglichen kenne ich nicht[113]. Denn was über dasselbe noch zugesetzt werden sollte, wäre unmöglich[114]. Es kan nur zu meinem Verstande etwas über die Zusammenstimmung mit den formalen Bedingungen der Erfahrung, nemlich, die Verknüpfung mit irgend einer Wahrnehmung, hinzukommen; was aber mit dieser nach empirischen Gesetzen verknüpft ist, ist wirklich, ob es gleich unmittelbar nicht wahrgenommen wird[115]. Daß aber im durchgängigen Zusammenhange mit dem, was mir in der Wahrnehmung gegeben ist, eine andere Reihe von Erscheinungen, mithin
A 232 mehr || als[26] eine einzige alles befassende Erfahrung möglich sey, läßt sich aus dem, was gegeben ist, nicht schliessen, und, ohne daß irgend etwas gegeben ist, noch viel weniger; weil ohne Stoff sich überall nichts denken läßt[116]. Was unter Bedingungen, die selbst blos möglich sind, allein

---

22 „diskursiven“ [Valentiner], „discursive“ [A, B].
23 „nach“ [Hartenstein], „noch“ [A, B].
24 „Somit“ [Görland], „Sonst“ [A, B].
25 „jenem …dieses“ [Vaihinger], „iener …diese“ [A, B].
26 „wie“ [A], „als“ [B].

möglich ist, ist es nicht[27] *in aller Absicht*[117]. In dieser aber[28] wird die Frage genommen, wenn man wissen will, ob die Möglichkeit der Dinge sich weiter erstrecke, als Erfahrung reichen kan[118].

I Ich habe dieser Fragen nur Erwähnung gethan, um keine Lücke in demienigen zu lassen, was, der ge||meinen Meinung nach, zu den Verstan- **B 285**
desbegriffen gehört[119]. In der That ist aber die absolute Möglichkeit (die in aller Absicht gültig ist) kein blosser Verstandesbegriff, und kan auf keinerley Weise von empirischem Gebrauche seyn, sondern er gehört allein der Vernunft zu, die über allen möglichen empirischen Verstandesgebrauch hinausgeht[120]. Daher haben wir uns hiebey mit einer blos critischen Anmerkung begnügen müssen, übrigens aber die Sache bis zum weiteren künftigen Verfahren in der Dunkelheit gelassen[121].

I Da ich eben diese vierte Nummer, und mit ihr zugleich das System aller Grundsätze des reinen Verstandes schliessen will, so muß ich noch Grund angeben, warum ich die Principien der Modalität gerade Postulate genant habe[122]. Ich will diesen Ausdruck hier nicht in der Bedeutung nehmen, welche ihm einige neuere philosophische || Verfasser, wider den Sinn der **A 233**
Mathematiker, denen er doch eigentlich angehört[123], gegeben haben, nemlich: daß Postuliren so viel heissen solle, als einen Satz für unmittelbar gewiß, ohne Rechtfertigung, oder Beweis ausgeben; denn, wenn wir das bey synthetischen Sätzen, so evident sie auch seyn mögen, einräumen sollten, daß man sie ohne Deduction, auf das Ansehen ihres eigenen Ausspruchs, dem unbedingten Beyfalle aufheften dürfe, so ist alle Critik des Verstandes verloren[124], und, da es an dreusten Anmassungen nicht fehlt, deren sich auch der gemeine Glaube, (der aber kein Cre||ditiv ist)[125] nicht **B 286**
weigert; so wird unser Verstand iedem Wahne offen stehen, ohne daß er seinen Beyfall denen Aussprüchen versagen kan, die, obgleich unrechtmäßig, doch in eben demselben Tone der Zuversicht, als wirkliche Axiomen eingelassen zu werden verlangen[126]. Wenn also zu dem Begriffe eines Dinges eine Bestimmung *a priori* synthetisch hinzukommt, so muß von einem solchen Satze, wo nicht ein Beweis, doch wenigstens eine Deduction der Rechtmäßigkeit seiner Behauptung unnachlaßlich hinzugefügt werden[127].

---

27 „ist es in" [Vorländer], „ist es nicht in" [A, B].

28 Interessant ist der Integrationsvorschlag von Valentiner: „in dieser Bedeutung aber".

Die Grundsätze der Modalität sind aber nicht objectivsynthetisch[29], weil X die Prädicate der Möglichkeit, Wirklichkeit und Nothwendigkeit den Begriff, von dem sie gesagt werden, nicht im mindesten vermehren, dadurch daß sie der Vorstellung des Gegenstandes noch etwas hinzusetzen[128].
A 234 Da sie aber gleichwohl doch immer synthetisch sind[30], so sind || sie es nur subiectiv, d. i. sie fügen zu dem Begriffe eines Dinges, (Realen,)[31] von dem sie sonst nichts sagen, die Erkentnißkraft hinzu, worin er entspringt und seinen Sitz hat[129], so, daß, wenn er blos im Verstande mit den formalen Bedingungen der Erfahrung in Verknüpfung ist, sein Gegenstand möglich heißt; ist er mit der Wahrnehmung (Empfindung, als Materie der Sinne) im Zusammenhange, und durch dieselbe vermittelst des Verstandes bestimt, so ist das Obiect wirklich; ist er durch den Zusammenhang der
B 287 Wahrnehmungen nach Begriffen bestimt, so heißt der Gegen||stand nothwendig[130]. Die Grundsätze der Modalität also sagen von einem Begriffe nichts anders, als die Handlung des Erkentnißvermögens, dadurch er erzeugt wird. Nun heißt ein Postulat in der Mathematik der practische Satz, der nichts als die Synthesis enthält, wodurch wir einen Gegenstand uns zuerst geben, und dessen Begriff erzeugen, z. B. mit einer gegebenen Linie, aus einem gegebenen Punct auf einer Ebene einen Cirkel zu beschreiben[131], und ein dergleichen Satz kan darum nicht bewiesen werden, weil das Verfahren, was er fordert, gerade das ist, wodurch wir den Begriff von einer solchen Figur zuerst erzeugen[132]. So können wir demnach mit eben demselben Rechte die Grundsätze der Modalität postuliren, weil sie ihren
A 235 Begriff von Dingen überhaupt nicht vermehren,* || sondern nur die Art anzeigen, wie er überhaupt mit der Erkentnißkraft verbunden wird[135].

*D u r c h d i e W i r k l i c h k e i t eines Dinges, setze ich freilich mehr, als
A 235 die Möglichkeit, aber nicht i n d e m D i n g e ; || denn das kan niemals mehr in der Wirklichkeit enthalten, als was in dessen vollständiger Möglichkeit enthalten war[133]. Sondern da die Möglichkeit blos eine Position des Dinges in Beziehung auf den Verstand (dessen empirischen Gebrauch) war, so ist die Wirklichkeit zugleich eine Verknüpfung desselben mit der Wahrnehmung[134].

---

29 „objektiv-synthetisch" [Ak, Timmermann], „objektivsynthetisch" [A, B, Schmidt].

30 „seyn" [A], „sind" [B].

31 „(realen)" [A], „(Realen,)" [B].

Textkommentar

1. Die Bedeutung des Begriffs „Postulat" wird hier in Kapitel 3 des ersten Teils erläutert. Der zweite Teil des Titels („des empirischen Denkens") wird unmittelbar danach in Kapitel 4 behandelt. Das „überhaupt" (lat. *„generatim"*, *„in genere"*) bezieht sich offensichtlich nicht auf „die Postulate", d. h. nicht (wie häufig bei Kant) auf den gesamten Titelsatz, sondern bloß auf den Genitiv „des empirischen Denkens". Es geht hier mit anderen Worten um die Postulate des *ganzen* empirischen Denkens. Oder besser: des empirischen Denkens *im Allgemeinen.* Analog bezieht sich das „überhaupt" im Titel „Über die Postulate der reinen praktischen Vernunft überhaupt" (*Kritik der praktischen Vernunft*, 5:132) nicht auf die Postulate, sondern auf die „reine praktische Vernunft". Unter dem Titel „Die Bedeutung der Verallgemeinerungspartikel „überhaupt" in Kants Philosophie" (in *Kants Lehre vom „Bewusstsein überhaupt"*, S. 53 ff.) liefert Hans Amrhein eine sehr ausführliche Rekonstruktion des Gebrauchs dieses Terminus bei Kant. Seine Analyse mündet in das folgende Ergebnis: „Der Philosoph [Kant] verwendet das Wörtchen in doppelter Bedeutung, 1. als numerisches (zusammenzählendes) ‚überhaupt' in summarischer Zusammenfassung des Konkreten a) adverbial, b) attributiv; 2. als logisches (generalisierendes), ‚überhaupt' in begrifflicher Form für Abstraktionen" (ebd. S. 68). In den Postulaten bekommt das Attribut „überhaupt" meines Erachtens eine numerische (zusammenzählende) Bedeutung (1.b nach Amrhein). Vgl. dazu auch Pape, *Tradition und Transformation*, S. 227.

2. Die Dreiteilung der Modalbegriffe lässt sich sowohl logisch (vgl. Abs. 2.1) wie auch psychologisch (vgl. Abs. 2.2) und schließlich ontologisch (vgl. Abs. 2.3) erklären, wobei die Kombination dieser drei unterschiedlichen Ebenen des Diskurses weiterhin nicht unproblematisch ist. Über Vorgeschichte und Quelle dieser Dreiteilung siehe Kapitel 8, S. 143 f. und S. 152 f. (über Lambert).

3. *„Erläuterung" statt „Beweis".* Innerhalb der „Systematischen Vorstellung aller synthetischen Grundsätze" (*KrV*, A 158 ff./B 197 ff.) hatte Kant einen „Beweis" der „Axiome der Anschauung", einen „Beweis" der „Antizipationen der Wahrnehmung" und drei „Beweise" der drei „Analogien der Erfahrung" geliefert. Die „Postulate" werden dagegen „erläutert". Der

Grund für diesen Unterschied liegt in der Bedeutung des Wortes „Postulat" (siehe dazu Kapitel 3). Postulat ist ein rein praktischer (nicht theoretischer) Satz, welcher nur die ursprüngliche, nicht weiter begründbare Möglichkeit einer Handlung bezeichnet. Die Postulate der Mathematik (zum Beispiel eine Linie ziehen oder einen Kreis beschreiben) können nicht bewiesen werden; genauso lassen sich auch die Postulate des empirischen Denkens, welche die grundsätzlichen Handlungen des Subjekts zur Konstitution der Objektivität enthalten, nicht beweisen oder begründen, sondern nur „erläutern".

Am Ende des XIII. Absatzes der „Postulate" (in A 233/B 286) erklärt Kant, dass diese, wie alle Grundprinzipien des menschlichen Verstandes, eine Deduktion derselben brauchen: „...so muß von einem solchen Satze, wo nicht ein Beweis, doch wenigstens eine Deduction der Rechtmäßigkeit seiner Behauptung unnachlaßlich hinzugefügt werden". Unter dem Titel einer „Erläuterung" ist diese Deduktion – im Sinne der allgemeinen Rechtfertigung einer Behauptung – der drei Grundsätze der Modalität enthalten (vgl. dazu vor allem Anm. 124 und 127).

Paton sieht dagegen hier keine direkte Verbindung zwischen der Natur der Postulate und Kants Verzicht auf einen „Beweis" derselben. Seine Erklärung des Unterschieds zu den anderen Grundsätzen lautet: „Kant's account of the Postulates of Empirical Thought is simpler and easier than the proofs of the Analogies. It does little more than set out in systematic form the presuppositions upon which the whole argument has hitherto proceeded. Hence it is called an *explanation* or *elucidation* and not a *proof*" (Paton, *Kant's Metaphysic*, II, S. 335).

4. Über die Besonderheit der Kategorien und der Grundsätze der Modalität siehe vor allem Kapitel 1 und Abs. 9.6.

5. Die Einteilung der Modalkategorien auf Grund der Menschenvermögen wird ausführlich im Abs. 2.2 des ersten Teils dargestellt. Man beachte nun, dass Form und Materie in der transzendentalen Untersuchung separat bleiben sollen (vgl. Abs. 4.2). Das wird von Kant im obigen Satz der „Postulate" dadurch betont, dass er hier von keinem „Verstande *im* empirischen Gebrauche", sondern vom „Verstande *und* dessen empirischen Gebrauche" schreibt. Durch das Genitivattribut erscheint es so, als ob man die Form bzw. die reine Begriffe des Verstandes vor der Anwendung an die Materie betrachten könnte.

6. Der empirische Gebrauch der Modalitätsbegriffe wird ausführlich im Abs. 4.1 betrachtet.

7. Über die Grundsätze der Modalität als „Restrictionen" der Kategorien auf den empirischen Gebrauch (mit der konsequenten Ausschließung jedes anderen, nicht empirischen Gebrauchs der Kategorien) siehe Abs. 4.3 des ersten Teils.

8. Die *formale Logik* ist für Kant die Wissenschaft der allgemeinen und notwendigen Gesetze des Denkens. Sie erörtert die reinen Formen des Verstandes und der Vernunft unabhängig von allem Inhalt der Erkenntnis. Die *transzendentale Logik* isoliert das Erkenntnisvermögen dagegen dadurch, dass sie nur jene Teile des Denkens untersucht, welche ihren Ursprung bloß im Verstande und in der Vernunft haben. Dieses reine (nicht empirische) Denken führt aber zu keiner objektiven Erkenntnis, wenn es nicht auf die (doch empirischen) Gegenstände einer möglichen Anschauung angewendet wird. Über die notwendige Anwendung der Begriffe der Möglichkeit, Wirklichkeit und Notwendigkeit auf die Erfahrung siehe vor allem Abs. 4.2 und 4.3.

Das Postulat der Möglichkeit

9. Der Begriff des Dinges. Der erste Satz der Betrachtung der Möglichkeit wiederholt nahezu wörtlich die Hauptdefinition des ersten Postulats: „Was mit den formalen Bedingungen der Erfahrung (der Anschauung und den Begriffen nach) übereinkommt, ist möglich". Ein Unterschied besteht aber darin, dass hier die Übereinstimmung mit der Form der Erfahrung nicht Dinge bzw. ein allgemeines „was", sondern ausdrücklich „den Begriff der Dinge" betrifft. Wenn der Begriff des Dinges mit den formalen Bedingungen der Erfahrung zusammenstimmt, dann ist das Ding selbst möglich. Die Spaltung zwischen „Ding" und „Begriff des Dinges" wird in der „Analytik" durch die Definition von „Objekt" bzw. „Gegenstand" überwunden: „Objekt […] ist das, *in dessen Begriff* das Mannigfaltige einer gegebenen Anschauung vereinigt ist" (*KrV*, B 137; Hvh. v. G. M.). Der Gegenstand soll tatsächlich, als solcher, nicht „angeschaut", sondern in einem Begriff „gedacht" werden (siehe dazu im „Übergang zur transscendentalen Deduction der Kategorien" A 93/B 125–126). Die Beziehung zwischen Objekt und Verstand (als Vermögen der Synthesis) wird vor allem im § 17 der B-Deduktion durch ein bekanntes, der Geometrie entnommenes Beispiel erklärt: „So ist die bloße Form der äußeren sinnlichen Anschauung, der Raum, noch gar keine Erkenntnis; er gibt nur das Mannigfaltige der Anschauung a priori zu einem möglichen Erkenntnis.

Um aber irgend etwas im Raume zu erkennen, z. B. eine Linie, muß ich sie ziehen, und also eine bestimmte Verbindung des gegebenen Mannigfaltigen synthetisch zustande bringen, so, daß die Einheit dieser Handlung zugleich die Einheit des Bewußtseins (im Begriffe einer Linie) ist, und dadurch allererst ein Objekt (ein bestimmter Raum) erkannt wird" (*KrV*, B 137–138). Um mir eine Linie im Raum vorzustellen, muss ich eine Synthesis des Mannigfaltigen vollziehen: Ich muss die Linie ziehen. Die Einheit des synthetischen Aktes stellt hier zugleich die Einheit des Gegenstandes und die Einheit des Bewusstseins dar. Es ist damit dasselbe synthetische Handeln, welches zugleich Objekt und Begriff definiert, denn beide (Objekt und Begriff) sind eigentlich nichts anderes als *die Synthesis des Mannigfaltigen der Anschauung* aus zwei Blickwinkeln gesehen.

10. „Sind *keine* angebbaren Bedingungen da, so ist es ohne Sinn, von Möglichkeit zu sprechen. Die Möglichkeit ist ein Zusammenstimmen mit Bedingungen", so Schneeberger in seiner Monographie über *Kants Konzeption der Modalbegriffe* (S. 5; vgl. auch Wingendorf, *Kritische Modalphilosophie*, S. 98). Man beachte hier über den Begriff der „Bedingung" vor allem Abs. 2.3 (über die Möglichkeit), Abs. 4.2 (über Form und Materie), Abs. 5.1 (über die objektive Gültigkeit der reinen Begriffe des Verstandes), Abs. 5.3 (über die Begriffe der Mathematik) und schließlich Abs. 9.4 und Abs. 9.5 (über die Entstehung der neuen Definition der Möglichkeit bei Kant).

11. Im Verb „zusammenstimmen" bzw. – im Titel des ersten Postulats – „übereinkommen" glaubt Schneeberger den tieferen Sinn der Kantischen Theorie der Möglichkeit zu finden: „Suchen wir in Kants Formulierungen nach dem gemeinsamen Grundsinn aller Möglichkeit, so zeigt sich, dass dieser Sinn auf so etwas hinausläuft wie ein *Übereinkommen* (*KrV*, B 265), *Übereinstimmen* (R. 4298, R. 4688, R. 4801, R. 5757), *Einstimmen* (R. 4304, R. 5698), *Zusammenstimmen* (*KrV*, B 184, R. 5163, R. 5573) oder einfach: ‚Möglich sein heißt eigentlich soviel als: *stimmen*' (R. 4581)" (*Kants Konzeption*, S. 5). Auch Neumann definiert das „Übereinkommen" als „den Schlüsselterminus" in der Begriffsbestimmung des Möglichen. Hier sei vor allem eine deutliche Wiederholung der Nominalerklärung der Wahrheit als „Übereinstimmung der Erkenntnis mit ihrem Gegenstande" zu sehen (*Die neue Seinsbestimmung*, S. 321).

12. „Synthesis" heißt nach Kant die Handlung unseres Verstandes, welche darin besteht, das Mannigfaltige durchzugehen, aufzunehmen und zu verbinden, damit es zu einer Erkenntnis wird: „Ich verstehe [...] unter

Synthesis in der allgemeinsten Bedeutung die Handlung, verschiedene Vorstellungen zu einander hinzuzuthun und ihre Mannigfaltigkeit in einer Erkenntniß zu begreifen" (*KrV*, A 77/B 103). „Alle Synthesis, welche zur Erkenntniß der Objecte erfordert wird" kann im obigen Satz nur heißen: die reine Synthesis des Mannigfaltigen gemäß den neun Kategorien der Quantität, Qualität und Relation. Kategorien sind die Begriffe a priori, welche den Gegenstand synthetisch begreifbar und daher erkennbar machen. Sie sind die Formen der Verbindung des Mannigfaltigen zur Konstitution des Objekts. Sie sind mit anderen Worten die notwendigen und hinreichenden Begriffe, „ohne deren Voraussetzung, nichts als *Objekt der Erfahrung* möglich ist" (*KrV*, A 93/B 126). Die Möglichkeit, die Kant im ersten Postulat untersucht, ist die Möglichkeit der Gegenstände der Erfahrung. Die Erfahrung selbst (das Wort „Erfahrung" kommt im ersten Postulat 25 mal, d. h. öfter als „Möglichkeit" vor) ist „eine synthetische Verbindung der Anschauungen" (*KrV*, B 12). Die Formen dieser Synthesis sind die Bedingungen der Möglichkeit der Erfahrung.

13. *Leere Begriffe ohne Gegenstand.* In der „Anmerkung zur Amphibolie der Reflexionsbegriffe", am Anfang der Erläuterung der Tafel des Nichts (unter der ersten Gruppe der Quantität, welcher auch der Untersuchung der Möglichkeit in den „Postulaten" korrespondiert), definiert Kant die leeren Begriffe ohne Gegenstand als „die Noumena", d. h. die Begriffe, denen „gar keine anzugebende Anschauung korrespondiert" (*KrV*, A 290/B 347). Solche Begriffe können „nicht unter die Möglichkeiten gezählt werden", obwohl sie auch darum „nicht für unmöglich ausgegeben werden müssen". Sie sind „*entia rationis*", „wie etwa gewisse neue Grundkräfte, die man sich denkt, zwar ohne Widerspruch, aber auch ohne Beispiel aus der Erfahrung" (*KrV*, A 290–291/B 347). Die Nicht-Widersprüchlichkeit ist nicht ausreichend, um die Möglichkeit selbst zu definieren. Darin liegt der Unterschied zwischen logischer und realer Möglichkeit. „Das Ding [...], wovon der Begriff möglich ist, ist darum nicht ein mögliches Ding" (20:325). Begriffe können zugleich „möglich" und „leer" sein. Dass ein Begriff nicht leer ist, bedeutet hier, „daß ihm etwas ausser dem Gedanken, also eine Wirklichkeit, respondire" (R. 4396). Der Gegenstand muss auf irgendeiner Art *gegeben* werden (*KrV*, B 194–195). Vgl. dazu Veca, *Fondazione e modalità*, S. 314.

14. Begriffe können nach Kant entweder „empirisch" oder „rein" sein. In *KrV*, A 92/B 126 (am Anfang des § 14 nach der B-Ausgabe) werden daher zwei Formen des Verhältnisses der Vorstellungen zu den Gegenständen der Erfahrung unterschieden: „Es sind nur zwei Fälle möglich, unter denen synthetische Vorstellung und ihre Gegenstände zusammentreffen", entweder a) der Gegenstand macht die Vorstellung möglich (das ist der Fall bei allen empirischen Begriffen), oder b) die Vorstellung selbst ermöglicht die Gegenstände (im Fall der reinen Begriffe des Verstandes).

a) Die einzige Vorstellungsart, welche sich gänzlich auf die ursprüngliche Gegebenheit der Gegenstände gründet, ist die *Empfindung*. Diese wird von Kant als „die Wirkung eines Gegenstandes auf die Vorstellungsfähigkeit, sofern wir von demselben affiziert werden" definiert (*KrV*, A 19/B 34). Die Vorstellung ist hier die Folge einer fast mechanischen Reaktion: „Durch die Empfindung" – so Felix Grayeff – „reagiert die Materie in uns auf die Materie außer uns" (*Deutung und Darstellung*, S. 28; vgl. dazu Dörflinger, *Zum Status der Empfindung*, S. 105). Das Resultat dieser Reaktion ist eine empirische Vorstellung a posteriori, welche bloß subjektiv und daher nicht allgemeingültig ist. Laut den *Prolegomena* lassen sich diese Vorstellungen in „Wahrnehmungsurteilen" ausdrücken: „daß das Zimmer warm, der Zucker süß, der Wermuth widrig sei, sind blos subjectiv gültige Urtheile" (4:299). Die damit verbundenen Begriffe sind sogenannte „empirische Begriffe". Das Kantische Konzept von diesen lässt sich in den Ausführungen der *Logik* nachlesen: „Der empirische Begriff entspringt aus den Sinnen durch Vergleichung der Gegenstände der Erfahrung und erhält durch den Verstand bloß die Form der Allgemeinheit. Die Realität dieser Begriffe beruht auf der wirklichen Erfahrung, woraus sie, ihrem Inhalte nach, geschöpft sind" (9:92). Solche Begriffe brauchen keine Deduktion zur Rechtfertigung ihres Gebrauchs, „...weil wir jederzeit die Erfahrung bei *der* [Zusatz von B] Hand haben, ihre objektive Realität zu beweisen" (*KrV*, A 84/B 116–117). Siehe dazu Paton, *Kant's Metaphysic*, II, S. 347.

b) Wenn Kant dagegen schreibt (z. B. in *KrV*, A 92/B 126), dass die Vorstellung selbst die Gegenstände ermöglicht, so will er nicht sagen, dass die Vorstellung irgendwie die Existenz der Gegenstände erzeugt oder konstruiert. Wir hätten es in diesem Fall nicht mit Möglichkeit, sondern mit Wirklichkeit zu tun. Die Vorstellung kann dadurch Erfahrung ermöglichen, dass sie die Form der Erfahrung aller möglichen Gegenstände, d. h. die „Erfahrung überhaupt" ausdrückt. „Erfahrung überhaupt" ist, so Neumann, „nicht so etwas wie eine *allgemeine Erfahrung*, sondern die Erfahrung selbst in der Reinheit ihrer primären *formalen* Bestimmungen" (*Die neue Seinsbestimmung*, S. 322). Etwas kann nur dann als Gegenstand der Erfahrung erkannt werden, wenn es durch die reinen Begriffe des Verstandes bestimmt wird (über das Verhältnis Möglichkeit-Verstand siehe Abs. 2.2). Erfahrung ist in dieser Hinsicht vor allem keine bloß empirische

Zusammensetzung der Wahrnehmungen; sie ist für Kant: „das Produkt des Verstandes aus Materialien der Sinnlichkeit" (*Prolegomena*, § 34). Die Kategorien des reinen Verstandes sind die Konstituenten der Möglichkeit der Erfahrung, d. h. die fundamentalen Formen der Synthese von Daten zur Einheit der objektiven Erfahrung. Sie sind das, was Erfahrung überhaupt möglich macht.

15. Form und Möglichkeit sind zwei eng verbundene Begriffe (siehe dazu Abs. 4.2). Die obige (rhetorische) Frage ist einer der Sätze der *Kritik*, welche dieses Verhältnis am deutlichsten feststellen. Hans Poser bezeichnet zu Recht die Möglichkeit Kants als eine im Grunde „formale Möglichkeit": „...wegen des Bezugs auf die formalen Bedingungen der Anschauung und des Denkens als formale Bedingungen der Erfahrung" (*Die Stufen der Modalität*, S. 201; man beachte in dieser Hinsicht auch Ingetrud Pape, *Tradition und Transformation*, S. 220 und Moreno Stampa, *Modalità e teoria dell'oggetto*, S. 150). Kant selber gebraucht den Ausdruck „formale Möglichkeit" in einer Bemerkung der A-Deduktion: „Alle Erscheinungen liegen also als mögliche Erfahrungen eben so *a priori* im Verstande und erhalten ihre formale Möglichkeit von ihm, wie sie als bloße Anschauungen in der Sinnlichkeit liegen und durch dieselbe der Form nach allein möglich sind" (*KrV*, A 127).

16. Der Ausdruck „objektive Realität" erscheint auf den nächsten Seiten weitere drei Mal: am Ende dieses Paragraphen in *KrV*, A 221 (vgl. Anm. 21), in A 221–222 (vgl. Anm. 28) und am Anfang von A 223 (vgl. Anm. 40). Eine allgemeine und klare Definition der „objektiven Realität" wird von Kant in *KrV*, A 155–156/B 194–195, innerhalb des zweiten Abschnitts des Systems der Grundsätze, gegeben. Hier schreibt Kant unter anderem: „Wenn eine Erkenntnis objective Realität haben, d. i. sich auf einen Gegenstand beziehen und in demselben Bedeutung und Sinn haben soll, so muß der Gegenstand auf irgend eine Art gegeben werden können. Ohne das sind die Begriffe leer, und man hat dadurch zwar gedacht, in der That aber durch dieses Denken nichts erkannt, sondern bloß mit Vorstellungen gespielt. Einen Gegenstand geben [...] ist nichts anders, als dessen Vorstellung auf Erfahrung (es sei wirkliche oder doch mögliche) beziehen". Es geht nun in den folgenden Paragraphen des ersten Postulats zugleich um (1) die *objektive Realität* der Begriffe der Relation und der reinen Begriffe des Verstandes (*KrV*, A 221–222), um (2) die *nicht-objektive Realität* von einigen erdichteten Begriffen, welche sich weder a priori noch a posteriori auf die Gegenstände der Erfahrung beziehen und schließlich um (3) die *objektive Realität* der mathematischen (vor allem geometrischen) Bestimmung des Raumes durch die reinen Begriffe der Quantität (*KrV*, A 221).

17. Man beachte über die logische Möglichkeit in ihrem Verhältnis zur objektiven Realität Abs. 5.3.

18. In der „Allgemeinen Anmerkung zur transzendentalen Ästhetik" schreibt Kant: „Nehmet nur den Satz, daß durch zwei gerade Linien sich gar kein Raum einschließen lasse, mithin keine Figur möglich sei, und versucht ihn aus dem Begriff von geraden Linien und der Zahl zwei abzuleiten, oder auch, daß aus drei geraden Linien eine Figur möglich sei, und versucht es eben so blos aus diesen Begriffen. Alle eure Bemühung ist vergeblich, und ihr seht euch genöthigt, zur Anschauung eure Zuflucht zu nehmen, wie es die Geometrie auch jederzeit thut" (*KrV*, A 47/B 65; vgl. auch A 163/B 204); wobei nach der Tafel des Nichts dagegen (in offenem Widerspruch zu den obigen Worten) „die gradlinige Figur von zwei Seiten" Beispiel „eines Begriffs, der sich selbst widerspricht" ist, d. h. ein leerer Gegenstand ohne Begriff: *nihil negativum* (*KrV*, A 291/B 348). Vgl. dazu vor allem Martin, *Das geradlinige Zweieck*, S. 229–235. Man beachte auch Veca, *Fondazione e modalità*, S. 316, Stampa, *Modalità e teoria dell'oggetto*, S. 151 und Wingendorf, *Kritische Modalphilosophie*, S. 103.

Die *Kritik der reinen Vernunft* enthält viele andere, ähnliche Beispiele von sinnlichen (d. h. synthetischen, nicht analytischen) Konstruktionen der Mathematik. Einige berühmte Beispiele sind: – Eine einzige Linie zwischen zwei Punkten (*KrV*, A 24, B 16, A 163/B 204, A 261/B 316–317, A 239/B 299, A 300/B 356) – Die Tatsache, dass in einem Dreieck zwei Seiten zusammen größer sind, als die dritte (*KrV*, A 25/B 39) – Die Definition des Dreiecks (*KrV*, A 47–48/B 65–66, A 105, A 593–594/B 621–622, A 713/B 741, A 716/B 744, A 718–719/B 746–747) – Die Konstruktion des Kreises (*KrV*, A 234/B 287, A 731–732/B 759–760, B 154) – Das Liegen von drei Punkten auf einer einzigen Ebene (*KrV*, A 732–733/B 760–761) – Die Eigenschaften des gleichschenkligen Dreiecks nach den Demonstrationen von Thales (*KrV*, B XI-XII) – Die Summe von Sieben und Fünf: 7+5=12 (*KrV*, B 15–16).

19. Dieses Beispiel wird am Ende der Betrachtung des Postulats der Möglichkeit (in VII. Absatz der „Postulate", *KrV*, A 223–224/B 271–272) weiter erklärt und vertieft. Alle Sätze der Geometrie sind nach Kant „synthetische", d. h. nicht „analytische" Urteile: „*Mathematische Urteile sind insgesamt synthetisch*" (*KrV*, B 14). Sie fügen einem Begriff etwas hinzu, was der Begriff selbst nicht enthält. Dafür braucht man eine andere Quelle als den Begriff selbst, was nur eine *Anschauung* sein kann, und zwar eine reine a priori, keine empirische, denn „wäre das letzte, so könnte niemals ein allgemein gültiger, noch weniger ein apodiktischer Satz daraus werden" (*KrV,* A 48/B 65). „Zu dem logischen Wesen eines Triangels" – so Kant z. B. in einer Reflexion aus den 80er Jahren – „gehört nicht das Maas der 3 Winkel; denn dieses ist nicht im Begriffe, sondern in der Construction enthalten" (R. 2325).

20. *Was heißt „konstruieren"?* Gegenstände der Mathematik haben das Besondere an sich, dass sie in der Definition selbst entstehen, d. h. im Akt der reinen, subjektiven Konstruktion. Konstruieren heißt nach dem obigen Satz den Raum in der einen oder anderen Weise gemäß gewisser „Bedingungen" a priori „bestimmen": „So construire ich einen Triangel, indem ich den diesem Begriffe entsprechenden Gegenstand entweder durch bloße Einbildung in der reinen, oder nach derselben auch auf dem Papier in der empirischen Anschauung, beidemal aber völlig *a priori*, ohne das Muster dazu aus irgend einer Erfahrung geborgt zu haben, darstelle" (*KrV,* A 713/B 741). „Construiren heißt a priori anschauend machen" (29:27; vgl. 24:697). Diese reine Bestimmung in der Anschauung hängt nicht von den formalen Bedingungen der Logik des Satzes vom Widerspruch ab und auch nicht von der Möglichkeit im Sinne der Tunlichkeit, die das Postulat im engen mathematischen Sinne definiert (vgl. dazu über Lambert Abs. 3.3), sondern von den transzendentalen Bedingungen, welche die Synthesis der Einbildungskraft bestimmen. Der Raum ist in dieser Hinsicht der Grund für die Möglichkeit aller Bestimmung bzw. aller Begrenzung desselben durch Einbildungskraft. „Wäre also nicht der Raum (und so auch die Zeit) eine bloße Form eurer Anschauung, welche Bedingungen *a priori* enthält, unter denen allein Dinge für euch äußere Gegenstände sein können, die ohne diese subjective Bedingungen an sich nichts sind, so könntet ihr *a priori* ganz und gar nichts über äußere Objecte synthetisch ausmachen" (*KrV,* A 48/B 65; dazu A 718/B 746).

21. Man beachte dazu vor allem den Abs. 5.3.

22. *Das Verhältnis zwischen Konstruktion und Apprehension.* Die Konstruktion, die der Verstand durch die „Bestimmung" von räumlichen (geometrischen) und zeitlichen (arithmetischen) Größen vollzieht, ist zugleich die Bedingung der Erfahrung von Gegenständen in Raum und Zeit. Die Konstruktion ist, mit anderen Worten, ein wesentlicher Bestandteil aller empirischen Erkenntnisse. Das wird von Darius Koriako folgendermaßen erklärt: „Es ist [...] kein Privileg des Mathematikers,

Dreiecke konstruieren zu können; vielmehr ist diese mathematische Konstruktion, die jedem Beweis nach Kants Ansicht zugrunde liegt, ein Spezialfall der allgemeinen Konstruktionshandlungen, die in jeder Apprehension eines empirischen Gegenstandes angetroffen werden. Ob wir eine Erscheinung unter den Begriff „Dreieck" subsumieren, oder ein Dreieck für einen mathematischen Beweis konstruieren, macht aus dieser Perspektive keinen Unterschied: in beiden Fällen liegt eine Synthesis zugrunde, die sich deshalb auf einen *apriorischen* Begriff gründet, weil dieser Begriff sich seinem Sinne nach auf *reine* Anschauung bezieht" (*Kants Philosophie der Mathematik*, S. 206–207). Die mathematische Definition ist rein förmlich, zugleich aber sinnlich. Die Einbildungskraft befolgt in der Apprehension eines empirischen Gegenstandes genau dasselbe Verfahren der Einbildung, welches die Konstruktionen der Geometrie und der Arithmetik charakterisiert. Mit den Worten von Margherita Palumbo: „Sia l'apprensione empirica di un oggetto a forma triangolare sia la costruzione pura del triangolo come ente geometrico si fondano sull'esistenza di una regola che stabilisca una relazione tra intuizione e concetto" (*Immaginazione e matematica in Kant*, S. 70).

23. Über die komplexe Struktur des Postulats der Möglichkeit siehe Kapitel 5, S. 93 ff.

24. Es geht hier und in den folgenden zwei Beispielen nicht nur um die erneute (jetzt auch viel konkretere) Behauptung, dass die reinen Begriffe des Verstandes ihre Bedeutung nur in Bezug auf Erfahrung bekommen (Kant – so Veca – „...si riduce a ribadire la necessità di considerare le forme categoriali come condizioni trascendentali di ogni possibile oggetto", *Fondazione e modalità*, S. 318–319), sondern vor allem darum, dass man hier – mit Hilfe der drei Begriffe der Relation – die Bedeutung und die Funktion der Möglichkeit erklärt und präzisiert. Die Frage, die Kant sich hier stellt, betrifft den Sinn selbst der transzendentalen Möglichkeit. Die Begriffe der Relation werden zu diesem Zweck in einer sehr besonderen Weise zusammengefasst: nicht als die Formen der Erfahrung in ihrer Gesetzlichkeit, sondern als drei mögliche, beliebige Vorstellungen unseres Verstandes in seiner freien Erdichtungskraft.

Erstes Beispiel: Man kann sich ein Ding vorstellen, welches immer bleibt, wobei das, was zu ihm gehört, ständig wechselt. Man kann dieses Ding „Substanz" nennen. Das ist aber für Kant kein hinreichender Grund, um das Ding selbst als „möglich", im Sinne von real-möglich, anzusehen. Der Begriff ist „eine allgemeine oder reflectirte Vorstellung" (*repraesentatio per notas communes, repraesentatio discursiva*) (9:91). Diese Vorstellung macht in keiner Weise das Ding möglich. Vgl. dazu Abs. 2.3 und 5.2.

25. *Die Nicht-Reduzierbarkeit der Möglichkeit auf die Nicht-Widersprüchlichkeit.* Thematisiert wird in diesen Sätzen (über Substanz, Kausalität und Wechselwirkung) die allgemeine Tatsache, dass „Möglichkeit" und „Nicht-Widersprüchlichkeit" keineswegs dasselbe bedeuten. Diese Identität wird aber von Wolff und seinen Anhängern angenommen. „La définition du possible par la non-contradiction est, à son avis, la seule qui permet de reconnaître sans risque d'erreur ce qui est possible, si du moins on prend soin de démontrer qu'il n'y a pas contradiction...", so Jean École (*La métaphysique de Christian Wolff*, S. 156). Nach Kant bezeichnet das Fehlen jedes Widerspruchs keineswegs die Möglichkeit, dass eine Eigenschaft, wie z. B. die Kausalität, irgendein Ding charakterisiert. Die Nicht-Widersprüchlichkeit zeigt eine *logische*, jedoch keine *reale* Möglichkeit des Dinges an.

26. Zweites Beispiel: *Etwas als Ursache von etwas Anderem.* Die Nicht-Widersprüchlichkeit eines Dinges, dessen erste Eigenschaft darin besteht, dass es die Ursache von etwas Anderem ist, kann nicht Grund für die Behauptung werden, dass es Dinge gibt, die diese Eigenschaft besitzen. Nach Kant soll die Kausalität vor allem nicht im Wesen der Dinge gesucht werden. Man kann diesbezüglich die Auffassung der Kausalität von Alexander G. Baumgarten (an den Kant hier zu denken scheint) und die von Kant selbst vergleichen.

Dinge können nach Baumgarten nicht wirklich sein, wenn sie nicht verursacht und zugleich – was ganz spezifisch für seine Philosophie ist – wenn sie nicht Ursache von etwas Anderem sind. Zwischen Sektion I (*Possibile*) und Sektion III (*Ens*) des ersten Kapitels der *Ontologia* („*Tractatio de praedicatis entium universalibus*") fügt Baumgarten eine entscheidende, zweite Sektion über das *Connexum* hinzu (*Metaphysica* §§ 19–33). *Nexus* (Zusammenhang) sei die Verbindung, vermögen deren etwas als Grund und als begründet erkannt wird. Das Ding selbst muss (um überhaupt als Ding erkannt zu werden) in dieser doppelten Weise verstanden werden: als *rationatum* (*a parte ante*) und als *ratio* (*a parte post*).

Nach Kant können wir nichts „Wesentliches" von den Dingen wissen. Eine Ontologie als Lehre der Dinge ist für ihn unmöglich und die Kausalität darf in keiner Weise in die Definition der Sache selbst einbezogen werden. Alle Erscheinungen sollen aber in der Zeit kausal eingeordnet werden. Der Zustand einer Sache folgt *notwendigerweise* aus anderen Zuständen. Kausalität sei nichts Wesentliches, sondern nur dasjenige, was die Ordnung der einander folgenden Wahrnehmungen auf Grund eines Gesetzes notwendig und objektiv macht (vgl. *KrV*, A 189 ff./B 232 ff.).

27. Drittes Beispiel: *Die Wechselwirkung aller Substanzen.* Die Wechselwirkung der Substanzen, die in einer Gemeinschaft miteinander bestehen, ist für Kant die Form unserer Erfahrung. Sie kann sogar als „die Bedingung der Möglichkeit der Dinge selbst als Gegenstände der Erfahrung" betrachtet werden (*KrV*, B 258; vgl. dazu A 211 ff. und B 256 ff.): „Dächten wir uns Substanzen [...] ohne ein *Commercium*, wo jede Substanz an und für sich selbst wäre, und sie keine Gemeinschaft mit einander hätten; so wäre daselbst zwar eine *multitudo*, aber noch keine Welt. Also der *nexus* der Substanzen, die im *Commercio* bestehen, ist die wesentliche Bedingung der Welt" (28:196; vgl. 2:398 f., 23:40, 28:208).

Derselbe Nexus der Substanzen wird nun in den „Postulaten" in einer viel kurioseren Weise beschrieben: Man kann sich wohl einbilden – Kant schreibt hier so, als würde er eine interessante Fiktion darstellen –, dass die Dinge so beschaffen sind, dass alle in Gemeinschaft miteinander stehen und einander wechselseitig beeinflussen. Das ist keine Bedingung der Welt überhaupt, sondern die Vorstellung einer möglichen, von mir erfundenen Welt, welche so beschaffen ist, dass alle Dinge zugleich als Ursache und Wirkung aller anderen gelten. Die Idee eines Nexus zwischen allen Substanzen enthält (im Unterschied zum Beispiel zur Idee der Allgegenwart eines Gegenstandes) gar keinen Widerspruch und lässt sich dementsprechend wohl vorstellen.

Das Problem besteht nun darin, dass aus der beliebigen Vorstellung einer Welt die Möglichkeit derselben gar nicht folgt. Der Begriff von „mehreren möglichen Welten" ergibt in diesem Sinne bei Kant überhaupt keinen Sinn und kommt deswegen in seinen Schriften (abgesehen von einigen kurzen Anspielungen auf Leibniz) nie vor. „Möglich" ist kein Zustand der Dinge, den man sich mit Verstand und Einbildungskraft vorstellt. „Möglich" kann nur eine Anschauung oder eine Erfahrung sein, soweit diese die formalen Bedingungen derselben erfüllen. Die Möglichkeit ist mit anderen Worten bei Kant nicht umfangreicher als die Wirklichkeit selbst (vgl. dazu hier S. 269 ff.).

28. *Die objektive Realität der reinen Begriffe des Verstandes.* Rein logisch betrachtet sind die drei Kategorien der Relation willkürliche Gedankenverbindungen. Sie widersprechen sich nicht. Sie bleiben aber leer, soweit sie nicht *in concreto* auf Erscheinungen angewendet werden. Die Beziehung auf Erfahrung ist hier das entscheidende Element der Trennung zwischen einer bloß logischen und einer realen Möglichkeit. „L'elemento che permette la costituzione del possibile in senso trascendentale e non meramente logico è la relazione all'esperienza", so Veca (*Fondazione e Modalità*, S. 319; vgl. auch Stampa, *Modalità e teoria dell'oggetto*, S. 133). Die Frage, die man sich diesbezüglich stellen muss, ist: Was heißt es für einen Begriff, „objektive Realität" zu haben? Die allerersten Sätze der „Allgemeinen Anmerkung zum System der Grundsätze" in B geben – interessanterweise auch unter Bezugnahme auf die drei Kategorien der Relation – eine genaue Antwort: „Es ist etwas sehr Bemerkungswürdiges, daß wir die Möglichkeit keines Dinges nach der bloßen Kategorie einsehen können, sondern immer eine Anschauung bei der Hand haben müssen, um an derselben die objective Realität des reinen Verstandesbegriffs darzulegen. Man nehme z. B. die Kategorien der Relation. Wie 1) etwas nur als Subject, nicht als bloße Bestimmung anderer Dinge existiren, d. i. Substanz sein könne, oder wie 2) darum, weil etwas ist, etwas anderes sein müsse, mithin wie etwas überhaupt Ursache sein könne, oder 3) wie, wenn mehrere Dinge da sind, daraus, daß eines derselben da ist, etwas auf die übrigen und so wechselseitig folge, und auf diese Art eine Gemeinschaft von Substanzen Statt haben könne, läßt sich gar nicht aus bloßen Begriffen einsehen. Eben dieses gilt auch von den übrigen Kategorien [...]. So lange es also an Anschauung fehlt, weiß man nicht, ob man durch die Kategorien ein Object denkt, und ob ihnen auch überall gar irgend ein Object zukommen könne, und so bestätigt sich, daß sie für sich gar keine Erkenntnisse, sondern bloße Gedankenformen sind, um aus gegebenen Anschauungen Erkenntnisse zu machen" (*KrV*, B 288).

29. Über „objektive Realität", „transzendentale Wahrheit" und „objektive Gültigkeit" siehe Abs. 5.1.

30. *Form der Erfahrung und synthetische Einheit der Apperzeption.* Die Form der Erfahrung wird hier als die „synthetische Einheit, in der allein Gegenstände empirisch erkannt werden können" definiert. Die Möglichkeit der Dinge als Gegenstände der Erfahrung hängt somit zunächst von den formalen Bedingungen und Gesetzen der Erfahrung ab. Der oberste, notwendige Grund für die Gesetzmäßigkeit der Erfahrung ist die synthetische Einheit der Apperzeption (*KrV*, A 107 ff. und B 130 ff.). Diese ist nicht das Resultat, sondern der Grund der Verbindung (Synthesis) des Mannigfaltigen in einer Erfahrung. Sie ist daher die Einheit, welche die Erkenntnis selbst der Gegenstände der Erfahrung ermöglicht. „Die durchgängige und synthetische Einheit der Wahrnehmungen macht [...] die Form der Erfahrung aus, und sie ist nichts anders, als die synthetische Einheit der Erscheinungen nach Begriffen. Einheit der Synthesis nach empirischen Begriffen würde ganz zufällig sein, und gründeten diese sich nicht auf einen transscendentalen Grund der Einheit, so würde es möglich sein, daß ein Gewühl von Erscheinungen unsere Seele anfüllte, ohne daß doch daraus jemals Erfahrung werden könnte. Alsdann fiele aber auch alle Beziehung der Erkenntniß auf Gegenstände weg, weil ihr die Verknüpfung nach allgemeinen und nothwendigen Gesetzen mangelte, mithin würde sie zwar gedankenlose Anschauung, aber niemals Erkenntniß, also für uns so viel als gar nichts sein" (*KrV*, A 110–111).

31. Über die hier dargestellte Entgegensetzung von Begriffen, die aus der Erfahrung stammen, und Begriffen, die in keiner Weise aus der Erfahrung entlehnt würden, schreibt Schneeberger am Anfang seiner Betrachtung der Wirklichkeit: „Wenn man Tautologien vermeiden will, so ist es am besten, den Begriff der Wirklichkeit als *Gegensatz zum Begriff der Unwirklichkeit* zu charakterisieren. Die Wirklichkeit wird dem *ens fictum:* „Chimäre, Phantasie, Ideal" (R. 3537) gegenübergestellt. Z. B. „Die Zeit ist wirklich als Form der innern Sinnlichkeit; dadurch wird sie dem fictio opponiert" (R. 5320). Das *ens fictum* ist eine bloße Erdichtung, wie z. B. etwa „das *systema harmoniae praestabilitae*, das wunderlichste *Figment*, was je die Philosophie ausgedacht hat" (*Fortschritte*, 20:284)" (Schneeberger, *Kants Konzeption*, S. 65).

32. Ein Hirngespinst bzw. eine Chimäre ist laut Kant ein in Gedanken eingebildetes Wesen (*ens imaginarium*), dessen logische Möglichkeit fälschlicherweise als eine reale aufgefasst wird. Der obige Satz lässt sich daher folgendermaßen ergänzen bzw. paraphrasieren: „...in lauter Hirngespinste [...], deren *bloß logischen* Möglichkeit ganz und gar kein Kennzeichen *der objektiven Realität* für sich hat...". Durch die Begriffe der Modalität (und insbesondere den Begriff der Möglichkeit) lässt sich die Bedeutung des Hirngespinstes am besten darstellen. Das tut Kant ausdrücklich in seinen Vorlesungen über die Ontologie. In der *Metaphysik-Schön* (aus den 80er Jahren) liest man: „Gesetzt der Satz des Widerspruchs wäre eine Definition des Unmöglichen, so müßte man diese wie jede Definition umkehren können; alles was sich nicht widerspricht, ist möglich. Allein dieser Satz ist offenbar falsch; denn was sich nicht widerspricht, davon ist der Gedanke zwar möglich, allein ich kann nicht schließen von der Möglichkeit des Gedankens auf die Möglichkeit des Objects selbst; denn sonst verfalle ich in neue Widersprüche Hirngespinste und Chimaeren" (28:477). Und in *Metaphysik-*L_2 (1790–91?): „*Ens imaginarium* ist ein bloßes Hirngespinst, wovon aber doch der Gedanke möglich ist. Was sich nicht widerspricht, ist logisch möglich; das heißt, der Begriff ist zwar möglich, aber es ist keine Realität da. Von dem Begriff heißt es also: er hat keine objective Realität" (28:544). Objektive Realität kann man einem Begriff nur dann zugestehen, wenn dieser entweder aus der Erfahrung abgeleitet wird oder die Bedingung selbst der Möglichkeit der Erfahrung ausdrückt.

33. Gedichtete Begriffe a posteriori, die nicht aus der Erfahrung stammen. Kants Einteilung der Begriffe in gegebene und gedichtete lässt sich am besten mit Hilfe der Nachschriften der Logik-Vorlesungen darstellen. Man beachte z. B. die sogenannte *Wiener Logik* (um 1780 nach der Datierung von R. Brandt, vgl. *Rezension von G. Micheli, Kant storico della filosofia*; dazu auch: Kant, *La logica di Vienna*, hrsg. von B. Bianco, S. XLII ff.). In einigen freien (d. h. vom Kommentar der *Logik* Meiers getrennten) Überlegungen zur Einteilung aller Definitionen unterscheidet Kant zunächst zwischen gegebenen Begriffen (a priori und a posteriori) und gemachten Begriffen: „Alle unsere Begriffe sind entweder gegebene, oder gemachte Begriffe. Ein Begriff ist gegeben, so fern er nicht aus meiner Willkühr entspringt. Er kann aber entweder a priori bloß im Verstande gegeben seyn, oder a posteriori durch die Erfahrung. Ich habe viele Begriffe, die mir durch die Natur meines Verstandes gegeben sind, und die ich nicht erdichtet habe. Z. B. der Begriff von Ursache, Zeit etc. Eben so werden uns viele Begriffe durch die Erfahrung gegeben. Z. B. daß das Wasser ein flüßiger Körper ist" (24:914; vgl. dazu auch *Logik Blomberg*, 24:252 f., *Logik Philippi*, 24:452 f., *Logik Pölitz*, 24:566, *Logik Busolt*, 24:654, *Logik Dohna-Wundlacken*, 24:756 f.). Gemachte Begriffe können a priori oder a posteriori sein: „Den *conceptibus datis* werden contradistinguirt die *conceptus factitii*, die gemachte Begriffe, die gleichfalls entweder a priori, oder a posteriori gemacht werden" (ebd.). Erstere sind die Begriffe der Mathematik: „A priori ist ein Begriff gemacht, wenn er, ohne daß die Gegenstände durch die Erfahrung gegeben sind, durch pures Nachdenken gemacht ist. Z. B. ich stelle mir ein 1000 Eck vor, ohne es je gesehen zu haben. Ein solcher Begriff heißt auch *conceptus fictitius*, ein gedichteter Begriff. Beßer dünkt mich ein ausgedachter Begriff" (ebd.; vgl. *Logik Philippi*, 24:459 f.). Gedichtete Begriffe a posteriori sind Begriffe, die nicht direkt aus der Erfahrung stammen (wie alle gegebenen Begriffe), sondern auf Grund der Synthese von vielen, unterschiedlichen Erfahrungen konstruiert werden. Kants Beispiel lautet: „Ich habe ein Stück Metall, das ist immer a posteriori gegeben, nicht gemacht. Will ich aber einen deutlichen Begriff davon haben: so muß ich das Metall nach allen Eigenschaften probiren, und auf solche Weise find ich sie durch verschiedene Erfahrungen, die nicht im Begriffe liegen, die Natur des Metalles ist also ein gemachter Begriff a posteriori. A posteriori einen Begriff machen heißt also der gegebenen Erfahrung weiter nachspüren, und so einen adaequaten Begriff herausziehen. – Das wäre also nichts mehr, als den Begriff erweitern" (ebd.; vgl. vor allem *Logik Busolt*, 24:657). Die Möglichkeit, Begriffe a posteriori synthetisch zu erfinden, führt aber auch zur Konstruktion und Darstellung der Chimären, deren Begriffe durch eine synthetische Definition gegeben werden: „Wenn [...] Begriffe nicht gegeben, sondern gemacht sind, so daß wir nicht bloß die Deutlichkeit des Begriffes hervor bringen sollen, sondern den Begriff selbst machen sollen: so werden wir nur per synthesin eine definition zu Stande bringen. Z. B. wenn ich mir einen Geist vorstellen will: so muß ich mir den Begriff machen. Ich sage: ich will mir ein denkendes Wesen vorstellen, das mit keinem Körper verbunden ist. Hier habe ich durch die definition den Begriff allererst gemacht" (24:914–915; vgl. dazu *Logik Blomberg*, 24:254, *Logik Pölitz*, 24:568).

Schon in den *Träumen eines Geistersehers* von 1766 fragte sich Kant, wie man überhaupt zum Begriff „Geist" gekommen ist, wenn dieses offensichtlich nicht durch Abstraktion geschah. „Viele Begriffe entspringen durch geheime und dunkele Schlüsse bei Gelegenheit der Erfahrungen und pflanzen sich nachher auf andere fort ohne Bewußtsein der Erfahrung selbst oder des Schlusses, welcher den Begriff über dieselbe errichtet hat. Solche Begriffe kann man erschlichene nennen. Dergleichen sind viele, die zum Theil nichts als ein Wahn der Einbildung, zum Theil auch wahr sind, indem auch dunkele Schlüsse nicht immer irren" (2:320 Anm.).

Innerhalb der *Kritik der reinen Vernunft* wird die Einteilung der verschiedenen Arten von Begriffen nicht so sonderlich systematisch und exakt durchgeführt, wie es etwa in manchen *Logik-Vorlesungen* der Fall ist. In den ersten Sätzen der „Transzendentalen Logik" unterscheidet Kant zwischen empirischen und reinen Begriffen (vgl. *KrV*, A 50/B 74). Am Anfang der „Deduktion der Kategorien" (im § 13 nach der zweiten Ausgabe der *Kritik*) werden drei verschiedene Formen von Begriffen unterschieden: Es gibt 1. gegebene Begriffe, die zu einem a priori, von der Erfahrung unabhängigen Gebrauch bestimmt sind (die Kategorien), 2. gegebene Begriffe a posteriori, welche von sinnlichen Wahrnehmungen abstrahiert werden, und 3. gemachte Begriffe, die sogenannten „usurpierten Begriffe", welche in willkürlichen Synthesen konstruiert werden (*KrV*, A 84 f./B 116 f.). Konzis und exakt werden die unterschiedlichen Formen von Begriffen in der „Disziplin der reinen Vernunft" (in der Sektion: „Von den Definitionen") eingeteilt. Empirische Begriffe und Begriffe a priori können nach Kant nicht definiert, sondern allenfalls „expliciert" oder „exponiert" werden (vgl.

KrV, A 727 ff./B 755 ff.). Einen willkürlich gedachten Begriff kann man jedoch sehr wohl definieren, „...denn ich muß doch wissen, was ich habe denken wollen, da ich ihn selbst vorsetzlich gemacht habe, [...] aber ich kann nicht sagen, daß ich dadurch einen wahren Gegenstand definirt habe" (*KrV*, A 729/B 757). Es handele sich aber auch in diesem Fall viel weniger um Definitionen als um eingebildeten Projektionen (Kants Beispiel ist hier das von einer „Schiffsuhr"), die keiner Realität entsprechen. „Also blieben keine andere Begriffe übrig, die zum Definiren taugen, als solche, die eine willkürliche Synthesis enthalten, welche *a priori* construirt werden kann, mithin hat nur die Mathematik Definitionen" (ebd.).

34. Warum erwähnt Kant hier nur die drei Kategorien der Relation? Eine gute Antwort auf diese Frage wird von Ralf Wingendorf gegeben: „Als dynamische Grundsätze betreffen die Analogien der Erfahrung „das Dasein einer Erscheinung überhaupt" (vgl. B 199). Die mathematischen Grundsätze entspringen dagegen „bloß aus der *Anschauung*" (vgl. ebd.). So verwundert es nicht, daß die Kategorien der Quantität und Qualität im Kontext des Möglichkeitsgrundsatzes keine gesonderte Erwähnung finden. Da die Axiome der Anschauung und die Antizipationen der Wahrnehmung es sind, durch welche „die Grundsätze der Mathematik [...] insgesamt ihre Möglichkeit bekommen" (vgl. B 202), liegen die mathematischen Kategorien vielmehr der Möglichkeit der Gegenstände der reinen Anschauung zugrunde, indem durch ihre ursprüngliche Anwendung auf die Sinnlichkeit die formale Anschauung als solche allererst erzeugt wird..." (*Kritische Modalphilosophie*, S. 75).

35. Erstes Beispiel (nach der Kategorie der Substanz): *Das himmlische Salz.* Eine Substanz, welche „beharrlich im Raum" ist, ohne ihn jedoch zu erfüllen, ist die Substanz des Geistes. In den *Träumen eines Geistersehers* hatte Kant eine sehr genaue (obwohl offensichtlich ironische) Definition von „Geist" gegeben. Ein Geist – das liest man im ersten Hauptstück des ersten Teils der Schrift – ist ein vernünftiges Wesen, welches nicht die Eigenschaft der Undurchdringlichkeit an sich hat. Geister sind immaterielle Wesen, welche vereinigt niemals ein solides Ganzes ausmachen. Klumpen von Geistern können daher nicht zusammengeballt werden (2:321). Im obigen Beispiel des ersten Postulats schreibt Kant aber nicht (oder nicht nur) von Geistern, sondern (in Klammern) auch von einem spezifischen („dasjenige") Element, das gewisse Leute („einige") als „ein Mittelding zwischen Materie und denkenden Wesen" eingeführt haben. Woran denkt Kant hier? Herbert James Paton schreibt nur: „This was apparently something invented as intermediate between matter and mind" (*Kant's Metaphysic*, II,

S. 349). Ganz ungenau ist der Hinweis von Alexandre Delamarre und François Marty in der Pléiade-Ausgabe: „Peut-être faudrait-il chercher dans les théories de l'éther" (Kant, *Œuvres philosophiques*, Gallimard, S. 1638). Monique David-Ménard scheint dagegen genau zu wissen, wer hinter dem Ausdruck „einige" steckt: „Swedenborg heißt nun nicht mehr „Schwedenberg" wie in den *Träumen eines Geistersehers*, er wird jetzt unter „einige" subsumiert" (*Swedenborg in der „Kritik der reinen Vernunft"*, S. 126). Der Hinweis auf Swedenborg bleibt aber vollkommen unerklärt. Man kann m. E. behaupten, dass Kant hier zugleich an die ganz allgemeine Tradition des Spiritualismus denkt (im ersten Teil des Satzes) und (im zweiten Teil, d. h. in Klammern) einen schnellen, abwertenden Hinweis auf gewisse Leute macht, die damals die Geistleiblichkeit der Seele verteidigten. Die Theorien, an die Kant hier flüchtig denkt, sind aber nicht die des Spiritualismus von Swedenborg, der sich über diese Substanz nicht präzise äußert, sondern die der Theosophie und Mystik des schwäbischen Pietisten Friedrich Christoph Oetinger.

Oetinger ist ein Vertreter des *influxus physicus.* Er behauptet aber, dass ein Verhältnis zwischen Seele und Körper nur Dank einer *res media*, d. h. durch ein Mittelding zwischen den beiden Substanzen, stattfinden kann. In mehreren Werken (ich denke vor allem an *Die Metaphysic in Connexion mit der Chemie* von 1770, an die *Gedanken von den zwo Fähigkeiten zu empfinden und zu erkennen* von 1775 und an die deutsche Ausgabe der Schriften Swedenborgs von 1776) beschreibt er eine Tinktur oder ein Salz, welches weder purer Geist noch Wasser, sondern ein Mittelding zwischen Geist und Leib ist. Die Materie kann nicht denken; die Tinktur gehört aber zum Denken und das himmlische Salz ist der Grund für alle Reflexionen.

An sich ist die Theorie eines ätherischen Mitteldinges nichts Neues. Sie prägt zum Beispiel (in vielen Varianten) die Philosophie des antiken und des modernen Platonismus (man beachte: Marsilio Ficino, *Platonic Theology*, 13, Buch 18, Kap. 4). Angedeutet und diskutiert wird sie auch von Leibniz zum Beispiel in der *Hypothesis physica nova* von 1671 (vgl. vor allem die Sektion 59, S. 211–218). Oetingers Theorie der Tinktur kann jedoch vor allem deswegen als eine ganz originelle betrachtet werden, weil sie in einem einheitlichen Diskurs drei unterschiedliche Traditionen verbindet, und zwar: 1) die wissenschaftlichen und medizinischen Untersuchungen von Ärzten und Physiologen wie Giorgio Baglivi, Herman Boerhaave und dessen Schüler Albrecht von Haller und Claude-Nicolas Le Cat, 2) die philosophischen Reflexionen von Johann Georg Walch und von Friedrich Carl von Creuz, welcher eine Theorie der *res cogitans atque extensa* entwickelt hatte (vgl. sein *Versuch über die Seele*, 1754, S. 48), und 3) die

Mystik von Jakob Böhme, von Johann Arndt und von einigen Alchimisten wie Thomas Vaughan (man beachte dazu vor allem Griffero, *La* Tinktur *come corpo spirituale*, S. 59 ff. und Griffero in: Oetinger, *Gedanken von den zwo Fähigkeiten zu empfinden und zu erkennen,* S. 19 ff.; diese kurze Zusammenfassung der Quelle Oetingers hängt zutiefst mit den ausführlicheren Untersuchungen von Tonino Griffero zusammen). Die zwei wichtigsten Quellen und *autoritates* Oetingers sind vor allem der französische Chirurg und Anatomist Claude-Nicolas Le Cat und der berühmte schlesische Mystiker Jakob Böhme.

Im Artikel „Tinktur" des *Biblischen und Emblematischen Wörterbuchs* von 1776 beruft sich Oetinger explizit auf Le Cat mit folgenden Worten: „Hier muß man den grossen Mechanicum [...] Mons. Le Cat in seinen Memoires hören, so weiß man einiger Maasen, was das Werkzeug der Seele zur Empfindung und Bewegung ist [...] Der Nervensaft ist nicht Oel, noch Wasser, noch Luft, noch Feuer, sondern ein Mittelding zwischen Seele und Leib. Es ist eine Art eines Amphibii [...] Man suche also nicht in der Mechanik, was man in der Chemie suchen soll" (S. 620–621). In Bezug auf Böhme schreibt Oetinger: „Diß Fluidum heißt J. Böhm die Tinktur [...] Sie ist die Ursach des Glanzes, durch sie sehen und leben die Kreaturen: von Ewigkeit ist sie gewesen in Gott, aber sie hat sich in alle Dinge miteingebildet. So bald ein Element zu stark wird, so fleucht die Tinctur davon, und das Leben hat ein Ende, sie kann von Wasser, von Erden, von der Luft, von dem Feuer überfüllt werden. [...] Die Seele ist nicht so subtil als die Tinctur, aber sie ist mächtig durch sie" (ebd. S. 621–622).

Im Jahr 1770 erschien in Stuttgart ein anonymes Buch mit dem Titel *Das Geheimnis vom Salz als dem Lebensbalsam und dem Schatz aller Schätze.* Als Autor wird der fiktive Name „Elias Artista Ermetica" angegeben, welcher höchstwahrscheinlich Friedrich Oetinger selbst ist. Dieser vertritt hier die These, dass die Seele „ein aufgelößtes Corpus, ein in die Dünnheit zerflossener Saft, ein durch den Geist lebendig gemachtes Corpus" ist. „Gleichwie aber die Seele des Geists Wohnung oder Leib: also ist Salz die Wohnung oder Leib der Seelen", so Elias Artista Ermetica auf S. 20 seiner Abhandlung.

Andere (ernstere) Wissenschaftler und Philosophen haben in den Jahren vor der Erscheinung der *Kritik der reinen Vernunft* die oben erwähnte (vor allem auf Boerhaave zurückgehende) Theorie von einem *fluidum vitale vel nervosum* fortgesetzt. In seiner *Anthropologie für Aerzte und Weltweise* von 1772 lokalisiert Ernst Platner im „Gehirnmark" den Sitz der Seele (dazu Klemme, *Kants Philosophie des Subjekts,* S. 29). Justus Christian Hennings, der Autor der damals bekannten *Geschichte von den*

Seelen der Menschen und Thiere (Halle, 1774), eröffnet sein Werk *Von den Ahndungen und Visionen* (Leipzig, 1777) mit folgenden Worten: „Der Mensch ist eine Zusammensetzung aus der vernünftigen Seele und dem Leibe, die mit einander vereiniget sind […] Der Nervensaft oder Nervengeist, den man auch zuweilen mit der Benennung Lebensgeister belegt, und der sich in seinen Wirkungen als ein elektrisch Feuer verhält, könnte – nach Gründe der Wahrscheinlichkeit – als das Band der Vereinigung der Seele mit dem Leibe betrachtet werden […] Dieses Band kettet die Seele an den Leib, und letzteren an die Seele" (S. 1–3).

Man könnte vermuten, dass Kant im obigen Satz aus den Seiten A 222 bis A 223 der *Kritik der reinen Vernunft* an solche Wissenschaftler oder an die vorher erwähnten Philosophen denkt. In den drei Beispielen des Zitats (welche einen einzigen Diskurs bilden) bezieht er sich aber offensichtlich auf die „Hirngespinste" des Spiritualismus. Er scheint daher viel mehr an die extremen Zuspitzungen der mystischen Spekulationen von Böhme und Oetinger, auf die er sich sonst nie bezieht, als an die wissenschaftliche Hypothese von Boerhaave oder an die philosophischen Theorien von Leibniz zu denken.

36. Zweites Beispiel (nach der Kategorie der Kausalität): *die Vorempfindung.* Was noch nicht stattgefunden hat lässt sich – als solches – auch nicht empfinden. In § 35 („Von den Vorhersehungsvermögen") der *Anthropologie in pragmatischer Hinsicht* unterscheidet Kant zwischen zwei Formen von Aussicht in die Zukunft: die Vorempfindung, d. h. die Ahndung (*praesensio*), und die Vorhererwartung (*praesagitio*): „Das erstere deutet gleichsam einen verborgenen Sinn für das an, was noch nicht gegenwärtig ist; das zweite ein durch Reflexion über das Gesetz der Folge der Begebenheiten nach einander (das der Causalität) erzeugtes Bewußtsein des Künftigen. Man sieht leicht, daß alle Ahndung ein Hirngespenst sei; denn wie kann man empfinden, was noch nicht ist?" (7:187). In § 36 („Von der Wahrsagergabe") trennt Kant in dieser Hinsicht die (als solche widernatürliche) Wahrsagung von aller Vorhersehung als natürliche Geschicklichkeit der Menschen. Die Möglichkeit jeder Wahrsagung wird hier radikal ausgeschlossen bzw. auf den Wahn, auf den Betrug und auf den Selbstbetrug der Menschen zurückgeführt: „Alle Thorheit mußte erschöpft werden, um das Künftige, dessen Voraussehung uns so sehr interessirt, mit Überspringung aller Stufen, welche vermittelst des Verstandes durch Erfahrung dahin führen möchten, in unseren Besitz zu bringen. *O, curas hominum!*" (7:189; vgl. auch R. 377, R. 381, R. 385, R. 386, R. 1507).

Im obigen Satz der „Postulate" bezieht sich Kant auf die Formen einer nicht-natürlichen bzw. widernatürlichen Vergegenwärtigung des Künftigen (die Ahndung bzw. *praesensio* nach der *Anthropologie*). Der explizite Gebrauch des Verbs „anschauen" und der Hinweis auf die „besonderen Grundkräften unseres Gemüths" weisen auf eine spezifische Wirkung der künftigen Ereignisse auf unser Empfindungsvermögen hin. Eine solche Kausalität lässt sich als solche wohl denken (sie ist möglich); sie kann aber in keiner Weise erfahren oder bewiesen werden. Sie ist daher ein leeres Hirngespinst.

37. Drittes Beispiel (nach der Kategorie der Wechselwirkung): *die Gemeinschaft der Geister.* In den *Träumen eines Geistersehers* beschreibt Kant mit den folgenden Worten die offensichtlich wichtigste Gabe (und tägliche Beschäftigung) des Protagonisten dieser Schrift: „Schwedenberg spricht mit abgeschiedenen Seelen, wenn es ihm beliebt, und liest in ihrem Gedächtnis (Vorstellungskraft) denjenigen Zustand, darin sie sich selbst beschauen, und sieht diesen eben so klar als mit leiblichen Augen. Auch ist die ungeheure Entfernung der vernünftigen Bewohner der Welt in Absicht auf das geistige Weltganze für nichts zu halten, und mit einen Bewohner des Saturns zu reden, ist ihm eben so leicht, als eine abgeschiedene Menschenseele zu sprechen" (2:363). Swedenborg war der Überzeugung, dass nicht nur er, sondern alle Menschen sich in ständiger Verbindung mit den Geistern anderer (lebendiger und toter) Personen befinden. Der Unterschied zwischen ihm und den Anderen bestehe nur darin, „daß sein Innerstes aufgethan ist" (2:361). Die *Träume eines Geistersehers* enthalten eine ziemlich detaillierte Beschreibung der Verbindung der Geister nach pneumatischen Gesetzen (vgl. vor allem 2:329 ff.). Es handele sich schließlich um eine Republik (vgl. 2:336 Anm., 2:341), „wo die Entfernung der Örter oder der Zeitalter [...] verschwindet" (2:332) und deren Form „die Apparenz eines großen Menschen an sich zeigt" (2:365).

38. *Möglichkeit, Wirklichkeit und Gesetzlichkeit der Erfahrung.* Sehr interessant im Kontext der Beschäftigung mit der Geistseherei sind einige Sätze aus der *Metaphysik-Volckman* von 1784–85: „Alle Geister und Gespenster, Erscheinungen, Traumdeutungen, Vorhersehungen des Künftigen, die sympathie der Gemüther insgesammt sind ein äußerst verwerflicher Wahn, denn es läßt sich durch keine Regel oder durch verglichene Beobachtungen erklären. Der Mensch der darauf rechnet, nimmt alle diejenigen Mittel weg, durch die allein ein Gebrauch der Vernunft zu machen ist, nehmlich: daß die Dinge der Welt unter Naturgesezzen stehen, und gäb es auch wirklich Gespenster so muß ein Vernünftiger doch nicht dran glauben, weil es allen Vernunft Gebrauch corrumpirt" (28:448). Gäbe es auch tatsächlich Geister, sagt uns hier Kant, dann sollten wir trotzdem nicht daran glauben, weil sie den Gesetzen der Erfahrung widersprechen und daher den Gebrauch unserer Vernunft völlig unmöglich machen würden. Zwischen der Wirklichkeit (d. h. nicht nur der Möglichkeit) einer nicht-gesetzmäßigen Existenz und der Notwendigkeit des Gesetzes entscheidet sich Kant interessanterweise für letzteres.

39. *Willkürliche Gedankenverbindungen.* Innerhalb der *KrV* wiederholt Kant in immer neuen Worten seine radikale Ablehnung der willkürlichen Schaffung von neuen Begriffen auf Grund der Nichtwidersprüchlichkeit derselben: „Ich nenne einen Begriff problematisch, der keinen Widerspruch enthält, der auch als eine Begrenzung gegebener Begriffe mit andern Erkenntnissen zusammenhängt, dessen objective Realität aber auf keine Weise erkannt werden kann. Der Begriff eines Noumenon, d. i. eines Dinges, welches gar nicht als Gegenstand der Sinne, sondern als ein Ding an sich selbst (lediglich durch einen reinen Verstand) gedacht werden soll, ist gar nicht widersprechend; denn man kann von der Sinnlichkeit doch nicht behaupten, daß sie die einzige mögliche Art der Anschauung sei. [...] Am Ende aber ist doch die Möglichkeit solcher *Noumenorum* gar nicht einzusehen, und der Umfang außer der Sphäre der Erscheinungen ist (für uns) leer, d. i. wir haben einen Verstand, der sich problematisch weiter erstreckt als jene, aber keine Anschauung, ja auch nicht einmal den Begriff von einer möglichen Anschauung, wodurch uns außer dem Felde der Sinnlichkeit Gegenstände gegeben und der Verstand über dieselbe hinaus assertorisch gebraucht werden könne" (*KrV*, A 254–255/B 310; vgl. auch A 377, A 437/B 465, A 567–568/B 595–596).

40. *Keine Realität ohne Empfindung.* Die Realität ist für Kant kein Gegenstand unserer freien Spekulationen, sondern bloß das, „was einer Empfindung überhaupt correspondirt" (*KrV*, A 143/B 182). Die Realität ist mit anderen Worten in keiner abstrakten Definition zu finden. „Wenn eine Erkenntniß objective Realität haben [...] soll, so muß der Gegenstand auf irgend eine Art gegeben werden können. Ohne das sind die Begriffe leer, und man hat dadurch zwar gedacht, in der That aber durch dieses Denken nichts erkannt, sondern bloß mit Vorstellungen gespielt" (*KrV*, A 155/B 194–195). Die wichtigste These des zweiten Postulats lautet dementsprechend, dass die Wirklichkeit der Dinge nur synthetisch durch Wahrnehmungen, nicht aber durch die bloße Einbildung der Form eines Gegenstandes erkannt werden kann.

41. *Das Denken als formale Bedingung der sinnlichen Erfahrung.* In Absatz VI bezieht sich Kant auf Begriffe a priori unabhängig von jeglicher Beziehung auf eine Erfahrung a posteriori. Er behauptet, dass diese Begriffe die Möglichkeit der Dinge als formale Bedingungen der Erfahrung betreffen.

Am Anfang der „Transzendentalen Ästhetik" behauptet Kant: „Auf welche Art und durch welche Mittel sich auch immer eine Erkenntniß auf Gegenstände beziehen mag, so ist doch diejenige, wodurch sie sich auf dieselbe unmittelbar bezieht, und worauf alles Denken als Mittel abzweckt, die Anschauung. [...] Alles Denken [...] muß sich, es sei geradezu (*directe*), oder im Umschweife (*indirecte*), zuletzt auf Anschauungen, mithin bei uns auf Sinnlichkeit beziehen, weil uns auf andere Weise kein Gegenstand gegeben werden kann" (*KrV*, A 19). Immer wieder wiederholt Kant in der *Kritik der reinen Vernunft*, dass Gedanken ohne Inhalt leer sind (vgl. *KrV*, A 51/B 75). Mit den Worten der B-Deduktion: „Zum Erkenntnisse gehören nämlich zwei Stücke: erstlich der Begriff, dadurch überhaupt ein Gegenstand gedacht wird (die Kategorie), und zweitens die Anschauung, dadurch er gegeben wird" (*KrV*, B 146). Dinge an sich, welche auf die Beziehung auf Erfahrung verzichten, können wohl, wenn nicht erkannt, wenigstens gedacht werden: „so kann ich mir [z. B.] die Freiheit denken, d. i. die Vorstellung davon enthält wenigstens keinen Widerspruch in sich" (*KrV*, B XXVIII; vgl. dazu B 146, B 165, A 155/B 194–195, B 411 Anm., A 397). Das Erkennen muss sich jedoch immer auf Anschauungen beziehen, d. h. auf die Sinnlichkeit; sonst verfällt es in die Sophistikationen und in die Antinomien der Vernunft.

42. Über Kants Kritik an dem logizistischen Verständnis der Mathematik siehe Abs. 5.3.

43. Über den Begriff der „Konstruktion" bei Kant siehe hier Abs. 5.3.

44. *Mathematische Konstruktionen als Produkte der Einbildungskraft.* Nur vermittelst der Einbildungskraft kann man Punkte hintereinander auf eine Linie setzen, drei Seiten zu einem Dreieck verbinden oder einen Kreis konstruieren. Die Konstruktion der geometrischen Figuren im Raume ist Aufgabe der Einbildung, welche – ganz im Allgemeinen – die Fähigkeit ist, Vorstellungen auch ohne Gegenwart des Objekts zu haben.

In den *Nachträgen zur 1. Aufl. der Kritik der reinen Vernunft* fasst Kant die unterschiedlichen Formen der Einbildungskraft folgendermaßen zusammen: „Die Einbildungskraft ist eine synthesis theils eine productive theils reproductive. Die erste macht die letzte möglich denn haben wir es nicht vorher in Vorstellung durch die synthesis zu Stande gemacht so können wir diese auch nicht mit andern in unserm folgenden Zustande verbinden. Die productive Einbildungskraft ist 1. empirisch in der apprehension 2. rein aber sinnlich in Ansehung eines Gegenstandes der reinen sinnlichen Anschauung. 3. transscendental in Ansehung eines Gegenstandes überhaupt. Die erstere setzt die zweyte voraus u. die zweyte die dritte" (23:18; vgl. auch *KrV*, B 152 und *Anthropologie*, § 28, 7:167). Als Vermögen der Erinnerungen und der Reproduktion des Vergangenen ist die Einbildungskraft „reproduktiv" (vgl. *KrV*, A 97, A 100 ff., A 115, B 141 und B 151). „Produktiv" ist sie, weil sie die sinnlichen Vorstellungen nach den Regeln des Verstandes assoziiert. Die produktive Synthesis stützt sich daher auf die reinen Prinzipien a priori und gilt als Bedingung der Möglichkeit der Erfahrung: „Es kann [...] nur die productive Synthesis der Einbildungskraft *a priori* statt finden; denn die reproductive beruht auf Bedingungen der Erfahrung. Also ist das Principium der nothwendigen Einheit der reinen (productiven) Synthesis der Einbildungskraft vor der Apperception der Grund der Möglichkeit aller Erkenntniß, besonders der Erfahrung" (*KrV*, A 118; vgl. auch A 123, A 140/B 179).

Nach dem obigen Punkt 2 (in 23:18) kann die Einbildungskraft auch ohne die Präsenz eines Gegenstandes operieren, indem sie die reine Mannigfaltigkeit des Raumes (oder der Zeit) in immer neuen geometrischen Figuren (oder Zahlformeln) synthetisiert. Raum und Zeit sind *quanta continua:* „Dergleichen Größen kann man auch fließende nennen, weil die Synthesis (der productiven Einbildungskraft) in ihrer Erzeugung ein Fortgang in der Zeit ist, deren Continuität man besonders durch den Ausdruck des Fließens (Verfließens) zu bezeichnen pflegt" (*KrV*, A 169–170/B 211–212). Auf diese sukzessive Synthesis der produktiven Einbildungskraft gründet sich die ganze Mathematik. Einbildungskraft ist hier produktiv, und zwar nicht in Ansehung der Empfindungen, sondern nur der Form der Anschauungen (vgl. R. 341).

45. Über die Bedingungen der Möglichkeit der reinen Gegenstände der Mathematik siehe hier Abs. 5.3.

46. Der Raum ist die formale Bedingung a priori der äußeren Anschauungen (vgl. *KrV*, A 22 ff./B 37 ff.). Er ist zugleich die einzige mögliche und tatsächliche Quelle einer bestimmten, reinen und synthetischen Erkenntnis, d. h. – nach dem Beispiel des ersten Postulats – der Konstruktion der geometrischen Figur eines Dreiecks. Dieser doppelten Definition des Raumes entspricht in der B-Ausgabe der *Kritik* die systematische Trennung zwischen „Metaphysischer" (*KrV*, B 37 ff.) und „Transzendentaler Erörterung" (B 40 f.) und in der A-Ausgabe die ganz besondere Funktion des dritten der Geometrie gewidmeten Arguments (*KrV*, A 24). Die Geometrie ist laut Kant „eine Wissenschaft, welche die Eigenschaften des Raumes synthetisch und doch a priori bestimmt" (*KrV*, B 40). Der Raum der Geometrie ist jedoch zunächst und vor allem die reine Form der Erscheinungen. Dank dieser Identität werden zunächst die Einbeziehung der Mathematik in die Lehre der Sinnlichkeit (Ästhetik) und die klare (für Kant entscheidend wichtige) Trennung derselben von der formalen Logik möglich.

Kants Argument entwickelt sich im obigen Satz des Postulats durch die Beschreibung der doppelten (aktiven und passiven) Bedeutung der Synthesis der Einbildungskraft. Dasselbe Argument wird in „Von dem obersten Grundsatze aller synthetischen Urteile" mit den folgenden Worten ausgedrückt: „Ob wir daher gleich vom Raume überhaupt, oder den Gestalten, welche die productive Einbildungskraft in ihm verzeichnet, so vieles *a priori* in synthetischen Urtheilen erkennen, so daß wir wirklich hiezu gar keiner Erfahrung bedürfen: so würde doch dieses Erkenntniß gar nichts, sondern die Beschäftigung mit einem bloßen Hirngespinst sein, wäre der Raum nicht als Bedingung der Erscheinungen, welche den Stoff zur äußeren Erfahrung ausmachen, anzusehen; daher sich jene reine synthetische Urtheile, obzwar nur mittelbar, auf mögliche Erfahrung, oder vielmehr auf dieser ihre Möglichkeit selbst beziehen und darauf allein die objective Gültigkeit ihrer Synthesis gründen" (*KrV*, A 157/B 196).

47. In den „Axiomen der Anschauung" legt Kant dar, dass ein Gegenstand der Geometrie nur dann erkannt werden kann, wenn er in der reinen Anschauung gezeichnet wird. Das „zeichnen" bzw. „konstruieren" sei die synthetische Handlung, welche allein die Erkenntnis des Gegenstandes (d. h. eines jeden bestimmten geometrischen Raumes) möglich macht: „Ich kann mir keine Linie, so klein sie auch sei, vorstellen, ohne sie in Gedanken zu ziehen, d. i. von einem Punkte alle Theile nach und nach zu erzeugen und dadurch allererst diese Anschauung zu verzeichnen" (*KrV*, A 162–163/B 203). Ausdrücke wie „ziehen" oder „zeichnen" haben daher für die empirische Synthesis der Apprehension einer Erscheinung genau dieselbe Bedeutung wie für die Konstruktion derselben.

48. Über die objektive Realität der Gegenstände der Mathematik siehe Abs. 5.3.

49. Die Konstruktion ist ein spezifisches, bezeichnendes Merkmal der mathematischen Begriffe: „Nicht alle Begriffe lassen sich construiren. Nur die von der Größe, weil sie die Synthesis der anschauung ausmachen. Aber die dynamische, wodurch etwas, was nicht in der anschauung liegt, nach dem Gesetze der transscendentalen association aus dem Gegebenen gefunden wird, bedarf empirischer Bedingung und kann *a priori* nicht gegeben werden" (R. 4951; vgl. 24:641). Die Idee, dass die Konstruktion keine mathematikspezifischen Sachverhalte bezeichne, und dass sogar jeder Begriff in Analogie zur mathematischen Konstruktion als einer „allgemeinen Handlung" zu verstehen sei, ist nicht haltbar. Sie wurde trotzdem vor allem auf Grund einer nicht korrekten Interpretation der Schematismuslehre von wichtigen Interpreten wie Friedrich Kaulbach (vgl. *Schema, Bild und Modell*) und Darius Koriako (*Kants Philosophie der Mathematik*, S. 198 ff. und S. 222 ff.) verteidigt.

50. Erfahrung besteht aus zwei unterschiedlichen Elementen: „eine Materie zur Erkenntniß aus den Sinnen und eine gewisse Form, sie zu ordnen, aus dem innern Quell des reinen Anschauens und Denkens" (*KrV*, A 86/B 118; siehe dazu Abs. 4.2). Die Möglichkeit hängt nicht von der Nichtwidersprüchlichkeit der Begriffe ab. Möglich heißt nämlich alles, was – obwohl nicht gegeben – mit den formalen Bedingungen der Erfahrung übereinstimmt. Die Mathematik steht ihrerseits deswegen in enger Verbindung mit dem Begriff des Möglichen, weil sie, unabhängig von der Gegebenheit der Gegenstände der Erfahrung, die Form selbst der Anschauung beschreibt.

Kant schließt das erste Postulat der Möglichkeit mit einer echten Lobrede der Erfahrung in ihrer Unersetzbarkeit für alle Formen der Erkenntnis. Wir haben keine Erkenntnis außerhalb der Erfahrung. Erfahrung ist das, was allein unseren Begriffen Realität gibt. Am Anfang des Systems der Grundsätze äußert er sich vielleicht am deutlichsten über diesen Punkt: „Wenn eine Erkenntniß objective Realität haben, d. i. sich auf einen Gegenstand beziehen und in demselben Bedeutung und Sinn haben soll, so muß der Gegenstand auf irgend eine Art gegeben werden können. Ohne das sind die Begriffe leer, und man hat dadurch zwar gedacht, in der That aber durch dieses Denken nichts erkannt, sondern bloß mit Vorstellungen gespielt. Einen Gegenstand geben, wenn dieses nicht wiederum nur mittelbar gemeint sein soll, sondern unmittelbar in der Anschauung darstellen, ist nichts anders, als dessen Vorstellung auf Erfahrung (es sei wirkliche oder doch mögliche) beziehen. Selbst der Raum und die Zeit, so rein diese Begriffe auch von allem Empirischen sind, und so gewiß es auch ist, daß sie völlig a priori im Gemüthe vorgestellt werden, würden doch ohne objective Gültigkeit und ohne Sinn und Bedeutung sein, wenn ihr nothwendiger

Gebrauch an den Gegenständen der Erfahrung nicht gezeigt würde; ja ihre Vorstellung ist ein bloßes Schema, das sich immer auf die reproductive Einbildungskraft bezieht, welche die Gegenstände der Erfahrung herbei ruft, ohne die sie keine Bedeutung haben würden; und so ist es mit allen Begriffen ohne Unterschied“ (*KrV*, A 155–156/B 194–195).

51. *Die Identität von Möglichkeit der Dinge und Form der Erfahrung.* Die Hauptfrage der „objektiven Deduktion der Kategorien“ (welche zugleich die Grundfrage der ganzen *Kritik* ist) lautet: Was und wie viel können Verstand und Vernunft frei von aller Erfahrung erkennen? (vgl. *KrV*, A XVII). „A priori“ heißt diesbezüglich die Erkenntnis, welche von aller Wahrnehmung und von aller Erfahrung unabhängig ist. Jedoch ist es zunächst die Frage nach der Form der Erfahrung sowie ihrer Grenze, die die Untersuchung des A priori überhaupt ermöglicht. So lässt sich letztendlich sagen, dass die Diskussion um das Reine nichts Anderes als eine Untersuchung der Form und Grenze der Erfahrung ist. Der Titel des § 22 in B lautet dementsprechend: „Die Kategorie hat keinen andern Gebrauch zum Erkenntnisse der Dinge, als ihre Anwendung auf Gegenstände der Erfahrung“. Von dieser Definition (und Konzeption) des Reinen und des A priori aus eröffnet Kant eine neue, in der Geschichte der Philosophie unerhörte Definition der Möglichkeit als das, was mit den formalen Bedingungen der Erfahrung übereinstimmt.

Das Postulat der Wirklichkeit

52. Die zweite Kategorie der Modalität ist „Dasein – Nichtsein“. Der Begriff „Wirklichkeit“ wird von Kant den Begriffen „Dasein“ und „Existenz“ deswegen vorgezogen, weil er die Handlung bzw. die Dynamik eines Gegenstandes besser ausdrückt. In einer Reflexion aus dem Jahr 1769 notiert Kant: „das Daseyn geht nur auf Dinge, die Wirklichkeit auch auf ihre Handlungen“ (R. 4020). Das im Wort „Wirklichkeit“ enthaltene „Wirken“ akzentuiert das notwendige Verhältnis des gegebenen Gegenstandes mit den drei Analogien und damit mit der Form selbst der Erfahrung besser als „Dasein“ oder „Existenz“. Man lese in dieser Hinsicht den ganzen VIII. Absatz, wo Kant ausdrücklich an die Funktion der Analogien erinnert. Veca erklärt folgendermaßen die subtile Unterscheidung zwischen „Existenz“ und „Wirklichkeit“: „...la *Wirklichkeit* può essere espressa dalla effettualità e cioè dalla capacità di „wirken“, di operare causalmente, di produrre „Wirkungen“ (effetti), propria dell’oggetto fisico.

[...] la relazione ora individuata tra *wirklich* e forma dell'evento fattuale implica perciò un'ulteriore specificazione del rapporto tra la modalità della presenza e la modalità del necessario" (*Modalità e fondazione*, S. 331). Trotz dieser Unterscheidung gebraucht Kant die Worte „Existenz", „Dasein" und „Wirklichkeit" fast immer als gleichbedeutend. Eine bedeutende Differenz sieht Paton in diesem Sinne bloß zwischen den drei obigen Worten einerseits und der Realität andererseits: „I do not think there is any essential difference between existence and actuality [Wirklichkeit] – Kant uses the two terms as equivalent [...] – but reality, although necessary to existence, is not identical with it. There are degrees of reality, but there are no degrees of existence; for a thing either exists or does not exist" (*Kant's Metaphysic*, II, S. 357 Anm.).

53. Das *Formale* der Erfahrung im Subjekt ist entweder die „Form der Anschauung" (Raum und Zeit) oder die „Kategorie des Verstandes". Das *Materiale* der Erfahrung im Subjekt bezeichnet Kant dagegen als die „Empfindung" (*sensatio*). Empfindung ist „keine objective Vorstellung" (*KrV*, B 208). Sie ist ganz im Gegenteil „eine Perception, die sich lediglich auf das Subject als die Modification seines Zustandes bezieht" (*KrV*, A 320/B 376). Sie ist das Resultat der Affektion der Sinnlichkeit durch die Dinge. Empfindung ist – mit den Worten der wohl berühmtesten Definition derselben am Anfang der „Transzendentalen Ästhetik" – die „Wirkung eines Gegenstandes auf die Vorstellungsfähigkeit, sofern wir von demselben affiziert werden" (*KrV*, A 19–20/B 34). Sie ist für Kant das, was Materie (d. h. den Stoff) gibt, dessen Bestimmung in der Form liegt (vgl. Dörflinger, *Zum Status der Empfindung*, S. 105). Genauso wie das Formale (das A priori) von der Materie der Erfahrung abstrahiert, so lässt sich in der Empfindung das Materiale (das A posteriori) unabhängig von jeder Form betrachten. Empfindung wird daher abwechselnd in der *Kritik* als Materie der Erscheinung (*KrV*, A 20/B 34), Materie der Wahrnehmung (*KrV*, A 42/B 60, A 167/B 209), Materie der Gegenstände der Sinnlichkeit (*KrV*, A 42/B 59–60), Materie der sinnlichen Erkenntnis (*KrV*, A 50/B 74), Materie der Erfahrung (*KrV*, A 223/B 270) oder Materie der Sinne (*KrV*, A 234/B 286) bezeichnet.

Empfindung gibt die *Realität* der Gegenstände der Erfahrung wieder. Man kann diesbezüglich schon a priori feststellen, dass jede Empfindung einen Grad (eine intensive Größe) hat (vgl. *KrV*, A 167/B 209). Das Prinzip der „Antizipationen der Wahrnehmung" lautet dementsprechend: „In allen Erscheinungen hat die Empfindung und das Reale, welches ihr an dem Gegenstande entspricht, (*realitas phaenomenon*) eine intensive Größe,

d. i. einen Grad" (*KrV*, A 166; vgl. auch B 207 f.). Das Postulat der Wirklichkeit und die Betrachtung des Grades der Empfindung innerhalb der „Antizipationen der Wahrnehmung" sind – trotz der unterschiedlichen Bedeutung des Seins in diesen getrennten Sparten der „Analytik der Grundsätze" – in engster Verbindung miteinander zu sehen (vgl. Abs. 10.2). Empfindung ist – systematisch betrachtet – nicht nur mit den Antizipationen der Wahrnehmung und den zwei Vermögen der Sinnlichkeit und der Einbildungskraft zu verbinden, sondern auch – was von großer Wichtigkeit für die ganze Architektonik der „Postulate" ist – mit dem assertorischen Urteil (*minor*) in einem kategorischen Syllogismus (vgl. Abs. 2.1, S. 37 f.).

54. *Was heißt „Wahrnehmung"?* Genauso wie die Empfindung bezieht sich auch die Wahrnehmung ausschließlich auf die Materie (nicht auf die Form) der Erfahrung (vgl. *KrV*, A 180/B 223). „Empfindung" (*sensatio*) ist die passive Modifikation des Subjekts durch die Materie der Erfahrung (siehe oben Anm. 53). „Wahrnehmung" (*perceptio*) ist dieselbe Modifikation, „deren man sich bewußt ist". „Wahrnehmen" heißt in Kants *Logik* „sich mit Bewusstsein etwas vorstellen" (9:64). Die Definitionen der Wahrnehmung enthalten daher meistens einen expliziten Hinweis auf das *Bewusstsein*, das man von einer empirischen Vorstellung (Anschauung oder Erscheinung) hat. Nach den *Prolegomena* (1784) ist die Wahrnehmung eine „Anschauung, deren ich mir bewusst bin" (4:300). In *Über eine Entdeckung* (1790) wird die Wahrnehmung präzise als „das Bewußtsein einer empirischen Anschauung" definiert (8:217). In der ersten Fassung der *KrV* liest man: „Das erste, was uns gegeben wird, ist Erscheinung, welche, wenn sie mit Bewußtsein verbunden ist, Wahrnehmung heißt" (*KrV*, A 119–120; vgl. auch A 177, A 371, A 601). Und in B: „Wahrnehmung ist das empirische Bewußtsein, d. i. ein solches, in welchem zugleich Empfindung ist" (*KrV*, B 207; vgl. B 160, B 220, B 629).

Was mit der Wahrnehmung zusammenhängt, das hat Wirklichkeit. Das ist die Hauptthese des zweiten Postulats (vgl. *KrV*, A 218), welche hier und in dem unmittelbar folgenden Absatz mehrmals wiederholt wird. Wahrnehmung – so meint Kant – ist der erste, unvermeidliche Grund für die Feststellung der Existenz bzw. Wirklichkeit eines Gegenstandes. Man lese dazu Abs. 2.2, S. 44 f., Abs. 2.3, S. 52 ff. und Abs. 6.1.

55. Kant teilt mit den meisten Vertretern der empiristischen Tradition seiner Zeit die philosophische Überzeugung, dass die Dinge, die unsere Wahrnehmungen verursachen, an sich nicht erkannt werden können (vgl. hier dazu S. 55 f.). Die Empfindung ist sicherlich das Datum (das ursprüngliche Datum) aller Erkenntnis; sie ist aber kein Abbild oder Nachbild von Eigenschaften der Dinge an sich (vgl. dazu Paton, *Kant's Metaphysic,* II, S. 358). Wir können in dieser Hinsicht nichts Anderes erkennen, als die Art, die uns eigentümlich ist, die Gegenstände wahrzunehmen. John Locke hatte im *Essay* von 1690 dasselbe angedeutet: „It is evident the mind knows not things immediately, but only by the intervention of the ideas it has of them" (*Essay,* IV, 4.3). „How shall the mind, when it perceives nothing but its own ideas, know that they agree with things themselves?" (ebd.). Und: „we cannot [...] be infallibly certain, that all the knowledge we attain concerning these ideas is real, and reaches things themselves. Because in all our thoughts, reasonings, and discourses of this kind, we intend things no further than as they are conformable to our ideas" (*Essay,* IV, 4.5). Dass die Sache, „wie sie an sich ist", von der Sache, „wie wir sie empfinden", deutlich abweicht, das war eine feste Überzeugung von Johann Heinrich Lambert (*Neues Organon, Phänomenologie,* I, § 20, 51), von allen Philosophen der sogenannten Leipziger Schule (Rüdiger, Hoffmann oder Crusius) und, im allgemeinen, von den meisten Philosophen des 18. Jahrhunderts. Kants These ist jedoch radikaler. Von Dingen an sich, welche – mit den Worten Dörflingers – „aus ihrer Sphäre heraus sich irgendwie in Empfindungen hinein bekundeten" (*Zum Status der Empfindung,* S. 105), soll hier nämlich keine Rede sein.

56. Man kann Wirklichkeit nicht durch die unmittelbare Wahrnehmung eines Gegenstandes erkennen (denn wir hätten in diesem Fall eine Wahrnehmung von Dingen an sich), sondern nur durch die Feststellung des „Zusammenhanges" der Wahrnehmungen nach den Analogien der Erfahrung. Wir können daher die Wirklichkeit nicht als solche, sondern nur in Form der gesetzlich geordneten Verknüpfung der Wahrnehmungen miteinander darlegen. Als besonders treffend erweist sich daher die Definition der Wirklichkeit, die Kant in *KrV,* A 376 gibt: „Was mit einer Wahrnehmung nach empirischen Gesetzen zusammenhängt, ist wirklich" (vgl. später die Anm. 64 und 65).

57. Empirische Gesetze setzen die Analogien der Erfahrung voraus (dazu Paton, *Kant's Metaphysic,* II, S. 336 Anm.). Das von Anfang an hier festgestellte Verhältnis der Wirklichkeit zu den „Analogien der Erfahrung" widerspricht dem architektonischen Muster, welches die Möglichkeit mit den „Axiomen der Erfahrung", die Wirklichkeit mit den „Antizipationen der Wahrnehmung" und die Notwendigkeit mit den „Analogien der Erfahrung" verbindet (vgl. dazu Abs. 10.2).

58. Über das Wort „Charakter", das Kant in diesem Absatz zwei Mal („Charakter des Daseins eines Dinges" und „Charakter der Wirklichkeit") verwendet, schreibt Bernward Grünewald das Folgende: „"Charakter" hat hier offenbar die Bedeutung von „Zeichen" im Sinne des anzeigenden Zeichens, des Indikators" (*Modalität und empirisches Denken*, S. 16).

59. Über die hier behauptete radikale Trennung der Essenz von der Existenz beachte man vor allem Abs. 6.1 und 9.2.

60. Die hier angedeutete Widerlegung des ontologischen Beweises der Existenz Gottes wird ausführlich im Abs. 9.2 behandelt.

61. Existenz ist für Kant die absolute Setzung eines Dinges (*positio absoluta*), unabhängig vom Begriff desselben. Behaupten wir, dass etwas existiert, dann sagen wir nur, dass etwas unseren Sinnen gegeben ist. Vgl. dazu Abs. 6.1.

62. Über das Primat der Sinnlichkeit zur Bestimmung der Existenz und die damit verbundene Tatsache, dass die Wirklichkeit nicht begrifflich, sondern nur auf Grund einer sinnlichen Erfahrung festgestellt werden kann, siehe Abs. 2.2, S. 44 f.

63. „Wahrnehmung ist der einzige Charakter der Wirklichkeit". Diese einseitige Behauptung mag zunächst verwirren; sie sollte aber im Kontext der komplexen (syllogistischen) Struktur der drei Postulate verstanden werden (siehe dazu S. 35). Will man dagegen den Satz isoliert lesen, dann stößt man auf eine Reihe von Widersprüchen. Mit den Worten von Norman Kemp Smith: „Such statements are entirely out of harmony with Kant's central teaching. There is no lack of passages in the *Critique* which inculcate the direct contrary. Though the element of sensation is a *sine qua non* of all experience of the actual, the formal elements are no less indispensable. In their absence the merely given would reduce to less than a dream; for even in dreams images are interpreted and are referred to some connected context" (*A Commentary*, S. 399).

64. Die kompromisslose Identität zwischen Wirklichkeit und Wahrnehmung wird sofort gebrochen. Im Widerspruch zu den Rationalisten stellt Kant zunächst fest, dass das erste, wichtigste und unverzichtbare Merkmal der Wirklichkeit die Wahrnehmung ist. Er fügt aber sogleich hinzu, dass die Wirklichkeit eines Dinges auch ohne die Wahrnehmung desselben zu erkennen sei. Auf Grund anderer Wahrnehmungen, die miteinander in einer Verbindung nach empirischen Gesetzen stehen, kann man wohl auf die Existenz von Dingen schließen, die, als solche, nicht empfunden werden oder werden können. Das existierende Ding kann als Teil der gesamten Erfahrung erfasst werden. Das „comparative *a priori*" sei dementsprechend im obigen Satz in einem eher umgangssprachlichen (nicht transzendentalen) Sinne zu verstehen. Es heißt einfach: „indirekt", „mittelbar", „auf Grund anderer Erfahrungen". Mit den Worten Guyers: „The existence of an object can be known „comparatively *a priori*" when it is not *directly* presented by empirical intuition but is connected to something that is so given by means of a causal hypothesis" (*The Postulates of Empirical Thinking*, S. 300). Guyer bezeichnet den Unterschied zwischen dem direkt in einer Wahrnehmung Gegebenen und dem indirekt abgeleiteten Ding als „not philosophically significant" (ebd.). Diese Unterscheidung hat jedoch eine wichtige Funktion, indem sie das Primat der Wahrnehmung des Dinges zur Bestimmung der Wirklichkeit in Frage stellt und die Betrachtung der Gesetzlichkeit (d. h. der Form) der Erfahrung wieder in den Vordergrund stellt.

Die allgemeine Struktur der Postulate (Möglichkeit, Wirklichkeit, Notwendigkeit) wird in der Mitte des zweiten Postulats („Denn daß der Begriff […] zusammenhängt") wiederholt, wobei die Wirklichkeit merkwürdigerweise nicht dem zweiten, sondern eher dem dritten Moment der Modalität, d. h. der Notwendigkeit der Analogien der Erfahrung zugeordnet wird. Man kann diese interessante Bewegung der Kantischen Argumentation folgendermaßen in einem Schema darstellen:

Möglichkeit | Wirklichkeit | Notwendigkeit

↘

Möglichkeit Wirklichkeit Notwendigkeit

Der Sinn dieses Schemas wird vor allem in den unmittelbar folgenden Sätzen erklärt (vgl. dazu die Anm. 65).

65. Die von uns wahrgenommenen Dinge gehören zu einer wirklichen, zunächst aber zu einer *möglichen* Erfahrung. Was macht eine Erfahrung überhaupt möglich? Kants Antwort ist bekannt: 1. die Formen der Anschauung (Raum und Zeit), 2. die reinen Begriffe des Verstandes mit den darauf gestützten Grundsätzen, welche allein die Prinzipien der Möglichkeit des Denkens enthalten und dadurch auch die Erkenntnis der Objekte ermöglichen (vgl. dazu *KrV*, A 126, A 172, A 216, A 664 und B 126–127, B 161, B 167, 4:476). „Wenn keine Erkenntnisse *a priori* wären; so fände auch gar keine Erfahrung statt, denn diese gründet sich bloß auf die Erkenntnisse *a priori*" (28:545). Am Anfang der Analogien der Erfahrung behauptet Kant daher, dass die „drei Regeln aller Zeitverhältnisse der Erscheinungen […] vor aller Erfahrung vorangehen, und diese allererst möglich machen" (*KrV*, A 177; vgl. B 218). Das gilt zunächst und vor allem für den Grundsatz der Zeitfolge nach dem Gesetz der Kausalität: „Daß alles, was geschieht, eine Ursache habe […] macht die Einheit der Erfahrung möglich…" (*KrV*, A 307; vgl. auch A 189 f., A 195, B 234).

Setzt man nun, (1) dass alle unsere unmittelbaren Wahrnehmungen eines Dinges in einer möglichen Erfahrung zusammengehören, (2) dass die Erfahrung, um überhaupt möglich zu sein, Prinzipien enthält, und (3) dass dadurch Dinge in eine Reihe möglicher Wahrnehmungen eingeordnet werden können, dann sollte auch klar werden, dass man auf Grund einiger direkter Wahrnehmungen auf die Behauptung der Existenz anderer nicht unmittelbar wahrgenommener Dinge schließen kann. Wir können die Argumentation Kants in einem Schema folgendermaßen zusammenfassen:

[unmittelbar wahrgenommenes Ding]

↑

O - O - O - O - O - O - X - O - O - O

↓

[nicht wahrgenommenes Ding, dessen Existenz auf Grund der in einer Erfahrung gesetzlich eingeordneten Reihe der möglichen Wahrnehmungen doch festgestellt werden kann]

66. Man beachte dazu den ganzen Abs. 6.2.

67. *Die Grobheit der Sinne.* Wären unsere Sinne nicht zu grob, wie Kant sich ausdrückt, dann könnten wir Dinge wahrnehmen, die wir nur auf Grund der Gesetzlichkeit der Erfahrung (d. h. indirekt) erkennen. Es finden sich nur wenige Sätze innerhalb der *KrV*, in denen die Sinne als zu grob bezeichnet werden. Dass dies im zweiten Postulat passiert, ausgerechnet dort, wo die Wirklichkeit der Dinge auf Grund der Empfindung der Sinne definiert wird, ist für die komplexe Definition der Wirklichkeit selbst wichtig.

Die Data der Sinnlichkeit werden vor allem innerhalb der Tradition des klassischen Rationalismus als „grob", „verworren" oder „dunkel" definiert. Nach Descartes können die Sinne vielen Täuschungen erliegen. In ihren Vorstellungen ist vieles dunkel und verwirrt: „Ainsi, a cause que nos sens nous trompent quelquefois, ie voulû supposer qu'il n'y auoit aucune chose qui fust telle qu'ils nous la font imaginer" (*Discours de la méthode*, IV. Partie, 1, S. 31–32). Nach Leibniz kann die Sinneswahrnehmung, wenn manchmal auch klar, jedenfalls nie deutlich sein. In ihr können wir weder die Herkunft der Empfindung noch die Bestandteile des Empfindungsinhalts selbst begreifen: „On connoist point distinctement ny la sensation du bleu […] ny les mouvemens qui la produisent…" (*Nouveaux Essays*, II, VIII, § 15, S. 119). „…die Empfindung als solche" – so Cassirer über

Leibniz – „ist, für sich allein genommen, stumm; sie wird zur Erkenntnis erst durch die ideale Bedeutung, die wir ihr geben und für die sie uns nur als Hinweis dient“ (*Das Erkenntnisproblem*, II, S. 169). Alexander Baumgarten entwickelt seine Ästhetik als Lehre der Sinnlichkeit auf der Leibnizschen Grundüberzeugung, dass die sinnlichen Erfahrungen zugleich *clara* und *confusa* (d. h. immer verworren und miteinander vermischt) sein können: „Cognitio sensitiva est [...] complexus repraesentationum infra distinctionem substistentium“ (*Aesthetica*, § 17; vgl. auch *Meditationes philosophicae de nonnullis ad poema pertinentibus*, §§ 12–15). Man beachte dazu auch Lambert, *Neues Organon, Phänomenologie*, II. Hauptstück: „Von dem sinnlichen Schein“, oder z. B. Mendelssohn, *Morgenstunde*, I, 3.

Kant ist sicherlich derjenige Autor des 18. Jahrhunderts, der am deutlichsten gegen diese Abwertung der Sinnlichkeit gekämpft hat: „*Possunt autem sensitiva admodum esse distincta et intellectualia maxime confusa*“ (2:394). Grundmerkmal dieser Revolution ist die Inklusion der Geometrie, der Arithmetik und der reinen Mechanik nicht in eine reine Logik des Verstandes (wie nach der Tradition des Rationalismus), sondern in die Untersuchung der Formen der sinnlichen Anschauung. Dafür ist jedoch eine ziemlich radikale Spaltung innerhalb der Sinnlichkeit selbst erforderlich: die „Grobheit“ unserer empirischen Sinne soll von der reinen Form der sinnlichen Erfahrung möglichst gut getrennt werden. Die erste – wie Kant im obigen Satz des zweiten Postulats schreibt – geht die zweite überhaupt nichts an.

Diese Trennung wird in der ersten Version der „Transzendentalen Ästhetik“ mit den folgenden Worten dargestellt: „Der Wohlgeschmack eines Weines gehört nicht zu den objectiven Bestimmungen des Weines, mithin eines Objects sogar als Erscheinung betrachtet, sondern zu der besonderen Beschaffenheit des Sinnes an dem Subjecte, was ihn genießt. Die Farben sind nicht Beschaffenheiten der Körper, deren Anschauung sie anhängen, sondern auch nur Modificationen des Sinnes des Gesichts, welches vom Lichte auf gewisse Weise afficirt wird. Dagegen gehört der Raum als Bedingung äußerer Objecte, nothwendiger Weise zur Erscheinung oder Anschauung derselben. Geschmack und Farben sind gar nicht nothwendige Bedingungen, unter welchen die Gegenstände allein für uns Objecte der Sinne werden können. Sie sind nur als zufällig beigefügte Wirkungen der besondern Organisation mit der Erscheinung verbunden. Daher sind sie auch keine Vorstellungen *a priori*, sondern auf Empfindung, der Wohlgeschmack aber sogar auf Gefühl (der Lust und Unlust) als einer Wirkung der Empfindung gegründet. Auch kann niemand *a priori* weder eine Vorstellung einer Farbe, noch irgend eines Geschmacks haben: der

Raum aber betrifft nur die reine Form der Anschauung, schließt also gar keine Empfindung (nichts Empirisches) in sich, und alle Arten und Bestimmungen des Raumes können und müssen sogar *a priori* vorgestellt werden können, wenn Begriffe der Gestalten sowohl, als Verhältnisse entstehen sollen. Durch denselben ist es allein möglich, daß Dinge für uns äußere Gegenstände sind" (*KrV*, A 28–29; vgl. B 44; man lese aber auch 20:268–269, 28:231, 28:567).

Es sollte in diesem Sinne nicht besonders seltsam klingen, dass Kant – in den wenigen Sätzen über das zweite Postulat – die Wirklichkeit auf die Materie der Sinne in der Empfindung bezieht (siehe dazu vor allem die Anm. 54) und zugleich dieselbe Wirklichkeit von der Form, welche die Anschauung (durch Raum und Zeit) und die Erfahrung (durch die Kategorien des Verstandes) gesetzlich einordnet, abhängen lässt. Ein hier bereits zweimal in kürzerer Fassung zitierter Satz aus den „Paralogismen" (vgl. S. 55 und Anm. 56) kann uns ein weiteres Mal dienlich sein, um diesen zentralen und komplexen Aspekt des Kantischen Begriffs des Wirklichen zu verdeutlichen: „Aus Wahrnehmungen kann nun entweder durch ein bloßes Spiel der Einbildung, oder auch vermittelst der Erfahrung Erkenntniß der Gegenstände erzeugt werden. Und da können allerdings trügliche Vorstellungen entspringen, denen die Gegenstände nicht entsprechen und wobei die Täuschung bald einem Blendwerke der Einbildung (im Traume), bald einem Fehltritte der Urtheilskraft (beim sogenannten Betruge der Sinne) beizumessen ist. Um nun hierin dem falschen Scheine zu entgehen, verfährt man nach der Regel: Was mit einer Wahrnehmung nach empirischen Gesetzen zusammenhängt, ist wirklich" (*KrV*, A 376).

68. Vgl. dazu Abs. 6.1 und 6.2.

69. *Materie und Form der Erfahrung.* Das „oder" in diesem Satz, genauso wie das „und" im Satz zuvor, macht endgültig klar, dass die Erkenntnis der Existenz der Dinge sowohl Wahrnehmung (Empfindung) als auch Gesetzlichkeit fordert. Das hatte Kant schon im ersten Satz des zweiten Postulats behauptet (vgl. Anm. 56). Dort blieb die Sache aber noch ziemlich unklar. Im Vordergrund stand nämlich eher das entscheidende Verhältnis der Wirklichkeit zu der Materie der sinnlichen Wahrnehmung. Am Ende des zweiten Postulats wird aber offensichtlich, dass die Kantische Definition der Wirklichkeit nicht nur Materie, sondern auch (und vor allem) Form einschließt. Kant, so Paton, „…does not say that the actual is *either* what is given in sensation *or* what is connected with sensation. He says on the contrary that the actual is what is connected with *sensation*" (*Kant's Metaphysic,* II, S. 360). Die Erscheinung selbst – das schreibt Kant in einer Reflexion vermutlich aus den Jahren 1776–78 – braucht die Regel, um überhaupt „Erscheinung“ zu sein: „Es kan etwas wohl erscheinen, aber niemals complet erscheinen, ohne daß es unter einer Regel a priori stände, d. i. mit dem andern in Verhaltnis (coniugation), welche a priori bestimbar ist“ (R. 5213).

70. „Von etwas Staat machen“ bedeutet nach dem damaligen Sprachgebrauch soviel wie „auf etwas rechnen“, „es vermuten“, „hoffen“, auf französisch: „faire état de“. Siehe dazu das *Deutsches Wörterbuch* der Brüder Grimm, wo genau dieser Satz aus der *KrV* als Beispiel für die Anwendung des Ausdrucks mit einem reflexiven Dativ („sich“) angeführt wird. Bei Kant findet man dieselbe Redewendung ohne Dativ in *KrV* A 366 und in 20:137, mit Dativ in 2:285 („auch ohne sich noch auf eine verhoffte Erklärung Staat zu machen“).

Das Postulat der Notwendigkeit

71. Hier findet sich der einzige Satz, in dem Kant von einer „*materialen Notwendigkeit*“ schreibt (wobei „Materie“ und „Notwendigkeit“ auch in anderen Zusammenhängen assoziiert werden). Er will dadurch vor allem betonen, dass die Notwendigkeit, die uns jetzt beschäftigt, in keiner Weise mit der Notwendigkeit der bloß formalen Logik zu verwechseln ist. Im Gegensatz zur „*logischen* Notwendigkeit“ betrifft bei Kant die „*materiale*“ oder „*reale* Notwendigkeit“ nicht die abstrakte Kohärenz der Urteile, sondern die konkrete Existenz der Dinge (vgl. R. 3735, R. 5570, R. 5572, 28:419). Im Fall der Arithmetik und der Geometrie („Transzendentale Ästhetik“) konnte die reine Form auf die Materie verzichten. Die Form war nämlich in der Lage, unter Absehung der Materie den Inhalt der Wissenschaften zu bestimmen. In den Urteilen der Physik geht dagegen die Materie der Form voran und gilt deswegen als allgemeine Voraussetzung der ganzen „transzendentalen Analytik“.

Will man nun – vgl. z. B. Schneeberger, *Kants Konzeption,* S. 85 ff. – aus der „realen“ bzw. „materialen Notwendigkeit“ eine feste Formulierung der transzendentalen Philosophie machen, dann gerät man aus verschiedenen Gründen in die größten Schwierigkeiten, denn der Ausdruck „materiale Notwendigkeit“ enthält einen inneren Widerspruch: Alle Notwendigkeit, indem sie einer Gesetzlichkeit entspricht, ist immer formal. Wenn Kant von einer „materialen“ oder „realen Notwendigkeit“ schreibt, kann er nur behaupten wollen, dass diese wohl *formale* Notwendigkeit, da es sich hier nicht um eine von der Empirie isolierte Logik handelt, doch *nicht bloß formal* sein kann, sondern zugleich auch *material* ist. Die Notwendigkeit der transzendentalen Analytik ist formal und material zugleich.

Außerhalb ihrer strikten, transzendentalen Konnotation bekommt die „materiale Notwendigkeit" noch eine ganz andere Bedeutung bei Kant: Als „*materialiter* nothwendig" wird meistens etwas bezeichnet, das „schlechterdings unbedingt ohne einen restringirenden *respectum*" gegeben ist (R. 5482). Das ist die Notwendigkeit des bloßen, an sich gegebenen Daseins, welche sich aber nach Kant weder begreifen noch durch Beispiele einsehen lässt (vgl. 28:556).

72. Dass etwas „ist", ist ein *synthetischer*, kein *analytischer* Satz. Die Existenz ist im Allgemeinen keine begriffliche Determination. „[Es] ist gar kein Prädikat und die Aufhebung des Daseins keine Verneinung eines Prädikats" (2:81). Es entsteht daher kein Widerspruch, wenn eine Sache (nicht bloß eine sinnliche, sondern auch die vollkommenste: Gott) aufgehoben wird (dazu Abs. 9.2). Dass etwas „ist", ist darüber hinaus ein synthetischer Satz *a posteriori*. Ich sage, dass etwas existiert, nur weil ich es gesehen habe, „oder von denen vernommen, die es gesehen haben" (2:73). Etwas muss mir gegeben werden. Das Dasein bezeichnet in dieser Hinsicht bloß die Position des – wahrgenommenen – Dinges (vgl. Abs. 6.1).

73. Ein Ding lässt sich immer als „zufällig" bzw. nie als „notwendig" bezeichnen. Die Existenz dagegen, die wir a priori (als notwendig) erkennen können, ist nur eine relative (vgl. dazu Abs. 7.1).

74. Über das Verhältnis Teil-Ganzes. Kant wiederholt hier eine der wichtigsten Resultate des zweiten Postulats über die Wirklichkeit: Das existierende Ding lässt sich nur als Teil der gesamten Erfahrung erfassen. Wir können daher die Existenz mancher Dinge (des Magnets zum Beispiel) in keiner unmittelbaren Wahrnehmung erkennen, wohl aber aus den Gesetzen des empirischen Zusammenhanges der Erscheinungen in einem Ganzen ableiten (siehe dazu Anm. 65). Besonders gut wird das Verhältnis Teil–Ganzes zur Bestimmung der Existenz eines Dinges von Claudio La Rocca in *Esistenza e Giudizio* dargestellt: „È la relazione al tutto che definisce l'esistenza […] Questa relazione non riguarda la conoscenza dell'ente, ma il suo esser-dato [die *Position* desselben], che viene ad essere concepito come radicalmente contestuale: e radicalmente contestuale risulta dunque il senso dell'ente singolo in quanto tale" (S. 81). Zur Bestätigung und Verstärkung dieser These fügt La Rocca einige Reflexionen hinzu, die Kant in den späten 70er Jahren verfasste. In R. 5252 zum § 110 der *Metaphysica* Baumgartens schreibt Kant: „Die Beziehung eines jeden Moglichen Dinges auf das All, d. i. die durchgangige bestimmung, wodurch es mit jedem Möglichen gleichsam grentzt und seine Bestimmung blos durch diese Angrenzung erhält, beweiset, daß wir es als in einem All enthalten vorstellen". Man beachte dazu auch: R. 4113, R. 5203, R. 5211, R. 5221, R. 5223, R. 5225, R. 5252.

75. Was meint Kant, wenn er hier schreibt, dass die Notwendigkeit der Existenz keine Notwendigkeit „aus Begriffen" ist? Kann man sich überhaupt eine Notwendigkeit vorstellen, welche zugleich nicht bloß formal (da sie die Existenz der Sache betrifft) und trotzdem aus Begriffen ist?

Vor allem Christian Wolff hatte – der Aristotelischen Tradition folgend – die logische Definition des Notwendigen („das, dessen Gegenteil unmöglich ist") in die Ontologie der Essenzen übertragen und daher auf die begriffliche Definition der Dinge bezogen. „*Essentiae rerum sunt necessariae*" (*Ontologia*, § 299). Die *essentialia*, welche die *essentia* im Begriff der Dinge bilden, können sich zunächst nicht widersprechen: Ein *sterblicher, unsterblicher* Mensch ist zum Beispiel unmöglich. Sie dürfen aber auch der Definition, zu der sie gehören, nicht widersprechen. Ein zweifüßiger, rationaler, *nicht-sterblicher* Mensch ist deswegen unmöglich, weil die Sterblichkeit zur Definition des Menschen selbst gehört. Das Wesen ist hier deswegen notwendig, weil die Behauptung seines partiellen oder totalen Gegenteils unmöglich ist; sie widerspricht der begrifflichen Definition, welche nach dem Prinzip der *unicitas determinabilitatis* nicht anders sein oder werden kann. Möglichkeit, Wesen, Definition und Notwendigkeit sind hier ein und dasselbe: „Da nun die Möglichkeit an sich etwas nothwendiges ist, das Wesen aber eines Dinges darinnen bestehet, daß es auf eine gewisse Art und Weise möglich ist; so ist das Wesen nothwendig" (*Deutsche Metaphysik*, § 38). Notwendig seien vor allem die Wahrheiten der Mathematik. Fast alle Bespiele der Notwendigkeit entstehen daher bei Wolff aus der Geometrie und der Arithmetik heraus: „*Quae de numeris in aritmetica, de figuris in Geometria demonstrantur, ea numeris & figuris necessario conveniunt*" (*Ontologia*, § 280). Das entspricht der Philosophie Wolffs, deren Hauptziel in nichts anderem als in der Übertragung des Aristotelismus in eine methodisch rationale und der Form der Mathematik entsprechenden Philosophie besteht.

Demgegenüber schreibt Kant schon 1762, in der *Untersuchung über die Deutlichkeit der Grundsätze der natürlichen Theologie und der Moral*, dass die Gewissheit aller Wissenschaften von einer Notwendigkeit bedingt ist, die wir nicht „begreifen", sondern „merken" oder sogar „anschauen" können. „Man ist gewiß, in so fern man erkennt, daß es unmöglich sei, daß eine Erkenntniß falsch sei [das ist die klassische Definition der Notwendigkeit als „*id, quod aliter esse non potest*"]. Der Grad dieser Gewißheit, wenn er *objective* genommen wird, kommt auf das Zureichende in den Merkmalen von der Nothwendigkeit einer Wahrheit an, in so fern er aber *subjective* betrachtet wird, so ist er in so fern größer, als die Erkenntniß dieser Nothwendigkeit mehr Anschauung hat" (2:290–291). Niemand bezweifelt, dass die Theoreme der Mathematik notwendig wahr sind (vor allem im 18. Jahrhundert). Kants Behauptung des „anschaulichen" – nicht „begrifflichen" – Charakters der notwendigen Wahrheiten der Mathematik (vgl. dazu die Anm. 18, 19, 20, 22, 50) gilt nun als das wichtigste Zeichen einer radikalen Revolution innerhalb der Philosophie: die Notwendigkeit der Existenz kann in keinem Fall durch reine Begriffe erreicht werden.

76. Die Notwendigkeit der Existenz kann nur im Kontext der empirisch wahrgenommenen Dinge unserer Erfahrung erkannt werden. Zum Beispiel: „Wenn die Sonne übers südliche Hemisphaerium steht, [müssen] die Tage bey uns kürzer als die Nächte seyn" (28:417). Das setzt voraus, dass ich Tage und Nächte sehe, und dass ich überhaupt weiß, was die nördlichen und südlichen Hemisphären sind. Das kann ich aber offensichtlich nur aus Gründen erkennen, die mir in der Erfahrung gegeben sind, was insgesamt aber auch nicht heißt, dass die Notwendigkeit selbst *a posteriori* festgestellt werden soll. Diese betrifft nämlich nur die Form, nicht das bloße Gegebensein der Dinge.

77. In diesem langen und wichtigen Satz des dritten Postulats erklärt Kant, dass die Notwendigkeit des A priori keine Notwendigkeit „aus Begriffen" ist. „Notwendig" sei nicht dasjenige, dessen Gegenteil dem Begriff der Sache selbst widerspricht (ein nicht-dreieckiges Dreieck oder ein nichtsterblicher Mensch), sondern nur das, was unter den allgemeinen Gesetzen der Erfahrung steht. Nichts ist mit anderen Worten „an sich" (d. h. „innerlich") notwendig. Alles steht unter den notwendigen Gesetzen, welche die Erfahrung selbst ermöglichen. Die Frage, die man sich hier und immer wieder stellen sollte, lautet daher folgendermaßen: Was meint Kant, wenn er von „Gesetzen" bzw. von „Gesetzen der Erfahrung" schreibt? Eine Antwort wird hier in Abs. 7.1 und 7.3 gegeben.

78. Die materielle Notwendigkeit des Daseins betrifft nicht die Dinge, sondern die Verhältnisse der Erscheinungen nach dem dynamischen Gesetz der Kausalität (vgl. dazu Abs. 7.1). „Gesetz der Causalität" heißt hier (am

Ende des Satzes) soviel wie, im nächsten Satz, „empirisches Gesetz der Causalität" und kurz danach „Regel des nothwendigen Daseins, ohne welche gar nicht einmal Natur stattfinden würde".

79. Wir können keine Notwendigkeit des Wesens bzw. der Substanzen erkennen. Vgl. Abs. 7.1.

80. *Was meint Kant, wenn er von „empirischen Gesetzen der Causalität" schreibt?* Empirisch heißt bei Kant eine Anschauung oder ein Begriff – in diesem Fall ein Gesetz – wenn Empfindung (d. h. die Materie der sinnlichen Erkenntnis, welche immer die wirkliche Gegenwart des Gegenstandes voraussetzt) darin enthalten ist (vgl. *KrV*, A 50/B 74, aber auch z. B. A 20/B 34). Man kann in dieser Hinsicht die empirischen Gesetze der Kausalität vom transzendentalen Gesetz (im Sinne vom „transzendentalen Grundsatz") der Kausalität gut unterscheiden, wobei man sich auch immer wieder vergewissern sollte, dass diese zwei Ebenen der Gesetzlichkeit auf das Engste miteinander verbunden sind. Das *transzendentale Gesetz* ist nach Kant die „Vorstellung einer allgemeinen Bedingung, nach welcher ein gewisses Mannigfaltige [...] gesetzt werden [...] muß" (*KrV*, A 114). Als transzendentale Bedingung der Erfahrung ist dieses zugleich die Bedingung der Möglichkeit, empirische Gesetze zu erkennen. Empirische Gesetze lassen sich ihrerseits nur mit Hilfe der Erfahrung auffinden, d. h. nur so, dass sie durch Anwendung der transzendentalen Gesetze des reinen Verstandes formuliert werden. Im § 26 der B-Deduktion schreibt Kant diesbezüglich folgendes: „Besondere Gesetze, weil sie empirisch bestimmte Erscheinungen betreffen, können davon [von a priori Gesetzen] nicht vollständig abgeleitet werden, ob sie gleich alle insgesammt unter jenen stehen. Es muß Erfahrung dazu kommen, um die letztere [die besondere Gesetze] überhaupt kennen zu lernen; von Erfahrung aber überhaupt und dem, was als ein Gegenstand derselben erkannt werden kann, geben allein jene Gesetze *a priori* die Belehrung" (*KrV*, B 165) (vgl. dazu auch *KrV*, A 216/B 263, 4:297, 4:318 ff.).

Der Grund für die obige Assoziation zwischen „empirischen Gesetzen" und „Causalität" liegt weniger darin, dass die empirischen Gesetze vom transzendentalen Gesetz der Kausalität abhängen, als in der einfacheren Tatsache, dass für Kant wie für die meisten Wissenschaftler und Philosophen des 17. und 18. Jahrhunderts die Festlegung eines empirischen Gesetzes nichts anderes als die Bestimmung einer Ursache ist. Das wird von Friedrich Steinle mit den folgenden Worten erklärt: „Even in the most elaborated concept of laws in the 17th century – that of Newton – laws serve as a means for determining causes. Laws are established long before causes begin to disappear from their prominent place in scientific inquiry. It is in the course of a fundamental revision of the prevailing conceptions of causes – and not through their simple supercession – that the concept of laws gains its importance. What becomes prominent now, is the idea of physical causes. In order to give an account of the physical cause of a phenomenon, one must stipulate the acting entity together with the law governing this action" (Steinle, *Laws of nature in the new sciences*, S. 356).

Die Definition der Notwendigkeit, die Kant zu Beginn des dritten Postulats entwickelt, knüpft weniger an die subjektiven Bedingungen der Erfahrung (Grundsatz der Kausalität) als an die Feststellung einer empirischen Gesetzlichkeit an. „La nécessité ne peut etre comprise qu'en fonction de la détermination de la relation causale selon des lois", so Charrak (*Contingence et nécessité*, S. 156). Notwendigkeit ist zugleich die transzendentale Notwendigkeit des A priori und die empirische der Gesetze der Kausalität. Dieselbe Zweideutigkeit spielt eine wichtige Funktion in der „Zweiten Analogie der Erfahrung", die Adickes zu Recht als „Brennpunkt der ganzen Kritik" definiert (siehe Kant, *Kritik der reinen Vernunft*, hrsg. von E. Adickes, S. 211 Anm.). Die Antwort, die Kant hier an Hume in Bezug auf das Problem der Kausalität gibt, stützt sich auf den Begriff einer notwendigen Gesetzlichkeit, nicht bloß auf das transzendentalen Gesetz, sondern ebenso auf die „notwendigen Regeln", welche das Aufeinanderfolgen des Mannigfaltigen auf einer empirischen Ebene objektiv machen. Empirische und transzendentale Ebene der Gesetzlichkeit sind in beiden Texten nicht trennbar.

81. *Über das Verhältnis zwischen Kausalität und (möglicher) Erfahrung.* Die Erfahrung wird von Kant als die „Erkenntnis durch verknüpfte Wahrnehmungen" definiert (*KrV*, B 161). Sie ist „eine Synthesis der Wahrnehmungen" (*KrV*, B 218, vgl. auch A 180/B 223). Das Verhältnis Ursache-Wirkung ist genau das, was eine Erfahrung überhaupt möglich macht. Das ist der Sinn der sogenannten Kopernikanischen Wende. Der Satz vom Grunde verliert bei Kant seinen ontologischen Charakter und wird als Grundprinzip der Bestimmung der Möglichkeit der Erfahrung selbst verstanden. Das kann man schon ganz deutlich in einigen Reflexionen der frühen 70er Jahre sehen: „[Alles, was geschieht,] kan nicht anders specifisch determiniert werden in der Zeit, wenn es geschieht, als vermittelst einer Regel. Also ist der Satz des zureichenden Grundes ein *principium* der Regel der Erfahrung, nemlich solche anzustellen" (R. 4680). Und weiter: „Würde ich nicht durch eine allgemeine Bedingung der relation in der Zeit iedes Verhaltnis derselben bestimmen, so würde ich keiner Erscheinung ihre Stelle anweisen. Es dienen also die Begriffe Substanz, Grund und Ganzes nur dazu, um ieder realität in der Erscheinung ihre Stelle anzuweisen, indem ein iedes eine function oder dimension der Zeit vorstellt, darin das obiect, was wargenommen wird, soll bestimmt und aus der Erscheinung Erfahrung werden“ (R. 4682). Das Prinzip der Kausalität ermöglicht die Bestimmung der Erscheinungen in der Zeit und daher Erfahrung.

82. Wir können die Notwendigkeit eines Dinges außerhalb der Erfahrung nicht erkennen. Begriffe, welche die Möglichkeit der Erfahrung selbst übersteigen, werden von Kant als „Ideen“ oder „Vernunftbegriffe“ definiert (*KrV*, A 320/B 377). Der kritischen Analyse und Darlegung dieser Art von Begriffen ist die „transzendentale Dialektik“ gewidmet. Die Vernunft kann eigentlich – als solche – keinen Begriff erzeugen; sie befreit nur den Verstandesbegriff von allen Einschränkungen und erweitert ihn über die Grenzen der Erfahrung hinaus. Die Idee ist das Resultat dieser Erweiterung. Als Begriff, welcher in keiner möglichen Anschauung dargestellt werden kann, ist die Idee „transzendent“. Sie enthält grundsätzlich nichts Objektives. Ihr kann mit anderen Worten keine objektive Notwendigkeit zugesprochen werden, sondern nur eine subjektive (*KrV*, A 297/B 353). Vgl. dazu Abs. 10.6.

83. Substanzen können nicht als empirische Wirkungen angesehen werden (dazu Anm. 56).

84. Alles ist notwendig. Siehe S. 55 ff. und Abs. 7.1.

85. Über den Begriff „Natur“ in seinem Verhältnis zur neuen Definition der Objektivität auf Grund einer Gesetzlichkeit siehe vor allem Abs. 7.2 und 7.3.

86. Nichts ist nach Kant in der Welt zufällig. „*Casus* ist die absolute Zufalligkeit“ (R. 5608). *In mundo non datur casus* heißt, dass es in der Welt keinen blinden Zufall gibt. Alles geschieht nach dem notwendigen Mechanismus der Natur: „Keine Begebenheit geschieht von selbst, sondern ist immer durch Naturursachen bestimmt“ (R. 5973, vgl. auch: R. 5970, R. 5975). Jedwede Begebenheit in der Natur ist notwendig. Das ist das Hauptresultat der Analogien der Erfahrung. Oft behauptet Kant aber genau das Gegenteil: „Alles ist zufällig“ (vgl. z. B. R. 4007, R. 5798, R. 5979, R. 6391, R. 6408, R. 6423, 20:330). Da alles in der Welt nur eine empirisch bedingte Existenz hat, kann es nicht notwendig sein (das ist die, für Kant „wahre“, Behauptung der vierten Antinomie der Vernunft;

vgl. *KrV*, A 453 ff./B 481 ff.). Es handelt sich jedoch nicht um einen Widerspruch, da der Begriff der bedingten Notwendigkeit die scheinbare Inkompatibilität zwischen Notwendigkeit und Zufälligkeit aufhebt. Vgl. hier Abs. 2.4 und 7.1.

87. *Über das Verhältnis „blind – verständlich".* Was heißt hier „blind"? „Blind ist, was man nicht einsehen kan. Die blinde Nothwendigkeit (Schiksal) (Vorsehung), der blinde Zufall" (R. 4543, etwa 1772). In der *Metaphysik-Vorlesung* L_1 aus den 70er Jahren behauptet Kant diesbezüglich das Folgende: „Im Zusammenhange der Dinge giebt es zwei Stücke, die vernunftwidrig sind, und das ist: 1) die blinde Nothwendigkeit, und 2) das blinde Ungefähr. Blind heißt, wenn man selbst nicht sehen kann; aber auch das, wodurch man nichts sehen kann. Blinde Nothwendigkeit ist also, vermittelst welcher wir durch den Verstand nichts sehen können. Die blinde Nothwendigkeit ist Schicksal; das blinde Ungefähr ist Zufall. Beide sind vernunftwidrige Undinge. Blinde Nothwendigkeit bedeutet, daß sich etwas weder auf das Wesen der Sache selbst, noch auf eine andere Ursache gründe. Blindes Ungefähr ist eine Begebenheit, die zufällig ist, und zwar, daß die Zufälligkeit in aller Absicht statt finde" (28:199; vgl. auch 28:1068). Die Entgegensetzung einer „blinden" und einer „verständlichen" bzw. „vernünftigen" Notwendigkeit befindet sich schon in R. 3906 (aus den Jahren 1766–1768), R. 4091 (1769), R. 4439 (1771), R. 4783 (1775–1777), R. 5366 („Blind ist, was nicht den Gesetzen des Verstandes gemäß [gesetzt] angenommen wird") und R. 5373 (beide aus den Jahren 1776–1778). Zufall und Schicksal im Sinne blinder Notwendigkeit sind Negationen der Naturnotwendigkeit, deren Gegenteil im kritischen, Kantischen Sinne die Freiheit ist.

88. *Non datur fatum.* In drei Reflexionen aus den Jahren 1783–84 erklärt Kant diesen lateinischen Spruch folgendermaßen: – „*Non datur fatum*, d. i. absolute Nothwendigkeit in der Erscheinung und dem entstehen derselben, aber wohl der intellectuellen Ursache, die von der sinnenwelt kein Theil, auch kein Substrat ist" (R. 5970). – „*Non datur fatum.* Alle Nothwendigkeit ist Naturnothwendigkeit der Begebenheiten, d. i. immer durch andere Gründe in derselben Reihe bestimmt. Auf diese Art aber ist keine Totalitaet in der Reihe. Aber wenn ich die Reihe ganz beziehe auf etwas ausser derselben, das kein phaenomenon ist, so kan absolute Nothwendigkeit der ganzen Reihen seyn, aber nicht in ihr..." (R. 5973). – „Die Nothwendigkeit der Begebenheiten in der Natur ist nicht die Nothwendigkeit der Dinge selbst, d. i. der Existenz der Natur. Diese, wenn sie den Erscheinungen beygelegt wird, ist *fatum*" (R. 5975). Das klassische

Thema der Existenz eines absoluten, alles durchdringenden Schicksals ist Kant vollkommen fremd. Jedem Fatalismus bzw. Spinozismus stellt er sich entschlossen entgegen (siehe dazu 8:143). Die Notwendigkeit gilt aber für ihn als die grundsätzliche Modalität und Form des Realen in seiner Gesetzlichkeit. Das ist die obige „verständliche Notwendigkeit" (vgl. Anm. 87), welche die Durchsichtigkeit und Fassbarkeit der Realität selbst ausdrückt. Nichts ist notwendig an sich (R. 6423: „*Non datur fatum.* Alles in der Welt ist zusammengesetzt, mithin zufallig"); alles ist aber notwendig, denn alles steht unter notwendigen Gesetzen.

Innerhalb der antiken Mythologie war die ἀνάγκη (Notwendigkeit) ein Synonym des Wortes μοῖρα, d.h. Schicksal, oder εἱμαρμένη, dessen Bedeutung auch in enger Beziehung zum lateinischen *fatum* im Sinne von Schicksal steht. Es bezeichnet eine mythische Kraft (mächtiger als der Wille der Menschen und der Götter), welche auch die physikalischen Gesetze der Welt übertrifft: „ἀνάγκᾳ δ'οὐδὲ θεὸι μάχονται" sagte Pittakus von Mytilene, einer der Sieben Weisen (Diogenes Laertius, *Vitae*, I, 77). Aus diesem Grunde, weil sie unabhängig von jedem Willen oder rationalen Gesetz ist, ist diese Kraft – wie z. B. in Aischylos' *Prometheus* – ein dunkles, nicht gegenständliches und geheimnisvolles Wesen. Zu den ersten Philosophen, die an diese breite mythologische Tradition anknüpfen, zählt man Anaximander („ἐξ ὧν δὲ ἡ γένεσίς ἐστι τοῖς οὖσι καὶ τὴν φθορὰν εἰς ταῦτα γίνεσϑαι κατὰ τὸ χρέων· διδόναι γὰρ αὐτὰ δίκην καὶ τίσιν ἀλλήλοις τῆς ἀδικίας κατὰ τὴν τοῦ χρόνου τάξιν", *FVS*, 12 B 1– dieses gilt als der erste schriftliche Satz der Geschichte der Philosophie überhaupt), Heraklit (der die Gesetzesartigkeit der Notwendigkeit als Logos, der alles beherrscht, identifiziert: „γινομένων γὰρ πάντων κατὰ τὸν λόγον τόνδε", *FVS*, 22 B 1) und Parmenides, in dessen Poem die Göttin, die über alles waltet und die Schicksale aus dem Zentrum der Welt heraus verteilt, mit dem Namen der Notwendigkeit und der Gerechtigkeit bezeichnet wird. Platon schreibt von den drei Moiren, die die Spindel der Notwendigkeit halten, in der berühmten Erzählung des Mythos von Er innerhalb der *Politeia.*

Eine entscheidende Rolle spielt die Notwendigkeit ansonsten bei Diodoros Kronos. Als wichtiger Vertreter der Schule von Megara stellt er zum ersten Mal die These der Notwendigkeit aller Realität auf und versucht sie durch eine logische Argumentation mit dem Satz vom Widerspruch zu beweisen (vgl. dazu S. 137 f.). Später stützen insbesondere die Stoiker ihre gesamte Philosophie auf den Begriff des *fatum*, den sie jedoch von der Notwendigkeit (*necessitas*) unterscheiden (dazu Kant 28:1126). Man beachte in diesem Sinne, dass die Autoren des lateinischen Stoizismus (und Epikureismus) ohne Zweifel diejenigen waren, die Kant vor allem in den

Jahren seiner schulischen Ausbildung und zu Beginn seiner Karriere am meisten las und am besten kannte.

Die wichtigsten Vertreter des Fatalismus in moderner Zeit sind der Neo-Stoiker Justus Lipsius (1547–1606) und Baruch Spinoza (1632–1677). In *De Constantia* (1584) versucht Lipsius einen neuen Begriff von „*fatum*" zu entwickeln, der die göttliche Allmacht und Vorsehung mit der Willensfreiheit des Menschen verbindet (vgl. dazu Wollgast, *Philosophie in Deutschland 1550–1650*, S. 745–755). Über Spinozas Fatalismus siehe hier im ersten Teil S. 149 f.

Woran denkt Kant, wenn er sich gegen jeden Fatalismus richtet? Im 18. Jahrhundert waren „Spinozismus" und „Fatalismus" zwei dermaßen allgemeine und verbreitete Denktraditionen, dass eine Beschränkung der Kantischen Hinweise in dieser Hinsicht kaum denkbar ist. Man beachte nun aber Folgendes: Die Jahre zwischen 1723 und 1736 hatten sich im deutschsprachigen Raum vor allem durch den Streit zwischen den Pietisten (Joachim Lange, August Hermann Franke, Johann Franz Budde, Johann Georg Walch und vielen anderen) und Christian Wolff charakterisieren lassen. Es handelte sich mehr um einen politischen und ideologischen Streit als um eine ehrliche philosophische Auseinandersetzung. Ziel der Angriffe der Pietisten war vor allem die enge Verbindung, die Wolff zwischen einer logisch-mathematischen Darstellung der Natur und einem strengen mechanischen Kausal-Determinismus gezogen hatte. Die rationale Philosophie der Wolffianer bestünde für diese nur in einer Spinozistischen (und deswegen im Grunde atheistischen) Neufassung der Philosophie von Leibniz, wobei die Freiheit des Menschen in dem Mechanismus einer vordeterminierten und zwingenden Kette von Ursachen und Wirkungen aufgehoben würde. Obwohl mehrere, teils sehr umfangreiche Werke von den Pietisten im Rahmen dieser Kontroverse geschrieben wurden, lässt sich der ganze Inhalt dieser Streitschriften in wenigen Worten von Joachim Lange zusammenfassen: „Das *Systema Wolfianum* hält die ganze Welt mit allem, was darinnen ist und geschiehet, für eine blosse und einem Uhrwercke gleiche *Machine*, dergestalt, daß er auch den Menschen nach Seele und Leib, nebst allen seinen innerlichen und äusserlichen Handlungen, mit Verraubung aller wahren Freyheit, dem *mechani*schen *fato* unterwirft, und also in der Welt und im menschlichem Geschlecht alle Dinge und Begebenheiten nothwendig machet" (*Bescheidenen und ausführlichen Entdeckung*, 1724, S. 34). Man beachte darüber von Bruno Bianco: *Libertà e fatalismo. Sulla polemica tra Joachim Lange e Christian Wolff* (1986) und von Jean École: *La critique wolfienne du Spinozisme* (1983). Kant war sich dieser breiten und wichtigen Kontroverse wohl bewusst. Um die Quellen seiner

Erkenntnisse des Spinozismus annähernd vollständig zu benennen, gilt es zu berücksichtigen, dass die Albertina der 20er und der 40er Jahre eines der wenigen Zentren des „Spinozismus" in Deutschland darstellte (siehe dazu: Bäck, *Spinozas erste Einwirkungen in Deutschland*, S. 59 f. oder Grunwald, *Spinoza in Deutschland*, S. 60 f.). Hier hatte vor allem der Wolffianische Philosoph Christian Gabriel Fischer die Hauptthesen des Necessitarismus und Pantheismus von John Toland (1670–1722) in die Universität eingeführt. Ein indirekter Einfluss von Toland auf Kant sollte in diesem Sinne nach Tonelli in keinem Fall ausgeschlossen werden : „Toland devait [...] être bien connu à Königsberg et Kant avait certainement pu prendre connaissance oralement de ses doctrines" (Tonelli, *La nécessité des lois*, S. 240). Inwiefern Fischer – und mit ihm der andere, frühere „Spinozist" aus Königsberg, Theodor Ludwig Lau – „Determinist" oder überhaupt „Spinozist" war, das soll hier nicht beurteilt werden (man lese dazu Schröder, *Spinoza in der deutschen Frühaufklärung*, S. 29 f. und 124 f.). Dass aber die Hauptinhalte des Determinismus schon dem jungen Kant sehr gut bekannt waren, ist anzunehmen.

89. *Die Einheit des Verstandes.* Inwiefern Kant die Notwendigkeit der Gesetze der Erfahrung als eine „subjektive" Notwendigkeit versteht, kann man mit Hilfe von einigen berühmten Sätzen aus der A-Deduktion, den *Prolegomena*, der B-Deduktion und der B-Vorrede nachvollziehen.

—— In der ersten Ausgabe der Deduktion hat sich Kant mit dichten, aber dennoch präzisen Begriffen über den subjektiven Charakter der Notwendigkeit der Gesetze der Erfahrung geäußert. In der Untersuchung der „Synthesis der Rekognition im Begriffe" wird zunächst festgestellt, dass „aller Notwendigkeit jederzeit eine transzendentale Bedingung zum Grunde [liegt]": die „transzendentale Apperzeption" (*KrV*, A 107). In A 122 definiert Kant die „Affinität" als den objektiven Grund aller Assoziation der Erscheinungen, „worauf die Möglichkeit [...] eines durch alle Erscheinungen sich erstreckenden Gesetzes beruht". Die Affinität hinge ihrerseits von der „Apperzeption" ab, welche zugleich die formale Einheit des Bewusstseins in der Synthesis des Mannigfaltigen ist: „[Die] Einheit der Apperception in Ansehung eines Mannigfaltigen von Vorstellungen [...] ist die Regel und das Vermögen dieser Regeln der Verstand" (*KrV*, A 127). Verstand sei daher „der Quell der Gesetze der Natur und mithin der formalen Einheit der Natur" (ebd.).

—— Die Notwendigkeit der Gesetze wird innerhalb der ganzen transzendentalen Philosophie als eine zugleich objektive und subjektive Notwendigkeit dargestellt: „Selbst der Hauptsatz," – das schreibt Kant im

§ 36 der *Prolegomena* – „daß allgemeine Naturgesetze *a priori* erkannt werden können, führt schon von selbst auf den Satz: daß die oberste Gesetzgebung der Natur in uns selbst, d. i. in unserm Verstande, liegen müsse, und daß wir die allgemeinen Gesetze derselben nicht von der Natur vermittelst der Erfahrung, sondern umgekehrt die Natur ihrer allgemeinen Gesetzmäßigkeit nach blos aus den in unserer Sinnlichkeit und dem Verstande liegenden Bedingungen der Möglichkeit der Erfahrung suchen müssen". Und kurz danach: „der Verstand schöpft seine Gesetze (*a priori*) nicht aus der Natur, sondern schreibt sie dieser vor" (4:320).

—— In der zweiten Ausgabe der Deduktion wird diese Funktion des Verstandes als Gesetzgeber der Natur zum Teil undeutlicher. Im Vordergrund steht nun die Tatsache, dass die Einheit, welche *a priori* allen Begriffen der Verbindung vorangeht (§ 15), die „ursprünglich-synthetische Einheit der Apperzeption", auf welche das „Ich denke" sich stützt (§ 16), und welche – auf Grund der Definition des Gegenstandes als Vereinigung des Mannigfaltigen (§ 17) – auch als „objektive Einheit des Bewußtseins" (§ 18) definiert wird, dass diese Einheit nichts anderes ist als die Einheit, auf Grund deren das Verhältnis zwischen zwei Begriffen *ein Urteil* ist. Zentral ist hier das Verhältnis der synthetischen Einheit der Apperzeption zur Funktion des Urteilens. Am Ende der B-Deduktion (im § 26) wird jedoch auch der subjektive Charakter der Notwendigkeit der Gesetze der Erfahrung präzise dargestellt: „Als bloße Vorstellungen stehen [alle Erscheinungen] unter gar keinem Gesetze der Verknüpfung, als demjenigen, welches das verknüpfende Vermögen vorschreibt. Nun ist das, was das Mannigfaltige der sinnlichen Anschauung verknüpft, Einbildungskraft, die vom Verstande der Einheit ihrer intellectuellen Synthesis und von der Sinnlichkeit der Mannigfaltigkeit der Apprehension nach abhängt" (*KrV*, B 164).

—— Die Notwendigkeit, die wir erkennen, ist dieselbe, die wir in den Erscheinungen legen. Das ist der Inhalt der sogenannten Kopernikanischen Wende, die Kant in der „Vorrede" zur zweiten Ausgabe der *Kritik* darstellt: „Bisher nahm man an, alle unsere Erkenntniß müsse sich nach den Gegenständen richten"; man nimmt nun dagegen an, dass „die Gegenstände [...] sich nach unserem Erkenntniß richten" (*KrV*, B XVI). Von den Dingen können wir nämlich „nur das *a priori* erkennen, was wir selbst in sie legen" (*KrV*, B XVIII).

90. Sätze wie „*in mundo non datur casus*", „*non datur fatum*" (und später „*non datur saltus*", „*non datur hiatus*") werden von Kant im dritten Postulat respektive „Naturgesetze a priori", „Gesetze, durch welche das Spiel der

Veränderungen einer Natur der Dinge (als Erscheinungen) unterworfen wird", „Grundsätze" (hier oben) und „Grundsätze transscendentalen Ursprungs" (vgl. darüber die Anm. 92) genannt. Kant unterscheidet in der *Kritik der reinen Vernunft* zwischen Grundsätzen der reinen Anschauung („nach welchen Raum und Zeit die Bedingungen der Möglichkeit aller Dinge als Erscheinungen sind", *KrV*, A 149/B 188), Grundsätzen des reinen Verstandes (die Prinzipien selbst der Möglichkeit der Erfahrung, welche in mathematische und dynamische geteilt werden, vgl. dazu die nächste Anm. 91) und Grundsätzen der reinen Vernunft (welche in Ansehung aller Erscheinung transzendent sind; vgl. *KrV*, A 307 ff./B 364 ff.). Es gibt darüber hinaus auch spezifischere Formen von Grundsätzen. Und zwar: die analytischen Grundsätze (vgl. *KrV*, A 150 ff./B 189 ff.), die Grundsätze der Mathematik (vgl. *KrV*, A 149/B 188, A 160/B 199), die empirischen Grundsätze (vgl. *KrV*, A 159/B 198), die heuristischen Grundsätze (vgl. *KrV*, A 616 f./B 644 f., A 663/B 691), die sittlichen Grundsätze (vgl. *KrV*, A 828/B 856, vor allem aber die *Kritik der praktischen Vernunft*, 5:105), usw.

Verstand ist nach Kant „der Quell der Grundsätze, nach welchem alles (was uns nur als Gegenstand vorkommen kann) nothwendig unter Regeln steht, weil ohne solche den Erscheinungen niemals Erkenntniß eines ihnen correspondirenden Gegenstandes zukommen könnte" (*KrV*, A 158 – 159/B 198). Worin liegt hier der Unterschied zwischen einem empirischen Naturgesetz und einem Grundsatz a priori? Kant beantwortet diese Frage folgendermaßen: „Alle Gesetze der Natur [stehen] unter höheren Grundsätzen des Verstandes, indem sie diese nur auf besondere Fälle der Erscheinung anwenden" (ebd.).

Die obigen Sätze (*in mundo non datur…*) gehören zu den Grundsätzen des reinen Verstandes. Sie helfen bei der präziseren Bestimmung des Begriffs der „Natur": „Natur wird dem ohngefehr [*casus*], der Freyheit [*saltus*], dem Schicksale [*fatum*] entgegengesetzt" (R. 5607, wahrscheinlich aus den Jahren 1778 – 1779). Sie sind keine bloßen Naturgesetze oder empirischen Grundsätze.

91. Systematisch betrachtet sind die Grundsätze des reinen Verstandes die Regeln des objektiven Gebrauchs der Kategorien. Sie zerfallen in „mathematische", welche konstitutiv (und von intuitiver Gewissheit) sind, und „dynamische", welche regulativ (und von diskursiver Gewissheit) sind. Der Unterschied zwischen mathematischen und dynamischen Grundsätzen wird von Kant folgendermaßen erläutert: „In der Anwendung der reinen Verstandesbegriffe auf mögliche Erfahrung ist der Gebrauch ihrer Synthesis entweder mathematisch oder dynamisch: denn sie geht theils bloß auf die Anschauung, theils auf das Dasein einer Erscheinung überhaupt. Die Bedingungen *a priori* der Anschauung sind aber in Ansehung einer möglichen Erfahrung durchaus nothwendig, die des Daseins der Objecte einer möglichen empirischen Anschauung an sich nur zufällig. Daher werden die Grundsätze des mathematischen Gebrauchs unbedingt nothwendig, d. i. apodiktisch, lauten, die aber des dynamischen Gebrauchs werden zwar auch den Charakter einer Nothwendigkeit *a priori*, aber nur unter der Bedingung des empirischen Denkens in einer Erfahrung, mithin nur mittelbar und indirect bei sich führen, folglich diejenige unmittelbare Evidenz nicht enthalten (obzwar ihrer auf Erfahrung allgemein bezogenen Gewißheit unbeschadet), die jenen eigen ist" (*KrV*, A 160–161/B 199–200; siehe auch A 178 ff./B 221 ff.).

92. *Kann überhaupt ein Grundsatz Folge eines anderen Grundsatzes sein?* „Grundsätze a priori" heißen nach Kant deswegen so, „weil sie selbst nicht in höheren und allgemeineren Erkenntnissen gegründet sind" (*KrV*, A 148/B 188). „Regeln *a priori*" – das liest man im § 23 der *Prolegomena* – „so fern keine über sie sind, von denen sie abgeleitet werden, [sind] Grundsätze" (4:305). Inwiefern kann man nun behaupten, dass manche Grundsätze (wie z. B. „*in mundo non datur saltus*") doch von anderen Grundsätzen (den Grundsatz der Zeitfolge nach dem Gesetz der Kausalität: zweite Analogie der Erfahrung), abgeleitet werden? Entweder existiert eine Hierarchie zwischen verschiedener Grundsätze (was hier von der Tatsache bestätigt würde, dass Kant nicht von „Grundsätzen a priori", sondern von „Gesetzen a priori", „Grundsätzen" und „Grundsätzen transzendentalen Ursprungs" schreibt) oder die obige „Folge" bezeichnet bloß eine Art Übersetzung desselben Prinzips auf dasselbe Niveau des A priori. Die zweite Möglichkeit ist die wahrscheinlichste. Obwohl Kant auf eine Unterordnung hinzuweisen scheint, sind die Gesetze a priori in der Tat nichts Anderes als weitere Formulierungen und Erläuterungen der Grundsätze a priori nach der Tafel der Kategorien.

93. Über das Prinzip der Kontinuität vgl. den ganzen Abs. 7.2.

94. *In mundo non datur saltus.* Saltus (Sprung) heißt nach Kant: „*progressus immediatus a determinatione aliqva ad eius oppositum, ergo a mera negatione ad qvantum vel viceversa*" (R. 5970). Das Prinzip „*in mundo non datur saltus*" wird im dritten Postulat zunächst als ein dynamisches präsentiert. Kant scheint sich hier auf die zweite Analogie der Erfahrung zu beziehen, wo er dieses Prinzip mit den folgenden Worten dargestellt hatte: „Nun hat jede Veränderung eine Ursache, welche in der ganzen Zeit, in welcher jene vorgeht, ihre Causalität beweiset. Also bringt diese Ursache ihre Veränderung nicht plötzlich (auf einmal oder in einem Augenblicke) hervor, sondern in einer Zeit, so daß, wie die Zeit vom Anfangsaugenblicke a bis zu ihrer Vollendung in b wächst, auch die Größe der Realität (b–a) durch alle kleinere Grade, die zwischen dem ersten und letzten enthalten sind, erzeugt wird. Alle Veränderung ist also nur durch eine continuirliche Handlung der Causalität möglich, welche, so fern sie gleichförmig ist, ein Moment heißt" (KrV, A 208/B 253–254). Und weiter: „Das ist nun das Gesetz der Continuität aller Veränderung, dessen Grund dieser ist: daß weder die Zeit, noch auch die Erscheinung in der Zeit aus Theilen besteht, die die kleinsten sind, und daß doch der Zustand des Dinges bei seiner Veränderung durch alle diese Theile als Elemente zu seinem zweiten Zustande übergehe. Es ist kein Unterschied des Realen in der Erscheinung, so wie kein Unterschied in der Größe der Zeiten der kleinste; und so erwächst der neue Zustand der Realität von dem ersten an, darin diese nicht war, durch alle unendliche Grade derselben, deren Unterschiede von einander insgesammt kleiner sind, als der zwischen 0 und a" (KrV, A 209/B 254).

Nichts geschieht in der Welt durch (absolute) Sprünge. Das Entstehen oder Vergehen von etwas ist als solches nicht möglich. Das entspricht der Definition des Prinzips, das Baumgarten im § 386 der *Metaphysica* angibt: „*Eventus sine ulla ratione sufficiente proxima esset* SALTUS ABSOLUTUS. *Eventus sine ratione sufficiente proxima ordinaria est* SALTUS RESPECTIVUS". „*Casum purum [...] est impossibilis*" (ebd. § 387).

Derselbe Grundsatz gilt bei Kant nicht nur als ein dynamisches (der Relation nach), sondern zunächst als ein mathematisches Prinzip (der Quantität und der Qualität nach): „Der Begriff vom *Saltu* trifft nicht bloß Begebenheiten, sondern auch Dinge, und ist der Continuität entgegen" (28:200). In den Antizipationen der Wahrnehmung schreibt Kant in dieser Hinsicht: „Die Eigenschaft der Größen, nach welcher an ihnen kein Theil der kleinstmögliche (kein Theil einfach) ist, heißt die Continuität derselben. [...] Dergleichen Größen kann man auch fließende nennen, weil die Synthesis (der productiven Einbildungskraft) in ihrer Erzeugung ein Fortgang in der Zeit ist, deren Continuität man besonders durch den Ausdruck des Fließens (Verfließens) zu bezeichnen pflegt. [...] Alle Erscheinungen überhaupt sind demnach continuirliche Größen sowohl ihrer Anschauung nach als extensive, oder der bloßen Wahrnehmung (Empfindung und mithin Realität) nach als intensive Größen" (*KrV*, A 169–170/B 211–212). In der Systematik der Kategorientafel, die Kant in den folgenden Sätzen des Postulats darstellt, wird das Prinzip unmittelbar auf die mathematische Kategorie der Qualität bezogen. In der Realität der Empfindung herrscht eine strenge Kontinuität nach dem Grundsatz der Antizipationen der Wahrnehmung: Das Reale hat eine intensive Größe, d. h. einen Grad (vgl. *KrV*, A 166 ff./B 207 ff.).

95. *In mundo non datur hiatus.* Das Prinzip der Kontinuität verbietet nicht nur jeden Sprung in der Reihe der Veränderungen, sondern auch jede Lücke und Kluft zwischen zwei Erscheinungen im Raume. „Ein *hiatus*, Kluft, ist ein Mangel des Zusammenhangs der Erscheinungen, wo der Ubergang derselben fehlt" (R. 4756). „*Hiatus: vacuum intermedium; circumfusum*" (R. 5959). *In mundo non datur hiatus* heißt: „wir füllen allen Raum durch eine Art von Empfindungen aus" (R. 5377, vgl. dazu auch *Opus postumum*, 21:577, 22:552). Dasselbe Prinzip kann indirekt auch als ein dynamisches gesehen werden: „In der Welt ist alles Natur, d. i. *non datur hiatus* [...] Wir können Begebenheiten nur nach bestimmten Naturgesetzen erklären" (R. 5955). Die Festlegung der Unmöglichkeit einer Lücke in den Erscheinungen hängt aber hauptsächlich und fast exklusiv mit der Behauptung der Unmöglichkeit eines leeren Raumes und einer leeren Zeit zusammen: „*Non datur hiatus*, weil wir sonst die Zeit und Raum an sich wahrnehmen müßten. *vacuum metaphysicum non datur*" (R. 5975; vgl. die nächste Anm. 96).

96. *Die Nicht-Existenz des Vakuums.* Die Existenz einer Sache lässt sich – laut dem zweiten Postulat – entweder unmittelbar anschauen oder mittelbar, auf Grund anderer Erfahrungen feststellen (vgl. Anm. 65). Die Existenz eines leeren Raumes kann nun weder angeschaut noch bewiesen werden. Man kann nach Kant überhaupt keine Erfahrung zulassen, die ein Vakuum „als Theil der empirischen Synthesis zuließe". Ein leerer Raum sei zwar, als solcher, kein widersprüchlicher Begriff. Er widerspreche aber der Form selbst der Erscheinungen: – mathematisch, da jede Erfahrung Empfindung voraussetzt und jede Empfindung, nach den *Antizipationen der Wahrnehmung*, eine intensive Größe hat (vgl. *KrV*, A 172/B 214), und – dynamisch, denn „ohne Gemeinschaft ist jede Wahrnehmung [...] von der anderen abgebrochen, und die Kette empirischer Vorstellungen, d. i. Erfahrung, würde bei einem neuen Objekt ganz von vorne anfangen, ohne dass die vorige damit im geringsten zusammenhänge" (*KrV*, A 213–214/B 261–261; vgl. R. 4675: „*contra vacuum interrumpens*"). Die Feststellung der (mathematischen und dynamischen) Kontinuität der Materie geht mit der Verwerfung der Existenz des Vakuums unmittelbar einher: „[Der leere Raum ist] für alle unsere mögliche Erfahrung gar kein Objekt" (*KrV*, A 214/B 261).

Die metaphysische Hypothese eines leeren Raumes verstößt vor allem gegen die Tatsache, dass Raum und Zeit keine leeren Behälter sind – nach dem Muster der Physik Henry Mores (vgl. das *Enchiridion metaphysicum* von 1671) und Isaac Newtons (vgl. das „*Scholium*" der „*Definitiones*" der *Principia mathematica* von 1687) –, sondern die Form selbst der Erscheinungen. Sie sind in der Tat keine Gegenstände, sondern die Form möglicher Gegenstände und können daher unabhängig von den Erscheinungen gedacht, nicht aber als solche erkannt werden (siehe R. 5377, R. 5636, R. 5973). Eine leere Anschauung ohne Gegenstand, die Kant sowohl unter dem Begriff des *ens imaginarius* in der Tafel des Nichts (vgl. *KrV*, A 291 f./B 347 f.) als auch unter der Vorstellung des leeren Raumes außerhalb der Welt in der ersten Antinomie (vgl. *KrV*, A 429 ff./B 457 ff; dazu die folgende Anm. 97) darstellt, soll radikal ausgeschlossen werden.

97. *Das Vakuum innerhalb und außerhalb des Feldes möglicher Erfahrung.* Es gibt nach Kant zwei Formen des Vakuums: innerhalb oder außerhalb möglicher Erfahrungen. Als solche sind beide unmöglich (vgl. die obigen Anm. 96). In einer Reflexion im Handexemplar der *Kritik der reinen Vernunft* zu dieser Textstelle der „Postulate" präzisiert Kant diese Unterscheidung mit den folgenden Worten: „Das *vacuum physicum* ist vom *metaphysico*, darin gar keine Wirkung ist, unterschieden" (R. XCVII, in 23:33). Während die Leere außerhalb der Erscheinungen den Grundprinzipien selbst der Transzendentalen Philosophie widerspricht („*vacuum metaphysicum non datur*", R. 5957), lässt sich dagegen die Möglichkeit des Leeren innerhalb der Welt wohl einräumen. In einer Fußnote in der ersten Antinomie der reinen Vernunft schreibt Kant diesbezüglich: „Der leere Raum, so fern er durch Erscheinungen begrenzt wird, mithin derjenige innerhalb der Welt, [widerspricht] wenigstens nicht den transscendentalen Principien und [kann] also in Ansehung dieser eingeräumt (obgleich darum seine Möglichkeit nicht sofort behauptet) werden" (*KrV*, A 433/B 460–261).

In den *Metaphysischen Anfangsgründen der Naturwissenschaft* stellt Kant die Frage nach der Leere auf einer bloß physikalischen Ebene dar. Die Möglichkeit derselben wird hier nicht metaphysisch (von Anfang an), sondern durch physikalische und dynamische Argumente ausgeschlossen. Kant unterscheidet nun 1. die rein phoronomische, immaterielle, ideale Leere, welche, als solche, kein Gegenstand möglicher Erfahrung ist, 2. die dynamische Leere – die ihrerseits in *vacuum mundanum disseminatum* (das „nur einen Theil des Volumens der Materie ausmacht", und nach Kant vor allem deswegen unmöglich ist, weil es nichts gibt, was der expansiven Kraft des Äthers in der Gravitation widerstehe), *vacuum mundanum coacervatum* (das „die Körper, z. B. Weltkörper, von einander absondert") und *vacuum extramundanum* (das auch physikalisch, auf Grund der Äther-Hypothese, unmöglich ist) zerfällt – und 3. die mechanische Leere („um den Weltkörpern freye Bewegung zu verschaffen") (vgl. *MAN*, 4:563 f.; dazu: Pollok, *Kants Metaphysische Anfangsgründe*, S. 500 ff.). Auch im *Opus postumum* wird die Idee eines physikalischen Vakuums durch die Existenz des Äthers, d. h. hier einer ursprünglichen Materie, welche kein Gegenstand der Erfahrung, sondern eine Bedingung a priori der Möglichkeit der Erfahrung selbst ist, widerlegt (vgl. dazu von Daniela Carugno: *Vuoto e etere in Kant*).

98. *Hohe und niedere Gerichtsbarkeit.* Kant unterscheidet hier zwischen der Gerichtsbarkeit (*forum competens*) des Verstandes und der Gerichtsbarkeit der Vernunft (von einer „Gerichtsbarkeit der Vernunft" schreibt er explizit am Anfang des nächsten Absatzes, in *KrV*, A 230/B 282). Die Zweiteilung der „Transzendentalen Logik" wird damit neu, auf Grund einer klassischen rechtlichen Einteilung dargestellt. Schon ab dem Mittelalter werden im Heiligen Römischen Reich eine hohe und eine niedere Gerichtsbarkeit der weltlichen Gewalten unterschieden. Die niedere Gerichtsbarkeit befasste sich in der Regel mit geringeren Delikten des Alltags. Die Hochgerichtsbarkeit (*ius gladii*) war die Gerichtsbarkeit über ernstere Straftaten, die auch mit dem Tode bestraft werden konnten. „Analytik" und „Dialektik" lassen sich in ihrer Funktion ähnlich einstufen. Vor der Gerichtsbarkeit des Verstandes erscheinen Begriffe, die in enger Beziehung mit den Anschauungen stehen. Diese Begriffe können empirisch (d. h. von sinnlichen Wahrnehmungen abstrahiert), usurpiert (d. h. Begriffe, die in willkürlichen Synthesen konstruiert werden; vgl. *KrV*, A 84/B 117) oder rein a priori sein – wobei die Legitimität und objektive Gültigkeit der letzteren vermittelst einer rechtlichen Deduktion festgestellt werden muss (vgl. *KrV*, A 85/B 117). Vor der Gerichtsbarkeit der Vernunft erscheinen dagegen Begriffe, die über die Sphäre einer möglichen Erfahrung hinausgehen, wie das Leere (vgl. dazu die nächste Anm. 106).

Das Recht ist ohne Zweifel der wichtigste Metaphernbereich in der *Kritik der reinen Vernunft* (vgl. dazu Henrich, *Kant's Notion of a Deduction*, S. 31 ff., Ishikawa, *Kants Denken von einem Dritten*, S. 16 ff., S. 78 ff., S. 119 ff., Höffe, *Kants Kritik de reinen Vernunft*, S. 328 ff., Brandt, *Die Bestimmung des Menschen*, S. 271 ff.). Wie Jean-Luc Nancy in einem Essay mit dem Titel *Lapsus judicii* gut erklärt, muss diese privilegierte Funktion des Rechtes mit den (ontologisch strukturierenden) Fragen der Modalität verbunden werden: „L'*essence* du droit tient en un rapport singulier de l'essence à l'accident. *En droit*, la loi doit être le code universel dont la définition même implique l'annulation ou la résorption de toute accidentalité. Le cas *doit* être prévu. [...] Il s'agit ici d'une nécessité de l'accident" (Nancy, *L'impératif catégorique*, S. 39). Das Recht ist die Form der Auflösung des Zufälligen in das Notwendige und damit der Konstitution selbst der Objektivität.

99. Der Begriff des Vakuums wird in der transzendentalen Dialektik behandelt. Vgl. Abs. 10.6.

100. *Transzendentaler Ursprung / Empirischer Gebrauch.* Die (von Kant nur hier gebrauchte) Formel „transzendentaler Ursprung" erinnert an den gegenseitigen, viel häufiger verwendeten Ausdruck: „empirischer Ursprung". Dass Verstandesbegriffe und Grundsätze keinen empirischen Ursprung haben, heißt bloß, dass sie keineswegs aus der Erfahrung abgeleitet werden können. Dieselbe Formulierung („transzendentaler Ursprung") lässt sich jedoch in engste Beziehung mit der anderen Formel „empirischer Gebrauch" bringen. Die obigen Sätze sind Prinzipien transzendentalen Ursprungs und empirischen Gebrauchs. Sie sind wohl a priori; man muss dazu aber immer festhalten, „daß alle Grundsätze überhaupt nur von empirischem Gebrauch sind, mithin die Vernunft ganz und gar nur regeln des Gebrauchs in Ansehung der Erfahrung habe" (R. 4869).

101. *Das System der vier kategorialen Gruppen innerhalb der Kritik.* Diese Naturgesetze a priori entsprechen den Prinzipien der Notwendigkeit, die Kant im dritten Postulat auf Grund der *Cosmologia* von Baumgarten erläutert (oder besser: aufgrund der *Notio mundi negativa*, d. h. dem *verneinenden Begriffe von der Welt*, innerhalb der *Cosmologia* von Baumgarten). Der schon geübte Leser der *Kritik*, der den Übergang von den logischen Funktionen des Urteilens zur Tafel der Kategorien (vgl. *KrV*, A 76 ff./B 102 ff., dazu hier Abs. 2.1) und von dieser zur Tafel der Grundsätze (vgl. *KrV*, A 161/B 200) kennt, kann nun die viel leichtere Übersetzung der transzendentalen Grundsätze des Verstandes in die vier negativen Prinzipien der Kosmologie schnell verstehen. Man muss in dieser Hinsicht vor allem festhalten, dass aus der Tafel der Grundsätze a priori weitere Prinzipien abgeleitet werden. Es kann sich einerseits um die transzendenten Prinzipien der (kosmologischen) Antinomien handeln (welche die Möglichkeit der Erfahrung übersteigen, deren Gegenstand jedoch die Welt ist; vgl. *KrV*, A 405 ff./B 432 ff.). Es kann sich aber auch um weitere Prinzipien transzendentaler Art handeln, welche sich – wie alle transzendentalen Grundsätze – auf Erfahrung beziehen und daher einen empirischen Gebrauch haben. Das sind die obigen Sätze, die Kant aus der *Cosmologia negativa* ableitet. Schon in einer Reflexion aus den Jahren 1776–1778 versucht Kant, diese Sätze nach der Ordnung der Kategorien zu gestalten: „*Mundus non est in abysso*: kein Anfang, Ende und Grenze der Welt. *In mundo non datur hiatus* (*saltus. vacuum.* wir füllen allen Raum durch eine Art von Empfindungen aus). *Nihil accidit per casum. Nihil per fatum*" (R. 5377). In den späteren Reflexionen wird diese kategoriale Einteilung immer deutlicher: „*In mundo non datur abyssus, saltus, casus, fatum.* Denn die totalitaet der Verknüpfung des Bedingten mit der Bedingung, d. i. das absolute Gantze der Reihe der Verknüpfung ist entweder das der Mathematischen: der Zusammensetzung der Erscheinung, oder der dynamischen Verknüpfung: der Ableitung des Daseyns" (R. 5970, vgl. auch R. 5958, R. 5959).

102. Über das Verhältnis zwischen Kontinuität, Notwendigkeit und Einheit des Verstandes siehe Abs. 7.2.

103. Über das Verhältnis des dritten Postulats zur transzendentalen Deduktion der Kategorien siehe Abs. 10.3.

Schluss

104. Kant fragt sich hier zunächst, ob das Feld aller möglichen Ereignisse größer als dasjenige der wirklichen ist (M>W) oder nicht. Es geht hier im Grunde um Sinn und Legitimität der sogenannten, im 18. Jahrhundert berühmten Pyramide der Möglichkeiten. Leibniz war der Überzeugung, dass es unendlich viele mögliche Welten gibt, und zwar im Verstand Gottes. Die *Théodicée* endete daher mit dem Gedanken, dass auf der Spitze der unzähligen Zimmer des unendlich großen Palastes der Möglichkeiten ein letztes Zimmer („une pointe de la Pyramide") sein muss, durch das die Möglichkeit selbst zur Existenz gelangt (III, § 416, S. 364). Der Geist Gottes enthält nach Leibniz unendlich viele begriffliche, virtuelle Modelle möglicher Welten („...comme on peut faire des Romans, qui n'existent jamais et qui sont pourtant possibles"; Brief an Bourguet, 1712, in: *Die philosophischen Schriften*, Bd. 3, S. 558). Aus der Region der Möglichkeiten werde die vollkommene Welt ausgewählt und zur Wirklichkeit bestimmt. Gott selber führe gewisse Ereignisse von der unendlich großen Region der Möglichkeiten zu der Region der Wirklichkeit über („de la région des possibles à celle des êtres actuels"; *Théodicée*, III, § 416, S. 364). Die nichtverwirklichten Welten seien nichtsdestoweniger keine Fiktionen oder „Romane". Sie existieren im Intellekt Gottes und haben als solche Wesenheit, Realität und einen gewissen Grad an Vollkommenheit (vgl. vor allem *Textes inédits* (Grua), S. 288 f.). „Möglich sein" heißt für Leibniz „nach Existenz streben": *„Sed quae causa facit ut aliquid existat, seu ut possibilitas exigeat existentiam, facit etiam ut omne possibile habeat conatum ad Existentiam...*" (*Philosophische Abhandlungen*, VIII, in: *Die philosophische Schriften*, Bd. 7, S. 289; man beachte auch *Scientia Generalis. Characteristica*, in ebd. S. 194). Je nach ihrer Vollkommenheit und der Kompossibilität einer maximal konsistenten Menge von Individuen entfaltet sich die Realität jeder Möglichkeit in der Wirklichkeit. Vgl. dazu Grünewald, *Modalität und empirisches Denken*, S. 109–110. und Charrak, *Contingence et nécessité*, S. 157–158.

105. Kant fragt sich darüber hinaus, ob das Feld aller wirklichen Ereignisse breiter als dasjenige der notwendigen ist (W>N). Er diskutiert damit eine innerhalb des Rationalismus ebenfalls sehr verbreitete Idee.

Alles, was ist, ist notwendigerweise wirklich. Es gibt jedoch sowohl Dinge, die zufällig im Sinne von bloß relativ notwendig sind, als auch Dinge bzw. Essenzen, welche – als solche – notwendig im Sinne von absolut oder innerlich notwendig sind (wie z. B. Gott oder alle Wahrheiten der Mathematik). Beide sind wirklich; nur letztere sind jedoch an sich notwendig. Das Feld der (absolut) notwendigen Dinge sei in diesem Sinne kleiner als dasjenige der (zufälligen bzw. bloß relativ notwendigen) Dinge überhaupt.

Wie Leibniz – jedoch in einer ganz anderen Weise als bei Leibniz selbst – ist auch Kant der Überzeugung, dass alle Ereignisse der Welt hypothetisch notwendig (d. h. unter gewissen Bedingungen notwendig) sind. Man könne in dieser Hinsicht die relative Notwendigkeit von der Wirklichkeit in keiner Weise unterscheiden. Alles, was wir als wirklich erfahren, ist notwendig im Sinne von „relativ notwendig"; etwas absolut Notwendiges lässt sich andererseits gar nicht begreifen oder erfahren (vgl. dazu Abs. 7.1 und S. 166). Über die Koinzidenz der Felder der Möglichkeit, der Wirklichkeit und der Notwendigkeit schreibt Paton ganz dezidiert: „...we must keep it clear in our own minds that for Kant [...] possibility is no wider than actuality, and actuality is no wider than necessity" (*Kant's Metaphysic*, S. 343). Paul Guyer schreibt dazu: „This is a inevitable consequence of the universal principle of causation. The concept of empirical or material actuality and necessity are thus at least potentially coextensive: there is certainly nothing that we experience as actual that we cannot also judge to be necessary by means of its causal connection to some other state of affairs; and there is nothing that we can judge to exist necessarily for which we could not in principle also give perceptual evidence (see A 226/B 273). The concepts of the actual and the necessary do not subtended two different domains of objects or states of affairs, but rather bring out two different aspects of our experience" (Guyer, *The Postulates*, S. 307–308).

106. Über den Ausdruck „Gerichtsbarkeit der Vernunft" siehe oben die Anm. 98. Der Verstand beschäftigt sich inhaltlich mit den Gegenständen der Erfahrung. Er ist das Vermögen zu denken, d. h. die mannigfaltigen Vorstellungen der Sinne unter Regeln zu bringen. Der Verstand kann aber nicht die Erfahrung als solche in Frage stellen und zum Beispiel fragen, ob es auch andere Welten bzw. Formen der Erfahrung gibt. Das ist die Aufgabe der Vernunft, welche nach dem Unbedingten strebt und die Erfahrung daher problematisch (d. h. von außen her) betrachtet. Die Frage ist hier: Wie steht diese (unsere) gesetzlich geordnete Welt mit der Möglichkeit von anderen, anders geregelten Welten im Verhältnis? „To such a question" – so Paton – „understanding can give no answer, since it is concerned only with the rules which govern the one experience that we have and the one world that we know. It has to do only with the synthesis of what is given, not with the other possible worlds of which this is alleged to be the best" (*Kant's Metaphysic*, S. 366).

107. Kant übersetzt hier die Frage nach der Breite der Felder der Möglichkeit, Wirklichkeit und Notwendigkeit in die allgemeinere Frage nach der Möglichkeit einer anderen Erfahrung als der unseren. Haben wir es nur mit einer einzigen Erfahrung zu tun, dann ist die Möglichkeit nichts Anderes (nach der Hauptdefinition Kants) als die formale Bestimmung der einzigen, uns gegebenen Welt (bzw. Erfahrung) und die Notwendigkeit nichts anderes als die Gesetzlichkeit derselben. Die Felder von Möglichkeit, Wirklichkeit, Notwendigkeit sind in dieser Hinsicht identisch.

Gehören nun tatsächlich alle mir gegebenen Erscheinungen zu einer einzigen Erfahrung? Eine präzise Antwort auf diese Frage hat Kant in der Transzendentalen Deduktion der Kategorien gegeben. Nach der A-Deduktion der Kategorien ist die Einheit der Apperzeption der Grund der notwendigen Gesetzmäßigkeit aller Erscheinungen in einer Erfahrung: „Nun können keine Erkenntnisse in uns statt finden […] ohne diejenige Einheit des Bewußtseins, welche vor allen Datis der Anschauungen vorhergeht, und worauf in Beziehung alle Vorstellung von Gegenständen allein möglich ist" (*KrV*, A 107). Die Einheit der Apperzeption ist die formale Einheit des Bewusstseins in der Synthesis des Mannigfaltigen. Sie ist die oberste Bedingung des Denkens und „die notwendige Bedingung sogar aller möglichen Wahrnehmung" (vgl. *KrV*, A 121 ff.). Am Ende des § 17 der B-Deduktion schreibt Kant in diesem Sinne: „Die synthetische Einheit des Bewußtseins ist [...] eine objective Bedingung aller Erkenntniß, nicht deren ich bloß selbst bedarf, um ein Object zu erkennen, sondern unter der jede Anschauung stehen muß, um für mich Object zu werden, weil auf andere Art und ohne diese Synthesis das Mannigfaltige sich nicht in einem Bewußtsein vereinigen würde" (*KrV*, B 138). Die Einheit der Apperzeption sichert, dass alles, was wir wahrnehmen oder denken können, unter denselben Bedingungen der Erfahrung (d. h. in einer einheitlichen Welt) steht. Eine Pluralität der möglichen Welten (M>W) genauso wie eine von den Gesetzen der Erfahrung unabhängige Wirklichkeit lassen sich in dieser Hinsicht keineswegs begreifen.

108. *Andere Formen der Anschauung.* Über die Notwendigkeit und die Unersetzbarkeit von Raum und Zeit als Formen aller unserer Anschauungen behauptet Kant in dem zweiten Argument der „Transzendentalen Ästhetik" das Folgende: „Man kann sich niemals eine Vorstellung davon machen, daß kein Raum sei, ob man sich gleich ganz wohl denken kann, daß keine Gegenstände darin angetroffen werden" (*KrV*, A 24/B 38–39) – „Man kann in Ansehung der Erscheinungen überhaupt die Zeit selbst nicht aufheben, ob man zwar ganz wohl die Erscheinungen aus der Zeit wegnehmen kann" (*KrV*, A 31/B 46). Jede Vorstellung muss, – um überhaupt eine „Vorstellung" zu sein – notwendigerweise zeitlich und räumlich sein. Raum und Zeit sind damit die notwendigen Formen der Anschauung selbst. Trotz aller Mühe können wir uns keine andere Anschauung als die nach den Formen der Zeit und des Raumes vorstellen (2:413).

Dem Satz „wir können uns das Gegentheil von Raum und Zeit nicht vorstellen" gibt Kant eine rein psychologische Interpretation als er zum Beispiel in R. 4673 (eine lange Anmerkung zu dem Brief D. F. von Lossows vom 28. Apr. 1774) hinzufügt: „...weil wir sonst noch eine höhere Fähigkeit haben müsten". Leser und Interpreten der „Transzendentalen Ästhetik" haben in diesem Sinne meistens den subjektiven Charakter der Notwendigkeit von Raum und Zeit betont. Vaihinger schreibt: „...wenn der Raum eine mein Bewusstsein nothwendig begleitende „a priori mir gegebene" Vorstellung ist, welche ich nicht los werden kann, welche in mir festhaftet, auch wenn ich ihren Inhalt gleichsam vollständig hinausgepumpt habe, dann ist eben diese mich so hartnäckig verfolgende Raumvorstellung auch eine nothwendige Bedingung meines Vorstellens von äusseren Erscheinungen; dann kann ich mir keine Dinge anders vorstellen als im Raume, dann begleitet sie auch alle meine Vorstellungen von Gegenständen…" (Vaihinger, *Commentar*, II, S. 193). Walter Patt betont den fast „biologischen" Charakter von Raum und Zeit: „Kant selbst gestehet zu, daß andere vernunftbegabte Wesen an andere Bedingungen der Anschauung gebunden sein können. […] die Vorstellungen von Raum und Zeit mögen nur einigen Vernunftwesen zukommen" (Patt, *Kants Raum- und Zeitargumente*, S. 30). Baum schreibt: „Die relative Notwendigkeit des Raumes für unsere Vorstellung von Dingen und für diese Dinge selbst als von uns vorgestellte betrifft […] nicht den Raum selbst, sondern sein Verhältnis zu unserer Vorstellungsfähigkeit und zu seinen Inhalten" (Baum, *Dinge an sich und Raum*, S. 65). So Falkenstein: „It is […] a contingent truth that, for us, space is a necessary ground of outer appearances. In other words, the scope of the necessity operator extends only over the representations had by us or other beings like us. […] we are dealing with a conclusion that affirms that a certain type of being is as a matter of fact constrained to represent in a certain way. For this being, it is in effect necessary that its representations have the identified structure. But the fact that this is necessary is a brute fact and nothing more" (Falkenstein, *Kant's Intuitionism*, S. 199–200). Und schließlich Höffe: „Kant hält eine atemporale Welt nicht für schlechthin unmöglich, sieht sie jedoch an Voraussetzungen gebunden, die „uns Menschen" (B 33) versperrt sind. Für uns und nur für uns behauptet er die im Apriori enthaltene Notwendigkeit" (Höffe, *Kants Kritik der reinen Vernunft*, S. 94).

Julius Ebbinghaus' größter Verdienst an den Interpretationen des zweiten Raum-Zeitarguments besteht m. E. vor allem darin, dass er am deutlichsten (obwohl nicht als erster) auf die Notwendigkeit und Unersetzbarkeit der Raum- Zeitvorstellung in ihrem *objektiven*, nicht bloß *subjektiven* Charakter hingewiesen hat. Der Satz „man kann sich niemals eine Vorstellung davon machen, dass kein Raum sei" besagt nach Ebbinghaus „nicht eine subjektive Unmöglichkeit, als könnte eine solche Vorstellung zu keiner Zeit in uns sein, sondern eine objektive Unmöglichkeit: daß nämlich eine Vorstellung vom Nichtsein des Raumes gar keinen möglichen *Gegenstand* hätte". Und darüber hinaus: „Suche ich […] innerhalb der Möglichkeit der Raumvorstellung einen vorstellbaren Gegenstand, in Beziehung auf den der Raum die Möglichkeit des Nichtseins hätte, so kann ich in alle Wege nichts finden – und also bleibt nichts übrig als zu sagen: Der Raum kann nicht anders als im Verhältnisse der Unmöglichkeit seines Nichtseins vorgestellt werden" (Ebbinghaus, *Kants*

Lehre von der Anschauung a priori, S. 125–126). Schon andere Interpreten hatten vor Ebbinghaus auf die Objektivität der hier enthaltenen Notwendigkeit hingewiesen. Norman Kemp Smith unterteilt zum Beispiel das ganze Argument in ein Hauptargument subjektiver Natur und einen Schluss, in dem die Objektivität dieser Notwendigkeit erscheint: „From the subjective necessity of space follows its objective necessity. [...] The first argument has a psychological purpose. It mantains that the representation of space precedes external experience, causally conditioning it. The corollary has a more objective aim. It concludes that space is a necessary constituent of the external experience thus generated. The one proves that space is a necessary *subjective antecedent*; the other that it is a necessary *objective ingredient*" (Kemp Smith, *A Commentary*, S. 104).

109. *Andere Formen des Verstandes.* Leibniz war der Meinung, dass die Gesetze der Natur nicht absolut notwendig sind. Gott hätte die Welt auch unter andere Gesetze stellen können. Kant ist mit dieser Behauptung einverstanden. Nichts ist absolut notwendig. Ebenso nicht die Grundprinzipien a priori des Verstandes. Anders als Leibniz kommt aber Kant zu dem Schluss, dass wir die Natur in ihrer Objektivität nur auf Grund dieser Gesetzlichkeit a priori begreifen können. In diesem Zusammenhang sind auch die Gesetze a priori unersetzbar und notwendig.

Genauso wie die Formen der Sinnlichkeit können auch die Formen des Verstandes sowohl subjektiv als auch objektiv in ihrer Notwendigkeit festgestellt werden. Die sogenannte subjektive Deduktion der Kategorien beweist die Gültigkeit derselben durch die Beschreibung einer subjektiven und psychologischen Realität (II Abschnitt der A-Deduktion). Der Sinn des Transzendentalen ist aber bei Kant kein bloß subjektiver. Er lässt sich viel mehr als einziger Grund für die Bestimmung der Bedeutung der Objektivität verstehen. Die Notwendigkeit der Kategorien soll daher nach der objektiven Deduktion derselben nicht bloß innerhalb einer psychologischen Begründung, sondern auch in der objektiven Verknüpfung der Gegenstände der Erfahrung gesucht werden. Die objektive Gültigkeit der Kategorien als Begriffe *a priori* beruht vor allem darauf, „daß durch sie allein Erfahrung (der Form des Denkens nach) möglich sei" (*KrV*, A 93/B 126). Die Kategorien sind die „Bedingungen *a priori* der Möglichkeit der Erfahrung" (*KrV*, A 94/B 126).

110. *Eine andere Materie der Wahrnehmung – Der Unterschied zwischen Sinnlichkeit und Verstand.* In der Einleitung zur A-Ausgabe der *KrV* behauptet Kant, „daß es zwei Stämme der menschlichen Erkenntniß [gibt], die vielleicht aus einer gemeinschaftlichen, aber uns unbekannten Wurzel entspringen, nämlich Sinnlichkeit und Verstand, durch deren ersteren uns Gegenstände gegeben, durch den zweiten aber gedacht werden" (*KrV*, A 15). Materie der Sinnlichkeit ist eine Empfindung, die man a posteriori als Stoff der Anschauung wahrnimmt. Mit den Worten von Rudolf Eisler: „Sinnlichkeit bezeichnet einmal die Empfänglichkeit, vermöge deren uns Gegenstände in den Sinnen durch Empfindung gegeben sind. Die Dinge „affizieren" unsere Sinnlichkeit" (*Kant Lexikon*, S. 494). Der Verstand ist kein sinnliches Erkenntnisvermögen (vgl. *KrV*, A 67/B 92), sondern das Vermögen, a priori zu verbinden. Er ist „ein formales und synthetisches Prinzipium aller Erfahrungen" (*KrV*, A 119), welcher die Erscheinungen formal erst möglich macht (vgl. *KrV*, A 127); er kann aber nicht aktiv Wahrnehmungen hervorbringen. Noch weniger kann er daher entscheiden, ob es über die uns gegebenen Wahrnehmungen hinaus noch andere gibt, die ein ganz neues Feld der Materie bilden.

111. *Ein gewöhnlicher, armseliger Schluss.* Zur Behauptung der Existenz eines großen Reiches der Möglichkeit gelangt man mit Hilfe von Schlüssen, deren allgemeinen Inhalt Kant im hier unmittelbar folgenden Satz darstellt (vgl. die nächste Anm. 112). „Unter Schließen" – so Kant im § 41 der *Logik* – „ist diejenige Function des Denkens zu verstehen, wodurch ein Urtheil aus einem andern hergeleitet wird. Ein Schluß überhaupt ist also die Ableitung eines Urtheils aus dem andern" (9:114). Dabei muss sich die Wahrheit der Prämisse bzw. der Prämissen für die Wahrheit der Konklusion verbürgen. Systematisch unterscheidet Kant innerhalb der *Kritik der reinen Vernunft* zwischen den unmittelbaren Verstandesschlüssen (vgl. *KrV*, A 303/B 360, 9:115–119) und den mittelbaren Vernunftschlüssen (vgl. *KrV*, A 304/B 361, A 322/B 378–379, A 330/B 386–387, 9:120–130). Vernunftschlüsse zerfallen ihrerseits in kategorische, hypothetische und disjunktive (vgl. *KrV*, A 304/B 361, A 323/B 379, A 333 ff./B 390 ff.). Am Anfang des zweiten Buches der „transzendentalen Dialektik" unterscheidet Kant zwischen Vernunftschlüssen und bloß vernünftelnden Schlüssen. Es handele sich in beiden Fällen um Inferenzen, „die keine empirische Prämissen enthalten und vermittelst deren wir von etwas, das wir kennen, auf etwas anderes schließen, wovon wir doch keinen Begriff haben, und dem wir gleichwohl durch einen unvermeidlichen Schein objective Realität geben" (*KrV*, A 339/B 397). Vernunftschlüsse können deswegen von den bloß vernünftelnden getrennt werden, „weil sie doch nicht erdichtet oder zufällig entstanden, sondern aus der Natur der Vernunft entsprungen sind" (ebd.).

Der Schluss, durch den wir von der Tatsache, dass alles Wirkliche zugleich möglich ist, zur (falschen) Konklusion gelangen, dass das Feld des Möglichen breiter als das Feld des Wirklichen ist, wird nun von Kant als ein „gewöhnlicher", zugleich aber „armseliger" Schluss bezeichnet. Er kann daher mit guten Gründen unter die bloß vernünftelnden, subjektiv nicht notwendigen Schlüsse eingeordnet werden. Man sollte aber auch bemerken, dass die hiermit falsch bewiesene Einstufung des Wirklichen unter das Mögliche die Grundbedingung selbst der Bestimmung des Begriffs eines möglichen Wesens ist, der – als Ideal der reinen Vernunft – das Ganze der Realität in sich einschließt, d. h. des Begriffs Gottes als *ens entium, summum, originarium* (vgl. *KrV*, A 571 ff./B 599 ff.).

112. *„Es ist vieles möglich, was nicht wirklich ist".* Es ist eine der Grundregeln der Syllogistik, dass die Quantität der Begriffe der Prämisse im Schlusssatz keineswegs größer werden kann. Daher ist auch die hier dargestellte Schlussfolgerung nicht korrekt: 1) Alles Wirkliche ist möglich; 2) Einiges Mögliche ist wirklich; 3) Es ist viel möglich, was nicht wirklich ist. Setzen wir W = „wirklich sein" und M = „möglich sein", dann lässt sich dieser Schluss folgendermaßen darstellen: 1) $\forall x\ (Wx \rightarrow \Box Mx)$; das ist ein allgemein bejahender apodiktischer Satz: „Alles Wirkliche ist zugleich notwendigerweise möglich". 2) $\exists x\ (Mx \wedge Wx)$; das ist ein partikulär bejahender Satz: „Einiges Mögliches ist zugleich wirklich". 3) $\exists x\ (Mx \wedge \neg Wx)$; das ist ein partikulär verneinender Satz („einiges Mögliches ist zugleich nicht wirklich"), welcher aber nicht von den zwei obigen ableitbar ist.

113. Bezüglich dieses Hinzukommens zum Möglichen, welches unmöglich ist, fragt sich Ingetrud Pape, in welchem Sinne dieses „Zugesetzte" nach Kant nicht möglich sein kann. Sie antwortet: „Eben in jenem Sinne, daß ein durchgängig Bestimmtes keine Steigerung seiner Bestimmtheit mehr zulässt, – das „Hinzukommende" also in Widerspruch zum Begriffsinhalt stünde. Die modale Veränderung, die *Verwirklichung* heißt und die wie ein „Übergang" von Möglichkeit zu Wirklichkeit aussieht, ist durchaus kein „Übergehen" der Sache von einer Phase unvollständiger Bedingtheit zur Phase der vollständigen Determination, sondern ein „Hinausgehen" aus dem Begriff zum Gegenstand selbst als einem in der Wahrnehmung apperzipierten" (*Tradition und Transformation*, S. 299, vgl. auch S. 218). Man beachte dazu Baumgardt, *Das Möglichkeitsproblem*, S. 110, Paton, *Kant's Metaphysic*, II, S. 366–368, Poser, *Mögliche Erkenntnis*, S. 140, Grünewald, *Modalität und empirisches Denken*, S. 110, Charrak, *Contingence et nécessité*, S. 159–160. Man lese vor allem die hier unmittelbar folgende Anmerkung 114.

114. Dass das Feld des Möglichen breiter als das Feld des Wirklichen ist, das ließe sich auch schnell (man könnte sagen: übereifrig) schließen, wenn man das „wirkliche Sein“ als ein Prädikat wie alle anderen betrachtet. Das ganz Besondere eines jeden Urteils der Modalität bestehe aber nun gerade darin, dass dieses gar „nichts zum Inhalte des Urteils beiträgt“ (*KrV*, A 74/B 100), sondern nur die Art bezeichnet, *wie* ein Ding mit allem ihm Zugehörigen gesetzt wird. „Modalitaeten der determinationen sind nicht selbst determinationen“ (18:207; vgl. Kapitel 1 und Abs. 9.2).

Die Widerlegung der prädikativen Natur der Wirklichkeit wird in dem obigen Satz in einer ganz interessanten, für Kant eher ungewöhnlichen Weise durchgeführt. Könnten wir die Wirklichkeit zur Möglichkeit wie ein weiteres Prädikat hinzusetzen, dann sollte dieses Prädikat etwas Neues hinzufügen, d. h. etwas Nicht-Mögliches, sprich Unmögliches. Wäre die Wirklichkeit nichts Anderes als ein weiteres Prädikat des möglichen Begriffs, dann wären Existenz und Unmöglichkeit ein und dasselbe. Wir hätten daher im Grunde keine Existenz. Das Argument ist aber aus der Perspektive der Rationalisten falsch, denn für sie können immer nur mögliche Prädikate zu möglichen Begriffen hinzugesetzt werden. Wir können in dieser Hinsicht sehr wohl auch von einem möglichen Begriff der Existenz, von einem möglichen Begriff der Nicht-Existenz und sogar von einem möglichen Begriff der Unmöglichkeit sprechen.

Auf solche logischen Argumente rekurrierte Kant manchmal in der vorkritischen Phase, als seine Sprache zum Teil noch von der scholastischen Argumentationsweise der Wolffianer geprägt war. Ganz wichtig in dieser Hinsicht ist zum Beispiel die logische bzw. apagogische Demonstration der Gültigkeit des Satzes vom Grunde im achten Satz der *Nova Dilucidatio* von 1755 (vgl. 1:397). Ähnliche Sophismen werden sonst sehr selten oder nur (wie hier) ironisch und fast spielerisch gebraucht.

115. In diesem Satz werden kurz die Hauptresultate des ersten und des zweiten Postulats zusammengefasst. Das einzige „Hinzukommen“, das wir uns vorstellen können, ist nach Kant nicht dasjenige des Prädikats der Wirklichkeit zu einem gegebenen, bloß möglichen Begriff, sondern dasjenige einer gegebenen empirischen Wahrnehmung in unserem Verstande. „Möglich“ heißt in diesem Kontext nicht mehr das, was keinen Widerspruch enthält, sondern (ganz spezifisch) das, was mit den formalen Bedingungen der Erfahrung selbst übereinkommt (*KrV*, A 218/B 265). „A thing is possible, on Kant's doctrine, if it agrees with the possible [formal] conditions of experience“, so Paton (*Kant's Metaphysic*, II, S. 367; vgl. auch S. 345 ff.). Das, was mit Wahrnehmung nach den empirischen Gesetzen der Erfahrung (unabhängig von der unmittelbaren Gegebenheit derselben) zusammenhängt, ist „wirklich".

116. *Ohne Stoff lässt sich überall nichts denken.* Möglich heißt für Kant nicht das unendlich breite und unbestimmte Universum des Denkbaren (wie für die Rationalisten), sondern nur das, was mit den formalen Bedingungen der Erfahrung übereinstimmt. Jedes Wirkliche hat eine Form, die für Kant seine Möglichkeit ist. Möglichkeit und Wirklichkeit sind unterschiedliche Bestimmungen desselben Feldes der Gegenstände der Erfahrung.

Es gilt nicht dieses Schema:

M
M
M → W

sondern dieses: **M ↔ W**.

Wirklichkeit ohne Form ist für uns kaum vorstellbar. Das empirische Denken ist seinerseits immer Denken an oder von etwas und die Form immer Form einer Materie. Das heißt, anders ausgedrückt, dass sich ohne Stoff gar nichts denken lässt. Das Feld des Möglichen geht über das Feld der Wirklichkeit nicht hinaus (vgl. Anm. 111, 114). Mit den Worten Wingendorfs: „Der ontologische Eigenraum des Möglichen wird vernichtet. Es gibt nichts Mögliches, es sei denn am Wirklichen" (*Kritische Modaltheorie*, S. 65).

Die Ontologie von Leibniz und Wolff ist dagegen eine Ontologie aller möglichen denkbaren Essenzen und deren möglicher Verbindungen. Sie könnte daher auf die Betrachtung des Wirklichen komplett verzichten. Erst das Mögliche (nicht das Wirkliche) bezeichnet ein *aliquid.* Da die Existenz hier allein als ein zusätzliches Prädikat des Möglichen gilt, sind die existierenden Objekte, die natürlich zugleich auch möglich sind, nur ein kleiner Teil des Seins.

Die Kantische Behauptung, dass das Feld des Möglichen doch nicht größer als das Feld des Wirklichen ist, wirkt zunächst kontraintuitiv. Sätze wie „Sandra könnte wohl 100 Jahre leben" oder „es ist möglich dass im 22. Jahrhundert in Norwegen Wein geerntet wird" sollten als ein deutlicher Beweis gelten, dass das Feld des Möglichen auf jeden Fall größer als das Feld des Wirklichen ist. Man kann diesbezüglich Folgendes behaupten: Für Wolff haben solche Sätze eine ontologische Bedeutung. Sie sagen z. B. etwas über die Person „Sandra", über den Menschen im Allgemeinen, über das Leben und über die Zeit des Lebens, usw. Sie beschreiben darüber hinaus eine mögliche, d. h. denkbare und nicht widersprüchliche Welt. Für Kant haben derartige Sätze weder ontologische noch metaphysische, sondern bloß epistemische Bedeutung. Man sollte daher lieber sagen: „Ich weiß nicht, ob im 22. Jahrhundert in Norwegen Wein geerntet wird oder nicht". Nur aus der subjektiven Perspektive meiner Meinungen kann das Feld des Möglichen größer als dasjenige des Wirklichen sein. An sich, d. h. ontologisch betrachtet, ist die Möglichkeit bloß die Form der Wirklichkeit (nach dem obigen Muster).

117. Dazu schreibt Grünewald zu Recht: „Der Begriff des „in aller Absicht Möglichen" gehört nach Kants Auffassung wohl deshalb nicht in die „transzendentale Analytik", sondern in die „transzendentale Dialektik", weil er zwei Momente in sich vereinigt, die sich nur in einer regulativen Idee vereinigen lassen: das der Gedachtheit und das der Vollständigkeit der ermöglichenden Bedingungen" (*Modalität und empirisches Denken*, S. 113).

118. Möglich sein heißt für Kant, in Übereinstimmung mit präzisen Bedingungen des Anschauens und des Denkens, d. h. mit den Bedingungen der Erfahrung überhaupt zu sein. Man kann sich daher in keiner Weise eine Möglichkeit vorstellen, welche sich über die Grenze der Erfahrung hinaus erstreckt. Dazu schreibt Baumgardt auf S. 56 seiner Monographie über *Das Möglichkeitsproblem:* „Das Mögliche ist bei Kant ein „Ermöglichendes", und der Ausgangspunkt Kants ist nicht der mögliche, sondern der wirkliche oder sogar der als notwendig bestimmte Gegenstand der Erfahrung. Es gibt für die Kantische Erkenntnistheorie nur eine Möglichkeit des Erfahrungsgegenstandes, es ist derselbe Gegenstand, der als möglich und wirklich zugleich angesehen werden muß, nämlich: er ist möglich in Beziehung auf seine Form und wirklich in Beziehung auf die Materie". Und noch: „Das Mögliche ist nach Kant nur ein Moment am wirklichen Gegenstand, ebenso wie das Wirkliche ein notwendiges Moment am möglichen ist. Das Mögliche setzt ebenso gut die Wirklichkeit, die Beziehung auf die Empfindung voraus, wie die Wirklichkeit die Möglichkeit". Auf Grund solcher Überlegungen entwickelt Baumgardt seine Kritik der Pyramide der Modalitäten von Hans Pichler (vgl. S. 233–234). Über die Gleichsetzung der Felder der Möglichkeit, Wirklichkeit und Notwendigkeit hatte sich Harold A. Prichard schon im Jahr 1909 in sehr klaren Worten ausgedrückt: „Throughout this account there runs one fatal mistake, that of supposing that we can separate our knowledge of things as possible, as actual, and as necessary. Even if this supposition be tenable in certain cases, it is not tenable in respect of the objects of a complex conception, with which Kant is dealing. If we know the object of a complex conception to be possible, we already know it to be actual, and if we know it to be actual, we already know it to be necessary" (*Kant's Theory of Knowledge*, S. 314).

119. Nach der allgemeinen Meinung des 18. Jahrhunderts war die Untersuchung des Absoluten eine selbstverständliche Aufgabe des Verstandes. Kant bezieht sich mit diesen Worten nicht nur auf die Philosophen der Wolffschen Schulphilosophie (welche die Erkenntnis des absolut Möglichen durch Verstandesbegriffe an den Anfang und ins Zentrum ihrer Philosophien gestellt hatten), sondern auch auf den Platonismus und Rationalismus der sogenannten „Popularphilosophen", der Deisten, der Spinozisten und der vielen Eklektiker seiner Zeit. Eine gemeinsame, allgemeine Charakteristik aller dieser Richtungen war der Glaube an ewige, durch den Verstand wohl begreifbare Wahrheiten. Im obigen Satz bezieht sich Kant einfach auf die Philosophen, die er im vierten Hauptstück der „Methodenlehre" systematisch als „Intellektualphilosophen" (in Ansehung des Gegenstandes), „Noologisten" (in Ansehung des Ursprungs) und „Dogmatiker" (in Ansehung der Methode) einordnet (vgl. *KrV,* A 852–856/B 884–888). Er denkt aber auch und vor allem an die vielen Leser und normalen Bürger, die – ohne selbst Philosophen zu sein – die Grundüberzeugungen des damaligen Rationalismus teilten.

120. *Der Unterschied zwischen Verstand und Vernunft.* Untersuchungen im Feld der absoluten Möglichkeit können nur von der Vernunft, keineswegs aber vom Verstand durchgeführt werden. Durch die scharfe und klare Unterscheidung zwischen Verstand und Vernunft setzt Kant den Ansprüchen der menschlichen Erkenntnis eine deutliche Grenze. Der Verstand ist „das Vermögen, den Gegenstand sinnlicher Anschauung zu denken" (*KrV,* A 51/B 75). Er enthält in sich keine Anschauung, sondern nur Begriffe (er kann vor allem selbst nichts anschauen). Er ist ein diskursives (nicht intuitives) Vermögen, welches jedoch – im deutlichen Unterschied zur Vernunft – über den Stoff der Sinnlichkeit verfügen muss, um überhaupt urteilen zu können. Die Vorstellungen der Sinne müssen notwendigerweise vorhanden sein, damit der Verstand überhaupt etwas einordnen kann. Er muss daher „in den Sinnen die Anschauung suchen" (*KrV,* B 135), die er denkt. Sein Gebrauch ist schließlich empirisch (vgl. Anm. 5, 6, 7, 82), denn er kann „die Schranken der Sinnlichkeit, innerhalb denen uns allein Gegenstände gegeben werden, niemals überschreiten" (*KrV,* A 246–247/B 303). Hier liegt der entscheidende Unterschied zur Vernunft und deren übersinnlichem Gebrauch: „Die Vernunft bezieht sich niemals geradezu auf einen Gegenstand, sondern lediglich auf den Verstand und vermittelst desselben auf ihren eigenen empirischen Gebrauch, schafft also keine Begriffe (von Objecten), sondern ordnet sie nur und giebt ihnen diejenige Einheit, welche sie in ihrer größtmöglichen Ausbreitung haben können, d. i. in Beziehung auf die Totalität der Reihen" (*KrV*, A 443/B 471). Und noch: „Wir nennen diese Vermögen Verstand und Vernunft; vornehmlich wird die letztere ganz eigentlich und vorzüglicher Weise von allen empirisch bedingten Kräften unterschieden, da sie ihre Gegenstände bloß nach Ideen erwägt und den Verstand darnach bestimmt, der denn von seinen (zwar auch reinen) Begriffen einen empirischen Gebrauch macht" (*KrV*, A 547/B 575). (Vgl. auch A 326/B 383; und über den übersinnlichen Charakter der Vernunft z.B.: *Prolegomena*, § 57, *Kritik der Urteilskraft*, § 25, § 76).

121. So Paton in Bezug auf den obigen Textauszug: „If we ask whether the possibility of things extends beyond experience, we are asking a question about absolute possibility, which we have no possible means of answering. This question has been raised here only because of the common belief that the concept of absolute possibility is one of the concepts of the understanding. The problem must at present be left in obscurity, since its discussion really belongs to Dialectic" (*Kant's Metaphysic*, II, S. 368).

122. Die ganz allgemeine Frage *Was heißt „Postulat"?* wird hier ausführlich im Kapitel 3 des ersten Teils beantwortet.

123. Interessanterweise bezieht sich dieser Satzteil („wider den Sinn der Mathematiker, denen er doch eigentlich angehört") weniger auf die hier durchgeführte Argumentation als auf den Inhalt des nächsten Absatzes (XIV). Es geht nämlich hier noch nicht um die an sich strikt mathematische Bedeutung des Wortes „Postulat" (vgl. dazu Anm. 131, 132, 135), sondern um die Tatsache, dass Postulate im kritischen Sinne des Wortes eine Deduktion benötigen (vgl. dazu die nächste Anm. 124).

„Einige neuere philosophische Verfasser" haben es laut Kant versäumt den ursprünglichen mathematischen Gebrauch des Wortes „Postulat" sich anzueignen und ihm die Bedeutung „unmittelbarer gewisser Satz, der keine Rechtfertigung oder Beweis erfordert" gegeben. Der Hinweis der Cambridge-Ausgabe der *Kritik*, „Kant may be referring here to Johann Heinrich Lambert, who made much use of the term *postulate* in his philosophy" (*Critique of pure reason*, S. 732, Anm. 90), ist nicht korrekt. Mit dem Ausdruck „einige neuere philosophische Verfasser" soll hier nicht an Lambert, sondern an Wolff und im Allgemeinen an die Philosophen der Wolffianischen Schule erinnert werden. Richtig ist in diesem Sinne die Bemerkung von François Marty in der Pleiade-Ausgabe: „Parmi les „auteurs philosophiques récents" qui caractérisent les postulats par l'impossibilité d'une démonstration, on peut mettre C. Wolff, *Phil. Rationalis*,

§ 269, le définissant comme *propositio practica indemonstrabilis*, G. F. Meier, dans son *Aufzug aus der Vernunftlehre*, de 1752 (manuel de logique utilisé par Kant), définissant le postulat, au paragraphe 315, comme un „jugement indémontrable“ (16:668)“ (S. 1641). Der Fehler der Cambridge-Ausgabe ist ein – sozusagen – „doppelter Fehler“, denn Kant wiederholt später ausgerechnet dieselbe Kritik, die Lambert an Wolff gerichtet hatte: Er habe den ursprünglichen mathematischen und konstruktiven Sinn des Begriffs Postulat vergessen (vgl. dazu Abs. 3.3).

124. In den §§ 13 und 14 der zweiten Ausgabe der *KrV* (A 84–94/B 118–129) erklärt Kant, was er unter „Deduktion“ versteht. „Deduktion“ bedeutet (im juristischen Sinne des Wortes) die Rechtfertigung des Gebrauchs bzw. des Besitzes einer bestimmten Sache. Im kritischen Sinn zeigt das Wort vor allem die Rechtfertigung des Gebrauchs von gewissen Begriffen an. Diese Legitimation soll aber nicht darin bestehen, dass man den Ursprung, die Abstammung oder die „physiologische Ableitung“ dieser Begriffe von den Erfahrungen darstellt. Damit könnte man nur die Geschichte oder den Ursprung der Begriffe rekonstruieren – was schon der englische Philosoph John Locke in dem *Essay concerning Human Understanding* (1690) versuchte. Dies war für Kant ein ehrbarer Versuch, der aber nie den Gebrauch unserer reinen Begriffe legitimieren könne (vgl. A XVI f., A 84 f./B 116 f.). Eine Deduktion als *quaestio juris* besteht dagegen in der Feststellung einer Legitimität: „*Quaestio facti* ist, auf welche Art man sich zuerst in den Besitz eines Begriffs gesetzt habe; *quaestio juris*, mit welchem Recht man denselben besitze und ihn brauche“ (R. 5636; dazu unter anderen Henrich, *Kant's Notion of a Deduction*, S. 35 f.).

Die transzendentale Deduktion der Kategorien soll innerhalb der *Kritik der reinen Vernunft* die Notwendigkeit und die Allgemeingültigkeit der Anwendung der reinen Begriffe des Verstandes auf die Gegenstände der Erfahrung verdeutlichen und damit den notwendigen Gebrauch derselben rechtfertigen. Modalbegriffe können jedoch nicht dadurch deduziert werden, dass ihre notwendige Anwendung auf die Erfahrung gerechtfertigt wird. Eine solche Anwendung findet nämlich nicht statt. Das Wort „Deduktion“ bekommt in den „Postulaten“ eine andere, allgemeinere Bedeutung. Es ist für Kant eben nicht denkbar, die synthetischen Sätze a priori innerhalb der *Kritik* vorzustellen, ohne sie zu erläutern (vgl. hier die Anm. 3) bzw. ohne diese entscheidend wichtigen Grundsätze zu rechtfertigen (vgl. dazu Anm. 127).

Die verbreitete Definition von „Postulat“, welche „einige neuere philosophische Verfasser, wider den Sinn der Mathematiker […] gegeben haben" (siehe dazu Anm. 123), wird nun von Kant drastisch abgelehnt. Interessanterweise setzt er sich dieser Definition sogar auf zwei sich einander widersprechenden Weisen entgegen: 1) Kant denkt (so wie Lambert, im Unterschied zu den meisten Philosophen seiner Zeit), dass man dem Wort „Postulat" seine ursprüngliche mathematische Bedeutung einer praktischen Handlung wiedergeben sollte (das ist eher das Thema des nächsten Absatzes). 2) Er verlangt aber für seine Postulate (das ist das Thema dieses Absatzes), „wo nicht ein[en] Beweis, doch wenigstens eine Deduktion der Rechtmäßigkeit..." (dazu Anm. 127). Dieser zweite Punkt, welcher in keiner Weise die Forderungen der Mathematiker widerspiegelt, wird von Paton in präzisen Worten zusammengefasst: „Merely to accept self-evidence at its face value is fundamentally opposed to the whole spirit of Criticism; Kant regards it as legitimate in science, but not in philosophy. Once we admit self-evidence as ultimate, we are faced with a whole host of audacious pretensions claiming such self-evidence; and nothing is more usual than for the deliverances of common sense or tradition (in themselves no guarantee of truth) to be mistaken for axioms, that is, for propositions which have a genuine measure of self-evidence" (*Kant's Metaphysic*, II, S. 368). Die einzig mögliche Deduktion dieser Begriffe und die Erklärung der synthetischen Urteile a priori der Modalität kann aber – wie oben erwähnt – nur hier, in den „Postulaten des empirischen Denkens überhaupt" stattfinden.

125. Kant vermeidet hier den Gebrauch von Begriffen wie „gemeiner Sinn" (*sensus communis*), „gemeiner Verstand", „gemeine Vernunft", welche eine unmittelbare (m. E. von ihm unerwünschte) Referenz an die schottischen und deutschen Philosophen des *„common sense"* in die Argumentation hineingezogen hätten. „Gemeiner Glaube" heißt hier bloß eine allgemein verbreitete Meinung. Ganz anderer Meinung ist Manfred Kühn, welcher das obige „einige neuere philosophische Verfasser" (A 232–233/B 285) als einen direkten Hinweis an Thomas Reid, James Beattie und James Oswald interpretiert: „There cannot be much doubt that the Scots figure prominently among „the recent philosophical writers" Kant has in mind here and that Beattie in particular is one of the most important among these" (Kühn, *Scottish Common Sense in Germany*, S. 172). Kühns These ist nicht nachvollziehbar. Derselbe Beattie gebraucht in *An Essay on the Nature and Immutability of Truth*, nicht das Wort „postulate", sondern „axiom" (vgl. z. B. S. 87, 95).

126. *Über einen gewissen Ton der Zuversicht.* Mehrmals richtet Kant seine Aufmerksamkeit auf den Ton, in dem die Wahrheiten der Philosophie vorgestellt werden. In einem berühmten Brief an Lambert vom 31.12. 1765 bettet er zum Beispiel die kalte Ankündigung des baldigen Tods der falschen Philosophie in Überlegungen über die Töne der damaligen Philosophen ein (10:57). Besonders bekannt ist in dieser Hinsicht auch seine Kritik an den künstlichen „Zurüstungen der Gelehrsamkeit“ in den *Träumen eines Geistersehers* von 1766 (vgl. 2:372) oder die viel spätere Kritik an dem Irrationalismus und der Philosophie der Gefühle Schlossers und Jacobis in *Von einem neuerdings erhobenen vornehmen Ton in der Philosophie* von 1796 (8:387 f.). Im obigen Satz der *Postulate* richtet sich Kant jedoch in keiner Weise gegen den exaltierten und vornehmen Ton der Schwärmer, sondern – ganz im Gegenteil – gegen die Möglichkeit, dass ein jeder Wahn, diesmal vielleicht sogar maskiert hinter dem zuverlässigen Ton der seriösen Philosophie, sich als wahr durchsetzt.

127. *Wo nicht ein Beweis, doch wenigstens eine Deduktion.* Kant ist im Grunde mit der Behauptung von Wolff, Baumgarten und Meier einverstanden, dass die Postulate unbeweisbar sind. Postulate sind unbeweisbare praktische Sätze (vgl. Abs. 3.3, 3.4; über das unerweisliche Urteil im Allgemeinen siehe 24:936). Alle Grundsätze sind in der Tat letzte, an sich evidente und nicht weiter begründbare Sätze. Das liest man z. B. in der *KrV* (vgl. A 148/B 128), im § 34 und § 38 der *Logik* (vgl. 9:110) und in der *Wiener-Logik*: „So viele Sätze es immer geben mag, die mittelbar gewiß sind, so muß es doch zuletzt einige geben, die unmittelbar gewiß sind. Z. B. zwischen zwey Puncten kann ich nur eine gerade Linie ziehen“ (24:936).

Postulate können nicht bewiesen werden. Jeder synthetische Satz a priori soll aber in seinem Anspruch auf eine notwendige und objektive Gültigkeit immer dort, wo nicht bewiesen, doch wenigstens deduziert werden. Das gilt auch für die Grundsätze der Modalität. Es ist nämlich die Aufgabe einer *Kritik der reinen Vernunft*, die Rechtmäßigkeit aller Grundprinzipien des menschlichen Verstandes zu überprüfen und zu sichern. Durch die Ableitung aus der synthetischen Einheit der Apperzeption konnten die Begriffe der Möglichkeit, Wirklichkeit, Notwendigkeit keineswegs deduziert oder erläutert werden. Sie sind nicht objektiv-synthetisch. Vor allem sagen sie nichts über das Objekt der Erfahrung aus und können daher nicht auf die synthetische Einheit der Erfahrung reduziert werden. Die Deduktion der reinen Begriffe und der synthetischen Sätze a priori der Modalität ist eine ganz besondere, welche zwar notwendig ist, aber nicht innerhalb des 2. Hauptstücks der „Analytik der Begriffe“ („Von der Deduktion der reinen Verstandesbegriffe“), sondern in den „Postulaten des empirischen Denkens überhaupt“ durchgeführt wird.

128. Die Grundsätze der Modalität sind keine objektiv-synthetischen Prinzipien. Vgl. dazu das Kapitel 1.

129. Die Grundsätze der Modalität sind subjektiv-synthetische Prinzipien. Vgl. dazu auch das Kapitel 1 des ersten Teils.

130. Es geht hier um den Begriff eines Dinges, das 1. bloß gesetzt wird (nach der Möglichkeit desselben), 2. in Zusammenhang mit der Materie der Sinnlichkeit steht (was seine Wirklichkeit ausmacht) und 3. in seinem Zusammenhang mit der Wahrnehmung nach Begriffen bestimmt wird (was seine Notwendigkeit ausmacht). Über die drei Postulate im Verhältnis zu den drei Handlungen des Erkenntnisvermögens siehe Abs. 2.2.

131. In einem Brief an Herz vom 26 Mai 1789 erläutert Kant das Verhältnis zwischen Definition und praktischem Postulat auf Grund desselben Beispiels der Konstruktion eines Kreises: „Auch ist die Möglichkeit eines Cirkels nicht etwa vor dem practischen Satze: einen Cirkel durch die Bewegung einer geraden Linie um einen festen Punct zu beschreiben, blos problematisch, sondern sie ist in der Definition des Cirkels gegeben, dadurch, daß dieser durch die Definition selbst construirt wird, d. i. in der Anschauung zwar nicht auf dem Papier (der empirischen) sondern in der Einbildungskraft (*a priori*) dargestellt wird. Denn ich mag immer aus freyer Faust mit Kreide einen Cirkel an der Tafel ziehen und einen Punct darinn setzen, so kan ich an ihm eben so gut alle Eigenschaften des Zirkels, unter Voraussetzung jener (so genannten) Nominaldefinition, welche in der That real ist, demonstriren, wenn er gleich mit der durch die Herumtragung einer Geraden an einem Puncte bevestigten Linie beschriebenen, gar nicht zusammenträfe. Ich nehme an: daß sie, die Puncte des Umkreises, gleich weit vom Mittelpuncte abstehen. Der Satz: einen Cirkel zu beschreiben ist ein practisches Corollarium aus der Definition (oder so genanntes Postulat), welches gar nicht gefordert werden könnte, wäre die Möglichkeit, ja gar die Art der Möglichkeit der Figur, nicht schon in der Definition gegeben" (11:53).

132. Vgl. dazu Abs. 3.3 über Lamberts Kritik an Wolff.

133. Hier werden wichtige Resultate des zweiten Postulats zusammengefasst. Die Existenz ist keine inhaltliche Bestimmung bzw. keine Vervollständigung eines Begriffes. Sie ist etwas grundsätzlich anderes, unabhängig von der Ordnung der Determinationen. Sie ändert nichts an der Beschaffenheit eines Dinges. Diese Überzeugung vertritt Kant seit dem Beginn seiner philosophischen Arbeit. Vgl. dazu 9.1 und 9.2. Im zweiten Satz der hier am Ende der Postulate hinzugefügten Fußnote erinnert Kant noch einmal an die enge Verbindung zwischen Sinnlichkeit und Wahrnehmung. Dass etwas existiert, kann nur auf Grund einer sinnlichen Erfahrung festgestellt werden (vgl. Abs. 6.1).

134. Die Möglichkeit – so erklärt es uns Kant hier – ist die Setzung eines Dinges durch den Verstand; die Wirklichkeit ist die Verknüpfung des Dinges mit der Wahrnehmung. In beiden Fällen haben wir es mit einer zusätzlichen (synthetischen) Bestimmung zu tun, die den Begriff des Objekts gar nicht weiter definiert, sondern nur die Handlung des Subjekts (Position, Verknüpfung) ausdrückt. Die Möglichkeit ist die subjektive Setzung der formalen Bedingungen der Erfahrung. Die Wirklichkeit ist die Verbindung mit der Materie der Erfahrung. Sie drückt eine gewisse Passivität aus. Weil die Bestimmung durch Wahrnehmung jedoch von den Formen des Verstandes nicht abstrahieren kann, findet hier schon die Zusammensetzung von Form und Materie statt, die nach Kant dem Vermögen der Urteilskraft zugeschrieben wird. Das dritte Postulat ist die Erkennung einer Gesetzmäßigkeit, welche den Gegenstand in seiner Objektivität bestimmt. Es kann daher auch nicht zu überraschend sein, dass Kant, wenn er am Ende der Postulate die drei Tätigkeiten des Subjekts auflistet, zunächst die zwei Handlungen des zweiten und dritten Postulats mit fast identischen Worten beschreibt und später (hier) die Handlung des dritten Postulats gar nicht erwähnt.

135. Die Grundsätze der Modalität können „postuliert“ werden. Sie sind Setzungen, die zugleich – das ist das konstitutive Paradox desselben – das Problem des Objekts und der Objektivität des Objekts stellen (und lösen). In keinem anderen Teil der *Kritik der reinen Vernunft* (auch nicht in der Deduktion) ist die Diskussion über die Objektivität so intensiv und entscheidend wie hier. Es kann in diesem Zusammenhang nicht überraschen, dass die Auseinandersetzung mit anderen Theorien der Objektivität (wie Rationalismus, Skeptizismus, Realismus, Fatalismus und schließlich – in B als Antwort an die Kritiken von Garve und Feder – Idealismus) ausgerechnet hier stattfindet.

Notizen zu Rezeption und Forschung

Pichler, Hans, *Möglichkeit und Widersprüchlichkeit*, Leipzig, J. A. Barth, 1912.

Pichlers Abhandlung ist weniger eine Analyse als eine Neuschreibung der Kantischen Theorie der Möglichkeit. Auf Grund der Feststellung, dass logisch mögliche Begriffe zugleich leer (ohne Gegenstand) sein können, lehnt Kant den Leibnizianischen Begriff der logischen Möglichkeit ab. Er entwickelt eine neuartige Definition der realen Möglichkeit. Diese neue Definition lässt aber nach Pichler auch (wie die logische) Spielraum für unmögliche Phantasien und leere Begriffe offen (vgl. S. 3–4). So fasst Pichler seine Kritik zusammen: „In den Postulaten des empirischen Denkens überhaupt gibt Kant keine zulängliche Begriffsbestimmung der realen, d. h. der objektiven Möglichkeit, sondern nur dasjenige Merkmal a priori, das nach Kants Lehre ebenso wie die Widerspruchslosigkeit conditio sine qua non ist für die Möglichkeit eines Gegenstandes überhaupt" (S. 1). Und weiter: „Der Kantische Möglichkeitsbegriff ist [...] enger als der logische Möglichkeitsbegriff, aber nach der inhaltlichen Bestimmtheit seiner apriorischen Forderungen ist er ein Spezialfall eines Begriffes, der bloß logische Möglichkeit besitzt" (S. 3–4). Auf Grund dieser Abwertung der „Postulate" in ihrer Bestimmungsfunktion versucht Pichler, die objektive Möglichkeit auf Grund der logischen Möglichkeit (d. h. mit Leibniz, aber auch anders als bei Leibniz und mit Hilfe des neu interpretierten Unterschieds zwischen apriorischen und aposteriorischen Urteilen) zu definieren.

Möglich ist nach Pichler: „was keinem wahren Satze widerspricht" (S. 13). Auf Grund dieser Definition unterscheidet er zwischen a) externer Möglichkeit, d. h. Widerspruchslosigkeit gegenüber allen Sätzen (vgl. S. 13–14), und b) interner Möglichkeit (vgl. S. 15). Apriorisch gültig sind nach Pichler alle Urteile, die „ausschließlich im logischen oder anschaulichen Begriffsinhalt gründen" (S. 18), was an der Definition des „Analytischen" bei Kant erinnert und mit der Kantischen Definition des A priori wenig zu tun hat. Man könne nun die Widerspruchslosigkeit aller wahren

Sätze (d. h. aller Sätze a posteriori und a priori) und die Widerspruchslosigkeit der Sätze a priori (d. h. *nur* a priori) unterscheiden, wenn man die Existentialsätze betrachtet, welche einerseits nur a posteriori möglich sind, zugleich aber a priori beurteilt werden können (vgl. S. 26 ff.). Gegenstand der Erkenntnis a posteriori – so Pichler – ist hiermit die Existenz bzw. Nicht-Existenz der Dinge. Die Möglichkeit/Unmöglichkeit sei dagegen nur in den Sätzen a priori (nach der obigen Definition des A priori) zu finden.

An diese radikale Neuinterpretation – die Kant regelgerecht umschreibt – der Kantischen Systematik knüpft Pichler seine Grundüberzeugung: „Die Definition der Möglichkeit durch Widerspruchslosigkeit hat nur Sinn, wenn innere Widerspruchslosigkeit gemeint ist. Nur die Erkenntnis des inneren Widerspruchs vollzieht sich rein logisch. Nur die innere Widerspruchslosigkeit ist rein logische Möglichkeit" (S. 34). Die hier gemeinte Widerspruchslosigkeit kann aber nur die apriorische (da die aposteriorische die Existenz betrifft) Möglichkeit betreffen. Pichler versucht hiermit, die logische Möglichkeit gegen Kants reale Möglichkeit, unter Rekurs auf eine von Kant selber (gänzlich falsch) abgeleitete Definition des A priori, zu rehabilitieren.

Kemp Smith, Norman, *A Commentary of Kant's Critique of Pure Reason*, London, MacMillan, 1918. Zweite Auflage, London, 1923. Nachdruck, London, MacMillan, 1979. S. 193–194, 391–403.

Modale Urteile stellen nach Kemp Smith die Stufen der psychologischen Entwicklung der Erkenntnis dar: „The advance from consciousness of the problematic, through determination of it as actual to its explanation as necessary, represents only a psychological order in the mind of the individual" (S. 194). Kemp Smith interpretiert die besondere Bedeutung der Grundsätze der Modalität als ein (mehr oder weniger bewusstes) Wiederauftreten der Leibnizianischen Philosophie in der Mitte der *Kritik*. Er betont diesbezüglich aber vor allem – wie fast immer in seinen Zusammenfassungen der *Kritik* – „the perverting influence of Kant's architectonic" (S. 392). In Bezug auf das erste Postulat unterstützt er die Theorie Adickes', Kant habe verschiedene zeitlich und inhaltlich getrennte Fassungen des Textes künstlich verschachtelt (vgl. hier Kapitel 5, S. 95 f.). In der Definition des zweiten Postulats habe Kant den entscheidend wichtigen Bezug auf Kausalität und Gesetzlichkeit unbeachtet gelassen (vgl. hier Abs. 6.2). Die daraus folgende, jedoch aber unmögliche Selbstständigkeit der Wirklichkeit, welche nach Kemp Smith an die spätere Trennung zwischen Wahrnehmungs- und Erfahrungsurteilen in den *Prolegomena* erinnert, führe zu erheblichen Problemen innerhalb des Kantischen Systems. Bezüglich des dritten Postulats unterstreicht Kemp Smith die Reduktion der Notwendigkeit auf die Themen und auf die Behauptungen der zweiten Analogie der Erfahrung.

Baumgardt, David, *Das Möglichkeitsproblem der Kritik der reinen Vernunft, der modernen Phänomenologie und der Gegenstandstheorie*, Berlin, Reuther & Reichard, 1920.

Der Darstellung des Möglichkeitsbegriffs in der Philosophie von Alexius Meinong und Edmund Husserl folgend, entwickelt Baumgardt im enger Auseinandersetzung mit der Interpretation Hans Pichlers (siehe oben, S. 287 f.) eine eigene Interpretation der Kantischen Philosophie der Modalität: „Gerade die wichtigen Kantischen Postulate, die kantischen Modalitätsbegriffe, fordern meiner Meinung nach eine nähere Interpretation, als die bisher sehr kursorisch und daher mißdeutig gegeben worden ist“ (S. 12–13). Pichler habe sicherlich Recht, wenn er schreibt, dass das Postulat der Möglichkeit vor leeren Begriffen und Hirngespinsten nicht schützt; seine Pyramide der verschiedenen Stufen der Möglichkeit (logische, reale, empirische Möglichkeit) betreffe aber in keiner Weise die Kantische Lehre der Modalität als solche: „Denn die Darstellung Pichlers und überhaupt die meist übliche Darstellung des Kantischen Möglichkeitsbegriffes widerstreitet offenbar der Behauptung Kants, daß das Feld des Wirklichen ausdrücklich ebenso groß ist, wie das des transzendental Möglichen“ (S. 55). Kants Möglichkeitsbegriff bezieht sich nach Baumgardt vor allem nicht auf eingebildete oder fingierte Begriffe, sondern auf die Gegenstände der Erfahrung selbst. Die Möglichkeit gilt hiermit als Bestandteil (d. h. als die Form) selbst der wirklichen Erfahrung: „Das Mögliche ist nach Kant nur ein Moment am wirklichen Gegenstand, ebenso wie das Wirkliche ein notwendiges Moment am mögliches ist“ (S. 55). Baumgardt betont in diesem Sinne – was m. E. vollkommen richtig ist – das Primat des Begriffs des Wirklichen und sogar des Begriffs der Notwendigkeit über die Möglichkeit: „Ausgangspunkt Kants ist nicht der mögliche, sondern der wirkliche oder sogar der als notwendig bestimmte Gegenstand der Erfahrung“ (S. 56). Jede ontologische Selbstständigkeit des Möglichen wird hiermit vernichtet. Pichlers Definition des Möglichen als „Widerspruchslosigkeit gegenüber allen Sätzen a priori“ wird anschließend – zusammen mit dem daran gebundenen Ideal einer völligen Apriorisierung der Wissenschaft – gründlich analysiert und kritisiert.

Paton, Herbert James, *Kant's Metaphysics of Experience. A commentary on the first half of the „Kritik der reinen Vernunft"* (2. Bde.), London, George Allen and Unwin, 1936. Nachdruck, Bristol, Thoemmes, 1997. S. 333–371.

In Gegensatz zu Adickes und Kemp Smith (vgl. hier S. 288 f.) betrachtet Paton das Kapitel über die Postulate als einen wichtigen und autonomen Teil innerhalb der „Analytik der Grundsätze". „To say that that the Postulates are due merely to what Adickes calls Kant's *Systematik*, and to what Professor Kemp Smith calls Kant's *architectonic*, seems to me erroneous" (S. 339). Patons Analyse der Postulate ist – im Vergleich zu allen vorherigen und nachfolgenden Kommentaren der *Kritik* – erstaunlich sorgfältig. Hervorragend werden Themen wie das Verhältnis zwischen den Begriffen der Form und Materie (S. 337 f., 340 f.), die Felder des Möglichen, Wirklichen und Notwendigen (S. 344, 353, 366 ff.) und die Bedeutung des Begriffs „Postulat" (S. 368 ff.) behandelt. Die systematischen und inhaltlichen Schwierigkeiten des ersten Postulats der Möglichkeit werden jedoch etwas zu schnell mit Rekurs auf die relativ einfache Unterscheidung von vier unterschiedlichen Begriffsarten gelöst: „There are empirical concepts, pure concepts, factitious concepts, and mathematical concepts. It is necessary to consider Kant's theory of possibility in regard to all these types of concept" (S. 346–347). Nur die reine Begriffe gelten als Bedingungen a priori der Möglichkeit der Erfahrung (vgl. S. 348 f. und 354 ff.). Paton betont die Identität von Wirklichkeit und Notwendigkeit im zweiten Postulat: „...while the essential mark of the actual is a connexion with sense-perception, the *connexion* (which is a *necessary* connexion in accordance with the Analogies) is as essential to knowledge of the actual as is *sense-perception* itself. [...] It follows that the actual is also the necessary" (S. 360). Das dritte Postulat wird schließlich durch die Analyse der engen Verbindung seines Inhalts mit den Inhalten der zweiten Analogie der Erfahrung zusammengefasst (S. 362 ff.).

Bröcker, Walter, *Das Modalitätenproblem*, in: Zeitschrift für philosophische Forschung, 1, 1946, S. 35–46.

Die mathematische Analyse – so erklärt Walter Bröcker am Anfang dieses Aufsatzes – hat das dreiteilige (3+3) System der Modalität bevorzugt, das

Kant in der *Kritik der reinen Vernunft* dargestellt hat. Die verschiedenen Modalsysteme lassen sich aber vor allem durch die Zahl der fundamentalen Arten (Elementargebiete), die sie enthalten, unterscheiden. In diesem Sinne enthalte das Kantische Modell interessanterweise nicht drei, sonder vier Arten: „1. etwas ist und muß sein, kann nicht nichtsein, *Notwendigkeit*; 2. etwas ist, muß aber nicht sein, kann auch nichtsein, *Kontingenz*; 3. etwas ist nicht, muß aber nicht nichtsein, kann auch sein, *Potentialität*; 4. etwas ist nicht und muß nichtsein, kann nicht sein, *Unmöglichkeit*" (S. 36). Wie kommt man zu diesen vier Arten der Modalität? Bröckers Antwort lautet: „Kants Tafel beruht auf einer ständigen Dichotomie, und ihn interessiert immer nur die positive Seite jeder Zweiteilung" (S. 37). Etwas ist in diesem Sinne nach dem Kantischen dreiförmigen Schema entweder *unmöglich* (1. Art) oder möglich; wenn möglich, ist es entweder nicht wirklich, d. h. bloß *potential* (2. Art), oder wirklich; wenn wirklich, ist es entweder *zufällig* (3. Art), oder *notwendig* (4. Art). Auf Grund der Grunddichotomie Sein (Setzung) / Nichtsein (Aufhebung) (vgl. S. 38) versucht Bröcker, die Einteilung der vier Arten genetisch zu rekonstruieren. Mann müsse in diesem Sinne zwischen analytischer und synthetischer Setzung unterscheiden: analytisch wahr sei die Notwendigkeit (4. Art), analytisch falsch die Unmöglichkeit (1. Art), synthetisch (d. h. zufällig) wahr die Kontingenz (3. Art) und synthetisch falsch die Potentialität (2. Art). Inhaltlich betrachtet haben wir es hier mit den Modalitäten von Leibniz zu tun. Kant setzt nach Bröcker zwischen das Denknotwendige und das Erkenntniskontingente die Sphäre des synthetischen A priori. Er gibt hiermit der Notwendigkeit eine ganz andere Bedeutung, gelangt aber zum selben, oben dargestellten, nach vier Arten eingeteilten System der Modalität (S. 41 f.).

Zu unterscheiden sind nach Bröcker schließlich die transzendentalen Modalitäten Kants von den empirischen des Aristoteles. Aristoteles folgend ist es das Seiende, das die Modalität bestimmt, und nicht das Denken (vgl. S. 42 f.). Empirische Modalitäten spielen nach Bröcker jedoch auch eine wichtige Rolle in der transzendentalen Philosophie Kants.

Schneeberger, Guido, *Kants Konzeption der Modalbegriffe*, Basel, Verlag für Recht und Gesellschaft, 1952.

Diese ist die erste Monographie, die ausschließlich dem Thema der Kantischen Modalität gewidmet wurde. Die Untersuchung betrifft – wie Schneeberger auf S. 1 erklärt – nur die kritische Zeit. Es ist aber – das beobachtet Hans Poser zu Recht in *Mögliche Erkenntnis*, S. 135 Anm. – unmöglich, eine ernsthafte Erörterung der Kantischen Modalität durchzuführen ohne den Kontext (d. h. auch die Quellen) und die Gedanken der vorkritischen Phase in die Überlegungen miteinzubeziehen. Die Bestimmung der neuen Bedeutung von Möglichkeit, Wirklichkeit und Notwendigkeit findet nämlich bei Kant in den Jahren zwischen 1755 und 1763 innerhalb der mühsamen Reform des Wolffianismus (und der daran gebundenen Einbeziehung des Newtonianismus in die Philosophie) statt und bleibt in den späteren Phasen im Grunde unverändert. Die spezifische Form der Modalität in der *Kritik* kann auch kaum begriffen werden, wenn man die Schwankungen Kants in den Jahren unmittelbar vor und nach der *Dissertatio* von 1770 gar nicht betrachtet. Gewisse zentrale Aspekte der Kantischen Philosophie der Modalität – wie z. B. der Unterschied zwischen logischer und realer Möglichkeit (S. 11 ff. und 15 ff.), der nicht-prädikative Charakter des Existentialsatzes (S. 69 ff.), der Unterschied zwischen logischer und realer Notwendigkeit (S. 83 ff. und S. 93 ff. für den parallelen Unterschied bezüglich der Zufälligkeit) – werden jedoch von Schneeberger ausführlich untersucht. Bemerkenswert ist sicherlich auch seine Auffassung des Vorrangs der Wirklichkeit vor der Möglichkeit. Die reale Möglichkeit wird interessanterweise als eine aus der Wirklichkeit abgeleitete Möglichkeit definiert (vgl. S. 21 und S. 67), was für das Verständnis der neuen Kantischen Definition des Möglichen sehr hilfreich sein kann.

Heidegger, Martin, *Kants These über das Sein* (1961), Frankfurt a. M., Klostermann, 1962. In: Heidegger, Martin, *Wegmarken*, Frankfurt a. M., Klostermann, 1967, S. 273–307.

Kants Grundthese über die nicht-prädikative Natur des Seins wird von Heidegger als „ein weittragender Schritt in der Erörterung des Seins“ bezeichnet (S. 274). Die radikale (ontologische) Differenz zwischen Dingbestimmung und absoluter Position des Dinges komme nämlich hier besonders deutlich zum Ausdruck; dieselbe These bleibe aber für uns noch zu „abstrakt, dürftig und blaß“ (S. 274). Durch die Interpretation Heideggers bekommt die Behauptung Kants in der Tat eine ganz neue Farbe: „Sein als Position meint die Gesetztheit von etwas im setzenden Vorstellen“ (S. 281). Der Kantische Diskurs über die Modalität wird von Heidegger so betrachtet, als könnte man die These über das Sein von der Behandlung des Möglichen und des Notwendigen vollkommen isolieren. Kants modalontologischen Thesen wird darüber hinaus gar keine Unabhängigkeit von der Untersuchung des Verstandes und der Verstandesfunktionen gewährt: „Sein besagt zwar Position, Gesetztheit im Setzen durch das Denken als

Verstandeshandlung" (S. 285). Die Gesetztheit selbst wird als Setzung der Gegenständlichkeit gesehen. Heidegger findet es in diesem Sinne viel interessanter (und leichter), sich mit den klassischen Problemen der Deduktion (Ich denke, synthetische Einheit der Apperzeption) interpretatorisch zu beschäftigen, als die Modalität selbst zu erörtern. Seine Interpretation der Postulate bleibt – um seine eigenen Worte zu benutzen – „abstrakt und dürftig". Sein Vorwurf, Kant habe sämtliche ontologischen Fragen über die Setzung oder Gesetztheit des Gegenstandes nicht beantwortet, ist, vor allem wenn man an den radikalen Unterschied zwischen diesen zwei Formen des Philosophierens denkt, nicht nachvollziehbar.

Pape, Ingetrud, *Tradition und Transformation der Modalität. Erster Band: Möglichkeit – Unmöglichkeit*, Hamburg, Meiner, 1966.

Die Arbeit von Ingetrud Pape stützt sich auf die (interessante und m. E. richtige) Überzeugung, dass „man jede Philosophie auf Modalität umschreiben, d. h. ausdrücklich aus ihren modalen Definitionen verstehen [kann]" (S. 1). Untersucht werden von dieser Perspektive aus die Philosophien von Descartes, Spinoza, Leibniz, Wolff und Kant. Hauptziel der Analyse ist es im Allgemeinen zu zeigen, „...wie sich [in der Entwicklung der modernen Philosophie] durch den Einstrom des mathematisch- naturwissenschaftlichen Denkens in die Scholastische Tradition ein Umbruch vollzieht" (S. 26). Das ist sicherlich die beste Perspektive, um die Erneuerung und die Neuschreibung der Modalität bei Kant zu begreifen. Die Arbeit von Pape ist aber in diesem Sinne etwas enttäuschend. Pape betont zu Recht die inhaltliche und systematische Kontinuität zwischen Kant und seinen Vorgängern. Die Umwandlung der Ontologie in eine transzendentale Philosophie findet in der Tat bei Kant auf Grund einer sehr beschränkten Auseinandersetzung mit den klassischen Themen der Ontologie statt. Pape beschränkt aber ihre Analyse auf die Untersuchung der Möglichkeit, was das genaue Verständnis der Elemente der Kantischen Revolution behindert. Hervorgehoben werden die vielen Wolffianismen, die man in Kants Theorie der Modalität wiederfindet. Pape behauptet sogar, dass man die Modalphilosophie Wolffs in die spätere Modalphilosophie Kants übersetzen kann. Exemplarisch ist Papes originelle Darstellung der Kantischen Möglichkeit nach der Einteilung in vier unterschiedliche Grade der Vollkommenheit. Dieses sind die vier Stufen der aufsteigenden Möglichkeit: 1. die logische Möglichkeit, 2. der Anspruch eines Begriffes auf Realität, 3. das Erfahrungs-Mögliche, und schließlich 4. die vollständige Möglichkeit einer Idee (S. 219 ff.). Die radikale Neuheit der Kantischen Definition der Möglichkeit als das, was mit den formalen Bedingungen der Erfahrung übereinstimmt, wird von Pape wohl bemerkt (vgl. S. 228 ff.), doch fehlt eine Analyse jener entscheidenden Schritte, die zu dieser Definition überhaupt erst geführt haben.

Veca, Salvatore, *Fondazione e modalità in Kant*, Milano, Il Saggiatore, 1969.

Die Arbeit von Veca ist ohne Zweifel die inhaltsreichste und vollständigste Monographie, die bis heute über die Kategorien der Modalität verfasst wurde. Das Buch ist in zwei Teile gegliedert. Im ersten Teil betrachtet Veca allgemeine Aspekte der Entwicklung der Kantischen Philosophie zwischen 1747 und 1770. Im zweiten Teil werden zunächst die Reflexionen über die Modalität zwischen 1769 und 1778 anhand der Einteilung derselben in vier thematisch und chronologisch separate Gruppen untersucht (1. Gruppe der Reflexionen um 1769: das Ungenügen der rein logischen Auffassung des Möglichen; 2. Gruppe: Die Modalität als Thesis und die Besonderheit der Kategorien der Modalität; 3. Gruppe: Der *Duisburgsche Nachlass*; 4. Gruppe der Reflexionen um 1778: Die neue kritische Bestimmung der Modalität). Intensiv werden im folgenden Teil jene Abschnitte der *Kritik* untersucht, in denen Kant das Problem der Modalität des Urteils darlegt. Das letzte Kapitel des Buches enthält eine genaue, obwohl nicht komplette, Zusammenfassung der Postulate des empirischen Denkens in Form eines Kommentars des Textes Kants.

Die auffallende Schwäche der Untersuchung Vecas besteht keineswegs in der Breite oder in der Tiefe seiner Analyse, sondern vielmehr in der philosophischen Perspektive des Studiums. Die ganz besondere, reflexive Funktion der Modalurteile, welche nicht das Objekt als solches, sondern nur das Verhältnis zwischen Subjekt und Objekt beschreiben (vgl. dazu hier Kapitel 1), wird von Veca als eine Untersuchung über die „forme pure di atteggiamento posizionale del soggetto" betrachtet (S. 295). Die setzende Subjektivität („soggettività costitutiva", S. 297) soll nicht – so erklärt Veca – psychologistisch oder idealistisch, sondern phänomenologisch im Sinne der noetischen Konstitution des Objekts der Erkenntnis betrachtet werden. Durch die Modalität thematisiere Kant nichts Anderes als die Akte der konstitutiven Subjektivität. Konfus beschreibe Kant in der *Kritik* die ursprünglichen, konstitutiven Akte der subjektiven Setzung des Objekts. Der von Veca stetig betonte Vorrang der Wirklichkeit (der konstitutiven Setzung des Objekts) über die zwei anderen Grundbegriffe der Modalität (vgl. z. B. S. 352) widerspricht aber offensichtlich den Behauptungen des zweiten Postulats, in dem Kant die Wirklichkeit selbst der Notwendigkeit und der Gesetzlichkeit der Analogien der Erfahrung unterordnet. Vecas Rekurs auf Husserls *Ideen II*, um diese schwierigen Begebenheit zu rechtfertigen macht schließlich die Tatsache offensichtlich, dass man die Philosophie Husserls lieber in den Texten Husserls als in der *Kritik der reinen Vernunft* und in den vorkritischen Texten Kants suchen sollte.

Schindler, Walter, *Die reflexive Struktur objektiver Erkenntnis. Eine Untersuchung zum Zeitbegriff der Kritik der reinen Vernunft*, München, Carl Hanser Verlag, 1979.

Das Buch Schindlers besteht aus zwei Teilen: Im ersten Teil (I) wird die spezifische, reflexive Bedeutung der Postulate des empirischen Denkens, im zweiten (II) die reflexive Struktur der Erkenntnis überhaupt untersucht.

Beachtenswert ist vor allem Schindlers Versuch, in I.1 die drei Postulate als drei Prinzipien der Einheit des Denkens zu verstehen. – Die Einheit des Prinzips, – die Regel des Zusammenhanges der Elemente und – die qualitative Vollständigkeit seien nach Kant, die drei Bedingungen, welche den Zusammenhang der Begriffe des Verstandes überhaupt bestimmen (S. 13 ff.). Dieselben drei Kriterien (Einheit, Vielheit bzw. Wahrheit und Vollständigkeit), welche auf anderer Ebene auch die drei Transzendentalien der Scholastik (*unum*, *verum*, *bonum*), die drei fundamentalen Grundkräfte des Gemüts (Verstand, Urteilskraft, Vernunft) und schließlich auch die drei logischen Grundsätze (Satz des Widerspruchs, des Grundes und der Ausschließung des Mittleren) wiedergeben, werden nun von Kant durch die drei Begriffe der Modalität (Möglichkeit, Wirklichkeit, Notwendigkeit) und deren Grundprinzipien (die Postulate) erklärt. Diese Konstellation bezeichnet nach Schindler nichts Anderes als die systematische Eingliederung der unterschiedlichen Momente der synthetischen Einheit der Apperzeption.

Im zweiten Kapitel seiner Analyse der Postulate (I.2) versucht Schindler zu zeigen, dass diese eine vorzüglich systematische Funktion haben. In ihrem privilegierten Bezug auf die Analogien der Erfahrung bestimmen sie nämlich zugleich die Ordnung des Systems aller Grundsätze. Schindler Hypothese bezieht sich in diesem Sinne auf den Begriff der Einheit der Zeit. Besonders sorgfältig werden die Schemata der Modalität untersucht (S. 49 ff.). Die Grundsätze der Modalität seien schließlich synthetische Sätze a priori, denn „sie bringen die reine Synthesis nach Regeln der Einheit der Apperzeption in Hinblick auf die Bedingung der Zeit auf Begriffe, und d. h. sie erzeugen die Begriffe der transzendentalen Zeitbestimmung“

(S.61). Interessant ist schließlich die Auseinandersetzung Schindlers mit dem Begriff „Postulat“ in I.3. Eine enge (nicht nur terminologische) Parallele zur Mathematik lässt sich nach ihm wohl darlegen und beweisen. So wie die Postulate der Mathematik das schematische Verfahren der Erzeugung ihrer Gegenstände enthalten, so postulieren die Grundsätze der Modalität das schematische Verfahren, durch das die reale Möglichkeit der Gegenstände der Erfahrung dargelegt wird (vgl. S. 66 ff.).

Krausser, Peter, *Kants Theorie der Erfahrung und Erfahrungswissenschaft*, Frankfurt a. M., Klostermann, 1981.

Im VI. Kapitel seiner Abhandlung (S. 130–144) unterscheidet Krausser innerhalb der „Postulate des empirischen Denkens“ interessanterweise nicht zwei, sondern drei Grundbedeutungen der Modalität: 1. die bloß logische oder apriorische, 2. die reale (aposteriorische oder empirische) und 3. die mathematisch-konstruktive Modalität des Möglichen. Es folgt eine kurze Beschreibung der – mit den Worten Kraussers – „meta-theoretischen“ (d. h. nicht bloß „objekt-theoretischen“) Bedeutung der Grundsätze der Modalität (S.137). Die Modalbegriffe sollten nach Krausser aus verschiedenen Gründen aus der Liste der Kategorien gestrichen werden (vgl. S. 144). Die drei separaten Postulate werden hier zunächst neu formuliert. Kraussers vorgeschlagene Verkomplizierung der Definition des Postulats der Möglichkeit durch den expliziten Hinweis auf die Wirklichkeit, des Postulats der Wirklichkeit durch den expliziten Hinweis auf die Gesetzlichkeit und des Postulats der Notwendigkeit durch den expliziten Hinweis auf die Kausalität bleibt fragwürdig und ist auch nicht besonders nützlich (S. 137 ff.). Viel interessanter ist m. E. die hier enthaltene Neubestimmung der Schemata der Modalität als „Hyperschemata“, welche „unvermeidlich auf Produkte der Anwendung aller anderen Kategorien Bezug nehmen [müssen], also alle anderen Schemata für sich schon voraussetzen“ (S. 142). Ein interessantes Resultat der Neuformulierung der Modalschemata (S. 143) ist Kraussers Feststellung, dass Schema und Postulat in allen drei Fällen jeweils dasselbe besagen (ebd.).

Poser, Hans, *Die Stufen der Modalität. Kants System der Modalbegriffe*, in: K. Weinke (Hg.), *Logik, Ethik, Sprache, Festschrift für R. Freundlich*, Wien-München, Oldenbourg, 1981, S. 195–212.

Mit Kants Kopernikanischer Wende geht nach Poser eine radikale Neubegründung der Modalität einher. Die Frage nach der Modalität wird nämlich nicht mehr auf einer ontologischen, sondern auf einer epistemologischen Ebene gestellt. Die Wirklichkeit werde als gleichberechtigter Modus gesehen und das klassische Quadrat der logischen Modalität (Möglichkeit, Unmöglichkeit, Notwendigkeit, Zufälligkeit) endgültig verworfen. „Als radikaler Bruch mit der Tradition führt diese Neubestimmung der Modalitäten auf die Frage, wie ein neuer formaler und inhaltlicher Zusammenhang der Modalbegriffe in Kants kritischer Philosophie gestiftet wird. Die Frage nach dem Aufweis dieser Struktur soll der Gegenstand der vorliegenden Arbeit sein" (S. 196). Posers Auseinandersetzung mit den bloß logischen Modalitäten Kants erweist sich jedoch zunächst als mangelhaft. Die Funktion des problematischen, assertorischen, apodiktischen Urteils in einem Vernunftschluss und der daran gebundene Prozess der progressiven Einverleibung der Erkenntnis werden nämlich gar nicht betrachtet. Nicht geklärt bleibt auch, wie die drei den Modalbegriffen entsprechenden Prinzipien des Widerspruchs, des Grundes und des ausgeschlossenen Dritten in den Prozess der menschlichen Erfahrung eingegliedert werden können. Die zentrale Funktion der Wirklichkeit für die nicht bloß logischen, sondern transzendentalen Modalitäten lässt sich nach Poser vor allem in Bezug auf die neue Definition der Möglichkeit der Dinge und der materialen Notwendigkeit derselben begreifen (S. 201 f.). Zentral ist in diesem Artikel der ständige Versuch, eine Parallele zwischen logischen und realen Modalstrukturen zu zeigen, wobei man sich aber wohl fragen könnte, ob die strukturellen Unterschiede, die Poser hier sieht, überhaupt so groß sind. Der Aufsatz schließt mit einer interessanten Interpretation und Darstellung der Bedeutung der absoluten Modalitäten in ihrer nicht mehr logischen und ontologischen, sondern nun transzendentalkritischen Bedeutung.

Poser, Hans, *Mögliche Erkenntnis und Erkenntnis der Möglichkeit. Die Transformation der Modalkategorien der Wolffschen Schule in Kants kritischer Philosophie*, in: Grazer Philosophische Studien, 20, 1983, S. 129–147.

Kants Philosophie der Modalität lässt sich nur dann begreifen, wenn man sie in den Kontext der Tradition der klassischen Ontologie einbettet. Diese wahre, zum Teil sogar selbstverständliche Tatsache wird hier von Hans Poser deutlich betont. Der Autor fasst akkurat die Wolffsche Philosophie der Möglichkeit zusammen und hebt manchen wichtigen Unterschied zwischen Kant und seinen Vorgänger hervor: die Einführung des Begriffs der Wirklichkeit und die Aufhebung des klassischen Quadrats der Modalität (möglich, unmöglich, notwendig, zufällig) zu Gunsten der Triade Möglichkeit, Wirklichkeit, Notwendigkeit und deren Gegenteilen. Die frappierende Neuheit der kritischen Philosophie der Modalität wird von Poser mit Hilfe des einfachen Paradigmas des Überganges von der Ontologie zur Epistemologie dargestellt: „...während Wolff nur auf die *Erkenntnis einer Möglichkeit* reflektiert, wechselt Kant den Standpunkt vollständig und untersucht die *Möglichkeit der Erkenntnis*" (S. 140). Die ontologische Revolution, die Kant in der vorkritischen Phase auf der Ebene der Modalität vollzieht, wird hier von Poser weder ausführlich noch besonders tiefsinnig zusammengefasst.

Grünewald, Bernward, *Modalität und empirisches Denken. Eine kritische Auseinandersetzung mit der Kantischen Modaltheorie*, Hamburg, Meiner, 1986.

Dies ist eine der Monographien, die in den letzten Jahrzehnten die Themen der Kantischen Postulate am ausführlichsten behandelt haben. Grünewalds Interpretation des Textes Kants ist jedoch ganz eigenartig. Die Postulate werden hier weder zusammengefasst noch analysiert; Grünewald hält sie eben für nicht korrekt, und zwar nicht im Allgemeinen, sondern im ganz strikten Kantischen Sinne. Grünewald wundert sich sehr, dass Kant sie nicht in der zweiten Ausgabe der *Kritik* radikal korrigiert hat und schreibt selber, was Kant seiner Meinung nach hätte schreiben sollen: eine neue transzendentale Theorie der Modalität. Dafür verbindet er zunächst die drei Formen des modalen Urteils (und das darin enthaltene Prinzip der Gesetzlichkeit) mit den drei Grundsätzen der Phänomenologie nach den *Metaphysischen Anfangsgründen der Naturwissenschaften* von 1786, welche – bezüglich der drei Prinzipien der Phoronomie, Dynamik und der Mechanik – drei ganz neue, spezifische Formen von Urteilsmodi entwickeln (vgl. S. 142). Im Übergang von dem bloß urteilstheoretischen zum gegenstandstheoretischen Modalproblem präsentiert Grünewald dann drei neue Definitionen der transzendentalen Schemata der Modalität. Hauptziel seiner massiven – systematischen und inhaltlichen – Korrekturen besteht darin, drei wahrhaft gegenstandsbestimmende (nicht bloß reflexive) Modalbegriffe aufzufinden und darzustellen. Das kann aber nur gegen die expliziten Aussagen Kants getan werden, denn Kant erklärt die Prinzipien der Modalität mehrmals und sehr explizit zu drei nur subjektiven (nicht objektiven) Prinzipien.

Auf Grund der oben erwähnten Analysen werden die drei Postulaten des empirischen Denkens von Grünewald folgendermaßen neu geschrieben: „P1. Künftige kontingente Sachverhalte, die nicht schon durch gegenwärtig der Fall seiende Sachverhalte ausgeschlossen werden, sind zum gegenwärtigen Zeitpunkt bloß möglich. P2. Kontingente Sachverhalte, die bis zum gegenwärtigen Zeitpunkt als Bedingungen des Der-Fall-Seins anderer Sachverhalte fungieren, sind wirklich. P3. Das Bestimmtsein eines Gegenstandes durch die allgemeinen Bedingungen des Der-Fall-Seins seiner Zustände und Zustandsveränderungen (durch seine Natur) ist notwendig“ (S. 152). Ich überlasse gerne anderen die Aufgabe, über Grünewalds Postulate einen Kommentar zu verfassen. Ich bemerke nur, dass seine kritische Auseinandersetzung mit der Kantischen Modaltheorie den offensichtlichen Nachteil hat, dass sie die Entwicklung der Philosophie Kants in der vorkritischen Phase gar nicht berücksichtigt und den Text selbst der Postulate nur ziemlich oberflächlich analysiert. Sie hat auf der anderen Seite den klaren Vorteil, dass sie mehrere eher marginale Aspekte seiner Modalphilosophie in die Mitte der Diskussion stellt und klar durchschaut. Sowohl im ersten Teil als auch in den Fußnoten des Kommentars habe ich mich daher sehr oft auf die interessanten Behauptungen Grünewalds beziehen müssen.

Brandt, Reinhard, *Die Urteilstafel. Kritik der reinen Vernunft A67–76; B92–101*, Hamburg, Meiner, 1991.

Das Werk enthält eine Analyse und Darstellung der Funktion der Modalität in der Tafel der Urteile. Die Modalität, so Brandt, ist eine jedem Erkenntnisurteil inhärente Bestimmung (S. 80). Sie entspricht in ihrer Struktur der Form eines Syllogismus: das problematische Urteil der Möglichkeit wird in einem hypothetischen Urteil als *maior*, das assertorische der Wirklichkeit und das apodiktische der Notwendigkeit in den zwei kategorischen Urteilen der *minor* und der *conclusio* ausgedrückt (S. 80). Brandt schlägt aber eine radikale, sehr gewagte Revision der logischen Bestimmung der drei Urteile der Modalität vor. Diese sei die direkte Konsequenz aus der Einbeziehung der „Gesetze des Verstandes“ in die Darstellung des Schlusses der Modalitäten (vgl. *KrV*, A 76/B 101). Er behauptet, man könne vor allem aus diesem Grund das problematische dem kategorischen Urteil (welches nach dem Satz des Widerspruchs mindestens logisch möglich ist), das assertorische dem hypothetischen Urteil (welches die Konsequenz des wenn-dann Verhältnis nach dem Satz vom Grunde ausdrückt) und das apodiktische dem disjunktiven Urteil zuordnen (gemäß dem Satz vom ausgeschlossenen Dritten). „Ein derartiges Experiment führt zu der Zuordnung von problematischen zu kategorischen, assertorischen zu hypothetischen und apodiktischen zu disjunktiven Urteilen“, so Brandt (S. 81).

Die von Brandt vorgeschlagene Bestimmung der drei Momente des modalen Urteils versucht einige systematische Schwierigkeiten zu lösen. Sie ermöglicht die leichte Zuordnung der Modalurteile nach den drei Kategorien der Relation (Substanz, Kausalität, Wechselwirkung) und nach den drei Grundprinzipien der Logik (Satz vom Widerspruch, Satz vom Grunde, Satz vom ausgeschlossenen Dritten). Verständlicher wird auch die ganz allgemeine Trennung der drei Menschenvermögen: Verstand als Vermögen der Begriffe, Urteilskraft, Vernunft als Vermögen der Schlüsse. Man müsse jedoch immer festhalten, dass man es hier mit drei Bestimmungen desselben Urteils zu tun hat: „...es handle sich in den drei Momenten um ein und dasselbe Urteil, das zuerst provisorisch als nur möglich behauptet wird, dann als wirklich und endlich als notwendig“ (S. 81–82). Der präpositionale Gehalt der drei Urteile bleibt hiermit identisch; was sich aber ändert – und hiermit sind wir laut Brandt auf der besonderen Ebene der Methode – ist der epistemologische Status ein und desselben Satzes. Auf dieser Basis erst könne man Kants entscheidende Behauptung begreifen, dass sich alles „gradweise dem Verstande einverleibt“ (*KrV*, A 76/ B 101). Brandt sieht in dieser Behauptung, deren Quelle er in einigen Sätzen von Feders *Logik und Metaphysik* sieht (S. 83 Anm.), die entscheidende Erklärung der syllogistisch geordneten Urteile der Modalität als den drei Momenten eines einzigen Erkenntnisprozesses (vgl. S. 82–83, 103).

Wolff, Michael, *Die Vollständigkeit der kantischen Urteilstafel*, Frankfurt a. M., Klostermann, 1995.

Das Buch Wolffs wird hier vor allem in 2.1 (innerhalb der Beschreibung der Ableitung der Begriffe der Modalität aus der Logik) mehrmals erwähnt. Es enthält eine wertvolle Erklärung der Funktion der Modalität bezüglich der Kopula des Urteils (S. 126 ff.) und der Metapher der graduellen Einverleibung des Inhalts des Urteils im Verstande (S. 124 ff. und S. 173). Funktion und Bedeutung des problematischen, assertorischen und apodiktischen Urteils in Bezug auf die drei Erkenntnisvermögen des Verstandes, der Urteilskraft und der Vernunft werden ausführlich erläutert (vgl. S. 147 ff.). Wolff beschreibt hier einen interessanten Parallelismus zwischen den drei Formen der Modalität und den drei unterschiedlichen Arten des kategorischen, hypothetischen und disjunktiven Vernunftschlusses. Letztere seien in den kategorischen, hypothetischen und disjunktiven Charakteren der jeweiligen *maior* (welche allein die Form des gesamten Schlusses bestimmt) schon enthalten.

Stampa, Moreno, *Modalità e teoria dell'oggetto nell'„Analitica" di Kant*, LED, Milano, 2000.

Das Buch enthält eine kommentierte Zusammenfassung der Teile der *Kritik der reinen Vernunft*, die Kant (am Anfang der „Analytik der Begriffe" und am Ende der „Analytik der Urteile") der Theorie der Modalität gewidmet hat. Gründlich wird von Stampa das Verhältnis von der zentralen Funktion des Urteils zur modalen Bestimmung desselben behandelt. Er erinnert in diesem Sinne daran, dass Kant den Vorrang der Handlung des „Urteilens" über die zwei anderen logischen Handlungen des „Begreifens" und „Schließens" schon in *Die falsche Spitzfindigkeit der vier syllogistischen Figuren erwiesen* von 1762 festgelegt hat (S. 20). Besonders gelungen ist Stampas Darstellung des nicht leicht überschaubaren Verhältnisses der hypothetischen, assertorischen und apodiktischen Urteile zu den Kategorien und den Grundsätzen der Modalität (S. 91 ff.). Durch die drei Formen der Modalität wird das Urteil, das in den anderen Fällen die Erfahrung selbst ermöglicht, in einer Reflexion des Urteilens über sich selbst erkannt, und zwar zunächst als bloß mögliches Urteil, dann als wahres (wenn es wohl begründet ist) und schließlich – was m. E. allein die Kraft der synthetischen Urteile a priori erklärt – als ein notwendiges Urteil, welches, unabhängig von jedem Schluss, die Gesetzlichkeit des Schließens in sich enthält und ausdrückt (vgl. hier Abs. 2.1, S. 39 f.).

Chiurazzi, Gaetano, *Modalità ed esistenza. Dalla critica della ragion pura alla critica della ragione ermeneutica: Kant, Husserl, Heidegger*, Torino, Trauben, 2001.

Das größte Verdienst des Buches von Chiurazzi liegt m. E. darin, dass hier das enge, jedoch nicht selbstverständliche Verhältnis der Kantischen Modalitätslehre zu den Logikbüchern und den Texten über das Thema des 12. und 13. Jahrhunderts (von Sherwood, Petrus Hispanus, Thomas von Aquin, usw., vgl. hier Kapitel 8, S. 139 ff.) offensichtlich wird.

Die Besonderheit der Kategorien der Modalität, welche nicht die Objekte als solche, sondern das Verhältnis Subjekt-Objekt betreffen, wird von Chiurazzi akkurat zusammengefasst. Hier liege die Eigentümlichkeit nicht nur der Begriffe der Modalität, sondern der transzendentalen Philosophie überhaupt. Die Kopernikanische Wende könne als eine „modale" bezeichnet werden (vgl. S. 59–60). Der Unterschied zwischen Erscheinungen und Dingen an sich sei auch ein modaler (vgl. S. 115–117); und als „modale“ können in diesem Sinne nicht nur die Begriffe der vierten Gruppe, sondern auch alle die anderen Kategorien (vgl. S. 72, S. 86, S. 89 ff.) und die Formen der Anschauung, Raum und Zeit (vgl. S. 66, S. 121 ff., S. 126, S. 128), gelten. Das „Ich denke“ selbst soll nach Chiurazzi als ein „Synkategorema“ bezeichnet und verstanden werden (vgl. S. 94 ff.).

Chiurazzis Subsumption der Philosophie Kants unter den Titel der Modalität stützt sich auf die philosophische (bzw. hermeneutische) Grundthese seiner Schrift: das Sein selbst sei nichts Gegebenes, sondern ein Modus, d. h. die Art, wie etwas gegeben wird.

Hanna, Robert, *Kant and the Foundations of Analytic Philosophy*, Oxford, Clarendon Press, 2001.

Im 5. Kapitel („Necessity Retricted: The Synthetic A Priori“) dieses Buches stellt Robert Hanna die innerhalb der analytischen Philosophie negativ beantwortete Frage nach der Existenz von synthetischen Urteilen a priori neu. Rekonstruiert werden zunächst die Positionen der Philosophen, welche seiner Ansicht nach die Unmöglichkeit solcher Urteile am deutlichsten dargelegt haben: Ludwig Wittgenstein, Moritz Schlick, Rudolf Carnap, Alfred Jules Ayer. Es gibt in der Tat nach den sogenannten Neopositivisten keine synthetischen Urteile a priori, da jedes Urteil entweder analytisch (eine Tautologie) oder synthetisch a posteriori (eine empirische Feststellung) ist. Der Neopositivismus hat auch viele Wissenschaftler des 19. Jahrhunderts durch das anspruchsvolle Projekt fasziniert, die rein formale Logik und die empirische Erkenntnis miteinander zu kombinieren, wobei – das galt als unverzichtbare Voraussetzung des Projekts – die zwei Dimensionen radikal getrennt bleiben sollen. „For Ayer and the other logical positivists, there exist two and only two kinds of properly meaningful proposition: a) necessary analytic a priori proposition […] and b) contingent synthetic a posteriori proposition (=factual truths). Looked at this way, the label ‘synthetic a priori’ is an oxymoron“, so Hanna (S. 235).

Wie kann man „the long-closed case of the synthetic a priori“ nun wieder eröffnen? Hannas Strategie besteht in der Neubestimmung der synthetischen Urteile a priori mit Hilfe der Instrumente der modernen Modallogik. A priori heißt nach Kant „unabhängig von sinnlicher Erfahrung“; es heißt aber auch und vor allem „notwendig“ und „allgemeingültig". Hanna unterscheidet in dieser Hinsicht zwischen zwei Formen der Allgemeinheit und der Notwendigkeit: 1) nach einem starken und 2) nach einem schwachen Prinzip der Zweiwertigkeit bzw. Bivalenz (das ist die Grundprämisse der Logik, die besagt, dass semantisch jede Formel entweder wahr oder falsch ist). 1) „the strong principle of bivalence" lautet: „for every proposition *P*, *P* is either true or false and not both" (S. 252); 2) „the weak priciple of bivalence" lautet: „for every proposition *P*, if *P* takes a classical truth value, then *P* is either true or false and not both [...] Some propositions might receive a classical truth value in some possible worlds but no classical truth value in others" (S. 252–253). Das starke Prinzip der Bivalenz (1) ist charakteristisch für die absolute Allgemeinheit und Notwendigkeit der Behauptungen der formalen Logik. Das schwache Prinzip der Bivalenz (2) prägt dagegen die begrenzte Allgemeinheit und Notwendigkeit der Urteile der transzendentalen Logik, d. h. der synthetischen Urteile a priori: „...the very idea of a synthetic a priori proposition appears to line up perfectly with the notion of a restrictedly necessary" (S. 256). „Restrictedly necessary" heißt im Allgemeinen: „determined by appeal to a special rule for selecting a certain domain of possible worlds" (S. 257), d. h. im speziellen Fall der *Kritik der reinen Vernunft:* „the worlds incorporating the formal structures of our space and time and containing all and only those objects governed by the schematized categorical conditions" (ebd.). Synthetische Urteile a priori hängen laut Hanna von einer „anthropocentric restriction" (S. 260) ab, welche Wahrheit und Falschheit derselbe konstitutiv prägt.

Hanna rekurriert auf die Leibnizsche Theorie der Modalität, welche die moderne formalisierte Modallogik inspiriert und geprägt hat. Hiermit versucht er, Kants Auffassung der synthetischen Urteile a priori ganz neu (und angeblich besser) zu interpretieren. Ebenso hätte Hanna aber eher das Gegenteil unternehmen können. Kant kritisiert nämlich ganz explizit die Leibnizsche Theorie der möglichen Welten auf Grund seiner Auffassung der synthetischen Urteile a priori. Hätte Hanna die „Postulate des empirischen Denkens" (vor allem *KrV*, A 230 ff./B 282 ff.) ins Zentrum seiner Untersuchung der Modalität gestellt, dann hätte er feststellen müssen, dass sich die moderne (von Leibniz inspirierte) Modallogik für die Beschreibung und Aktualisierung der synthetischen Urteile a priori gar nicht gebrauchen lässt. Kant war sich der radikalen Unterschiede dieser zwei Konzeptionen der Modalität sehr bewusst.

Man kann in Anschluss an diese Bemerkungen über Hannas Buch Folgendes feststellen: Die von der modernen Modallogik allgemein akzeptierten Definitionen des „Möglichen" als das, was in mindestens einer

Welt wahr ist, des „Notwendigen“ als das, was in allen möglichen Welten wahr ist, des „Kontingenten“ als das, was in dieser Welt und nicht in allen möglichen Welten wahr ist, usw. sind der kritischen Theorie der Modalität völlig fremd. Sie werden von Kant – wie hier oben erwähnt – explizit widerlegt (vgl. S. 269 f.). Aus diesem Grund habe ich in diesem Buch auf einen genaueren Vergleich zwischen den Kantischen Postulaten und den modernen Theorien der formalisierten Modallogik (man denke vor allem an Lewis, Wright, Carnap, Kripke, Hintikka) verzichtet. Es bleibt jedoch sicherlich die Frage offen, inwiefern die Grundlage der heutigen Modallogik mit Hilfe der ganz besonderen Definitionen Kants neu definiert bzw. problematisiert werden kann?

Wingendorf, Ralf, Kritische Modalphilosophie. Möglichkeit, Wirklichkeit und Notwendigkeit in der „Kritik der reinen Vernunft“, Inuaguraldissertation, Trier, 2001.

Wingendorf entwickelt seine Untersuchung der Modalphilosophie bei Kant in unmittelbarer Auseinandersetzung mit mehreren wichtigen Beiträgen der Sekundärliteratur des 20. Jahrhunderts über dieses Thema. Seine Arbeit zerfällt dementsprechend in sieben Teile, in denen er die Arbeiten von Hans Pichler (*Möglichkeit und Widersprüchlichkeit*, 1912), David Baumgardt (*Das Möglichkeitsproblem*, 1920), Walter Bröcker (*Das Modalitätenproblem*, 1946), Guido Schneeberger (*Kants Konzeption der Modalbegriffe*, 1952), Peter Plaaß (*Kants Theorie der Naturwissenschaft*, 1965), Hans Poser (*Mögliche Erkenntnis und Erkenntnis der Möglichkeit*, 1983) und Bernward Grünewald (*Modalität und empirisches Denken*, 1986) respektive diskutiert. Ziel der gesamten Untersuchung ist es, eine Parallele zwischen der logischen und der realen Modalität bei Kant zu ziehen.

Neumann, Hardy, *Die neue Seinsbestimmung in der reinen theoretischen Philosophie Kants: Das Sein als Position*, Berlin, Duncker & Humblot, 2006.

Man findet in diesem Werk eine ziemlich detaillierte Zusammenfassung der Postulate. Neumann stützt seine Untersuchung mit der Grundüberzeugung, dass man von der von Kant mehrmals behaupteten nicht-prädikativen Natur des Seins auf die Behauptung schließen kann, „daß das Sein nicht als ein ontisches, sondern als ein transzendental-ontologisches Prädikat begriffen werden soll“ (S. 349). Die ganze Kritik der reinen Vernunft könne in diesem Sinne als ein Werk gelesen werden, in dessen

Zentrum das Sein als Position des Seienden steht. Diese von Heidegger inspirierte Interpretation lässt sich durch die Analyse der Texte nicht bestätigen. Mehrere Aspekte der Kantischen Philosophie der Modalität – wie die Behauptung „das Sein ist kein Prädikat" (vgl. dort S. 184 ff. und S. 190 ff.), der Unterschied zwischen logischer und realer Möglichkeit (S. 338 ff.), das Verhältnis Notwendigkeit – Zufälligkeit (S. 340) oder die Bedeutung des Wortes „Setzung" bzw. „Position" (S. 343) – werden aber von Neumann in einer sehr klaren Weise zusammengefasst.

Charrak, André, *Contingence et nécessité des lois de la nature au XVIIIe siècle*, Paris, Vrin, 2006.

Die Analyse von Charrak trifft einen wesentlichen Punkt innerhalb der Kantischen Philosophie der Modalität: die Tatsache, dass sich die Definition der Notwendigkeit im dritten Postulat viel weniger auf die subjektiven Bedingungen a priori der Erfahrung als auf den Begriff des „Gesetzes", wie dieser innerhalb der neuen Wissenschaft des 18. Jahrhunderts neu definiert wurde, stützt (S. 155 ff.). Charrak vertieft leider nicht die wichtige Funktion des Begriffes des Gesetzes innerhalb der Kantischen Reform der Ontologie der Modalbegriffe. Seine Analyse der „Postulate" bleibt daher ziemlich oberflächlich. Viel ausführlicher und interessanter ist aber die Darstellung der Entwicklung des Modalcharakters der Gesetze der Natur in der Philosophie der Aufklärung des 18. Jahrhunderts. Maupertuis und D'Alembert sind nach Charrak die Protagonisten einer entscheidenden Revolution innerhalb der Wissenschaften, welche auch erhebliche Folgen für die philosophische Definition der Modalbegriffe gehabt hat. Nicht mehr die Reflexion über die Zufälligkeit der möglichen Welten und über die rationale Notwendigkeit der Göttlichen Wahl der besten aller möglichen Welten wie bei Leibniz, sondern die Betrachtung der die Natur der Körper bestimmenden physikalischen Notwendigkeit der Gesetze der Physik stehe nun im Zentrum vieler philosophischer Untersuchungen. Der Satz vom Grunde selbst erhalte unter diesen Neuerungen eine andere Bedeutung. Die Absätze der „Postulate", denen Charrak seine größte Aufmerksamkeit widmet, sind dementsprechend diejenigen, in denen Kant explizit Position gegen die Leibnizsche Philosophie der Möglichkeit und der möglichen Welten bezieht (S. 157 ff.).

Kamlah, Andreas, *Kants Antwort auf Hume und eine linguistische Analyse seiner Modalbegriffe*, in: Kant Studien, 100, 1, 2009.

Kamlah stellt uns hier eine wichtige Frage: Was heißt „Notwendigkeit" bei Kant? Der Begriff – so Kamlah – wird innerhalb der *Kritik der reinen Vernunft* mit zwei verschiedenen Bedeutungen gebraucht. Notwendig ist einerseits das, was man auf Grund der Prinzipien a priori der Erfahrung behauptet (das wäre, mit den Worten Kamlahs, das Denknotwendige oder die epistemische Notwendigkeit); in der transzendentalen Analytik verweist andererseits der Begriff auf die anerkannte Gültigkeit der empirischen Gesetze der Natur. In der Erläuterung der Kategorie der Notwendigkeit im dritten Postulat des empirischen Denkens rekurriere Kant offensichtlich auf diese zweite Form des Notwendigen, ohne aber den Unterschied zwischen den beiden Bedeutungen deutlich zu machen oder wenigstens zu thematisieren. (vgl. S. 39). Wie soll man nun Kants ständige Verwechslung der zwei Bedeutungen verstehen? Kamlahs These lautet: „Kant gelangt de facto zu zwei Notwendigkeitsbegriffen, indem er den einen, die Notwendigkeit von Naturgesetzen in zwei verschiedenen Weisen gebraucht, ontisch (oder objektiv) und epistemisch, in der Bedeutung: als notwendig erweisbar. Wir können ihm deshalb nicht vorwerfen, dass er nur von einer Kategorie der Notwendigkeit redet. Er folgt dabei nur einer üblichen Praxis des Umgangs mit Sprache" (S. 41).

Der Rekurs auf den damaligen Sprachgebrauch kann aber nur wenig helfen. Die zwei des Öfteren verwechselten Bedeutungen der Notwendigkeit lassen sich m. E. nur dann richtig erklären, wenn man zugleich die radikale Reform der Metaphysik des Möglichen in eine Philosophie bzw. Ontologie der Notwendigkeit (der Gesetze der Natur und der Moral, wobei das Notwendige die Definition selbst des Objektiven wird) durchführt und die daran eng gebundene Umsetzung der daraus gewonnenen Prinzipien in eine Untersuchung über den menschlichen Verstand (nach dem Muster des *Essay* Lockes von 1690) überführt. Die objektive Notwendigkeit der Gesetze der Physik wird von Kant ins Zentrum der nicht zu unterschätzenden Neuschreibung der Grundprinzipien der Ontologie, die Kant ab den 50er und 60er Jahren im Namen des Notwendigen verfolgt, gesetzt. Die Ontologie wird aber paradoxerweise (denn das widerspricht offensichtlich der Definition der Ontologie selbst und kann nur zur radikalen Neugestaltung der ganzen Philosophie führen) in eine Analytik des Verstandes verwandelt.

In der grundlegenden und systematischen Idee, man könne die neue Ontologie der Notwendigkeit in Form einer Untersuchung des Umfangs und der Grenzen des Verstandes darlegen, steckt ein konstitutives Paradox, das allein zu den von Kamlah zu hastig dargestellten Schwierigkeiten bezüglich der Mehrdeutigkeit des Begriffs des Notwendigen führt. Der damalige Sprachgebrauch kann in diesem Sinne keineswegs eine Lösung bieten.

Literaturverzeichnis

Die Bibliographie enthält nur die Werke, die ich im Text explizit zitiert (oder erwähnt) habe. Sie zerfällt in zwei Teile: Primärliteratur (Werke von Autoren, die vor 1800 geboren sind) und Sekundärliteratur (Werke von allen anderen Autoren). Die Primärliteratur wird ihrerseits in *Werke von Immanuel Kant* und *Werke von anderen Autoren* geteilt. Im Text werden die Werke meistens mit der Angabe des Nachnamens des Autors, des Titels des Werkes (manchmal verkürzt) und der zitierten Seiten (nach dem letzten bibliographischen Hinweis) angegeben.

Primärliteratur

Immanuel Kant

— *Gesammelte Schriften*, hrsg. von der Preußischen Akademie der Wissenschaften / von der Deutschen / Göttinger Akademie der Wissenschaften, Berlin – Leipzig, G. Reimer, 1900 ff. / Berlin, De Gruyter 1967 f.

Kants Werke werden nach der Akademieausgabe mit Band- und Seitenangabe zitiert (7:77). Die Reflexionen werden meistens ohne Angabe des korrespondierenden Bandes der Akademieausgabe (z. B. R. 777) angeführt. Die *Kritik der reinen Vernunft* wird auch in der Edition der Akademieausgabe, jedoch nach der Paginierung der beiden Originalausgaben (z. B. *KrV*, A 77/B 102) zitiert. Für die kritische Festlegung des Wortlautes der „Postulate" (vgl. hier S. 162–171) wurden die folgenden Ausgaben der *Kritik der reinen Vernunft* zusammen mit den hier ebenfalls aufgelisteten textkritischen Arbeiten verwendet:

— *Critik der reinen Vernunft*, Riga, Hartknoch, 1781. [A]
— *Critik der reinen Vernunft*, zweite verbesserte Auflage, Riga, Hartknoch, 1787. [B]
— *Critik der reinen Vernunft*, dritte und vierte Auflage, Riga, Hartknoch, 1790 und 1794. [3. 4. Auflage]
— Grillo, Friedrich, *Druckfehlerverzeichnis in den Schriften des Herrn I. Kant*, in: Annalen der Philosophie und des philosophischen Geistes…, hrsg. von L. H. Jakob, Halle – Leipzig, I, 1795, S. 37–53. [Grillo]
— *Critik der reinen Vernunft*, fünfte Auflage, Leipzig, Hartknoch, 1799. [5. Auflage].

— Immanuel Kant's *Kritik der reinen Vernunft*, hrsg. von G. Hartenstein, Leipzig, 1853. [Hartenstein]
— *Kritik der reinen Vernunft*, hrsg. von B. Erdmann, Leipzig, Leopold Voss, 1878. [Erdmann]
— *Kritik der reinen Vernunft*, mit einer Einleitung und Anmerkungen hrsg. von E. Adickes, Berlin, Mayer & Müller, 1889. [Adickes]
— *Kritik der reinen Vernunft*, hrsg. von K. Vorländer, Halle, Hendel, 1899. [Vorländer]
— Vaihinger, Hans, *Siebzig textkritische Randglossen zur Analytik*, in Kant-Studien, 4, 1900, S. 452–463. [Vaihinger]
— *Kritik der reinen Vernunft*, hrsg. von J. H. von Kirchmann, bearb. von Th. Valentiner, Leipzig, Dürr, 1901. [Valentiner]
— *Kritik der reinen Vernunft*, hrsg. von B. Erdmann, in: *Gesammelte Schriften*, Bd. III (B Ausgabe), 1904 ff., Bd. IV, S. 1–252 (A Ausgabe bis „Von den Paralogismen der reinen Vernunft"), 1903 ff. [Ak]
— *Kritik der reinen Vernunft*, hrsg. von A. Görland, Berlin, Cassirer, 1913. Bd. III in: *Immanuel Kants Werke*, hrsg. von Ernst Cassirer, Berlin, Cassirer, 1911–1922. [Görland]
— *Critique de la raison pure*, hrsg. von A. J.-L. Delamarre und F. Marty, in *Œuvres philosophiques*, I, Paris, Gallimard (Bibliothèque de la Pléiade), 1980.
— *Kritik der reinen Vernunft*, hrsg. von R. Schmidt, dritte Auflage, Hamburg, Meiner, 1990. [Schmidt]
— *Critique of pure reason*, hrsg. von P. Guyer und A. Wood, in *The Cambridge Edition of the works of Immanuel Kant*, Cambridge, Cambridge University Press, 1998.
— *Kritik der reinen Vernunft*, hrsg. von J. Timmermann, Hamburg, Meiner, 1998. [Timmermann]

Hier folgt eine Liste von anderen im Text erwähnten oder verwendeten Auflagen der Werke Kants:

— *De Mundi sensibilis atque intelligibilis forma et principiis*, hrsg. von K. Reich, Hamburg, Meiner, 1958.
— *Manuscrit de Duisbourg (1774–1775)*, hrsg. von F. X. Chenet, Paris, Vrin, 1988.
— *Kritik der Urteilskraft*, hrsg. von K. Vorländer, 7. Auflage, Hamburg, Meiner, 1990.
— *Kritik der praktischen Vernunft*, hrsg. von K. Vorländer, 10. Auflage, Hamburg, Meiner, 1990.
— *Bemerkungen in den „Beobachtungen über das Gefühl des Schönen und Erhabenen"*, hrsg. und kommentiert von M. Rischmüller, Hamburg, Meiner, 1991.
— *Lectures on Logic*, hrsg. von J. M. Young, in *The Cambridge Edition of the works of Immanuel Kant*, Cambridge, Cambridge University Press, 1992.
— *Lectures on metaphysics*, hrsg. von K. Ameriks und S. Naragon, in *The Cambridge Edition of the works of Immanuel Kant*, Cambridge, Cambridge University Press, 1997.
— *Logik-Vorlesung: unveröffentlichte Nachschriften*, bearb. von T. Pinder, Hamburg, Meiner, 1998.

— *La logica di Vienna*, hrsg. von B. Bianco, Milano, Angeli, 2000.

Siglen / Verkürzungen

Allgemeine Naturgeschichte: *Allgemeine Naturgeschichte und Theorie des Himmels* (1:215–368), *Nova Dilucidatio*: *Principiorum primorum cognitionis metaphysicae nova dilucidatio* (1:385–416), *Der einzig mögliche Beweisgrund* bzw. *BG*: *Der einzig mögliche Beweisgrund zu einer Demonstration des Daseins Gottes* (2:63–163), *Negative Größen*: *Versuch den Begriff der negativen Größen in die Weltweisheit einzuführen* (2:165–204), *Träume eines Geistersehers*: *Träume eines Geistersehers erläutert durch Träume der Metaphysik* (2:315–373), *Dissertatio* (von 1770): *De mundi sensibilis atque intelligibilis forma et principiis* (2:385–425), *KrV*: *Kritik der reinen Vernunft* (A, 4:1–252; B, 3:1–552), *Prolegomena*: *Prolegomena zu einer jeden künftigen Metaphysik, die als Wissenschaft wird auftreten können* (4:253–384), *MAN*: *Metaphysischen Anfangsgründen der Naturwissenschaft* (4:465–566), *KpV*: *Kritik der praktischen Vernunft* (5:1–163), *KU*: *Kritik der Urteilskraft* (5:165–485), *Logik*: *Logik. Ein Handbuch zu Vorlesungen* (9:1–150), R.: *Reflexionen* (14 ff.).

Andere Autoren

Abelardus, Petrus, *Dialectica*, hrsg. von L. M. De Rijk, Assen, Van Gorcum, 1956.

— *Glossae super Periermeneias* (Kap. XII – XIV), hrsg. von M. Paluello, *in Twelfth Century Logic. Textes ans Studies II: Abaelardiana Inedita*, Roma, Edizioni di Storia e Letteratura, 1958, S. 1–108.

Aischylos, *Prometheus in Fesseln*, übers. und hrsg. von D. Bremer, Frankfurt a. M., Insel-Verlag, 1988.

Ammonius, *Ammonii in Aristotelis* De interpretatione *commentarius*, , hrsg. von A. Busse, Berlin, Reimer, 1897 (in *Commentaria in Aristotelem Graeca*, hrsg. von H. Diels. Berlin 1882–1909, Nr. IV 5).

Aristoteles, *Opera* (V Bde.), hrsg. von I. Becker, Königlich Akademie der Wissenschaften, Berlin, G. Reimer 1831–1870. Zweite Auflage hrsg. von O. Gigon, Berlin, De Gruyter 1960.

— *Werke in deutscher Übersetzung*, begründet von E. Grumach, hrsg. Von H. Flashar, Berlin, Akademie Verlag, 1956 ff.

— *The Complete Works of Aristotle: The Revised Oxford Translation* (II Bde.), hrsg. von J. Barnes, Princeton, Princeton University Press 1984.

Arnauld, Antoine und Nicole, Pierre, *La Logique ou L'Art de Penser* [*Logique de Port-Royal*], Paris, 1662. Nachdruck, Hildesheim, Olms, 1970.

Bacon, Francis, *Instauratio Magna*, Bd. I : *The Advancement of Learning*, London, 1605 und 1623, Bd. II : *Novum Organon sive indica vera de interpretatione naturae*, London, 1620, Bd. III : *Historia naturalis et experimentalis ad condendam philosophiam sive phaenomena universi*, London, 1622, Bd. III/2 : *Silva silvarum*, London, 1627.

Baumeister, Friedrich Christian, *Institutiones metaphysicae*, Wittenberg, 1738.

Baumgarten, Alexander Gottlieb, *Meditationes philosophicae de nonnullis ad poema pertinentibus*, Halle, 1735. Deutsche Übersetzung von H. Pätzold, Hamburg, Meiner, 1983.

— *Metaphysica* (1739). Vierte Auflage, Halle, 1757. In: Kant, *Gesammelte Schriften* 15 und 17. Siebte Auflage, Halle 1779. Nachdruck, Hildesheim, Olms, 1982.

— *Metaphysik*, deutsche Übers. von G. F. Meier, Halle, 1766; zweite Auflage, Halle, 1783.

— *Aesthetica*, Frankfurt a. O. 1750–1758. Nachdruck, Hildesheim, Olms 1986.

— *Acroasis logica in Christianum L. B. de Wolff*, Halle, 1761. Nachdruck, Hildesheim, Olms, 1973.

Beattie, James, *An Essay on the Nature and Immutability of Truth in Opposition to Sophistry and Scepticism*, Edinburgh, 1770.

Bernoulli, Johann, *Discours sur les loix de la communication du mouvement*, Paris, Jombert, 1727.

Bilfinger, Georg Bernhard, *Praecepta logica cum ipsius quadam oratione de praecipuis quibusdam discendi regulis ex comparatione corporis et animi erutis*, Jena, 1739; zweite Ausgabe, Jena, 1742. Nachdruck, Hildesheim, Olms, 1990.

Boethius, Anicius Manlius Severinus, *Commentarii in librum Aristotelis* Peri hermeneias, 2 Bd., hrsg. von K. Meiser, Leipzig, 1877–1880. Nachdruck, New York, Garland, 1987.

Bošković, Ruđer Josip, *De continuitatis lege et eius consectariis pertinentibus ad prima materiae elementa eorumque vires dissertatio*, Roma, 1754.

Cicero, Marco Tullio, *De divinatione, de fato, Timaeus*, hrsg. von R. Giomini, Leipzig, Teubner, 1975.

Creuz, Friedrich Carl Casimir Freiherr von, *Versuch über die Seele*, Frankfurt a. M. und Leipzig, 1754.

Crusius, Christian August, *Die philosophischen Hauptwerke* (IV Bde.), hrsg. von Giorgio Tonelli, fortgesetzt von S. Carboncini und R. Finster, Hildesheim, Olms, 1964–1987.

— *Entwurf der nothwendigen Vernunft-Wahrheiten, wiefern sie den zufälligen entgegen gesetzt werden*, Leipzig 1745. In: *Die philosphischen Hauptwerke*, Bd. 2.

— *Weg zur Gewißheit und Zuverläßigkeit der menschlichen Erkenntniß*, Leipzig, 1747. In : *Die philosophischen Hauptwerke*, Bd. 3.

Darjes, Joachim Georg, *Introductio in artem inveniendi seu logicam theoretico-practicam, qua analytica atque dialectica proponuntur*, Jena, 1742. Zweite Ausgabe, Jena, 1747.

Descartes, René, *Œuvres complétes* (XII Bde.), hrsg. von Ch. Adam und P. Tannery, Paris, Cerf, 1897–1913. Neue Auflage, hrsg. von B. Rochot und anderen, Paris, Vrin, Editions du CNRS, 1964–74.

— *Discours de la méthode*, Leiden, 1637. In: *Œuvres complétes*, Bd. VI, S. 1–78.

— *Principia Philosophiae*, Amsterdam, 1644. In: *Œuvres complétes*, Bd. VIII.

— *Regulae ad directionem ingenii* (entst. um 1628), Amsterdam, 1684. In: *Œuvres complétes*, Bd. X, S. 349–488.

Diogenes Laertius, *Vitae Philosophorum*, hrsg. von H. S. Long, Oxford, 1964.

Duns Scotus, Ioannes, *Opera omnia* (26 Bde.), hrsg. von L. Wadding, Paris 1891–1895. Nachdruck, Hildesheim, Olms, 1968 ff.

— *Quaestiones in libros Sententiarum* [= *Ordinatio*], in *Opera omnia*, Bde. VIII-XXI.

— *Quaestiones quodlibet*, in *Opera omnia*, Bde. XXV-XXVI.

Elias Artista Ermetica (Anon.), *Das Geheimnis vom Salz, als dem Lebensbalsam und dem Schatz aller Schätze*, Stuttgart, 1770; Nachdruck (aus der Originalwiedergabe in Stuttgart, 1862) Freiburg im Breisgau, Aurum Verlag, 1979.

Euklid, *Elementorum Euclidis libri XV ad Graeci contextus fidem recensiti et ad usum tironum accommodati*, hrsg. von G. F. Baermann, Leipzig, Gliditsch, 1743.

Epictetus, *The Discourses as reported by Arrian, the Manual, and Fragments*, übers. und hrsg. von W. A. Oldfather (mit griechischem Text), Bd. 1, Discourses, Books I-II, Cambridge (Mass.), Harvard University Press, und London, Heinemann, 1925. Nachdruck, 1956.

Feder, Johann Georg Heinrich, *Logik und Metaphysik* (1769). Fünfte vermehrte Auflage, Göttingen, 1778.

— mit Garve, Christian, *Rezension zu* : Immanuel Kant, *Critik der reinen Vernunft* (1781), in Göttingsche Anzeigen von gelehrten Sachen, Zugabe zum 3. Stück, 19. Januar 1782, S. 40–48.

Ficino, Marsilio *Platonic Theology*, Vol. 6, Books XVII-XVIII, kritische Ausgabe von J. Hankins mit englischer Übersetzung von M. J. B. Allen, Cambridge (Mass.), Harvard University Press, 2006.

Die Fragmente der Vorsokratiker [=*FVS*], hrsg. von H. Diels und W. Kranz, Berlin, 1934.

Hegel, Georg Wilhelm Friedrich, *Das älteste Systemprogramm des deutschen Idealismus*, in: *Werke*, Band 1 (*Frühe Schriften*), hrsg. von E. Moldenhauer und K. M. Michel, Frankfurt a. M., Suhrkamp, 1979, S. 234–237.

Hennings, Justus Christian, *Geschichte von den Seelen der Menschen und Thiere*, Halle, 1774.

— *Von den Ahndungen und Visionen*, Leipzig, 1777.

Hoffmann, Adolf Friedrich, *Vernunftlehre, darinnen die Kennzeichen des Wahren und Falschen aus den Gesetzen des menschlichen Verstandes hergeleitet werden*, Leipzig, 1737.

Hume, David, *A Treatise of Human Nature*, hrsg. von L. A. Selby-Bigge, Oxford, 1888.

— *Enquiries concerning Human Understanding and concerning the Principles of Morals*, hrsg. von L. A. Selby-Bigge, Oxford, 1894. Zweite Auflage, 1902.

— *Philosophische Versuche über die Menschliche Erkenntniß*, hrsg. von J. G. Sulzer und anderen, Hamburg und Leipzig, 1755.

Jungius, Joachim, *Logica hamburgensis* (1638), hrsg. von R. W. Meyer, Hamburg, Augustin, 1957.

Kästner, Abraham Gotthelf, *Anfangsgründe der höheren Mechanik. Der mathematischen Anfangsgründe 4. Theil erste Abtheilung*, Göttingen, 1766.

Lambert, Johann Heinrich, *Gesammelte philosophische Schriften* (IX Bde.), hrsg. von H. W. Arndt, Hildesheim, Olms, 1965–68.

— *Neues Organon* (1. Bd. *Dianoiologie, Alethiologie*, 2. Bd. *Semiotik, Phänomenologie*), Leipzig, 1764. In: *Philosophische Schriften,* I-II.

— *Anlage zur Architectonic* (2. Bde.), Riga, Hartknoch, 1771. In: *Philosophische Schriften*, III-IV.
— *Briefwechsel*, 1. Band. In: *Philosophische Schriften*, IX.
— *Abhandlung vom Criterium veritatis* (1761), hrsg. von K. Bopp, Kant-Studien Ergänzungshefte, Nr. 36, Berlin, Verlag von Reuther & Reichard, 1915.
— *Über die Methode die Metaphysik, Theologie und Moral richtiger zu beweisen* (1763), hrsg. von K. Bopp, Kant Studien Ergänzungshefte, Nr. 42, Berlin, Verlag von Reuther & Reichard, 1918.
Lambert von Auxerre, *Logica* (*Summa Lamberti*), hrsg. von F. Alessio, Florenz, 1971.
Lange, Joachim, *Bescheidenen und ausführlichen Entdeckung...*, Halle, 1724 (Deutsche, verbesserte und vermehrte Übersetzung der *Modesta disquisitio novi philosophiae systematis de Deo, mundo et homine, et praesertim der harmonia commercii inter animam et corpus praestabilita...*, Halle, 1723).
Leibniz, Gottfried Wilhelm, *Die philosophischen Schriften* (7 Bde.), hrsg. von C. J. Gerhardt, Berlin, Weidmann, 1875–1890. Nachdruck, Hildesheim – New York, Olms 1978.
— *Hypothesis physica nova*, London, 1671. In: *Die philosophischen Schriften*, Bd. 4, S 177–219.
— *Essais de théodicée sur la bonté de Dieu, la liberté de l'homme et l'origine du mal*, Amsterdam, 1710 [= *Théodicée*]. In: *Die philosophischen Schriften*, Bd. 6, S. 1–471.
— *Nouveaux Essais sur l'entendement humain* (entstanden um 1704), Amsterdam und Leipzig, 1764. In: *Die philosophischen Schriften*, Bd. 5, S. 39–509.
— *Justification du calcul des infinitésimales par celui de l'algèbre ordinaire*, in: *Journal de Trévoux*, 1702, In: *Leibnizens mathematische Schriften*, (7 Bde.), hrsg. von C. J. Gerhardt, Halle, Schmidt, 1849 ff., Bd. 4, S. 104–106.
— *Textes inédits, d'après les manuscrits de la Bibliothèque provinciale de Hanovre*, 2. Bde., hrsg. von G. Grua, Paris, PUF, 1948. Zweite Ausgabe, Paris, PUF, 1998.
Locke, John, *The Works of John Locke* (10 Bde.), London, 1823. Nachdruck, Aalen, Scientia 1963.
— *An Essay Concerning Human Understanding* (4 Bde.), London, Halt and Basset, 1690. Neue Auflage, hrsg. von P. H. Nidditch, Oxford, Clarendon Press 1975.
— *De Intellectu Humano* (4 Bde.), in lateinisch übers. von E. Burridge, London, Aunsham & John Churchill 1701. Neue Auflage, Leipzig, 1709.
Lipsius, Justus, *De constantia libri dvo, qui alloquium praecipue continent in publicis malis*, Leiden, 1584.
Lucretius, Titus Carus, *De rerum natura/Von der Natur*, hrsg. und übers. von H. Diels, München, Artemis & Winkler, 1993.
Meier, Georg Friedrich, *Auszug aus der Vernunftlehre*, Halle, 1752. In: Kant, *Gesammelte Schriften* 16.
— *Metaphysik*, Halle, 1755–1759.
Mendelssohn, Moses, *Gesammelte Schriften* (Jubiläums Ausgbe), hrsg. von A. Altmann und anderen, Berlin, 1929 ff. Nachdruck, Stuttgart-Bad Cannstatt, Frommann-Holzboog, 1971 ff.
— *Morgenstunden oder Vorlesungen über das Daseyn Gottes*, Berlin, 1785. In: *Gesammelte Schriften*, Band 3.2.

More, Henry, *Enchiridion metaphysicum, sive, De rebus incorporeis succincta & luculenta dissertatio*, London, 1671.

Müller, August Friedrich, *Einleitung in die philosophischen Wissenschaften*, 3 Bände, Leipzig, 1728; zweite vermehrte und verbesserte Ausgabe, 3 Bände, Leipzig, 1733. Nachdruck, Hildesheim, Olms, 2008.

Newton, Isaac, *Philosophiae naturalis principia mathematica*, London, 1687. Zweite vermehrte Auflage, Cambridge, 1713 und Amsterdam, 1714. Dritte Auflage, London, 1726. Neue Auflage (2 Bde.) hrsg. von A. Koyré und I. B. Cohen, Cambridge (Mass.), Harvard University Press, 1972.

— *Opticks: or a Treatise of the Reflexions, Refractions, Inflexions and Colours of Light*, London, 1704. Vierte Auflage, London, 1730. Neue Auflage mit einer Einleitung von A. Einstein, New York, Dover, 1952.

Ockham, Wilhelm von, *Opera philosophica et theologica*, 17 Bde., New York, Franciscan Institute of St. Bonaventure University, 1974–1988.

— *Summa logicae*, hrsg. von P. Boehner, G. Gál und S. Brown, in *Opera philosophica et theologica*, Bd. 1, 1974.

Oetinger, Friedrich Christoph, *Die Metaphysic in Connexion mit der Chemie*, Schwaebisch-Hall, 1770.

— *Gedanken von den zwo Fähigkeiten zu empfinden und zu erkennen, und dem daraus zu bestimmenden Unterschiede der Genien*, Frankfurt und Leipzig, 1775. Kritische Ausgabe und italienische Übersetzung von T. Griffero, *Pensieri sul sentire e sul conoscere*, Palermo, Aesthetica Preprint, 1999.

— *Biblisches und Emblematisches Wörterbuch*, Stuttgart, 1776; hrsg. von G. Schäfer und anderen, Berlin – New York, De Gruyter, 1999.

Petrus Hispanus, *Tractatus*, called afterwards *Summule logicales*, hrsg. von L. M. de Rijk, Assen, 1972.

Platner, Ernst, *Anthropologie für Aerzte und Weltweise*, Leipzig, 1772.

Platon, *Werke in acht Bänden*, hrsg. von G. Eigler, Darmstad, Wissenschaftliche Buchgesellschaft, 1971 ff.

— *Politeia – Der Staat*, bearb. von D. Kurz, in *Werke*, Bd. 4.

Proclus Diadochus, *In primum Euclidis Elementorum librum commentarii*, hrsg. Von G. Friedlein, Leipzig, Teubner, 1873. Nachdruck Hildesheim, Olms, 1967. *Euklid-Kommentar*, hrsg. Von M. Steck, Halle, 1945.

Roger Bacon, *Les Summulae dialectices de Roger Bacon I-II. De termino, De enuntiatione*, hrsg. von A. De Libera, in: Archives d'histoire doctrinale et littéraire du Moyen Âge, 53, 1986, S. 139–289.

Sherwood, William of, *Introductiones in Logicam* (Lateinisch – Deutsch: *Einführung in die Logik*), hrsg., übers. und eingeleitet von H. Brands und Ch. Kann, Hamburg, Meiner, 1995.

— *Syncategoremata magistri Guillelmi de Shireswode*, hrsg. von J. R. O'Donnell, in: Mediaeval Studies, 3, 1941, S. 46–93.

Spinoza, Baruch de, *Ethica ordine geometrico demonstrata*, Amsterdam, 1677. Neu übers. und hrsg. von W. Bartuschat, Hamburg, Meiner, 1999.

Swedenborg, Emanuel, *Auserlesene Schriften*, 5 Bde., Frankfurt a. M., 1776–1777.

Thomas von Aquin, *Opera Omnia*, Stuttgart – Bad Cannstatt, Frommann – Holzboog, 1980.

— *Summa Theologiae*, in: *Opera Omnia*, Bd. 2: *Summa contra Gentiles – Autographi Deleta – Summa Theologiae*, S. 184 ff.
— *De propositionibus modalibus*, in: *Opera Omnia*, Bd. 6: *Reportationes – Opuscula dubiae authenticitatis*, S. 579–580.
Thomasius, Christian, *Ausgewählte Werke*, hrsg. von W. Schneiders, Hildesheim, Olms, 1993 ff.
— *Einleitung in die Vernunftlehre*, Halle, 1691. Nachdruck in *Ausgewählte Werke*, VIII.
— *Ausübung der Vernunftlehre*, Halle, 1691. Nachdruck in *Ausgewählte Werke*, IX.
Thümmig, Ludwig Philipp., *Institutiones philosophiae Wolffianae* (2 Bde.), Frankfurt und Leipzig, 1725 und 1726.
Walch, Johann Georg, *Philosophisches Lexicon*, 2 Bände, Leipzig, 1726. 4. Aufl. Leipzig, 1775. Nachdruck, Hildesheim, Olms, 1968.
Wolff, Christian, *Gesammelte Werke*, hrsg. und bearbeitet von J. Ecole – J. E. Hofmann – M. Thomann – H. W. Arnd und anderen, Hildesheim, Olms, 1962 ff.
— *Anfangsgründe aller mathematischen Wissenschaften*, Halle, 1710. In *Gesammelte Werke*, I, 12–15.
— *Vernünfftige Gedancken von den Kräften des menschlichen Verstandes Und ihrem richtigen Gebrauche in Erkänntnis der Wahrheit*, Halle, 1713 [= *Deutsche Logik*]. In *Gesammelte Werke* I, 1.
— *Elementa matheseos universae*, Halle, 1713–1715. In: *Gesammelte Werke* II, 30.
— *Vernünfftige Gedanken von Gott, der Welt und der Seele des Menschen, Auch allen Dingen überhaupt, Den Liebhabern der Wahrheit mitgetheilet*, Halle, 1720. Neue Auflage hin und wieder vermehrt, Halle, 1751 [= *Deutsche Metaphysik*]. In *Gesammelte Werke* I, 2.
— *Philosophia rationalis sive Logica, methodo scientifica pertractata et ad usum scientiarum atque vitae aptata. Praemittitur Discursus preliminaris de philosophia in genere*, Frankfurt und Leipzig, 1728. Vierte Auflage, 1740 [= *Logica*]. In *Gesammelte Werke*, II, 1.
— *Philosophia prima, sive ontologia, methodo scientifica pertractata, qua omnis cogitationis humanae principia continetur*, Frankfurt und Leipzig, 1730. Zweite Auflage, 1736 [= *Ontologia*]. In *Gesammelte Werke*, II, 3.
Zedler, Johann Heinrich, *Grosses vollständiges Universal-Lexicon aller Wissenschafften und Künste…*, Halle und Leipzig, 1732 ff.

Sekundärliteratur

Adickes, Erich, *Kant's Systematik als mitbildender Faktor bei der Entstehung seines Systems*, Berlin, Carl Salewski, 1887.
Amrhein, Hans, *Kants Lehre vom „Bewusstsein überhaupt" und ihre Weiterbildung bis auf die Gegenwart*, Kant-Studien Ergänzungshefte, Nr. 10, Würzburg, Arnulf Liebing, 1909.
Bäck, Leo, *Spinozas erste Einwirkungen auf Deutschland*, Berlin, Mayer & Müller, 1895.

Basso, Paola, *Filosofia e geometria. Lambert interprete di Euclide*, Firenze, La Nuova Italia Editrice, 1999.

Baum, Manfred, *Dinge an sich und Raum bei Kant*, in: Akten des 7. Internationalen Kant-Kongresses (Mainz, 1990), hrsg. von G. Funke, Bonn – Berlin, Bouvier, 1991, S. 63–72.

Baumgardt, David, *Das Möglichkeitsproblem der Kritik der reinen Vernunft, der modernen Phänomenologie und der Gegenstandstheorie*, Berlin, Reuther & Reichard, 1920.

Beckmann, Jan P., *Wilhelm von Ockham*, München, Beck, 1995.

Benoist, Jocelyn, *Jugement et existence chez Kant. Comment des jugements d'existence sont-ils possibles?*, in: Quaestio, 3, 2003, S. 207–228.

Bianco, Bruno, *Libertà e fatalismo. Sulla polemica tra Joachim Lange e Christian Wolff*, in: Verifiche, XV, 1986, S. 43–89.

Bobzien, Susanne, *Die stoische Modallogik*, Würzburg, Königshausen & Neumann, 1986.

Brandt, Reinhard, Rezension von *Giuseppe Micheli, Kant storico della filosofia (Padova, 1980)*, in: Philosophisches Jahrbuch, 91, 1984, S. 425–428.

— *Die Urteilstafel. Kritik der reinen Vernunft A67–76; B92–101*, Hamburg, Meiner 1991.

— *Raum und Zeit in der „Transzendentalen Ästhetik" der* Kritik der reinen Vernunft, in: *Rehabilitierung des Subjektiven. Festschrift für Hermann Schmitz*, hrsg. von M. Großheim und H.-J. Waschkies, Bonn, Bouvier, 1993.

— *D'Artagnan und die Urteilstafel. Ein Ordnungsprinzip der europäischen Kulturgeschichte (1,2,3/4)*, Stuttgart, Steiner, 1991. Zweite, erweiterte Auflage, München, Deutscher Taschenbuch Verl., 1998.

— *Die Bestimmung des Menschen bei Kant*, Hamburg, Meiner, 2007.

Bröcker, Walter, *Das Modalitätenproblem*, in: Zeitschrift für philosophische Forschung, 1, 1946, S. 35–46.

Buddensiek, Friedemann, *Die Modallogik des Aristoteles in den Analytica Priora A*, Hildesheim, Olms, 1994.

Burkhardt, Hans, *Modaltheorie und Modallogik in der Scholastik und bei Leibniz*, in: Anuario Filosofico de la Universidad de Navarra Pamplona, 16, 1983, S. 273–292.

Carl, Wolfgang, *Der schweigende Kant. Die Entwürfe zu einer Deduktion der Kategorien von 1781*, Göttingen, Vandenhoeck & Ruprecht, 1989.

Carugno, Daniela, *Vuoto* e *etere in Kant*, in: Filosofia Oggi, 23/92, 2000 , S. 407–440.

Cassirer, Ernst, *Das Erkenntnisproblem in der Philosophie und Wissenschaft der neueren Zeit*, Berlin, Bruno Cassirer, 1906 f. Nachdruck der dritten Auflage (1922), Darmstadt, Wissenschaftliche Buchgesallschaft, 1974.

Charrak, André, *Contingence et nécessité des lois de la nature au XVIIIe siècle*, Paris, Vrin, 2006.

Chiurazzi, Gaetano, *Modalità ed esistenza. Dalla critica della ragion pura alla critica della ragione ermeneutica: Kant, Husserl, Heidegger*, Torino, Trauben, 2001.

Cohen, Hermann, *Werke* (16 Bde.), hrsg. von dem H. Cohen-Archiv Zürich (H. Holzey), Hildesheim, Olms, 1977 f.

— *Kants Theorie der Erfahrung*, Berlin, Dummler, 1871. In: *Werke*, Bd. 1,1.

Cramer, Konrad, *Kontingenz in Kants „Kritik der reinen Vernunft"*, in: *Probleme der „Kritik der reinen Vernunft". Kant-Tagung Marburg 1981*, hrsg. von B. Tuschling, Berlin – New York, De Gruyter, 1984, S. 143–160.
— *Die Einleitung (A1/B1-A16/B30)*, in: *Immanuel Kant, Kritik der reinen Vernunft*, Klassiker Auslegen (Bde. 17/18), hrsg. von G. Mohr und M. Willaschek, Berlin, Akadamie Verlag, 1998, S. 57–79.
David-Ménard, Monique, *Swedenborg in der* Kritik der reinen Vernunft, in: *Kant und Swedenborg*, hrsg. von F. Stengel, Tübingen, Niemeyer, 2008, S. 123–132.
Dryer, Douglas Poole, *The Concept of Existence in Kant*, in: The Monist, 50, 1966, S. 17–33.
Dörflinger, Bernd, *Zum Status der Empfindung als der materialen Bedingung der Erfahrung*, in: Akten des 7. Internationalen Kant-Kongresses (Mainz, 1990), hrsg. von G. Funke, Bonn – Berlin, Bouvier, 1991, II.1, S. 101–117.
Duchesneau, François, *Leibniz et la méthode de la science.* Paris, Presses Universitaires de France, 1993.
Ebbinghaus, Julius, *Gesammelte Schriften* (IV Bde.), Bonn, Bouvier, 1986 ff.
— *Kants Lehre von der Anschauung a priori*, in: Zeitschrift für deutsche Kulturphilosophie, 10, 1944. In: *Gesammelte Schriften*, III, S. 121–138.
École, Jean, *La métaphysique de Christian Wolff* (2 Bde.), Hildesheim, Olms, 1990.
— *La critique wolfienne du Spinozisme*, in: Archives de Philosophie, 46, 1983, S. 553–567.
Eisler, Rudolf, *Kant-Lexikon*, Berlin, E. S. Mittler & Sohn, 1930. Nachdruck, Hildesheim, Olms, 1989.
Falkenstein, Lorne, *Kant's Intuitionism. A Commentary on the Transcendental Aesthetic*, Toronto – Buffalo – London, University of Toronto Press, 1995.
Ferrarin, Alfredo, *Construction and Mathematical Schematism. Kant on the Exhibition of a Concept in Intuition*, in: Kant-Studien, 86, 1995, S. 131–174.
Forgie, J. William, *Kant and the Question: Is Existence a Predicate?*, in: Canadian Journal of Philosophy , 4, 1975, S. 563–582.
Graubner, Hans, *Form und Wesen. Ein Beitrag zur Deutung des Formbegriffs in Kants „Kritik der reinen Vernunft"*, Bonn, Bouvier, 1972.
Grayeff, Felix, *Deutung und Darstellung der theoretischen Philosophie Kants. Ein Kommentar zu den grundlegenden Teilen der Kritik der reinen Vernunft*, Hamburg, Meiner, 1951.
Griffero, Tonino, *La* Tinktur *come corpo spirituale: l'estetica teosofica di Friedrich Christoph Oetinger*, in: *Rivista di Estetica*, 18, 3/2001, XLI, S. 54–69.
Grünewald, Bernward, *Modalität und empirisches Denken. Eine kritische Auseinandersetzung mit der Kantischen Modaltheorie*, Hamburg, Meiner, 1986.
Grunwald, Max, *Spinoza in Deutschalnd*, Berlin, S. Calgary & Co, 1897. Nachdruck, Aalen, Scientia, 1986.
Guyer, Paul, *Kant and the Claims of Knowledge*, New York, Cambridge University Press, 1987.
— *The Postulates of Empirical Thinking in General and the Refutation of Idealism (A218/B265-A235/B294)*, in: *Immanuel Kant, Kritik der reinen Vernunft*, Klassiker Auslegen (Bde. 17/18), hrsg. von G. Mohr und M. Willaschek, Berlin, Akadamie Verlag, 1998, S. 297–324.

Hanna, Robert, *Kant and the Foundations of Analytic Philosophy*, Oxford, Clarendon Press, 2001.

Häring, Theodor, *Der Duisburgsche Nachlass und Kants Kritizismus um 1775*, Tübingen, Mohr, 1910.

Heidegger, Martin, *Die Frage nach dem Ding. Zu Kants Lehre von den transzendentalen Grundsätzen* (1935/36), Tübingen, Niemeyer, 1962.

— *Kants These über das Sein* (1961), Frankfurt a. M., Klostermann, 1962. In: Heidegger, Martin, *Wegmarken*, Frankfurt a. M., Klostermann, 1967, S. 273–307.

Heidemann, Dietmar Hermann, *Kant und das Problem des metaphysischen Idealismus*, Kant-Studien Ergänzungshefte, Nr. 131, Berlin, De Gruyter, 1998.

Henrich, Dieter, *Der ontologische Gottesbeweis. Sein Problem und seine Geschichte in der Neuzeit*, Tübingen, Mohr, 1960.

— *Kant's Notion of a Deduction and the Methodological Background of the First Critique*, in: *Kant's Trascendental Deductions. The three 'Critiques' and the 'Opus postumum'*, hrsg. von E. Förster, Standford, Standford University Press, 1989, S. 29–46.

Hinske, Robert, *Lambert-Index*, erstellt in Zusammenarbeit mit Heinrich P. Delfosse, 4. Bd., Stuttgart-Bad Cannstatt, Frommann-Holzboog, 1983 (Bd. 1 und 2: *Neues Organon*) und 1987 (Bd. 3 und 4: *Anlage zur Architectonic*).

Höffe, Otfried, *Kants Kritik der reinen Vernunft*, München, Beck, 2003.

Hoffmann, Thomas S., *Die absolute Form. Modalität, Individualität und das Prinzip der Philosophie nach Kant und Hegel*, Berlin, De Gruyter, 1991.

Honnefelder, Ludger, *Scientia transcendens. Die formale Bestimmung der Seiendheit und Realität in der Metaphysik des Mittelalters und der Neuzeit (Duns Scotus – Suárez – Wolff – Kant – Peirce)*, Hamburg, Meiner, 1990.

— *La métaphysique comme science transcendantale entre le Moyen Âge et les Temps Modernes*, Paris, Presses Universitaire de France, 2002.

Ishikawa, Fumiyasu, *Kants Denken von einem Dritten. Das Gerichtshof-Model und das unendliche Urteil in der Antinomienlehre*, Frankfurt a. M., Peter Lang, 1990.

Jacobi, Klaus, *Die Modalbegriffe in den logischen Schriften des Wilhelm von Shyreswood – und in anderen Kompendien des 12. und 13 Jahrhunderts. Funktionbestimmung und Gebrauch in der logischen Analyse*, Leiden – Köln, E. J. Brill, 1980.

Johnson, Gregory R., *Träume eines Geistersehers. Polemik gegen die Metaphysik oder Parodie der Popularphilosophie?*, in: *Kant und Swedenborg. Zugänge zu einem umstrittenen Verhältnis*, hrsg. von F. Stengel, Tübingen, Max Niemeyer, 2008.

Kamlah, Andreas, *Kants Antwort auf Hume und eine linguistische Analyse seiner Modalbegriffe*, in: Kant-Studien, 100, 1, 2009.

Kanzian, Christian, *Kant und Crusius 1763*, in: Kant-Studien, 83, 1993, S. 399–407.

Kaulbach, Friedrich, *Schema, Bild und Modell nach den Voraussetzungen des Kantischen Denkens*, in: *Studium Generale* (18), Berlin – Heidelberg – New York, Springer-Verlag, 1965, S. 464–479.

Kemp Smith, Norman, *A Commentary of Kant's Critique of Pure Reason*, London, MacMillan 1918. Zweite Auflage, London, 1923. Nachdruck, London, Macmillan, 1979.

Klemme, Heiner F., *Die Schule Immanuel Kants: mit dem Text von Christian Schiffert über das über das Königsberger Collegium Fridericianum*, [Gesamtwerk], Hamburg, Meiner, 1994.

— *Kants Philosophie des Subjekts. Systematische und entwicklungsgeschichtliche Untersuchungen zum Verhältnis von Selbstbewußtsein und Selbsterkenntnis*, Hamburg, Meiner, 1996.

Koriako, Darius, *Kants Philosophie der Mathematik*, Hamburg, Meiner, 1999.

Krausser, Peter, *Kants Theorie der Erfahrung und Erfahrungswissenschaft: eine rationale Rekonstruktion*, Frankfurt a. M., Klostermann, 1981.

Kühn, Manfred, *Scottisch Common Sense in Germany, 1768–1800. A Contribution to the History of Critical Philosophy*, Kingston & Montreal, McGill-Queen's University Press, 1987.

— *Kant. A Biography*, New York, Cambridge University Press, 2001.

La Rocca, Claudio, *Esistenza e Giudizio*, Pisa, ETS, 1999.

Leech, Jessica, *Kant's Modalities of Judgment*, in: European Journal of Philosophy, 2010, S. 1–25.

Maierù, Alfonso, *Terminologia logica della tarda scolastica*, Roma, Edizioni dell'Ateneo, 1972.

Martin, Gottfried, *Das geradlinige Zweieck, ein offener Widerspruch in der Kritik der reinen Vernunft*, in: *Tradition und Kritik*, hrsg. von W. Arnold und H. Zeltner, Festschrift für R. Zocher zum 80. Geburtstag, Stuttgart-Bad Cannstatt, Frommann-Holzboog:, 1967.

Menne, Albert, *Die Kantische Urteilstafel im Lichte der Logikgeschichte und der modernen Logik*, in: Zeitschrift für allgemeine Wissenschaftstheorie, 20, 1989, S. 317–324.

Morscher, Edgar, *Ist Existenz ein Prädikat?*, in: Zeitschrift für Philosophische Forschung, 28, 1974, S. 120–132.

— *Ist Existenz immer noch kein Prädikat?*, in: Philosophia Naturalis, 19, 1982, S. 163–199.

Motta, Giuseppe, *Kants Philosophie der Notwendigkeit*, Frankfurt a. M., Peter Lang, 2007.

— *Ratio fiendi. La redéfinition kantienne des principes fondamentaux de l'ontologie dans la* Nova Dilucidatio, in *Kant et Wolff. Héritage ou roupture*, hrsg. von S. Grapotte und T. Prumea, Paris, Vrin, 2011, S. 119–129.

— *„Das Phantom des Berkleyischen Idealisms". Ricerche su alcuni riferimenti a J. G. H. Feder nella Critica della ragion pura*, in: Studi Kantiani, XXV, 2012.

Nagel, Gordon, *The Structure of Experience: Kant's System of Principles*, Chicago, University of Chicago Press, 1983.

Natorp, Paul, *Die logischen Grundlagen der exacten Wissenschaften*, Berlin und Leipzig, Teubner, 1910.

Nancy, Jean-Luc, *L'impératif catégorique*, Paris, Flammarion, 1983.

Neumann, Hardy, *Die neue Seinsbestimmung in der reinen theoretischen Philosophie Kants: Das Sein als Position*, Berlin, Duncker & Humblot, 2006.

Palumbo, Margherita, *Immaginazione e matematica in Kant*, Roma - Bari, Laterza, 1984.
Pape, Ingetrud, *Tradition und Transformation der Modalität*, Erster Band: *Möglichkeit – Unmöglichkeit*, Hamburg, Meiner, 1966.
Paton, Herbert James, *Kant's Metaphysic of Experience. A commentary on the first half of the „Kritik der reinen Vernunft"* (2. Bde.), London, George Allen and Unwin, 1936. Nachdruck, Bristol, Thoemmes, 1997.
Patt, Walter, *Kants Raum- und Zeitargumente unter besonderer Rücksicht auf den Briefwechsel zwischen Leibniz und Clarke*, in: *Kant: Analysen-Probleme-Kritik*, hrsg. von H. Oberer und G. Seel, Würzburg, Königshausen & Neumann, 1988.
Peters, Wilhelm Servatius, *Johann Heinrich Lamberts Konzeption einer Geometrie auf einer imaginären Kugel*, in Kant-Studien, 53, 1961–62, S. 51–67.
Philonenko, Alexis, *L'œuvre de Kant* (2 Bde.), Paris, Vrin, 1972 und 1975.
Piché, Claude, *Qu'est-ce qu'une 'analogie' de l'expérience?*, in : *Kant actuel. Hommage à Pierre Laberge*, hrsg. von F. Duchesneau, G.Lafrance und C. Piché, Paris, Vrin, und Montréal, Bellarmin, 2000, S. 217–232.
Pichler, Hans, *Möglichkeit und Widersprüchlichkeit*, Leipzig, J. A. Barth, 1912.
Pollok, Konstantin, *Kants Metaphysische Anfangsgründe der Naturwissenschaft. Ein kritischer Kommentar*, Hamburg, Meiner, 2001.
Poser, Hans, *Die Stufen der Modalität. Kants System der Modalbegriffe*, in: K. Weinke (Hg.), *Logik, Ethik, Sprache, Festschrift für R. Freundlich*, Wien – München, Oldenbourg, 1981, S. 195–212.
— *Mögliche Erkenntnis und Erkenntnis der Möglichkeit. Die Transformation der Modalkategorien der Wolffschen Schule in Kants kritischer Philosophie*, in: Grazer Philosophische Studien, 20, 1983, S. 129–147.
Prichard, Harold A., *Kant's Theory of Knowledge*, Oxford, Clarendon Press, 1909.
Raggio, Andrés R., *Was heißt „Bedingungen der Möglichkeit"?*, in: Kant-Studien 60, 1969, S. 153–165.
Rauer, Constantin, *Wahn und Wahrheit. Kants Auseinandersetzung mit dem Irrationalen*, Berlin, Akademie Verlag, 2007.
Reich, Klaus, *Gesammelte Schriften*, hrsg. von Manfred Baum und anderen, Hamburg, Meiner 2001.
— *Die Vollständigkeit der Kantischen Urteilstafel* (1932), zweite Ausgabe, Berlin, R. Schoetz, 1948, in: *Gesammelte Schriften*, S. 3–112.
Rijk, Lambert Marie de, *Logica Modernorum. A contribution to the history of early terminist logic.* Bd. I: *On the twelfth century theory of fallacy*, Assen, Van Gorcum, 1962. Bd. II (1–2): *The origin and early development of the theory of supposition*, Assen, Van Gorcum, 1967.
Röd, Wolfgang, *„Existence" as „Absolute Position": Kant's Concept of Existence in „The only Possible Premise for a Demonstration of the Existence of God"*, in: *Proceedings of the Sixth International Kant Congress* (1985, Pennsylvania, State University). Bd. II, 1: Sektion A, hrsg. von G. Funke and Th. M. Seebohm, Lanham, 1989, S. 67–82.
Rovira, Rogelio, *La noción de postulado en la filosofía de Kant*, in: Revista Venezolana de Filosofia (Caracas), 21, 1986, S. 77–78.

Santozki, Ulrike, *Die Bedeutung antiker Theorien für die Genese und Systematik von Kants Philosophie. Eine Analyse der drei Kritiken*, Kant-Studien Ergänzungshefte, Nr. 153, Berlin – New York, De Gruyter, 2006.

Schindler, Walter, *Die reflexive Struktur objektiver Erkenntnis. Eine Untersuchung zum Zeitbegriff der Kritik der reinen Vernunft*, München, Carl Hanser Verlag, 1979.

Schmucker, Joseph, *Die Ontotheologie des vorkritischen Kant*, Kant-Studien Ergänzungshefte, Nr. 112, Berlin – New York, De Gruyter, 1980.

Schneeberger, Guido, *Kants Konzeption der Modalbegriffe*, Basel, Verlag für Recht und Gesellschaft, 1952.

Schröder, Winfried, *Spinoza in der deutschen Frühaufklärung*, Würzburg, Königshausen & Neumann, 1987.

Seel, Gerhard, *Die Aristotelische Modaltheorie*, Berlin, De Gruyter, 1982.

Stampa, Moreno, *Modalità e teoria dell'oggetto nell'„Analitica" di Kant*, Milano, LED, 2000.

Stapleford, Scott, *Kant's Transcendental Arguments: Disciplining Pure Reason*, London – New York, Continuum, 2008.

Steinle, Friedrich, *Laws of nature in the new sciences*, in: *Laws of Naure. Essays on the Philosophical, Scientific and Historical Dimensions*, hrsg. von F. Weinert, Berlin – New York, De Gruyter, 1995, S. 316–368.

Stuhlmann-Laeisz, Rainer, *Kants Logik. Eine Interpretation auf der Grundlage von Vorlesungen, veröffentlichten Werken und Nachlaß*, Berlin – New York, De Gruyter, 1976.

Theis, Robert, *Le silence de Kant. Etude sur l'évolution de la pensée kantienne entre 1770 et 1781*, in: Revue de Métaphysique et de Morale, 87, 1982, S. 209–239.

— *Gott. Untersuchung zur Entwicklung des theologischen Diskurses in Kants Schriften zur theoretischen Philosophie bis hin zum Erscheinen der Kritik der reinen Vernunft*, Stuttgart-Bad Cannstatt, Frommann-Holzboog, 1994.

Tonelli, Giorgio, *Die Voraussetzungen zur Kantischen Urteilstafel in der Logik des 18. Jahrhunderts*, in: Kaulbach, F. und Ritter, J. (Hrsg.), *Kritik und Metaphysik, Studien*, Heinz Heimsoeth zum achtzigsten Geburtstag, Berlin, De Gruyter, 1966, S. 134–159.

— *La nécessité des lois de la nature au XVIIIe siècle et chez Kant en 1762*, in: Revue d'histoire des sciences et leurs applications, XII, 1959, S. 225–241.

Tuschling, Burkhard, *Widersprüche im transzendentalen Idealismus*, in: Tuschling, B. (Hrsg.), *Probleme der „Kritik der reinen Vernunft"*, Kant- Tagung Marburg, Berlin – New York, De Gruyter, 1981, S. 227–310.

Vaihinger, Hans, *Commentar zu Kants Kritik der reinen Vernunft* (2 Bde.), Bd. 1 Stuttgart, Spemann, 1881. Bd. 2, Stuttgart – Berlin – Leipzig, Union Deutsche Verlagsgesellschaft, 1892. Zweite Auflage (2 Bde.), Stuttgart – Berlin – Leipzig, 1922. Nachdruck, Aalen, Scientia Verlag, 1970.

Veca, Salvatore, *Fondazione e modalità in Kant*, Milano, Il Saggiatore, 1969.

Vick, George R., *Existence was a predicate for Kant*, in: Kant-Studien, 61, 1970, S. 357–371.

Villacañas Berlanga, José Luis, *Las tesis de Kant sobre la noción de existencia*, in: Teorema, 10, 1980, S. 55–84.

Vleeschauwer, Herman Jean de, *La Déduction transcendentale dans l'oeuvre de Kant*, Anvers – Paris -S'Gravenhage, De Sikkel – Leroux – Nijhoff, 1934, 1936 und 1937. Nachdruck, New York - London, Garland Publishing, 1976.
— *L'évolution de la pensée kantienne. L'histoire d'une doctrine*, Paris, Alcan, 1939.
Vuillemin, Jules, *Physique et métaphysique kantiennes*, Paris, Presses Universitaires de France, 1955. Zweite Auflage, 1987.
— *La théorie kantienne des modalités*, in: Akten des 5. Internationalen Kant-Kongresses (Mainz, 1981), hrsg. von G. Funke, Bonn, Bouvier, 1982, S. 149–165.
— *Nécessité ou contingence. L'aporie de Diodore et les systèmes philosophiques*, Paris, Editions de Minuit, 1984.
Waterlow/Broadie, Sarah, *Passage and Possibility. A Study of Aristotle's Modal Concepts*, Oxford, Clarendon Press, 1982.
Westphal, Kenneth R., *Kant's Transcendental Proof of Realism*, New York, Cambridge University Press, 2004.
Wilson, Kirk Dallas, *Studies in the Formal Logic of Kant's Modal Functions of Judgment*, in: Kant-Studien, 69, 1978, S. 252–272.
Wingendorf, Ralf, *Kritische Modalphilosophie. Möglichkeit, Wirklichkeit und Notwendigkeit in der „Kritik der reinen Vernunft"*, Inuaguraldissertation, Trier, 2001.
Wolff, Michael, *Die Vollständigkeit der kantischen Urteilstafel. Mit einem Essay über Freges* Begriffsschrift, Frankfurt a. M., Klostermann, 1995.
— *Warum das Faktum der Vernunft ein Faktum ist. Auflösung einiger Verständnisschwierigkeiten in Kants Grundlegung der Moral*, in: Deutsche Zeitschrift für Philosophie, 57/4, 2009, S. 511–549.
Wolff, Robert Paul, *Kant's Thory of Mental Activity. A Commentary on the Transcendental Analytic of the „Critique of Pure Reason"*, Cambridge (Mass.), Harvard University Press, 1963. Zweite Auflage, Gloucester (Mass.), Peter Smith, 1973.
Wollgast, Siegfried, *Philosophie in Deutschland zwischen Reformation und Aufklärung. 1550–1650*, Berlin, Akademie Verlag, 1988. 2. Auflage, Berlin, Akademie Verlag, 1993.
Wolters, Gereon, *Basis und Deduktion*, Berlin – New York, De Gruyter, 1980.
Young, J. Michael, *Kant on the Construction of Arithmetical Concepts*, in: Kant-Studien, 73, 1982, S. 17–46.
— *Der Begriff der Existenz bei Kant*, in: Ratio 18, 1976, S. 85–98.
Zimmer, Christoph, *Synkategoremata. Ein Beitrag zur mittelalterlichen Sprachlogik*, 1991. Zweite Ausgabe 2009. PDF, Free download: www.zmm.cc
Zöller, Günter, *Theoretische Gegenstandsbeziehung bei Kant. Zur systematischen Bedeutung der Termini „objektive Realität" und „objektive Gültigkeit" in der „Kritik der reinen Vernunft"*, Kant-Studien Ergänzungshefte, Nr. 114, Berlin – New York, De Gruyter, 1984.

Sachregister

Namenregister

FSC
www.fsc.org
MIX
Papier | Fördert gute Waldnutzung
FSC® C083411

Kolibri 360 GmbH
Ferdinand-Jühlke-Straße 7
99095 Erfurt, Deutschland
produktsicherheit@kolibri360.de